결혼과 가족

반신환 · 유 옥 공저

동문사

성공하는 사람

1. 일찍 자고 일찍 일어나며 밥 잘 먹고 잠 잘 자는 사람.
2. 네 덕이요 내 탓이다 언제나 겸손한 자세를 갖는 사람.
3. 어떤 좌절과 고난 속에서도 희망을 잃지 않는 사람.
4. 주량보다 독서량을 자랑하는 사람.
5. 약속을 잘 지키고 솔선수범하며 나보다 남을 더 생각하는 사람.
6. 자기 관리를 철저히 하고 어떤 고난도 감사히 받아들이는 사람.
7. 언제나 낙천적이고 밝은 미소를 짓고 있는 사람.
8. 누구의 말이든지 열심히 경청하는 사람.
9. 상대방을 똑바로 바라보며 손을 잡는 사람.
10. 나보다 나은 사람과 만나는 사람.
11. 언제나 보다 나은 방법을 생각하는 사람.
12. 내가 걸려 넘어진 돌을 디딤돌로 쓰는 사람.
13. 검소한 옷차림, 검소한 음식을 먹는 사람.
14. 자신의 몸을 성전처럼 돌보는 사람.
15. 가정이 천국 같은 사람.
16. 일을 즐겁게 하는 사람.

머 리 말

사랑의 의미가 변했습니다. 타인을 위해 자기 자신을 희생하는 것이 사랑이라고 이해하는 경우가 있습니다. 하나님의 사랑이나 부모님의 사랑을 떠올리며 감동을 받는 경우입니다. 그런데 이 사랑은 점점 더 찾기 쉽지 않습니다. 이제 사랑이란 자기 자신의 사랑을 의미합니다. 그리고 평등하게 서로 주고받는 교환가치를 근거로 형성됩니다. 특히 부부의 사랑이나 연인의 사랑에서 이 특징이 잘 나타납니다. 그래서 상대방으로부터 사랑을 받는데 주로 민감합니다. 상대방에게 먼저 사랑을 주더라도 결국 자기가 받을 것을 기대합니다. 이 기대에 미치지 못하면, 결국 그 사랑은 희미해지게 됩니다. 더구나 자기의 성장에 도움이 되지 못하면 사랑으로 느끼지 못합니다.

자기사랑은 우리 사회에서 성공하기 위한 규칙입니다. 구성원의 생산성을 높이기 위해 경쟁이 격화되어 있습니다. 끊임없이 변화를 강요하고 그것에 적응하지 못하면 퇴출된다는 공포가 짓누르고 있습니다. 이런 상황에서 자기 사랑은 피할 수 없습니다. 비록 사회에서 팀으로 평가하더라도 개인에 대한 평가를 피할 수 없습니다. 개인을 평가하고 개인 사이의 경쟁이 치열해지면 자기 자신의 이익과 성장을 기준으로 생각하고, 느끼고, 행동하게 됩니다. 자기 자신이 기준이 되면 결국 자기사랑이 가장 기본입니다.

이렇게 변화되고 있는 새로운 사랑의 의미를 많은 이들과 함께 나누고 싶습니다.

자기사랑이 커지면 친밀한 인간관계의 필요도 증가합니다. 결국 배우자의 의미는 점점 더 중요합니다. 사람은 사회적 동물이기 때문입니다. 사회가 복잡해지고 사회 변화의 속도가 빨라지면 안정적 인간관계는 축소되기 때문에 이에 대한 필요는 커집니다. 안정적 인간관계에서 사람은 수치스럽고 괴로운 이야기를 말할 수 있습니다. 상대방이 기꺼이 들어주고 그 약점으로 장난치지 않기 때문입니다. 이것은 사람이 살아가고 성장하는 데 필수적 환경입니다. 그런데 이와 같은 안정적 인간관계를 제공할 수 있는 사람들이 줄어들었습니다. 전통사회에서는 부모와 친구가 이것을 제공했지만, 지금은 쉽지 않습니다. 소셜네트워크로 계속 연결할 수 있지만 서로 바쁘기 때문에 안정적 인간관계를 형성하기가 쉽지 않습니다. 그래서 배우자에게 이런 역할을 기대합니다. 결국 친구와 같은 배우자의 역할이 커지고 있습니다.

이러한 변화의 상황에서 가족에게서 나타나는 인간관계를 분석합니다. 사람의 가장 중요한 본성인 친밀한 인간관계를 쉽게 형성할 수 있고, 안정과 성장의 균형을 이루는 인간관계가 확산되기를 기대합니다.

이러한 기대를 가지고 본서에서는 변화하는 가족의 이해에 초점을 두고 다양하고 복합적인 가족의 문제를 이해하는 관점에서 내용을 구성하였습니다.

한국의 대부분의 가족에서 심각한 문제가 발생하였다 하더라도 그 문제를 나름대로의 방법으로 해결해 왔고, 그러한 문제 해결 능력의 힘으로 살아남을 수 있었다는 것을 볼 수 있습니다.

그리고 그 문제 해결 방법이 어떤 특정한 치료모델의 기법만으로 이루어지지 않았다는 것을 알 수 있습니다. 세상이 아무리 변하여도 불변하는 혈연관계인 가족 안에서 문제 발생의 원인을 알아내고 또 그 안에서 해결점을 찾아 왔던 가족에 대한 내용들을 정리하여 "결혼과 가족"이라는 한 권의 책으로 출판할 수 있도록 출판을 맡아 주신 동문사 사장님과 편집을 맡아주신 장운갑 편집국장님을 비롯한 모든 직원 분들에게 감사의 마음을 전합니다.

2011. 3.
반신환 · 유 옥

차 례

제3장 가부장적 가족제도하에서 가족의 이해 ··· 87

제4장 구조기능주의론, 가족발달론, 교환론적 관점에서의 가족이해 ··· 105

제5장 문화이데올로기로서의 성, 사랑, 성 역할의 이해 ··· 131

제6장 사랑의 이해 ••• 151

제7장 성과 사랑 ••• 165

제8장 배우자 선택과 적응 ••• 187

제14장 여성 불평등 문제와 빈곤 대책 ••• 345

제15장 가족법 ••• 383

제16장 부부치료: 가트만의 이론을 중심으로 ••• 397

참고문헌 ••• 416

Chapter

01

결혼의 의미와 내용

1. 결혼의 의미
2. 결혼의 내용
3. 결혼의 동기
4. 결혼생활의 적응
5. 결혼의 특성
6. 변화한 결혼
7. 결혼(혼인)의 법적 규제
8. 결혼의 전반적인 경향
9. 통계로 본 결혼 풍속도

건강한 가정의 15가지 특징

1) 대화를 나누며 상대방의 말을 경청한다.
2) 서로를 인정해주고 지원해 준다.
3) 서로에 대한 존중을 가르친다.
4) 신뢰감을 발달시킨다.
5) 유희감각과 유머감각을 지니고 있다.
6) 공동의 책임의식을 발휘한다.
7) 옳고 그름에 대한 판단을 가르친다.
8) 관습과 전통이 넘치는 강한 가족의식을 발달시킨다.
9) 가족 간 조화로운 상호작용을 지닌다.
10) 종교적 교제를 함께 나눈다.
11) 서로의 사생활을 존중한다.
12) 다른 사람에게 봉사하는 것을 가치 있게 여긴다.
13) 식탁에서의 대화를 권장한다.
14) 휴가시간을 함께 나눈다.
15) 문제를 곧바로 인정하고 그 문제에 대한 도움을 구한다.

김형태, 결혼과 가족상담, 2002, 서울: Midwest Press, p.14

1. 결혼의 의미

일반적으로 모든 남자와 여자는 일정한 연령에 달하게 되면 결혼이라는 의식을 통해 부부가 되며 사회의 가장 기본적인 단위인 가정을 이루게 된다. 이와 같이 가장 보편적인 결혼이라는 의식은 사회의 가장 중요한 제도로서, 인류학자인 머독(Murdock, 1949)은 192개의 다양한 사회에 대해 연구한 결과 핵가족이란 현존하는 모든 인간사회에 존재하는 필요한 제도라고 주장한 바 있다.

여기에서 우리가 주목해야 할 것은 결혼이란 사랑하는 남녀가 성적인 욕구를 합법적으로 만족시키기 위해 결합하는 것 이상이라는 점이다. 인간은 사회적 동물이기 때문에 혼자 살 수 없고, 동물적인 성적욕구를 지속적으로 충족시킬 수 있으며, 사회적으로 용인되는 방안을 찾게 되는 점에서 결혼은 자연적인 귀결이라고 할 수 있다.

그러나 결혼이 남녀 간의 성적욕구의 충족 수단이라고 본다면 혼전 성관계에서 볼 수 있듯이 성욕을 충족시킬 수 있는 수단은 얼마든지 존재할 수 있는 것이다. 결혼이 성적인 욕구를 충족시키는 것 이상이라는 것은 결혼을 통해서 인간이 가정을 이루게 되고, 이 가정은 사회의 존속과 발전을 위해 가장 중요한 단위라는 점이다(대한가족계획협회, 1992, pp.11-13).

인간이 가정(가족)을 이루는 과정은 크게 두 가지로 나눌 수 있다. 즉, 그 하나는 한 가정의 자녀로 태어나 그 가족의 구성원이 되어 가족을 이루는 경우인데, 이를 본래적 가족(family of orientation)이라고 부른다. 다른 하나는 성년이 되어 결혼을 하고 부부가 자녀를 두어 가정을 이루는 것으로, 이를 획득적 가족(family of procreation)이라고 부른다.

본래적 가족의 구성원이 된 경우에 인간은 부모의 양육방식과 가정환경에 따라 자신을 수동적으로 발전시키게 되며, 획득적인 가족의 구성원일 때는 본인과 배우자의 협력적인 노력을 통해서 가정생활을 능동적으로 유지 발전시키는 것이다.

획득적인 가정을 구성하는 수단으로써 결혼은 부부에게 상당한 권리와 동시에 책임을 요구하게 된다. 권리와 책임이 균형 있게 수행되지 않는 결혼은 부부 당사자는 물론 자녀를 포함한 가족구성원 전체의 불행이 되어, 공동체 사회에도 많은 피해를 입힐 수 있다.

이혼은 불행한 결혼생활을 하는 부부의 어쩔 수 없는 결정일 수 있다. 그러나 이로 인해 당사자가 겪게 되는 어려움은 물론이지만, 필요한 지원을 받지 못하는 자녀들이 겪는 어려움도 사회에 적지 않은 영향을 미치게 된다. 그러므로 가족해체라는 개인적 차원의 병리현상은 사회해체라는 사회적인 병리현상을 낳게 되는 것이다. 따라서 결혼은 사회에 대한 막중한 책임을 지는 것이기 때문에 온전한 결혼생활을 위해서 부부가 많은 공동의 노력을 기울여야 한다(대한가족계획협회, 1992, pp.11-13).

관계로써의 결혼의 의미	(1) 정서적 관계 • 결혼을 통해 서로 사랑하고 보살피며 함께 있음을 즐거워하고 영원히 삶을 함께 하고자 하는 배우자를 얻고자 함 (2) 성적인 일부일처의 관계 • 결혼생활 동안 각 배우자는 자신과 상대방의 성적 정숙을 요구함 (3) 법적 책임의 관계 • 결혼은 법적 약속이며, 권리와 의무가 부여됨 (4) 자녀의 적출을 보장하는 관계 • 혼인신고는 결혼하는 부부에게서 태어나는 자녀를 적출로 인정하고 부모에게 자녀를 보살필 법적 책임을 부여 (5) 공적 의식의 관계 • 결혼식 의례를 통해 공적인 의식이 이루어짐
의례로써의 결혼의 의미	① 결혼은 개인 남녀의 결합이나 사회적, 법적, 도덕적 의식이기도 함(결혼식을 통하여 부부 됨을 공고, 혼인신고를 통한 법적 공인절차가 필요함) ② 의례란 형식을 갖춘 예의 ③ 혼례는 사회적 유대감 증진, 종족계승이라는 사회적 동기가 있음

2. 결혼의 내용

부부관계는 성숙한 남녀가 결혼이라는 제도를 통하여 결합되는 관계로써 육체적 결합은 물론 정신적, 심리적, 정서적, 경제적 결합을 기초로 해 형성되는 인간관계에서 가장 핵심이 되는 관계이다. 그러나 부부가 된다는 것은 기대만큼 그렇게 쉬운 것은 아니며 친밀한 부부관계 또한 우연히 형성되는 것은 결코 아니다. 부부관계를 형성하고 그 부부관계를 유지하는 것은 가족생활주기에서 가장 어렵고 복잡한 과정 중의 하나이다(송정아 외, 1998).

부부가 되기 전에는 각자가 독신으로서의 정체성을 갖고 있었지만 이제는 한 쌍의 부부로서 새로운 정체성을 가진 후 적응하는 게 필요하다. 특히 결혼 초기는 서로 성장배경이 다른 두 남녀가 만나서 한 가족을 형성하는 과정이므로, 조정과 협력이 가장 요구되는 시기이기 때문에 배우자 간의 호혜성이 얼마나 잘 유지되고 불균형을 얼마나 잘 해결하느냐에 의해 결혼의 성공 여부가 좌우된다(Scanzoni & Scanzoni, 1988).

결혼준비란 독신에서 결혼으로의 전환을 쉽게 하고 결혼 후 원만한 적응을 할 수 있도록 결혼생활에 대한 태도, 지식, 기술을 갖추는 것이다(김혜석, 2000). 물론 자신이 성장해 온 근원가족에서 독립적인 자신의 생식가족을 형성하기 위해서는 물적, 인적, 사회적, 심리적, 가족적인 차원 등 다양한 측면에서 준비를 포함하는 포괄적인 개념이다(Fowers & Olson, 1986; Fessis, 1985). 그러므로 단면적인 부분의 결혼준비는 많은 갈등을 가져올 수 있는데 각 단계별 준비 내역을 보면 다음과 같다.

첫째, 개인적·관계적 결혼생활 준비로써 결혼준비란 자신이 성장해 온 근원가족에서 독립적인 자신의 생식가족을 형성하기 위한 물적, 인적, 사회적, 심리적, 가족적인 차원 등 다양한 측면에서의 준비를 포함하는 포괄적인 개념으로 볼 수 있다. 결혼의례와 관련된 결혼준비 과정과 개인적·관계적·결혼생활 준비 측면에 대한 결혼준비 과정이 결혼준비의 광의의 개념으로 정의될 수 있다. 단면적인 부분의 결혼준비는 많은 갈등을 야기할 수 있다.

둘째, 혼수 및 예단의 준비로써 우리나라와 같은 동양에서는 의례를 중요시하여 왔고 특히 혼인의례에서는 부부의 결합으로써의 의식과 동시에 그 의식을 통해 가치관을 볼 수 있다는데 중요성이 있다(이광규, 1997). 전통사회에서는 결혼식이 끝나면 신부가 신랑과 함께 시댁에 들어가서 사는 형식이었으므로 신부는 시집에서의 생활에 필요한 간단한 침구와 옷가지 등만 장만해 오는 것이 통례였다(김정근 · 홍형옥, 1996). 오늘날의 혼수는 결혼생활과 관련된 물질적인 측면의 준비를 의미한다. 오늘날과 같이 신부가 살림 일체를 장만하여야 하는 풍습은 우리의 주거제도가 바뀐 것과 직접적 관련이 있어, 전통사회에서와 같이 시부모와 동거하는 부거제에서 오늘날 신랑 신부가 부모와 독립된 가구를 형성하는 신거제가 보편화되는 과정에 생긴 양식이다(김두헌, 1980). 특히 근대화 이후 기회포착으로 부를 축적하게 되면서 부모는 부 과시의 한 방법으로 자녀가 결혼을 할 때 재산분배 또는 증여의 형식으로 자녀 재산의 기반을 형성해주었다. 혼수 비용에 있어서 다소 차이가 있지만 상류층이든 중류층이든 모두 비슷한 방식의 결혼준비가 이루어지고 있다.

셋째, 최종 결혼식의 준비로써 개화기 시대 이후 사회변동에 따라 서양의식의 영향으로 인해 결혼식은 전통양식에서 전통과 서양식의 절충식으로 변해가면서, 점차 전통의식이 생략되고 이벤트성 행사의 성격을 나타내고 있다(홍나영 외, 2002). 예복, 화장, 야외 촬영, 폐백, 피로연 등이 포함된 결혼식 준비비용은 총 결혼준비비용에서 그 비중이 증가하고 있다. 이는 의례절차의 상업화에 주된 원인이 있다. 사회의 전반적인 편의주의적 성향으로 인하여 대부분의 혼례와 상례는 상업주의 기관을 이용하고 있으며 혼례는 거의 사회화되어 있다. 의례당사자들이 자신들의 일생일대의 중대사임에도 불구하고 이에 대한 사전 지식습득과 관심 기울이기는 전혀 이루어지고 있지 않다. 대부분의 결혼준비 과정, 상례절차 과정은 '시간 문제와 돈 문제'일 뿐이라고 생각하고 있으며 자신에게 닥치는 그 순간부터 불합리한 요소가 많다고 생각하지만 구조화된 결혼의식 문화의 틀을 깨기란 쉽지가 않다. 상업화에 따른 혼례 서비스의 소비자문제는 새롭게 등장한 문제로 생활양식의 변화로 인하여 발생한 역기능적인 측면이라고 볼 수 있다.

이 같은 단계를 거쳐 결합되는 결혼을 위해 최근에는 결혼준비예비교육 프로그램을 통해 체계적으로 준비하는 부부들이 늘고 있다. 즉, 우리나라에서의 결혼준비교육은 1970년대 사회단체에서부터 시작되었는데, 1980년대 이후로는 교회, 성당 등 종교를 중심으로 한 결혼준비교육이 이루어져 그 교육내용과 대상이 매우 제한적이다. 또한 결혼준비교육에 관한 1990년대 이후 연구들을 살펴보면 모두 결혼준비교육 프로그램의 개발에 관련된 것으로써 결혼준비교육에 관한 발판을 마련한다는 의미에서 매우 의의가 있으나 대부분이 결혼준비교육 프로그램의 실시계획과 내용계획이 구체적으로 제시되어 있지 않거나 실제 적용하에 효과를 검증하지 않았다는 점에서 한계가 있다. 현재 무엇보다도 중요한 것은 결혼준비교육의 실제적인 계획과 프로그램의 연구가 필요하며, 프로그램 개발은 교육자와 참여자의 요구도를 모두 고려하여야 한다는 점에 특징을 갖는다(이현숙, 2004, pp.13-29).

따라서 결혼 초기 결혼생활 적응을 통해 형성되는 부부 상호교류 패턴은 결혼생활 전 과정에 영향을 미친다. 그러므로 기존의 결혼 전 또는 결혼 초기 부부를 위한 프로그램에서는 동반자로서의 결혼, 자신과 원가족과의 분화, 자아상 확립, 자신과 배우자와의 성격 이해, 부부 상호작용 패턴, 배우자에 대한 헌신, 대화 및 갈등해결 기술, 친밀감 형성, 성 역할 및 부부 역할 이해, 부부의 성 이해, 재정관리, 시댁과 처가와의 적응, 가족과 직장생활의 조화, 취미와 여가활동, 가족계획, 종교생활 등의 내용이 결혼준비교육에 포함되어야 한다(송정아 외, 1998).

결혼준비	(1) 함들이: 신부를 위한 예물과 혼서지를 보내 혼인을 준비케 했던 납폐의 의미 (2) 혼수 ① 신랑 신부가 현재 가지고 있는 경제력을 먼저 합한 후에 혼수 예상비용과 맞춘다. ② 신랑 신부 예물은 신랑 신부의 상징적인 기념물을 하나씩 마련한다. ③ 예단은 시부모와 친정부모에게 옷 한 벌씩, 시가 형제들에게 간단한 선물을 준비한다. ④ 살림살이는 이불 두 채, 살림도구, 그릇 종류를 마련한다. ⑤ 결혼식 장소에 따라 혼인잔치 규모를 정하고 음식을 계획한다. ⑥ 예물, 예단, 살림살이, 결혼식 비용의 총계가 혼인 당사자의 능력을 초과하지 않도록 한다. ⑦ 부조나 부모의 원조는 통장을 만들어 주택마련에 보탠다.
결혼준비 교육	(1) 의미: 결혼 전의 남녀가 관계를 평가하고 성공적인 결혼생활을 준비토록 하는 것 (2) 내용 ① 서로에 대한 이해증진: 성장과정에 대해 이야기 나누기, 성격의 이해, 남녀의 차이와 그 배경 이해 ② 친밀감 발달: 올바른 성 이해, 애정의 표현, 공유의 감정 도달 ③ 의사소통 능력의 향상: 적극적인 경청과 명확히 말하기 ④ 생활문제해결 능력의 향상: 재정, 친, 인척관계, 가사노동, 육아, 정서적 행동 등에서 야기되는 갈등에 대처하기 ⑤ 가족가치의 인식: 사랑, 헌신, 배려 등과 같은 가족가치를 인식하고 내 속의 잠재력 찾기
결혼식	(1) 절차: 개식(사회자 진행) → 신랑 입장(혼자) → 신부 입장(아버지 인도하에 입장) → 신랑 신부 맞절 → 신랑 신부 서약 → 예물 증정(반지 교환) → 성혼 선언 → 주례사 → 신랑 신부 내빈께 인사 → 신랑 신부 행진 → 폐식(사회자 선언) (2) 문제점: 식민지 문화와 서구문화의 접목인 결혼예식은 상업주의 의식의 폐단

3. 결혼의 동기

우선 결혼의 주된 동기 중의 **첫째**는 성적욕구의 충족이다. 물론 결혼을 하지 않고도 이 욕구를 충족시킬 수 있다. 그러나 대부분의 사람들은 결혼을 하지 않고 육체적 사랑을 하게 되면, 그 자체가 사회적으로 떳떳하지 못한, 즉 사회적인 틀로부터 자유롭지 못한 것으로 인식되고 있다. 따라서 죄책감도 느끼게 된다. 또한 임신에 대한 불안감도 있다. 결혼을 하지 않고 임신을 하게 되면 그것은 우리가 사는 틀에서 벗어나는 행위라고 생각하게 된다. 결혼을 하게 되면 이 문제들은 보편적이 되어 모든 것이 정당화된다.

둘째는 성적욕구와는 다른 애정의 욕구충족이다. 외로움에서 벗어나고자, 또는 아끼고 배려하고자 하는 이성과 서로 기대면서 살아가기를 바라는 것이다.

셋째는 사회적욕구의 충족이다. 미혼인 사람의 지위보다는 결혼해서 아이들을 낳고 가정을 이루게 되면 그 자체로서 사회적인 지위, 즉 평가도 달라진다. 또한 자신의 가정뿐만 아니라, 배우자 집안과의 연대를 함으로써 그 영향력이나 평가가 향상되기도 한다(http://cafe.naver.com/chinaweddingkbg).

객관적이고 현실적인 동기 일곱 가지	→	**터너와 헬름스**(Turner & Helms, 1994) ① 사랑 실현 ② 성행위에 대한 합법성 부여 ③ 경제적인 안정 ④ 정서적 안정 ⑤ 부모가 되기 ⑥ 성인으로서의 신분획득 ⑦ 사회적 기대에 부합
결혼 자체의 장점	→	**린다 와이트와 매기 갤러거** (Linda Waite & Maggie Gallagher, 2000) ① 결혼한 부부가 독신자들보다 오래 산다. ② 더 행복하다. ③ 결혼관계는 성관계를 가지는 것과 관련해서도 이점이 있다. ④ 남자의 경우 경제나 사회경력을 쌓는 데 도움이 된다. ⑤ 여자의 경우 폭력에 보다 덜 노출될 수 있다.

결혼에 대한 환상	→	① 우리의 결혼은 다른 사람들의 결혼과 다를 것이다. ② 우리는 상대방을 행복하게 만들기 위해 노력해야 한다. ③ 우리의 갈등은 심각하지 않다. ④ 배우자는 내가 원하는 모든 것을 충족시켜 줄 것이다. ⑤ 사랑이 깊을수록 갈등이 적을 것이다.
결혼에 대한 현실적 사고	→	① 우리의 결혼을 다른 사람의 결혼과 다르게 만들기 위한 노력을 해야 한다. ② 우리는 배우자의 행복에 영향을 미칠 수 있지만 책임을 질 수는 없다. ③ 우리의 갈등이 심각하지 않을 수도 있지만 해결방안은 있어야 한다. ④ 배우자는 나의 욕구충족을 위해 노력을 할 수 있지만 사실 나의 욕구는 나 자신이 충족시킬 수 있어야 한다. ⑤ 사랑과 갈등은 불가분의 관계이다. 부부간의 갈등을 줄이는 것은 결혼에 대해 현실적인 적응을 했을 때 가능하다.

4. 결혼생활의 적응

결혼적응은 결혼한 부부가 서로 얼마나 잘 조화를 이루며 살아가고 있는지에 대한 정도를 나타내는 것으로 부부 사이가 친숙하고 충돌의 횟수가 적고 긴장상태가 적은 상태를 의미하며 결혼의 성공을 판단하는 하나의 기준이다. 특히 결혼생활에서 남편과 부인의 조화로운 관계, 동의, 관심의 상호성, 활동에의 공동참여를 중시한다(유영주 외, 2000). 또한 결혼적응을 조화롭고 기능적인 부부관계를 이루는데 필수적인 과정으로 보고 있기 때문에 이를 위해 부부들은 성실한 상호작용과 진지한 의사소통을 통해 가정의 토대, 가계운영의 계획, 가사에 대한 분담, 서로 만족스러운 성관계, 만족스러운 의사소통 패턴, 미래의 부모 역할 등에 대해 서로 합의된 의사결정과 과업 등을 수행해야 한다(김시업, 1999).

결혼 초기의 발달과업 성취는 앞으로의 결혼생활에 긍정적인 영향을 미치게 된다. 따라서 결혼 전에 있는 예비부부들이 결혼관계에서 나타날 문제들에 대해 잘 적응하고 해결할 수 있도록 결혼 전과 결혼 초기에 달성해야 할 발달과업과 적응에 관해 알아야 한다.

김광률(2002)은 결혼을 준비하는 이들의 중요한 발달과업으로 자아정체감의 확립, 친밀성의 개발과 헌신을, 서병숙 외(2002)는 결혼 초기에 각 가족은 내적 외적으로 많은 요구와 기대에 부딪히게 되기 때문에 부부간의 인격적인 적응, 성적 적응, 경제적인 적응이 필요하다고 보았다. 백지은 외(2003)는 역할과 책임관계의 기준을 수립, 상호 만족스러운 관계 형성, 좋은 의사소통과 공정한 갈등해결 방식을 수립, 친척과 조화로운 관계 형성을 제시하였다. 유계숙(2000)은 배우자와의 성격 및 습관 차이, 부부의 성생활, 시댁 및 처가 친족과의 관계, 경제적 부담, 자녀양육 문제들을 언급하였고, 정미향 · 김득성(2001)은 성격적인 적응, 성적 적응, 원가족으로부터의 독립, 시댁 및 처가와의 원만한 관계 형성으로 구분하였다.

결혼적응은 대상이 고정된 것이 아니라 항상 변화하는 사항들이므로 부부간의 적응 자체도 변화하고 성장하는 것이다. 즉 정적인 것이 아니고 역동적이며 동적이기 때문에 이러한 변화를 성장과 발전의 방향으로 서로 이해하고 수용하며 애정과 노력으로 받아들여야 한다. 결혼 초기의 부부적응은 앞으로의 부부관계의 질을 규명해주는 초석과도 같은 역할을 해준다는 의미에서 매우 중요한 의미를 가진다.

1) 자아분화와 적응

자아분화는 보웬(Bowen)의 가족체계 이론에 있어서 가장 중심이 되는 개념으로 개인이 사고와 정서를 분리시킬 수 있는 능력뿐만 아니라 정서적 수준과 자기가 태어난 가족으로부터 개체화된 정도를 의미한다. 또한 자아분화는 정신내적 개념인 동시에 대인 관계적 개념으로 정신내적 측면에서의 분화란 자신의 감정 또는 정서적 충동으로부터 지성 또는 사고가 발달되는 것을 말하며, 대인 관계적 측면에서의 분화란 타인과 친밀감을 유지하면서 독립성을 발달시키는 것을 말한다(Kerr & Bowen 1988).

자아분화는 부부갈등이라는 스트레스 상황에 대한 지각과 그 스트레스의 정도, 스트레스 대처방안을 설명하는데 있어 영향을 끼치는 중요한 변인이다(조은경 · 정혜정, 2002). 자아분화가 높은 사람은 독립적이고 신중하며, 융통성이 있고 사려가 깊으며 스트레스 상황에서도 자율적으로 행동한다. 반면 자아분화가 낮은 사람은 융합의 정도가 높은 사람으로서 감정의 세계에 쉽게 빠져들거나 정서성에 의해서 영향을 받으며 객관성, 지적 추리, 독립적 목표 지향을 할 수 있는 능력이 없을 뿐만 아니라 스트레스 상황에 직면하게 되면 이에 민감하게 반응하여 역기능으로 될 가능성이 높다. 또한 자신의 일관된 신념에 따른 독립적 행동을 못하고 타인의 견해에 쉽게 동조하며 타인의 공격이나 비난을 회피하는데 급급한 삶을 살게 된다. 개인이 나타내는 부적응 행동이나 증상은 모두 자아가 분화되지 못한 데서 발생한다.

이러한 연구결과와 유사한 결과들이 여러 연구에서 보고되고 있다. 분화수준이 높은 사람들이 그렇지 않은 사람들보다 부부관계나 의미 있는 관계에서 심리적인 안녕(Bohlander, 1999), 정서적인 친밀감(제석봉, 2002; Macreanor, 1988), 부부 적응과 부부 애정(고현선, 1993), 결혼안정성(전춘애, 1994), 결혼만족도(Lim & Jennings, 1996) 등이 높았으며 스트레스 증상과 융합이 덜하였고(Mee-Gaik, 1991), 부부갈등을 덜 겪으며(Lim & Jennings, 1996), 갈등 대처방안 중 감정 및 행동 표출, 회피와 같은 부정적인 방법보다는 이성적 대처와 같은 문제해결적이고 긍정적인 방안을 많이 사용하였다(송말희, 1990; 한미향, 2000). 그러나 반대로 자아분화가 낮을수록 부부간에는 스트레스 갈등, 우울, 불안 등 여러 가지 역기능적 행동이 많이 발생한다(이창만, 1992; Mee-Gaik, 1991; Griffin & Apostal, 1993).

남순현 · 한성열(2003)은 결혼 전 부모와 높은 수준의 분화를 보일수록 결혼 당시 부모로부터 분리하는데 있어서 불안감을 덜 느꼈고 이러한 불안감은 결혼 후 부모와의 관계의 질에 영향을 미친다고 보고하였다. 뿐만 아니라 자아분화가 부부간의 친밀감에도 영향을 주는 것으로 나타나 결혼 전 분화의 중요성을 강조하고 있음을 알 수 있다.

2) 의사소통 적응

의사소통이 모든 인간관계의 중심 과정 중 하나이며 인간 상호관계의 유지와 개발을 위한 기본적인 조건임에도 불구하고 부부관계에서 효과적인 의사소통 기술이 부족하기 때문이 많은 문제가 야기된다. 부부의 긍정적인 의사소통은 상호간의 이해를 증진시키고 우호적인 관계를 발전시키지만 부정적인 의사소통은 부부의 관계를 악화시키거나 단절시키는 부정적인 영향을 미친다.

부부는 의사소통을 통해서 상대방에게 자신의 감정, 태도, 사실, 신념 등을 전달하게 되고 언어뿐 아니라 침묵, 몸짓, 얼굴 표정 등 비언어적 수단을 통해서도 자신이 의도하는 것을 전달하게 된다. 그럴 때 자신과 상대방의 역할과 목표를 알게 되며 사랑과 존경을 나타낼 수 있다. 그럼에도 불구하고 부부는 각자의 문화가 다른 가족에서 나름대로 자신의 고유한 의사소통 방식을 터득하며 성장해왔기 때문에 서로 다른 두 개체가 만나서 결혼생활을 해나갈 때 이전에 형성된 각자의 의사소통 방식이나 습관, 형태 등으로 인해서 자신의 의사를 전달하는데 어려움을 겪을 수 있다. 또한 현대사회의 구조적 특성에 의해서 남편의 바쁜 직장생활, 레저 기회의 확대 등으로 가정에 머무는 시간이 감소했을 뿐 아니라 아내의 사회적 진출로 인해 서로 대화의 시간이 줄고, 그러다 보니 서로 의사를 전달할 수 있는 기회 부족으로 가정생활의 불만과 갈등이 누적되어 가정의 행복과 안정을 위협하고 있다.

행복한 결혼과 불행한 결혼에서의 의사소통의 형태들을 비교한 연구(Sher & Baucom, 1993)를 보면 불행한 결혼을 하고 있는 배우자들은 긍정적인 메시지를 전달하는데 어려움을 느끼고 있는 것으로 나타났다. 즉 서로에 대해서 보다 빈번히 오해를 하고 있으며, 자신이 오해받아 왔다는 것을 인식할 가능성이 더 적고 더욱 빈번하고 보다 강력한 부정적인 메시지들을 이용하고 있으며 흔히 관계에서 그들이 선호하는 자기노출의 정도가 다르다고 지적한다. 특히 부부간의 의사소통은 갈등의 다양한 측면들과 관계가 있으며(류승하, 1996), 결혼만족도 간에도 높은 상관관계가 있다(Gottman, 1993).

결혼만족도가 높은 부부일수록 의견일치의 빈도가 높고, 부정적인 감정을 덜 주고받으며, 사회적-감정적 관계에 만족하여 사랑과 애정표현의 의사소통을 더 많이 한 것으로 보고되었다. 뿐만 아니라 부부 사이에 긍정적인 느낌의 표현이 많을수록 결혼생활에 더 잘 적응하게 되며, 항상 의사소통의 통로를 열어 놓고 있으며 대화를 보충하기 위해 비언어적인 방법을 더 많이 사용한다. 그러나 결혼만족도가 낮은 부부일수록 부정적인 의사소통 방법을 많이 사용하는데 자신의 감정표현을 직접 나타내기보다는 간접적으로 모호하게 나타내어 명확하게 전달하지 못할 뿐 아니라 파괴적인 의사소통 행동을 보이는 것으로 나타났다(Hahlweg et al., 1984).

따라서 결혼 전에 예비부부가 자신과 상대방의 욕구를 솔직하고 정확하게 표현하며 바람직한 의사소통을 통해 건강하게 싸우는 방법을 결혼 전에 형성해 발전시켜 나간다면 부부간의 친밀한 관계를 형성하는데 도움을 줄 수 있을 것이다(송정아, 2004). 실제로 의사소통 훈련은 많은 부부적응과 부부치료 프로그램의 핵심적 요소로 자리 잡고 있다(김미경, 2006, pp.22-28).

3) 성격 적응

성격은 어원적으로 탈 혹은 가면의 뜻을 함축한 라틴어 페르소나를 내포하는 말로 겉으로 사람들에게 보여지는 개인의 모습 및 특성을 나타낸다(노안영 · 강영신, 2003). 최정훈(1997)은 성격을 한 개인이 환경에 적응해 나아가는 과정에서 비교적 일관성 있게 나타나는 개인 특유의 행동 및 사고의 양식이며 사람들을 서로 구별해주는 개인 간의 차이가 그 핵심이라고 보았다. 또한 성격은 한 개인의 가치관이나 기대, 습관, 주위환경에 대한 사회적 반응, 경험, 기분 등 모든 것의 총 결합체이다. 이것은 태어나면서 부모나 형제 또는 친구 등과의 상호작용에 의해 점차 사회화되는 과정에서 이루어지는 것이며, 유아기에 형성된 기본형에 성장하면서 여러 경험들을 습득하여 성인의 성격을 이루게 된다.

성격 요인은 부부갈등의 주된 요인이 되며 결혼의 행복을 측정한 수 있는 중요한 요인으로 지적되고 있다(김시업, 1999; Mary Ann Lamanna, 1985).

송성자(1985)는 부부간의 성격차이로 인한 갈등이 문제가족에게는 62.6%, 정상가족에서도 17.3%로 나타난다고 했다. 이것은 부부가 사랑으로 맺어져 결혼생활을 하지만 서로 다른 인간관계와 환경 속에서 형성되어진 부부 각자의 성격은 차이가 날 수밖에 없고 그 성격이 부부관계 내에서의 개인의 지각과 행동을 좌우한다고 볼 수 있다. 그러나 부부간의 성격적 적응은 부부간의 내적인 적응으로써 객관적으로 평가할 수 있는 문제가 아니라 심리적으로 자신들만이 가지는 분위기 속에서 이루어지는 적응으로 볼 수 있기 때문에 성격적 적응은 개인의 성숙도, 정서적 안정감, 원만한 성격, 감정의 교류, 시간적 요소들을 필요로 한다(유영주 외, 2000).

랜디스(Landis, 1955)는 부부간의 갈등을 야기하는 성격으로 지나친 소유욕, 계속적인 불만족, 신경질, 우월감, 옹졸함 등을 들고 있다. 부부간에 한쪽 배우자가 지나치게 지배적이거나 의존적일 때는 균형을 잃게 되고 성격상의 조화가 깨어질 가능성이 높을 것이다. 터만(Terman, 1983)은 여자의 경우 정서적으로 불안정하거나 열등감을 느끼며 지나치게 활동적이거나 경쟁적이고 이기적이며 기분의 변화가 많은 성격일 때 결혼에 실패할 가능성이 높고, 남자의 경우는 신경이 예민하거나 우둔하고 매사 자신감이 부족하고 지배성이 강하고 급진적인 성격일 때 결혼에 실패할 가능성이 높다고 보았다.

랜츠와 신더(Lants & Synder, 1962)는 성공적인 결혼의 성격적 특징으로 책임감, 최소한의 문제해결 능력, 자신의 분노의 감정을 극복할 능력, 유머, 감정이나 애정을 표현할 능력으로 보았다. 반면 실패적인 결혼의 성격적 특징으로 염세적인 성격, 신경증적 성격, 지배적이고 건방진 성격, 비난을 잘하는 성격, 지나친 자부심, 자신감이 부족한 성격을 들었다. 따라서 결혼 후에도 오랜 기간 동안 서로의 성격적 차이를 극복하고 이해하기 위한 노력이 필요하다.

4) 부부 역할 적응

현대사회에서 가족기능의 약화는 사회조직에 많은 변혁을 일으키고 있으며 이러한 변화는 남성과 여성의 역할 구조상의 변화를 초래하였다. 전통적인 성별분업 형태가 부분적으로 변화되고 있으며 남녀 역할의 구분이 모호해지고 가족의 형태가 부부중심의 핵가족 형태로써 여성의 지위가 향상되면서 부부간의 역할분화 문제가 결혼생활에 있어서 중요한 요인으로 대두되었다.

뿐만 아니라 사회의 변화에 따른 교육의 보편화, 남녀평등 의식, 가족계획

등으로 인한 여성 일생주기의 변화, 여성의 사회진출 등으로 부부의 역할 분화가 보다 융통성 있게 변화하고 있어 남편의 역할, 아내의 역할에 대한 고정적이고 전통적인 구분은 사라지고 그 내용도 다양해지고 있다. 전통적인 형태에서 근대적인 형태로 역할이 변화되고 있는데 부부의 역할이 인생의 동반자, 역할의 공유, 출산의 선택과 가족계획, 이혼의 선택, 평등한 남녀 관계의식 등이 내재된 방향으로 가고 있다(이정덕 외, 1998).

부부 역할에 대해서 최신덕(1991)은 가사 역할, 경제적 역할, 자녀양육 역할, 자녀 사회화 역할, 여가 및 오락 역할, 사회적 역할, 부부 화합 역할, 성적 역할 등으로 구분했으며, 최규련(1987)은 애정 및 성적 역할, 오락 역할, 치료적 역할, 수입원 및 금전관리 역할, 가사 역할, 자녀양육 역할, 친척에 관한 역할, 직업 이해 역할, 남편의 직업 활동 등으로 분류하였다. 유영주(1996)는 자녀의 양육과 사회와의 역할, 친족에 대한 역할, 공급자 또는 관리자로서의 역할, 성적인 역할, 치료적 역할, 오락 및 휴식의 역할로 제시하고 있다.

그러나 역할기대와 역할수행 사이가 서로 균형을 이루지 못하거나 기대와 수행이 일치되지 않을 때 부부의 역할갈등은 일어나게 되며 역할기대에서 부부들 간 격차들은 결혼만족도에 부정적인 영향을 준다(Lye & Biblarz, 1993). 사회변화에 따른 부부의 역할 변화는 그 가족의 기능에 영향을 주기 때문에 부부들은 그들의 역할기대와 수행에 수정을 가하면서 변화하는 환경과 요구에 대응해 나가는 게 필요하다.

또한 부부간의 역할구분은 부인의 가정적 역할에도 직업적 역할과 동등한 가치를 부여하여 평등한 입장에서의 역할분담으로 인식되어야 한다. 부부간에 상호 성숙된 애정과 신뢰를 바탕으로 상호간의 역할을 보충하는 방향을 모색하여 동반자적 부부관계로 발전시켜 나갈 때 남성과 여성의 진정한 역할 평등은 이루어질 수 있다.

최근 들어 여성 운동과는 다른 사회변화의 힘들은 부부 역할에 대한 새로운 기대들을 요구하고 있기 때문에 현대 부부들은 가족생활주기 내내 역할 책임들을 협상하고 재협상할 필요가 있다(Zvonkovic et al., 1996). 미래의 맞벌이 부부의 높은 결혼만족도 향상을 위해서 어릴 때부터 가정 내에서 부모들이 남녀 차이를 두지 않는 동등한 자녀양육 태도를 갖는 것이 필요하며 학교와 사회에서는 평등적인 성 역할에 근거한 교육 등이 요구된다(이은희, 2002).

5) 가족관계 적응

우리나라의 경우 핵가족이라 할지라도 심리적으로나 경제적으로나 확대 가족의 성격을 지니고 있으며 친족 간의 전통적인 의례와 관습이 존중되고 있어서 이에 대한 적응 여부가 부부의 결혼생활에 영향을 미치고 있다. 한국인의 가족중심주의는 개인의 자아실현도 가족을 통한, 가족을 위한 자아실현이며 자기의 수치는 곧 집안의 수치이고 집안의 수치는 곧 자기의 수치로 여긴다.

가족 간의 유대가 지나치게 강하면 강할수록 각 가족구성원 간에 독립적이고 심리적 경계선을 형성하기가 힘들고 서로 끈끈하게 의존적인 관계가 강화되어 단단한 심리적 방어벽을 쌓게 된다. 이런 한국인의 가족중심적인 사고와 인간관계를 중시하는 여성의 특성 때문에, 결혼 초에 새로운 관계를 맺게 된 가족과의 유대관계가 원만하지 못하면 부부관계도 결코 순탄하지가 않다.

결혼은 남녀의 만남뿐 아니라 그들을 둘러싼 많은 가족, 친족관계의 결혼을 의미하며 개인적인 특성을 제외한다면 상당 부분 각자가 성장한 가정환경의 영향을 받게 된다. 두 사람의 성장배경이 다를수록 인척관계의 적응은 그만큼 어려운 일이라 할 수 있다(고정자, 1988).

결혼에서 가장 중요한 것은 부부 두 사람의 관계이지만 그 두 사람을 둘러싼 가족관계를 무시한다면 가족 내 불화가 생겨나기 쉬우며, 그 불화는 결국 부부 두 사람의 관계에 부정적인 영향을 미치게 된다. 결혼 초기 부부는 새 가족의 시작으로 인간관계를 재조정하게 되는데 특히 한국문화에서는 이 과정 동안 젊은 부부와 양가 부모 사이에는 많은 갈등과 긴장이 야기되기도 한다. 따라서 무엇보다도 결혼 초기 부부들에게 있어서 배우자 가족과 그들의 생활양식에 대한 적응은 관계 만족도를 높이는데 필수적인 과제이다.

선행연구에 의하면 시집식구들이나 처가식구들과의 갈등이 부부관계를 위협하는 주요 원인이 되고 있으며 심지어 여성들의 주된 이혼 사유가 시댁과의 문제에 있다고 보았다(김선녀, 2001). 이혼 청구 사유 중 배우자 부모 학대 등 존속에 대한 부당한 대우가 이혼의 주요 사항으로 대두되고 있는 것을 볼 수 있다.

김준수(2001)는 기독교인의 부부갈등에 관한 연구에서 젊은 부부들에게 배우자 가족과의 관계(특히 시부모와의 관계)가 부부갈등의 요소라고 지적하고 있는데, 이것을 볼 때 우리나라는 아직도 시댁과의 갈등이 부부갈등의 중요한 요인을 차지하고 있음을 알 수 있다.

고부간의 갈등은 여성의 결혼만족도를 낮출 뿐 아니라 부부관계를 파탄에 빠트리기도 하며 손자 손녀관계의 단절, 주부의 정신질환, 노인들의 가출, 방황 등 개인적인 차원을 넘어서 갈등상황이 고조될 경우 가정문제뿐 아니라 심각한 사회문제로까지 확산되기도 한다(고정자 · 김갑숙, 1993).

고부간의 갈등은 현대사회에만 국한된 것이 아니라 부계가족에서, 모자관계가 강한 애정적인 밀착을 보이는 특별한 관계라는 점에서 연유되었다고 할 수 있다. 한국사회가 근대화해가면서 고부간의 갈등을 초래하는 부계가족 제도도 많이 변질되어 가고 있는 듯하나, 그 구조상에는 아직 부계 가족적 관습이 남아 있다고 할 수 있다. 즉 도시에서 형제 서열에 구애됨이 없이 분가가 행해지고 있으나 부모 자녀관계와 부부관계는 그 내면에 있어 전통적 효 사상에 의해 자녀 가정과 부모 가정의 상호 밀접한 왕래와 유대는 계속되고 있어 시부모의 영향력이나 간섭은 배제할 수 없는 실정이다.

그러나 점차 자녀세대의 주거 단위 및 경제적 독립의 용이성, 양성평등사상의 확립 및 여성의 전문 고등교육의 보편화, 전통 가치관의 붕괴, 여성의 직업 진출이 증대되면서 부자관계가 주축을 이루던 가족구조로부터 부부중심의 가족구조로 서서히 변화를 초래하고 있다. 이는 불가피하게 가족관계 즉 부부관계, 부모 자녀관계, 며느리와 시어머니 간의 관계도 변화를 가져오게 되었다. 이로 인해 가정 내에서 절대적 권위를 상실하게 된 시어머니들은 실제적으로 정신적인 면에서 타격을 받게 되고 이러한 상실의 반작용으로 고부간의 갈등이 표면화하게 되었다. 즉 시부모와의 문제 발생은 지금까지 지내온 부모 자식 간의 의존적인 관계의 새로운 변화과정에서 오는 자연적인 결과라고 볼 수 있다.

6) 경제적 적응

부부가 새로운 가정을 이루어 살면서 돈 문제 때문에 갈등이 생기고 파경까지 이르는 경우를 주위에서 흔히 볼 수 있다. 돈은 결혼 갈등의 주요 근원일 뿐만 아니라 부채는 결혼생활에서 가장 큰 위기 요인이 되기도 한다. 이것은 경제적 문제가 기본적인 의식주 생활과 관계되기 때문에 중요시되는 문제이며 자신의 안정, 자존감, 타인의 인정과 관계되어 수단적 역할을 담당하는 남성에게는 스트레스가 되기도 한다.

적절한 수입은 남편과 아내의 만족감 및 가정의 안정감과 관계가 있는데 남편의 수입이 불충분하다거나 전혀 부양을 하지 못하는 경우, 남편이 직업을 자주 바꾸어 안정된 수입이 없는 경우 등은 아내에게 큰 불평의 원인이 되며 남편들도 자신이 가족을 부양할 수 없을 때는 좌절과 실패를 경험하게 된다. 소득 자체가 결혼만족에 직접적인 영향을 미치는 요소라고는 볼 수 없으나 어느 정도의 경제적인 안정은 기본적인 생활과 직접적인 관계가 있다고 할 수 있다. 수입의 부족은 실업률을 증가시키고 열악한 생활환경과 나약한 체력과도 관련이 있으며 이러한 조건들은 결혼 불신, 성 불능, 대화 부족과 자녀양육권과 같은 문제를 일으킨다(서병숙, 1999)[1].

한 결혼정보회사가 2004년 1월 30일부터 2월 7일까지 전국의 20~30대 미혼남녀 612명(남 309명, 여 303명)에게 e-메일과 인터넷으로 '결혼 후 가정을 파탄으로 몰아넣을 수 있는 가장 심각한 문제는 무엇인가'라는 질문에 응답자의 40.8%가 경제적 문제라고 대답한 것을 볼 때(중앙일보, 2004. 2. 10) 결혼생활에서 경제적 문제가 중요한 위치를 차지하고 있는 것을 알 수 있다.

돈이 갈등의 원인이 되는 이유는 서로가 살아온 배경과 습관, 서로 다른 감정, 가치를 갖고 살아왔기 때문에 의견의 차이가 있을 수밖에 없다. 우리는 알게 모르게 부모로부터 돈에 대한 관념이나 태도를 전수받게 된다. 이렇게 몸에 밴 행동이 현재의 우리를 지배하게 되는데 많은 커플들이 이 부

1) 통계청이 발표한 '2004년 한국의 사회지표'에 따르면 100쌍의 이혼 부부 중 14쌍이 경제적 문제 때문에 갈라섰으며, 경제적 문제로 이혼하는 부부가 전체 이혼부부에서 차지하는 비중이 13.7%로 1992의 1.9%에 비해 10년 사이에 7배 이상 높아졌다. 결혼적령기의 젊은이들은 이혼의 원인으로 배우자의 외도보다 경제적 문제를 먼저 꼽았다. 이를 보면 이혼의 이유에 경제적 문제가 상당한 쟁점이 되고 있음을 알 수 있다.

분에 대해서 토의하지 않고 자신이 해왔던 것처럼 상대방도 그렇게 느끼고 행동하고 있다고 가정하기 때문에 실제적인 결혼에 있어서 많은 문제점을 안고 시작하는 것이다. 돈에 대해서 부부가 각각 다른 가치관을 갖고 있다면 그 가정에는 문제가 일어날 잠재력이 있는 것이다.

또한 부부의 심각한 재정적인 어려움은 남편에게는 적개심을 아내에게는 우울을 증가시켜 부부 모두가 결혼만족도가 낮을 뿐 아니라(White & Rogers, 2001) 남편의 직업 불안정은 아내가 결혼 갈등과 이혼에 대한 생각을 하게 하는 전조가 되기도 한다(Fox & Chancey, 1998). 그리고 경제적 갈등이 자녀양육의 어려움과 분노에 영향을 주기도 한다(Seccombe, 2001). 즉 가정의 경제적 어려움은 부정적인 정서를 유발하여 가정생활에 부정적 영향을 미친다.

뿐만 아니라 자신의 절대적 소득수준이 한정되어 있음에도 불구하고 주위 사람들과 같은 소비수준을 유지하려고 할 때 가족원은 경제적, 정신적 부적응을 경험하게 된다. 이런 경제적 부적응의 경험은 가정관리자가 금전이나 물자를 효과적으로 관리할 수 있는 지식과 기술이 부족하여 금전을 현명하게 사용하지 못할 때 많은 갈등과 고민을 가져다주게 된다. 결혼생활에서 부부의 경제적인 적응은 수입이나 금전의 액수에 비례하는 것이 아니라 수입을 사용하는 방법에 대한 부부의 태도에 따라 달라진다.

이와 같이 금전은 부부로 하여금 같은 공동목표를 향해 노력하게 하는 결합의 요소가 되기도 하지만 금전의 사용 때문에 부부간의 갈등이 유발되기도 한다. 따라서 결혼 후 경제적인 적응뿐 아니라 결혼 전에 개인적인 돈에 대한 가치를 나누는 것을 주저하지 말고 대화하는 것이 필요하며 공동 소유의 돈이니만큼 돈을 쓰는데 있어서도 부부간에 협의가 필요하다. 이를 통해서 부부는 경제적으로 적응되어 가게 되며 돈에 대한 각자의 동기가 무엇인가를 이해하는데도 도움을 주게 된다. 아울러 서로가 자란 배경을 이해하는데 도움을 주는데 이상에서 살펴본 내용을 종합해보면 다음과 같이 정리할 수 있다.

성공적인 결혼	→	(1) 성공적인 결혼의 기준 • 사회의 요구와 기대에 어긋나지 않게 이루어진 결혼 • 당사자 자신이 원하고 기대했던 사람과의 결혼 • 양가의 가족들이 긍정하는 결혼 • 현대사회에서 살아갈 수 있는 경제적 능력 • 잘 적응할 수 있는 성숙한 배우자 (2) 성공요인 • 부부의 공동관심이 가정, 자녀, 사랑 및 종교와 같은 문제에 있을 때 • 부모들의 결혼생활이 행복할 때 • 결혼 전 교제기간이 길었을 때 • 교육, 직업, 생활 정도, 취미가 비슷할 때 (3) 행복한 결혼 • 결혼생활의 행복감: 개인의 충동, 습관, 희망 등이 적절하게 방출되어 자기발견, 자기실현을 위해 안정감을 가지고 충실하게 생활할 수 있는 심리상태
결혼적응	→	부부는 한 가정의 주역으로 그들의 결혼적응은 개인의 문제로 끝나는 것이 아니라 전체 가족원의 안정적 발달과 삶의 질에 결정적인 요소가 되기 때문에 결혼생활에서 보다 잘 적응하고 애정을 발달시켜 나가는데 있어서 자아분화가 대단히 중요한 역할을 한다. 그러기 위해서는 무엇보다도 개개인의 자아분화는 부부간에 서로의 자아분화 수준을 높일 수 있는 자극제가 될 수 있을 것이다. 따라서 결혼 초기에 개개인의 자아분화는 물론이거니와 부부의 자아분화를 촉진함으로써 부부가 갈등이나 스트레스 상황에 처했을 때 감정이나 충동의 지배를 받지 않고 객관적이고 합리적인 차원에서 스스로 문제를 효율적으로 해결할 수 있는 능력을 키우는 게 필요하다.
갈등극복 적응	→	원만한 결혼생활을 위해서는 부부간의 갈등을 잘 대처하는 것이 무엇보다도 중요한데 동일한 갈등상황이라도 그것을 받아들이는 태도, 인지하는 정도, 갈등에 대처하는 방법 등에는 차이가 있다. 이것은 부부가 각각 자신의 욕구, 가치, 태도, 믿음에 따라 상황과 다르게 인지하기 때문이며 이러한 차이는 개인이 환경에 적응하며 성장해 가는데 중요한 기제가 되는데 개인의 자아분화 정도에 따라 다르다(한미향, 2000). 자아분화 수준이 높을수록 부부관계가 원만하고 부부생활에 대한 만족도가 높다. 그러나 자아분화 수준이 낮을 경우 결혼

	후 부부간 정서적 융합을 증대시켜 배우자들 사이에 정서적 거리감이 생기고 결혼 갈등이 심화되어 결국 정서적 이혼 상태에 도달하게 되므로 부부의 결혼안정성은 낮아진다고 할 수 있다(Mee-Gaik, 1991).
의사결정 적응	결혼 이전과 결혼 초기의 관계패턴이 결혼 후에도 지속된다는 것과 관련지어 볼 때 성공적인 부부관계를 형성하는 데 밑거름이 되는 것은 결혼 초기까지 효과적인 의사소통 체계를 마련하는 것이다(정현숙·유계숙, 2001). 메이스(Mace, 1986)도 결혼관계나 가족관계가 풍성해지기 위해서는 의사소통 기술을 가르치는 것이 좋으며 부부가 발전된 의사소통 기술을 통해서 서로에게 그들의 사랑을 강화할 수 있는 것을 발견하는 것이 필요하다고 했다.
성격적응	부부 각자는 성격상의 다양한 유전적 특성을 가지고 태어날 뿐만 아니라 자라 온 성장배경도 차이가 나는 경우가 많기 때문에 결혼생활에서 중요한 것은 어떤 성격이냐 하는 것보다 부부 두 사람의 성격상의 조화가 깨어질 때 부부간에 문제가 생기는 것이라고 할 수 있다. 따라서 부부는 먼저 자신과 상대방의 성격적 체계를 이해함으로 성격적 조화를 이루어 가는 것이 무엇보다도 우선되어야 한다.
부부 역할 적응	결혼한 부부가 자기 역할에 대한 인지와 주위의 기대를 잘 이해하는 것은 결혼 초기의 성공적 결혼적응에 중요하다. 특히 남편의 자기 역할에 대한 인지와 기대는 성공적인 결혼에 중요한 영향을 미친다. 그럼에도 불구하고 현대 한국사회에서는 역할의 융통성이 주로 부인들의 사회적, 직업적 역할을 통해 이루어지고 있을 뿐 남성의 가정 내 역할에의 참여는 증가하지 않고 있는 실정이다. 관념적으로는 부부간의 평등을 받아들이나 실생활의 행동 면에서는 남편 우위적인 경우가 허다함을 직면할 때 특히 고등교육을 받은 여성들의 갈등이 심화될 수 있다. 이러한 개념과 현실 생활의 불일치, 모순을 극복하기 위해서는 서로 독립적이고 진취적인 자세가 무엇보다도 필요하다.
가족관계 적응	결혼 초기 가장 두드러지게 적응이 요구되는 고부간의 적응은 결혼과 더불어 시작하며 해를 거듭함에 따라 서서히 이루어지는 것으로써 서로의 부단한 이해와 양보가 없이는 이룰 수 없다. 따라서 노인의 특성을 이해하고 적절한 역할분담과 의사소통을 원만히 함으로써 상호간의 오해와 불신이 싹트지 않도록 노력하여야 한다. 또한 서로 각자의 생활과 권리를 인

		정하고 이해하려는 노력과 긍정적인 태도를 가짐으로써 해결될 수 있다. 이와 아울러 아들(남편)이 고부관계의 조정자이며 매개인으로서의 역할을 얼마나 잘 수행하느냐에 따라서 그 양상이 달라진다고 할 수 있다. 성공적인 결혼생활을 위해서는 가족 공동체를 위한 대처 훈련이 프로그램에 포함될 필요가 있다.
경제적 적응	→	경제적 적응에 있어서 과도한 신용카드 사용에 관한 부분도 심각하게 생각해보아야 한다. 젊은이들뿐 아니라 기혼자의 절반 정도가 배우자의 과도한 신용카드 사용으로 인해 부부싸움을 경험한 적이 있다는 설문조사 결과가 나왔다(연합뉴스, 2003. 7. 26). 남성의 경우는 73.3%가 부인의 분에 넘치는 소비로 다툼이 있었다고 밝혔고, 여성의 경우는 84.3%가 남편의 지나친 술값으로 인해 부부싸움을 했다고 응답했다. 한 결혼정보업체 관계자는 최근 신용불량자 증가가 사회적인 문제로 대두하면서 신용카드를 사용하지 않거나 사용금액이 적은 여성을 결혼상대자로 주선해 달라는 회원도 있다고 말했다. 이것을 보더라도 신용카드의 피해가 생각보다 심각한 것을 알 수 있다. 요즘은 신용카드를 쓰지 말라는 것보다는 더 강력하게 아예 신용카드를 없애버리려는 추세로 가고 있다.

5. 결혼의 특성

인간은 결혼이란 제도적 절차를 통해 가족을 이룬다. 인간은 왜 결혼하는 것일까. 원론적인 질문에 대해 최신덕(1978)은 결혼의 동기를 여섯 가지로 요약하였다. 첫 번째는 가장 원초적이고 생물학적 요소가 강한 성적욕구의 충족이다. 부부간의 성적욕구 충족은 법적으로나 사회적으로 마땅하다고 인정된 행위이다. 그렇기 때문에 부부간에는 서로 성적 배타성과 독점성을 하나의 권리로써 인정받을 수 있다. 이는 심리학자 맥키버의 주장과도 같다. 나머지 다섯 가지는 경제적 · 정서적 안정, 자녀출산의 동기, 성인으로서의 신분획득, 사회적 기대의 부합 등으로 정의하고 있다.

결혼이 남녀 간 성적 요구의 충족수단이라고 한다면 혼전(婚前), 혼외(婚外)

등의 성관계에서 볼 수 있듯이 성욕을 충족시킬 수 있는 수단은 얼마든지 있다. 그러나 나머지 다섯 가지를 통해 알 수 있듯이 결혼은 성적욕구 충족 이상의 의미가 있다. 결혼을 통해 구성된 가정은 사회의 존속 발전을 위해 가장 중요한 단위로 의미를 갖는다(홍경희, 2007, p.5).

세속적인 측면에서 결혼이란 자연발생적이며 사회 형태에 따라 진화되어 온 것으로 보고 있으며 윤리적인 측면에서의 결혼은 그 합법성이 중시된다. 그리고 각기 다른 종교 집단에서는 그 종교의 교리에 따라 결혼의 형태와 목적, 중요성을 달리하고 있다. 반면 기독교 관점에서의 결혼이란 인간의 인위적이고 사회적 계약이 아닌 하나님께서 직접 제정하신 신성한 제도로서 신적 기원을 갖고 있기 때문에 결혼을 사회적 제도의 하나로 보는 자세는 고려해보아야 할 것이다.

화이트헤드(Whitehead, 1997)는 결혼은 인간의 삶에 있어서 가장 중요한 일 중의 하나이며, 사회제도이고, 성적으로 친밀한 성인들의 합법적이고 사회적으로 인정된 결합이라고 정의한다. 일반적으로 결혼에 대한 생각들은 종교나 문화적 측면에 따라 다양하게 나타나기 때문에 어떤 집단에 속하였는가에 따라 결혼의 목적과 의미, 그 형태와 권위에 대해 많은 차이를 보이고 있다.

오늘날의 가정은 빠르게 변하는 사회적 변화와 의식들, 다양화되는 가치관과 극도의 개인주의, 가정이라는 제도에 대한 불신과 독신자의 급증, 성의식의 자유로움, 무자녀 선호, 이혼 등으로 인한 급격한 자기변화 내지는 가정 붕괴를 경험하고 있다. 이와 같은 가정의 파괴나 붕괴는 곧 결혼에 대한 잘못된 생각을 가지고 있기 때문인데 이것은 결혼에 대한 하나님의 진정한 뜻을 모르거나 혹은 알면서도 그 뜻을 저버리는데 있기 때문이다. 결혼 준비와 결혼은 인생에 있어서 중요한 한 요소를 차지하기 때문에 결혼에 대한 성경적 가르침을 통해서 결혼의 본질에 대한 올바른 이해가 필요하다(김미경, 2006, p.11).

브로드릭 (Broderick, 1984)의 결혼의 특성	→	① 인구사회학적 사건으로 사회적인 단위 • 결혼을 통해 새로운 사회적 단위가, 출산을 통해 사회의 유지가 가능해짐 • 출산율의 저하, 무자녀가족의 증가, 입양, 미혼모 등의 이슈들이 함께 고려되어야 함 ② 두 가족의 사회적 관계망의 결합 • 개인과 가족, 그리고 가족문화의 결합 • 문화적인 차이에서 오는 가치관, 태도 등에 대한 이해 필요 ③ 법적인 계약 • 혼인신고를 통해 사회적으로 인정받는 공식적인 하나의 단위가 됨 • 부부간 의무와 권리가 동시에 있음 ④ 경제적인 결합 • 부부는 경제적 협력이 전제가 되며, 결혼 후 형성재산에 대해 공동의 권리를 가짐 • 맞벌이가 많은 요즘 부부의 활동과 가사분담이 이슈가 됨 ⑤ 보편적인 성인의 동거형태(결혼은 두 사람이 동거해야 한다는 전제에서 출발) ⑥ 합법적인 성적 결합 • 부부의 성은 폐쇄적이며 배타적이어야 함을 의미 ⑦ 노동력 재생산의 단위 • 결혼은 가족원들에게 쉼과 안정의 공간을 만들어줌 ⑧ 자녀를 사회화시키는 단위 • 특히 가족신념과 가족규칙의 전달은 자녀의 사회화에 중요한 부분임 ⑨ 친밀감을 공유하고 발달시킬 수 있는 기회 • 결혼 과정을 통해 친밀감을 발달시키는 작업이 필요함

6. 변화한 결혼

결혼은 두 인격체가 태어나서 결혼 전까지 양육받은 가정, 부모로부터 떨어져 나와 새로운 한 인격체로서의 가정을 이루는 것이다. 즉 성인 남자, 성인 여자는 부모로부터 독립하여 정서적 · 심리적 · 사회적 · 영적으로 연합된 둘의 한 영역을 확보하는 것이다. 결혼은 성인 남녀가 그들이 거주하는 사회의 법률에 따라 정서적 관계와 서로에 대한 법적인 책임을 갖는 하나의 합의이다. 송성자(2002)는 결혼은 일반적으로 성인 남자와 여자가 공식적으로 가정을 이루는 사회적 제도이며 관례라고 했으며, 인류사회는 기본적인 욕구를 충족시키기 위한 방법으로 좀 더 영속적이며 안정된 가족제도를 일찍부터 발전시켜 왔다고 했다.

사람들은 성장함에 따라 부모로부터 독립적으로 자신의 생활 영역을 확보하고, 심리 · 정서 · 사회적 욕구를 충족하고자 하며 결혼은 이와 같은 욕구를 가장 잘 충족시킬 수 있는 사회집단으로서 법과 제도를 보호하고 지원한다고 했다. 사회인류학적 정의에 따르면, 결혼은 남녀의 합법적인 성적 결합으로 그 결과 태어난 자녀에게 사회적으로 인지된 지위를 부여하고, 남자 및 여자의 집단 성원으로 사회적 지위도 부여하는 것을 말하며, 결혼이란 그 속에서 배우자들이 다각적인 역할을 수행하는 한 단계라고 정의한다 (Balswick & Judith, 1995).

다음은 전통적, 성경적 그리고 현대적 결혼에 대해 각각의 영역에 대해 제시하였다.

표 1. 전통적, 성경적, 현대적 결혼관

	전통적 결혼	성경적 결혼	현대적 결혼
서약 (Commitment)	서약(제도에 대한) 강제적(coercive) 의무적인 성관계(남성만족)	언약(당사자들 간의) 응집력 있는(cohesive) 애정 있는 성관계(상호만족)	계약(자기성취) 이탈된(disengaged) 자기중심적 성관계 (개인적 만족)
적응성 (Adaptability)	율법 미리 결정된(분리된 역할들) 엄격한/과장된(rigid/stilted)	은혜 창조적인(상호 교환적인 역할들) 적응성 있는/융통성 있는(adaptable/flexible)	무정부 상태(anarchy) 기초가 파괴된(분화되지 못한 역할들) 무질서한(chaotic)
권위 (Authority)	귀속된 힘 권위주의(남성우의) 남성중심	힘의 부여 상호복종(상호의존) 관계중심	소유욕구적인 힘 권위의 부재(복종이 없음) 자기중심

대화 (Communication)	무표현 선언(입법화) 비단정적인/공격적인	친밀감 의논(협상) 단정적인	거짓 친밀감 요구(막다른 궁지) 공격적인

자료: 남상주(2004). 행복한 결혼생활을 위한 가족복지적 접근: 결혼예비상담을 중심으로. 명지대학교 대학원 석사학위논문, p.12.

전통적인 결혼에 대하여는 남성 지배권의 권위주의였다면, 현대는 개인주의를 강조하며 민주주의, 자유, 자기성취에 대한 권리를 강조한다. 전통적인 결혼에서는 언어를 통한 대화를 가질 필요가 거의 없었다. 남편은 아내와 상의도 하지 않고 일방적으로 법을 만들면 그만이었다.

전통적인 결혼에서는 역할도 분리된다. 농경사회에서 아내는 집안일과 아이 돌보는 역할로, 남편은 밖에서 일하는 역할로 생각되었다. 그러나 그 역할은 산업혁명 이후 도시화됨에 따라 가정생활과 직장생활로 구분되어 이러한 구분으로 결혼 역할이 분리가 되었다. 역할의 분리는 여성의 것, 남성의 것으로 나누어지기 때문에 상호간의 역할 교환 의지도 의지마저도 완전히 상실될 우려가 있다. 그렇기에 역할 분리보다는 역할분화를 택하고, 남편과 아내가 가정 유지를 위해 서로에게 할당된 과제들을 맡음으로 서로를 섬기는 데 동의한다. 한 개인의 관심사, 기술 또는 능력에 맞게 과제를 할당하는 것은 결혼 역할을 완수하는 사랑스런 한 방법이다. 이는 각 배우자가 특별한 방법으로 그 관계를 기여할 수 있도록 서로의 차이점을 존중하고 서로의 독특한 재능들을 인정한다. 결혼과 가정이 조직화된 안전성을 가질 때 가족생활과 결혼생활은 절정에 이르게 된다.

과거에는 제도로서의 결혼에 대한 서약이 강조되었다. 결혼은 신성한 제도이며 일단 부부가 되면 일평생 결혼관계를 유지해야 한다고 여겼다. 또 집합적인 강조, 즉 개인보다는 가족에 대한 충실이 훨씬 더 강조되었다. 그러나 시간이 지남에 따라 집합적인 강조는 개인적인 강조로, 결혼이라는 제도에 대한 서약이 행복과 자기성취에 대한 개인적인 권리를 침해하면 그 서약은 거부된다는, 즉 이혼에 대해 관대해졌다. 따라서 현대의 개방적 결혼은 자기만족에 따라 서약의 계속성이 결정된다.

현대의 개방적인 결혼에서 대화는 각 배우자가 상대방에게 하는 일련의 선언이나 요구들로 특징지을 수 있다. 균형 잡힌 결혼의 경우 두 사람은 조심성 있고 관심 있는 태도로 자신들을 표현함으로 대화할 것이다. 한 사람이 이야기할 때 다른 사람은 들어주며 서로 상대방에게 최선의 것을 주고 싶어 한다. 서로의 차이점들은 상대방의 필요와 욕구를 존중하는 방향으로 다루어지며, 상대방의 시각을 이해하고 감정이입을 통해 반응하려고 노력할 것이다. 또 복종의 태도와 상대방과의 관계를 위해서 자신의 필요와 욕구를 포기하거나 고려하는 모습도 보인다. 두 배우자는 상호 용납, 서약, 용서, 종으로서의 섬김을 통하여 문제를 해결하려고 함께 노력해야 한다(남상주, 2004, pp.11-14).

과거 결혼의 강조점	• 경제적 안정, 사회적 지위 획득, 자녀출산 등의 실용적인 필요성 • 도덕률과 사회규범 강조
현대 결혼의 강조점	• 배우자 간의 애정, 동반자 의식, 공감, 행복감의 추구 등 개인적, 정서적 측면 강조

7. 결혼(혼인)의 법적 규제

결혼(혼인)은 민법 제812조에 그의 성립요건을 규정하고 있다. 즉, 남녀 상호간에 배우자가 될 것을 합의해야 하고, 호적법이 정하는 바에 따라 신고해야 한다. 따라서 혼인신고를 하여야 비로소 부부로서의 법률상 권리와 의무를 부여받게 되는 것이다. 혼인신고의 요건은 결혼하고자 하는 당사자 간에 혼인의사의 일치가 있어야 한다. 또 남자는 만 18세, 여자는 만 16세의 혼인연령이 되어야 하며, 미성년자는 부모의 동의를 받아야 한다. 혼인신고를 함으로써 발생되는 효과는 신분상 효력과 재산상 효력으로 구분된다. 부부는 서로 배우자의 신분을 가진 친족이 되고, 부부는 서로 상대방의 4촌 이내의 혈족과 친족이 된다.

아내는 남편의 호적에 입적을 하여야 하는데 미성년자가 혼인할 경우에는 성년자가 된다. 한편, 부부는 동거, 협조, 부양, 정조의 의무 등이 있고 이러한 의무위반은 이혼사유 및 위자료 청구의 대상이 된다(마이웨딩, 1997).

그 밖에도, 결혼하는 당사자들 간에 결혼할 의사가 있어야 한다는 것은 두말할 것도 없지만 부모가 강압적으로 자녀의 혼인을 성립시키는 경우처럼 당사자 간에 혼인의 합의가 없을 때에는 혼인무효의 요건이 된다.

혼인의 성립요건	→	우리나라 가족법에는 다음과 같은 조건이 갖추어져야 혼인이 성립된다고 규명 ① 남자 만 18세, 여자 만 16세에 달한 때에는 혼인할 수 있다(민법 807조). ② 부모 또는 이에 준하는 사람의 동의를 얻어야 한다(민법 808조). ㉮ 미성년자(만 19세 미만)가 혼인할 때에는 부모의 동의를 얻어야 하며 부모 중 일방이 동의권을 행사할 수 없을 때에는 다른 일방의 동의를 얻어야 하고, 부모가 모두 동의권을 행사할 수 없을 때에는 후견인의 동의를 얻어야 한다. ㉯ 근치산자는 부모 또는 후견인의 동의를 얻어 혼인할 수 있다. ㉰ 가항과 나항의 경우 부모 또는 후견인이 없거나 동의할 수 없는 때에는 친족회의 동의를 얻어 혼인할 수 있다. ③ 배우자가 있는 자는 다시 혼인하지 못한다(민법 810조). ④ 당사자 간에 혼인의 합의가 있어야 한다(민법 815조 1항). ⑤ '동성혼'이 아닐 것(민법 809조). ㉮ 동성동본의 혈족 사이에는 혼인하지 못한다. ㉯ 남계혈족의 배우자, 부(父)의 혈족 및 기타 8촌 이내의 인척이거나, 이러한 인척이었던 자 사이에는 혼인하지 못한다. • 1997년 7월 17일에 이 동성동본 금혼 조항은 폐지되었다.
혼인신고	→	현대사회에서는 결혼에 대한 가치관이 변화하면서 결혼식을 올리고, 결혼신고를 뒤로 미루는 커플들이 주변에 많은 것을 볼 수 있다. 그러나 결혼은 사회적 승인과 함께 법적 승인을 거쳐야 한다. 우리 사회에서도 혼인신고를 통해서만 결혼이 성립된다. 혼인신고는 당사자 쌍방과 성년자인 증인 2인이 연

서하고, 혼인 신고서를 남편의 본적지 또는 주소지나 현거주지에서 신고하여야 한다(민법 812조).
정현숙 외(2003). 결혼학: 안빈 외(2002), 아름다운 결혼으로의 초대.

8. 결혼의 전반적인 경향

2010년 7월 변용찬 한국보건사회연구원 선임연구위원이 발표한 '결혼과 출산율' 보고서에 따르면 25~29세 여성의 미혼율이 1975년 11.8%였지만 2005년에는 59.1%로 높아졌다. 결혼적령기에 해당하는 20대 후반 여성들의 미혼율은 1990년 22.1%에서 1995년 29.6%, 2000년 40.1% 등 급상승하고 있다.

20대 초반(20~24세) 여성의 미혼율은 같은 기간에 62.5%에서 93.7%로, 30대 초반(30~34세) 여성은 2.1%에서 19%로, 30대 후반(35~39세) 여성은 0.7%에서 7.6%로 각각 높아졌다. 45~49세까지 결혼하지 않은 여성의 비율의 경우 30년 전에 0.2%에 불과했지만 2005년에는 2.4%를 기록했다.

평균 초혼연령도 상당히 높아졌다. 1981년 남성 26.4세, 여성 23.2세이던 평균 초혼연령이 2008년에는 남성 31.4세, 여성 28.3세로서 남자는 5.0세, 여자는 5.1세 늦어졌다. 게다가 지난해 전국 기혼여성 3,585명과 미혼남녀 3,314명을 대상으로 한 전국 결혼 및 출산동향조사 분석 결과에서는 '결혼은 반드시 해야 하는 것'이라는데 기혼자는 14.1%, 미혼자는 20.3%만이 동의했다.

미혼남녀가 결혼을 하지 않는 이유로는 '아직 결혼하기에는 이른 나이'라거나 '교육을 더 받고 싶어서', '자아성취와 자기개발을 위해' 등 가치관과 관련된 이유가 54.9%로 가장 많았다(아시아 경제, 2010. 7. 28).

이같이 20대 후반 여성들의 미혼율이 30년 만에 50% 가까이 높아지는 등 결혼에 대한 가치관이 급변한 것으로 나타났다. 특히 이미 결혼한 사람들 중 14%만이 반드시 결혼을 해야 한다는 생각을 가진 것으로 조사되어 결혼에 대한 전반적인 경향이 변화하는 것으로 나타났다.

결혼에 대한 태도 변화	① 긍정적 태도 변화: '결혼을 하나의 선택'으로 생각하는 경향의 증대 ② 여성의 미혼율 증가 ③ 전체 혼인건수의 감소
혼인형태 변화	① 혼인건수의 지속적 감소 ② 이혼과 재혼비율 증가 ③ 재혼가족 구성의 다양화 초래
결혼연령과 결혼연령 추이	① 여성 평균 초혼연령의 변화: 1990년 24.8세→2003년 27.3세 ② 남성 평균 초혼연령의 변화: 1990년 27.8세→2003년 30.1세 ③ 초혼부부 중 남자연상인 부부의 감소, 여자연상 부부의 증가→연상의 남자를 선호하는 것은 남성의 경제력에 큰 영향이 있는데 여자연상의 결혼 증가추세에서 결혼에 대한 가치관 변화를 볼 수 있다.
결혼이민자 가족의 증대	① 국적이 다른 남녀가 결혼하여 형성된 가족의 발생요인 • 한국의 국제적 지위 향상 • 저개발국의 이주 노동자 증가 • 농촌총각의 배우자감 구하기 • 결혼 알선기관의 활성화 • 외국과의 빈번한 교류 등 ② 한국남성과 결혼한 배우자의 어려움 • 문화적 차이와 의사소통의 어려움 • 고향에 대한 그리움 • 남편과의 성격차이 • 가정 내 폭력 • 국제결혼 관련 국제법과 제도상의 차별성으로 인한 불이익

9. 통계로 본 결혼 풍속도

평균 초혼연령이 가장 높은 곳은 서울이다. 남성의 경우 충남은 13년 동안 5차례, 충북은 6차례나 평균 초혼연령이 가장 낮았다. 충남과 충북이 공동 1위를 한 것은 3차례였다. 여성의 경우 전남은 같은 기간 4차례, 충남은

3차례였다. 여성의 경우 전남은 같은 기간 4차례, 충남은 3차례 1위를 차지했으며 공동 1위는 6번이나 됐다.

2006년 기준으로 새색시와 새신랑이 가장 어린 곳은 남성 30.3세, 여성 27세를 기록한 충남이 차지했으며, 가장 나이가 많은 곳은 남성 31.2세, 여성 28.7세인 서울이었다. 전국 평균 초혼연령은 남성 30.9세, 여성 27.8세였으며, 남성의 지역별 평균 초혼연령은 서울(31.2세), 전남(31.1세), 부산(31세), 대구, 전북, 제주(30.9세), 광주, 경남 강원(30.8세), 경북, 경기(30.7세), 인천, 대전(30.6세), 울산(30.5세), 충북(30.4세), 충남(30.3세) 순이었다(서울신문, 2007. 8. 20).

유엔 "한국, 다민족 성격 인정해야" 권고	→	유엔이 한국 정부에 한국사회의 다민족적 성격을 인정하고, '단일민족국가'라는 이미지를 극복하기 위한 조치를 취할 것을 권고했다. 유엔 인종차별철폐위원회가 채택한 한국 측 인종차별철폐조약 이행관련 보고서에서 "'순수혈통', '혼혈' 같은 용어와 여기에 담겨 있을 수 있는 인종적 우월성의 관념이 한국사회에 여전히 널리 퍼져 있다는 데 유의한다."면서 이같이 주문했다. 보고서는 "단일 민족국가의 이미지 극복을 위해 교육, 문화, 정보 등의 분야에서 적절한 조치를 취해야 한다."며 "특히 한국 내에 사는 모든 인종, 민족, 국가 그룹들 간의 이해와 관용, 우의 증진을 위한 인권인식 프로그램뿐 아니라 서로 다른 민족과 국가 그룹들의 역사와 문화에 관한 정보들을 초, 중등학교 교과목에 포함시켜야 한다."고 촉구했다. 또 이주 노동자와 혼혈아 등 외국인에 대한 모든 형태의 차별을 금지하고 기존 관련 법규를 제거하는 것은 물론 관련법 제정 등도 주문했다. 위원회는 특히 외국인 여성 배우자 문제와 관련, "남편 또는 국제결혼 중개 기관에 의한 잠재적 학대로부터 적절히 보호받지 못하고 있다."면서 별거, 이혼 시 법적거주 지위보장 등을 권고했다. 이주 노동자 문제에 대해서도 "장시간 근로에 저임금 등 차별적 대우 및 학대를 받고 있다."며 시정을 촉구했다(경향신문, 2007.8.19).

가례도입 이전의 혼인의식 (서류부가혼)	고대에도 여자가 태어나 씨족을 떠나지 않고 남자가 여자 측을 방문하거나 사는 형태의 혼인이 이루어졌다. 고구려의 서옥제도는 고려, 조선 초까지도 남아 있던 결혼풍습으로 여자의 집 뒤편에 소옥을 짓고 이것을 서옥(사위의 집)이라고 하였다. 사윗감이 해가 진 뒤에, 여가(女家)에 와서 문밖에서 자기 이름을 대고 꿇어 엎드려 재워줄 것을 청하기를 세 번 거듭하면 여자의 부모가 이를 승낙하고 서옥에 신부를 넣어 첫날밤을 보내게 한다. 다음 날 신랑의 친구들이 무리를 지어 신부 집에 가면 신부 집에서 술과 음식을 대접한다. 3일째 드디어 부부가 잔칫상을 받는다(혼인식을 치름). 그 후에도 신랑은 처가에 머물러 살면서 자식을 낳아 성장한 뒤에 아내를 데리고 자기 집으로 들어간다(경향신문, 2007.8.19). 우리의 전통혼례는 고려 말 가례도입 이전에는 서류부가혼을 하였고, 조선시대 중기까지 일부 상류층의 친영제 도입, 이에 대한 반발과 반 친영제의 등장으로 구분할 수 있다.
가례도입 이후의 혼인의식	고려 말 주자가례가 도입되고 조선조의 억불숭유정책에 따라 사대부 층에서는 가례에 준한 혼례의 이상형을 제시하려는 노력이 나타났으며 대표적인 혼례규범서인 "사례편람"을 만들었다. 조선의 지배층은 중국의 친영제를 따르고자 하였는데, 친영제는 결혼식 날 신랑이 신부 집으로 가서 신부를 데리고 자기 집으로 돌아와 결혼식을 거행하는 것으로, 신부가 그대로 친정에서 사는 입장제와는 정반대이다. 조선 4대 세종 17년 주자가례에 의해 옹주의 혼례가 치러진 것을 시작으로 친영제가 도입되었으나 민간의 혼례는 혼례의 핵심절차인 친영부분에서 남가(男家)에서 예를 올리는 중국의 혼례를 받아들이지 못하고 양반 중에서도 극히 일부 상류층에서 친영을 하였다. 그 후 명종조에 와서 고유풍습과 친영의 절충인 반친영 운동이 일어났다. 입장제와 친영제의 장점만을 선택하여 고유풍습대로 여가에서 혼례를 치르고 유교식 가례(교배례, 합근례 등)를 혼합한 의식이다. 조선 후기에는 중국의 육례를 집약해서 의혼, 납채, 납폐, 친여의 사례를 행하게 되었다. 의혼, 납채, 납폐는 준비과정이고, 친영의 절차는 결합과정, 폐백은 여자가 혼인으로 남자의 가에 흡수되는 과정이다.

Chapter
02

가족의 정의와 특성

1. 가족의 정의
2. 가족의 고전적 정의와 현대적 정의
3. 가족의 특징
4. 가족과 유사한 용어의 개념
5. 가족의 형태
6. 가족의 기능
7. 사회변화와 가족
8. 가족신화
9. 가족규범
10. 가족환경의 변화

에드워드 퓨링턴이 말하는 행복한 가정의 9가지 원리

1) 체육관-건강한 육체를 길러주는 곳.
2) 등대-인생의 항로를 제시해주는 곳.
3) 운동장-마음 놓고 뛰어놀 수 있는 곳.
4) 공장-각자마다 할 일감이 있는 곳.
5) 공회당-터놓고 이야기할 수 있는 곳.
6) 비밀결사-가정의 비밀을 대외로 공개 않는 곳.
7) 협동적 동맹-함께 문제를 풀어 가는 곳.
8) 피난 항구-지친 식구들이 쉴 수 있는 곳.
9) 성전-함께 예배를 드리는 곳.

부부는 알고 살려고 할 때 실패한다. 그냥 믿고 살아야 성공한다.

김형태, 결혼과 가족상담, 2002, 서울: Midwest Press, p.14

먼저 고전적인 입장에서의 정의를 보면 엘리엇(Elliot, 1986)은 전통적인 시각에서의 가족은 전형적으로 법적, 생물학적 유대, 그리고 동거의 면에서 정의하였다. 즉, 가족은 남편과 부인, 그리고 그 자녀로 구성된 단위를 의미하며, 이 단위는 결혼 및 생물학적 부모 됨에 기초한 집단으로 주거를 같이 하는 집단이며 정의적 유대, 보호와 지원의 의무, 공통의 정체감으로 통합된 것으로 널리 해석된다고 언급하였다. 또한 클라인과 화이트(Klein & White, 1996)도 가족은 대부분의 다른 사회적 조직보다 더 오랜 세월 동안 존재해 왔으며, 출생의 행위를 통해 세대 간 관계를 가지게 된다. 또한 가족성원들 간에는 생물학적 관계와 사회에서 규정한 법적, 관습적인 관계가 있으며 이러한 관계가 친족관계로 연결된다고 정의하였다.

반면, 레비 스트라우스(Levi-Strauss, 1966)는 가족을 다음과 같이 정의하였다. **첫째,** 가족은 결혼에 의해 형성된다. **둘째,** 가족은 부부와 그들의 결혼에 의해 출생한 자녀로 구성되지만 다른 근친자가 포함될 수도 있다. **셋째,** 가족 구성원은 법적 유대, 경제적·종교적 그리고 그 외 다른 권리와 의무, 성적 권리와 금기, 애정, 존경 등 다양한 심리적 감정으로 결합되어 있다. 위와 같이 레비 스트라우스는 가족의 기능집단과 운명공동체적 성격을 중요시하는 등 가족원의 유대관계와 결합을 중요한 요소로 생각하였다.

가족에 대해 좀 더 포괄적이고 체계적인 정의는 구드(Goode, 1963)가 제시하였는데, 그는 가족은 단순히 언어에 의해서 포착될 수 있는 단일한 것이 아니라고 하였다. 많은 사회적 단위들이 어느 정도는 가족으로 생각될 수 있는데, 그것은 전통적인 가족형태가 약간씩 유사하기 때문이며 이러한 차별적인 유사성(graded similarity)은 전통적 단위에서 발견되는 상이한 유형의 역할관계가 원인일 수 있다고 하면서 대부분의 가족유형을 포함할 수 있는 정의를 제시하였다.

① 적어도 성이 서로 다른 2명의 성인이 주거를 같이 하며, 각기 어떤 종류의 분업에 종사한다. 즉, 그들은 서로 같은 일을 하지 않는다.

② 그들은 여러 형태의 경제적·사회적 교환을 한다. 즉, 그들은 서로 상대방을 위해 일을 한다.

③ 그들은 음식·성·주거 그리고 재화와 사회적 활동을 공유한다.

④ 성인과 아동은 부모·자녀관계를 맺는다. 부모는 자녀에 대해 권위를

행사하며 반면에 보호와 양육에 대한 의무를 가진다.

⑤ 자녀들 간에는 형제 관계가 존재한다. 이들은 서로 보호하고 도우며 함께 나누어 가질 의무가 있다.

한편, 사전에서 정의하는 현대적인 관점에서 '가족'의 의미를 살펴보면 다음과 같다(민중 에센스 국어사전, 2003). ① (어버이와 자식, 형제자매, 부부 등) 혈연과 혼인 관계 등으로 한집안을 이룬 사람들의 집단, 가권(家眷), 가내 · 가속(家屬), 권속(眷屬), ② 한집안의 친족, 일가, 일문(一門), ③ '이해관계나 뜻을 같이하여 맺어진 사람들'을 비유하여 이르는 말로 협의의 의미로는 자신과 피를 나눈 직계가족과 배우자를 의미하고, 광의의 의미로는 자기 집안 즉 소위 말하는 가문 전체와 뜻을 같이 하는 사람들을 의미하고 있다.

또한 American Heritage Dictionary(1982)에서는 ① 부부와 그들의 자녀로 구성된 사회의 기본적 집단, ② 공동의 조상을 갖는 사람들의 집단, ③ 출계집단(lineage), ④ 한 지붕 밑에 가구를 형성하고 있는 집단으로 보았으며 Random Sample of 1,200 People: Associated Press(1989) 또한 '가족은 서로 사랑하고 보호하는 사람들로 이루어진 집단'으로 정의하고 있으며, U. S Bureau of the Census(1992)에서는 '가족이란 한 집에 거주하는 서로 관련된 두 명 이상의 사람들'이라고 정의하고 있다.

이와 같은 정의들을 종합해 볼 때, 시대적 흐름에 따라 혈족에 대한 정의보다는 서로에 대한 사랑과 함께 하는 생활을 우선으로 가족을 정의하는 것을 알 수 있다. 학자들의 정의를 살펴보면, 머독(Murdock, 1949)은 가족은 공동의 거주와 경제적 협력을 하며 생식(生殖)의 특성을 갖는 사회집단으로서 부부와 그들의 자녀(양자)로 구성된 집단이라고 정의하였다. 머독은 기능론적인 입장에서 핵가족을 중심으로 한 가족적 정의를 하였다. 이에 반해 부르게스(Burgess, 1972)는 상호작용론적 핵가족의 입장에서 가족을 정의하고 있다. 그는 가족은 상호작용하는 인격체들의 통일체로서 가족원 각자의 역할을 수행하면서 구성원 간의 상호작용과 의사 교환을 통하여 공통의 문화를 창조 · 유지해 가는 집단이라고 하였다.

1. 가족의 정의

한국의 민법 친족 편에 있는 가족에 대한 정의를 보면 호주의 배우자, 혈족과 그 배우자, 기타 본 법에 의하여 그 가(家)에 입적한 자는 가족이 된다고 가족의 범위를 정하고 있다. 이는 부부와 자녀 이외에 다세대로 구성된 가족구성원이 포함되는 개념이다. '건강가정기본법'에서도 가족은 혼인・혈연・입양으로 맺어진 관계라고 규정하고 있는 것을 보면 우리나라의 가족 개념은 부모와 자식으로 이루어진 전통적인 가족형태를 전제로 한 정의임을 알 수 있다. '건강가정기본법'은 2004년 2월 9일 법률 제07166호로 공포되었고 2005년 1월 1일부터 전국적으로 시행되었다. '건강가정기본법'이란 건강가정 구현을 위해, 국가와 지방자치단체가 적극적으로 가정생활을 지원하기 위한 법을 말한다. 김두헌(1993, p.21)은 일반적으로 영속적인 결합에 의한 부부와 거기에서 생긴 자녀로서 된 생활공동체라고 하였고, 최재석(1966, 16)은 가계를 공동으로 하는 친족집단이라고 정의하고 있다. 그러나 인구주택총 조사에서는 조사단위를 "가구"로 하는데 이때의 가구란 1인 또는 2인 이상이 모여서 취사, 취침 및 생계를 같이하는 단위를 말하며, 세대관계나 결혼관계 또는 혈연관계의 유무와 관계없는 동거집단을 의미하고 있다.

가족은 부부, 부모, 자녀, 형제 등 혈연에 의하여 맺어지며 생활을 함께 하는 공동체, 또는 그 성원으로 이러한 가족에 대한 정의는 학자마다 약간씩 견해를 달리하고 있다. 아담스(Adams, 1986, p.2)에 의하면 가족은 공동 거주, 경제적 협동, 재생산이라는 특징을 갖는 집단이다. 또 가족은 사회적으로 인정받는 성적인 관계를 유지하고 있는 최소한 두 명의 남녀 성인과 한 명 이상의 자녀를 포함한다라는 것이다. 반면 레비 스트라우스(Levi-Strauss, 1966)는 가족은 결혼에서 출발하며 부부와 그들의 혼인에 의한 자녀가 포함되지만 다른 근친자가 포함될 수도 있다고 함으로써 여러 세대가 동거하여 다수의 구성원으로 이루어지는 가족을 정의하고 있다.

그러나 최근에는 이혼, 별거 등으로 인한 한부모가족 또는 동성애 가족 등이 늘어나고 있어 머독이 의미하는 '최소한 두 명의 남녀'라는 개념이 더 이상 적용되기는 어려우며, 혼인에 의한 자녀의 의미도 변화되고 있다. 따라서 UN에서는 가족의 유형이 너무나 다양하기 때문에 국가의 법률과 관행상 가족은 '어린이를 돌보는 사람들', '국가의 법률과 관행하에 가족으로 간주되는 일군의 사람들'이라고 정의하고 있다(UN, Committee on Civil and Political Rights, 1994). 그러나 이러한 정의는 다른 정의와 마찬가지로 모든 가족을 포함하지는 않는다.

미국의 센서스에서 가족은 아주 간단하게 두 명 이상의 동거하고 있는 사람들이 혈연, 결혼 또는 입양의 관계를 가진 경우를 말한다. 이는 현재 미국에 존재하는 다양한 형태의 가족을 가족의 개념에 가능한 한 포함시키고자 하기 때문이다. 따라서 현대는 사회적 구조와 기능이 변화되고 그 구성원의 가치관도 점점 더 복잡하고 다양화되어 가고 있으며 혼인·혈연·입양 관계가 없이 다양한 가족이 실재하는 상황에서 '민법'이나 '건강가정기본법'의 가족 및 가정에 대한 정의는 다양한 가족구조에 대한 현실적인 차별을 초래할 수 있으므로 '다양한 가족' 시대를 직시한 가족개념을 정립해야 할 것이며 그에 따른 현실적이고 효율적인 대응방안이 있어야 할 것이다(이영주, 2005, pp.7-8).

어원 →	(1) 영어 'family' • 노예나 하인을 뜻하는 'famulus'에서 유래 • 남자에게 속한 재산이나 가옥, 노예 등의 생산도구 의미 (2) 고대희랍 'oikos' • 경제 'economy'라는 단어의 희랍어원 • 가족이 처음부터 경제적 조직체로 출발했음을 의미
Olson & Defrain(2002)의 정의 →	① 서로에게 친밀감을 느낌 ② 자원을 공유하며 의사결정을 함께 함 ③ 서로에게 책임을 지고 서로의 가치를 존중해주기로 약속 ④ 두 명 이상의 사람

콕스(Cox, 1999), 올슨과 데프라인(Olson & Defrain, 2002)의 정의	(1) 콕스(Cox, 1999)의 가정과 정의 ① 사회의 가장 기본적인 경제단위이며 정서적 단위 ② 보편성과 다양성 내포 ③ 가족에는 구성원의 욕구를 충족시키기 위한 다양한 형태가 있음 ④ 적응하고 변화하는 적극적인 역동을 가진 집합체 (2) 콕스(Cox, 1999)의 가족에 대한 9가지 가정 ① 가족은 인간조직의 가장 기본적인 단위이다. • 기능적인 면에서 자녀 사회화, 구성원의 정서적 유대감 제공 등의 보편적인 특성을 지님 • 가족의 구조적인 형태와 강점들은 시간과 문화에 따라 다양하게 나타남 ② 가족은 한 가지 형태가 아니라 여러 가지 형태로 존재한다. ③ 가족생활은 고정된 현상이 아니라 변화와 연속성을 동시에 포함한다. ④ 문화에 따라 각각의 가족은 독특할 뿐만 아니라 다른 가족들과 공유되는 보편적인 특성을 가진다. ⑤ 사회의 안정성이 약화되고 사회에서 개인이 고립되고 인간관계가 소원해짐에 따라 가족은 가족구성원들에게 점차 중요성이 증가된다. • 건강한 가족은 가족원의 정신적, 신체적 질병의 완충작용을 한다. ⑥ 환경이 가족에 미치는 영향은 직접적인 것이 아니라 환경에 대한 가족성원의 태도와 반응에 의해 가족성원의 사회화에 영향을 미친다. ⑦ 같은 문화권에서도 하위 문화권에 따라 그들 나름대로의 독특성이 있다. ⑧ 현재 사회에서 가족은 기본적인 경제단위이다. • 가족원들의 경제활동을 통한 소득으로 가계가 운영 • 가족은 소비자로서 각 국가의 경제에 기여하며 동시에 국가 경제기반의 주체가 된다. ⑨ 각 문화는 다양한 사람으로 구성되어 있으며, 그 결과 다양한 가족유형이 존재

학자들의 정의	① 머독(Murdock, 1949) • 공동의 거주, 경제적 협력, 생식의 특징을 갖는 사회집단 • 성관계를 허용받는 최소한의 성인 남녀와 그들에서 출생하였거나 양자로 된 자녀로 이루어짐 ② 레비 스트라우스(Levi-Strauss, 1966) • 결혼에 의해 출발하여 부부와 그들의 자녀로 구성 • 다른 근친자가 포함될 수 있으며 가족구성원은 법적 유대, 경제적, 종교적, 그리고 그 외의 다른 권리와 의무, 성적 권리와 금지, 애정, 존경, 경외 등 다양한 심리적 정감으로 결합되어 있다. ③ 미국사회사업가협회(Miller, 1994) • 스스로가 가족으로 생각하면서 전형적인 가족임무를 수행하는 두 명 이상의 사람들 ④ 김두헌(1949) • 일반적으로 영속적인 결합에 의한 부부와 거기에서 태어난 자녀로 형성된 생활공동체 ⑤ 이효재(1993) • 일상적인 생활을 공동으로 영위하는 부부와 자녀들, 그들의 친척, 그리고 입양이나 기타 관계로 연대의식을 지닌 공동체 집단 ⑥ 유영주(2000) • 인간의 본질적 특성인 개체성과 반개체성, 즉 개인으로서의 '나'와 관계로서의 '나'의 욕구를 충족시켜줄 수 있는 상호작용하는 생활공동체 집단 ⑦ 민법 제799조 • '부부, 그의 생계를 같이하는 직계혈족 및 그 배우자, 부부와 생계를 같이 하는 그 형제자매를 가족으로 한다.' ⑧ 건강가정기본법(2003) • 가족은 혼인, 혈연, 입양으로 이루어진 사회의 기본단위

2. 가족의 고전적 정의와 현대적 정의

가족은 인간이 가진 제도들 가운데 가장 오래된 것으로서, 문화와 사회변화에 따라 다양하게 영향을 받으면서 끊임없이 지속되어온 기본적인 사회제도이다. 그러므로 이러한 가족을 한마디로 정의하기는 힘든 일이다.

그러나 이러한 전통적인 가족개념은 현대사회의 변화에 따른 가족변화를 살펴볼 때 타당성을 갖지 못하며, 그 속에 포함되지 않은 다양한 가족의 형태를 소외시키는 결과이므로, 좀 더 넓은 의미의 다양한 가족을 포함할 수 있는 정의가 필요하다.

가족의 변화에 적절한 가족의 정의는 아벳과 위크(L' Abate & Week, 1985)에서 찾아볼 수 있다. 아벳과 위크는 가족은 사회의 가장 기본적인 단위이며, 구성원들은 서로 경제적 · 정서적으로 의존하며, 서로의 발달과 안정과 보호에 책임이 있다. '핵가족(nuclear family)은 남녀의 성인과 한 명 이상의 이들의 자녀와 입양을 통한 자녀로 구성된다. 가족은 자녀들에게 문화적 가치를 가르치고 사회에 적응시키는 사회화의 기본적 단위이다. 최근에는 다양한 삶의 방식의 등장으로 전통적 개념의 가족 정의가 변화하고 있다.

예를 들면, 자녀가 없는 가족, 편부모 가족, 동성애 가족, 확대가족들이 증가하고 있다고 하였다. 또 가족은 자발적이거나 비자발적인 관계를 모두 포함할 수도 있고, 실제의 혹은 상징적인 내적 · 외적 경계를 형성하며 시간의 경과에 따라 발전한다. 가족은 역사가 있으며, 현재와 미래가 있다고 정의함으로써 가족의 다양성과 지속성(연속성)을 중요시하였다.

이와 같이 최근의 많은 학자들은 가족을 보다 광의의 개념으로 인식해야 한다는 점을 지적하였다. 이미 구브리움과 홀스타인(Gubrium & Holstein, 1990)은 '가족(the family)'이라는 낡은 개념을 '가족들(families)'이라는 새로운 개념으로 대체하여야 한다고 주장하였으며, 마키아노와 서스맨(Marciano & Sussman, 1991)은 자녀, 파트너 또는 자매에 대해 전통적 인식의 제한이 없는 'wider families'라는 용어를 사용하였다.

우리나라 역시 전통적 의미의 핵가족의 수가 줄어들고 있는 반면에, 이혼 · 사별로 인한 한부모가족이 증가하고 있으며, 주말 부부의 영향으로 비동거 가족도 증가하고 있다. 또한 동거가족, 미혼모가족, 노인가족, 일인가구, 동성애 가족, 공동체 가족 등의 비전통적 가족형태가 늘어나고 있는 추세이다. 이러한 사회적 변화는 가족의 개념을 재정의해야 함을 절실히 요구하고 있다.

가족을 어떻게 정의하느냐의 문제는 나의 가족형태와 다른 사람들의 가족

형태를 비교하는 기준이 된다. 그러한 기준은 정상과 비정상을 규정지을 수 있는 문제를 초래한다. 그러므로 가족을 정의하는 것은 다양한 가족들을 수용함으로써 소외감과 위축감을 갖지 않도록 해야 한다. 이러한 의미에서 가족을 정의하는 것은 좀 더 포괄적이어야 한다(김경원, 2005, pp.20-24).

고전적 정의	(1) 구성요소: 가족구성원의 구성, 가주와 생활의 장소, 가족문화 등이 포함 (2) 고전적 정의 ① 부부와 그들 자녀로 구성되는 기본적인 사회집단 ② 이익관계를 떠난 애정적인 혈연집단 ③ 같은 장소에서 생활하는 동거동재 집단 ④ 양육과 사회화를 통해 인격형성이 이루어지는 인간발달의 근원적인 집단
현대적 정의	① '가족들, 다양한 가족(families)'에 기초한 사회적 단위 ② 생물학적 재생산 및 혈연관계 또는 입양가족과 같은 의사혈연관계를 포괄하는 단위 ③ 확대가족, 핵가족, 맞벌이 가족, 주말부부가족 등 다양한 가족유형의 창출과 선택
가족에 관한 '고전적 정의' 다시 생각해보기	(1) 동거(同居) VS 분거(分居) ① 전통사회에서의 가족 • '동거(한 집에서 같이 사는 것)'하는 것이 보편적이라고 생각되어 왔음 ② 현대사회에서는 '분거(한 집에 살지 않고 여기저기 나누어 사는 것)'하는 가족이 늘고 있다. • 분거의 이유로는 가족원의 취업이나 학업을 위해서인 경우도 많다. 예를 들어 직장생활을 위해 '주말부부'나 '월말부부' 생활을 한다거나 자녀들의 교육을 위해 '기러기 아빠(엄마)'를 하는 경우이다. (2) 동재(同財) VS 부부별산제(夫婦別産制) ① 전통가족 • 주로 주 부양자의 수입을 공동으로 사용하고 관리 ② 맞벌이 가족이 많아졌고 가족의 수입원도 다양해지면서 생활비를 분담하거나 재산을 각자 소유하는 경우가 많아졌다. ③ 부부(가족원)간의 수입이나 재산을 사용하고 관리하는 방법도 다양해지고 있다.

3. 가족의 특징

퇴니에스(Tonnies, 1963)는 가족을 구성원 개인들이 공통적인 도덕관과 믿음을 가지고 개인의 이익만큼이나 집단의 이익을 추구하는 사회집단으로 이해했으며, 쿨리(Cooley, 1902)는 인간 간의 접촉 방식에 따라 집단을 일차적 집단과 이차적 집단으로 구분하고, 인간이 출생과 동시에 참여하는 집단을 일차적 집단으로 보고 가족이 그 예라고 하였다. 가족을 하나의 사회집단 유형으로 보는 이들의 견해에 따른 가족의 특징을 살펴보면 다음과 같다.

먼저 쿨리는 가족과 다른 사회집단과 구분되는 특징으로, 가족을 일차적 집단으로 보았다. 쿨리는 인간 간의 접촉 방식에 따라 일차적 집단과 이차적 집단으로 구분하고, 인간이 출생과 동시에 참여하는 집단을 일차적 집단으로 보고 가족이 그 예라고 하였다. 일차적 집단에서는 가족구성원 상호간의 관계가 직접적이고 친밀하며, 그 관계가 영속적으로 지속된다. 또한 구성원들은 하나의 공통된 전체 안에 융합되어 의식을 공유하며 강한 일체감을 유지한다. 반면 이차적 집단은 간접적 거리를 가지고 접촉하는 관계를 맺는 것으로써 조직, 국가, 사회가 이에 속한다(김혜경 외, 2006, pp.17-18).

다음으로, 가족은 공동사회집단이다. 공동사회는 퇴니에스가 사용한 개념으로 희생사회라고도 불리며, 구성원 상호간의 애정과 이해가 결합되어 외부의 장애에 의해 결코 분리되지 않는 본질적 결합관계를 말한다. 이러한 관계는 가족관계와 같으며, 가족구성원 간의 상호 신뢰를 바탕으로 한 정의적·감정적 기초로 성립되는 관계이다. 반면 이익사회는 어떤 결합에도 불구하고 본질적으로 분리되어 있는 사회를 말하며, 특정 이익이나 목적을 달성하기 위한 수단을 사용, 타산적으로 대등하게 주고받는 이해관계가 성립된 집단이다. 정당, 사회, 조합과 같은 집단이 이에 속한다(김혜경 외, 2006, pp.17-18).

또한 가족은 폐쇄집단이다. 폐쇄집단이란 구성원이 되기 위한 자격의 획득이나 포기가 용이하지 않은 집단을 의미한다. 반면, 개방집단이란 집단의 소속성이 자유롭고, 원하는 대로 그 집단원의 자격을 획득, 포기할 수 있는 집단을 의미한다(김혜경 외, 2006, pp.17-18). 가족은 가족구성원이 되기 위한 자격의 획득이나 포기가 용이하지 않다. 즉, 가족의 일원이 되기 위해서는 근친자이어야 하고 혈연으로 맺어진 가족관계여야 한다(오영희 외, 2007, p.16).

마지막으로 가족은 형식적 집단이나 가족관계는 비형식적이다. 형식적 집단이란 객관적 조직과 특정한 관습적 절차 체계를 지니며 이것에 의해 행동이 통제되는 집단을 말한다. 가족은 결혼이라는 법적 절차에 의해 부부관계를 성립하므로 이런 면에서는 형식적이고 제도적인 집단이며, 도덕, 법규 등 외부적 규범과 문화의 규제를 엄격히 받는 집단이다. 그러나 가족원 상호간의 관계는 자유스럽고 솔직하고 형식에 얽매이지 않으며, 인간적 감정으로 연결되어 있는 비형식적 관계로써 비교적 자유로운 관계로써의 특징을 갖는다(유주앙, 2008, pp.28-29).

가족의 4가지 특성(유영주 외, 2001)	→	(1) 일차적 집단(primary group) ① 성원 상호간의 친밀한 관계를 맺고 그 내부에서 인성이나 태도가 형성되는 기본적인 역할수행 ② 대면적 결합관계에 있음 → 성원 상호간에 '우리의 감정(we-feeling)' 발생 (2) 공동사회 집단(gemeinschaft) • 성원 상호간의 애정과 이해로 결합되어 외부의 어떤 장애에도 분열되지 않는 본질적인 결합관계 (3) 폐쇄적 집단(closed group) • 성원이 되기 위한 자격의 획득이나 포기가 용이하지 않은 집단 (4) 가족은 형식적 집단이나, 가족관계는 비형식적, 비제도적 ① 가족: 결혼의 법적 절차에 의해 부부관계가 성립 → 형식적, 제도적 집단 ② 가족관계: 가족구성원 모두가 각각 인간적인 감정으로 연결됨 → 비형식적이고, 자유로운 집단

4. 가족과 유사한 용어의 개념

1) 세대 · 가구(世帶 · 家口)

가족은 가계를 공동으로 하는 친족집단이므로, 가족을 전국 규모의 대량적 통계조사에 의하여 연구할 경우 정확한 가족집단을 조사하기는 매우 어려운 일이다. 그리하여 가족집단의 대량적 연구는 주로 주거단위에 의해서 실시된 국제조사 등 여러 행정조사의 결과를 이용하지 않을 수 없는데, 이때 가족이라 함은 일반적으로 '가구(household)'를 의미하는 것이다.

가구란 거주와 가계를 같이하는 자 또는 독신으로 거주를 가지고 단독생활을 하는 자를 지칭하는 것으로서, 결혼관계나 혈연관계 등을 전혀 고려하지 않고 주거하는 공간과 가계라는 경제적 협력만을 기준으로 한 집단을 말한다. 예를 들어 고용인 등의 비가족 구성원은 가구원에 속하지만, 출타하여 단독 거주하는 가족구성원은 가구원이 아니다(유영주 외, 2001).

이와 같이 주거단위를 근거로 하여 이루어지는 가구와 가족과의 차이에 유의하면서 가구를 그 구성원에 따라 분류하면 다음과 같다.

① 가구원이 전부 가족구성원으로 이루어진 경우: 이 가구원 중에 비가족 구성원이 없고 출타 가족구성원도 없는 가구로서, 이 경우의 가구는 가족과 일치한다.

② 가족구성원과 고용인, 동거인으로 이루어진 경우: 이 경우의 가구는 가족구성원이 아닌 사람들을 포함하게 되므로 규모가 가족보다 크다.

③ 가구 내에 비가족 구성원은 존재하지 않으나, 가족구성원 일부가 출타한 경우: 이 경우의 가구는 가족보다 규모가 작다.

④ 비가족 구성원이 가구에 포함되고 또한 가족구성원의 일부도 출타한 경우: 이때에 포함된 비가족 구성원 수와 기타 가족구성원 수의 차이에 따라서 가구가 가족보다 클 수도, 작을 수도 있다.

2) 친족(親族)

사회구조의 기본단위인 가족은 고립된 상태로 존재하는 것이 아니라, 결혼과 혈연을 기초로 하여 그 범위를 넓혀가게 된다. 즉, 한 가족의 중심이 되는 부부는 제각기 그들의 태어난 부모들의 가족과 상호접촉을 계속하며, 또 그들의 자녀들이 성혼을 하면서 다른 가족들과의 관계가 더욱 넓게 확대되어 가게 된다. 이러한 경로를 통하여 친족(kinship)이라는 관계가 성립되며, 여러 가족 간의 유대와 상호 관련성이 생기게 된다. 그러므로 친족이란 시간의 경과에 따라 가족이 확대되고 누적되어서 생기는 혈연집단이다.

친족집단은 부부와 자녀로 이루어진 가족보다 범위가 넓은 것이 일반적이므로 가족을 포함하게 된다. 가족이 포함된다 함은 가족의 구속을 뜻하는 것으로, 친족집단은 가족의 서열을 정하며, 가족구성원의 권리·의무를 정하기도 한다. 가족이 부계냐 모계냐, 결혼한 부부가 거주지를 어디에 정하느냐, 가족을 지배하는 권리가 누구에게 있느냐 하는 등의 가족제도는 친족체계와 불가분의 관계에 있다.

친족의 사전적 의미는 다음과 같다.

① 촌수가 가까운 겨레붙이. 친속(親屬).

② 법률에서 배우자·혈족·인척 등을 통틀어 이르는 말. 배우자, 8촌 이내의 부계 혈족, 4촌 이내의 모계 혈족, 남편의 8촌 이내의 부계 혈족, 남편의 4촌 이내의 모계 혈족, 처의 부모 등을 이름.

이와 같이 친족 조직은 가옥의 울타리와 지역을 초월하여 광범위하게 산재해 있는 개인과 가족을 포함한다. 친척 간에는 서로 기대할 수 있는 쌍방적 권리와 의무가 주어지며, 이에 의하여 친척 간과 비친척 간에 느끼고 행동하는 데 있어서 구별과 차이가 생긴다. 법률상 인정되는 친족관계에 대해서는 친족이란 신분에 의해서 부양관계, 상속관계 등 여러 가족법상의 권리와 의무를 가지게 된다(유영주 외, 2001).

3) 집

우리나라에서 가족이란 말은 하나의 학술용어이고, 일반적으로 광범위하게 사용되는 것은 가족보다는 '집'이라는 용어이다. '집'이란 개념에는 가족구성원, 가족구성원이 생활하는 거주지나 건물, 생활공동체로서의 가족이나 기타 동족, 친척까지 포함되는 경우가 있다. 집이 뜻하는 바를 크게 물량적인 것과 구성원을 나타내는 것으로 나누어 보면, 물량적으로서의 '집'은 한 가족이 생활을 영위하는 데 필요한 모든 물질, 즉 건물과 경작지, 기타의 것들이 포함되며, 그 집의 소유로 된 것을 총칭하는 것이다. 또 구성원으로서의 집은 조상을 포함한 가족구성원 전원을 하나의 집단적 존재 내에 포함시키는 개념이다(유영주 외, 2001).

집에는 각 구성원의 사회적 활동을 통해서 번영하고 또 구성원의 실패로 쇠퇴하는 것이지만, 이것을 장기적인 시야에서, 그리고 집이라는 차원에서 볼 때 집은 구성원을 매개로 하여 현실세계에 살아 존재하고 자체의 생성과 소멸 과정을 갖는 관념적인 존재물이라고 할 수 있다. 이러한 관념으로서의 집은 조상숭배와 표리의 관계를 갖는다. 조상은 집이란 개념에 의해서 유지되고 제사에 의해서 매개되는 것으로 집의 제사는 과거의 집의 구성원에 대한 기억을 현존하는 구성원의 기억 속에 보존·유지시키는 관념적 매개체로서 이 과정은 집이 존재함으로써 가능하기 때문이다.

현존하는 집이 과거에서 미래로 존속되는 것이고 집이 개인에 의해 존재하는 것이라면 집에 속하는 개인의 행동은 개인의 행동에 그치는 것이 아니라 주체인 집의 행위로 인정되고 기억된다. 이러한 기억의 누적이 집의 역사이고 집의 역사는 그 집의 가풍과 가격(家格)을 형성한다. 개인의 행동이나 집의 역사가 이처럼 가격으로 표시되기 때문에 개인은 집의 존속을 위해 노력할 뿐만 아니라 가격의 유지 또는 상승을 위해 노력한다. 바꾸어 말하면, 집의 가격을 유지하고 상승시키는 것이 집의 논리로서, 가족구성원 개개인의 행동을 규제하게 된다(이광규, 1975).

이와 같이 집은 존속성을 목표로 가족구성원 모두를 지배하는 초인간적·초시간적 개념체계로서 모든 가족행동에 영향력을 행사한다.

4) 가정(家庭)

가정이라는 말이 가지고 있는 사전적 의미는 '가족이 함께 생활하는, 사회의 가장 작은 집단'(전종미, 2003), '한 가족이 살림하고 있는 집 안'(민중 에센스 국어사전, 2003), '한 개인이나 가족이 생활하는 장소(거주지)'(유영주 외, 2001)로 되어 있다. 그러나 이것만으로 '가정'이라는 뜻을 규정짓기에는 미흡하다. 가정은 가족의 공동생활이 이루어지는 장소를 뜻할 뿐 아니라, 가족구성원의 몸과 마음이 쉴 수 있는 안식처의 개념을 포함하기 때문이다. 즉, 가정은 물질적인 환경(place)만을 의미하는 것이 아니라, 심신의 긴장을 풀고 휴식과 안정을 얻을 수 있으며, 사랑이 있는 따뜻한 보금자리를 뜻한다.

가정은 인간이 태어나고 자라면서 접하는 최초의 사회적 환경이며, 가족이라는 친밀한 인간관계를 통해서 서로 애정적 신뢰, 위안과 존경 등 심리적이고 정서적인 만족을 얻을 수 있는 곳이다. 그러므로 가정이란, 공간적 장소라는 의미와 함께 그 속에서 가족들이 그들의 신념이나 애정을 주고받으며 정서적 만족을 얻는 심리적인 분위기를 포함하는 개념이다(유영주 외, 2001).

일반적으로 가족은 인간들의 집단(group)이고, 가정은 인간이 생활을 영위하는 장소(place)라고 구분되지만, 가족과 가정[2]은 밀접한 관계가 있다. 즉,

---

2) Webster's 사전에의 가정 · 가정의 정의(유영주, 1980)

- 가정 : ① 한 개인이나 가족이 생활하는 장소(거주지를 의미)
  ② 인간이 태어났거나 양육된 장소(고향 · 본국)
  ③ 집(가정)으로 생각되는 장소
  ④ 하나의 단위로서의 가족구성원과 그 내부에서 발생하는 사건(이혼으로 파괴된 가정)
  ⑤ 고아나 늙고 무력한 사람을 보호하는 기관인 고아원 · 양로원 · 수용소
  ⑥ 원산지 또는 발상지
  ⑦ 많은 게임에서 골, 결승점을 의미(특히 야구에서 본루로 사용함)
- 가족 : ① 어떠한 신념, 종교, 철학 등으로 연결된 사람들
  ② 동일한 집에서 생활하는 사람들
  ③ 부모와 그들이 양육하는 자녀로 구성되는 하나의 사회적 단위
  ④ 조상이나 결혼에 의해 관계를 갖게 되는 사람들의 집단(친족)
  ⑤ 동일한 조상으로부터의 출계율을 주장하는 모든 사람들(친족이나 동족)
  ⑥ 동일한 근원과 유사한 특성을 갖는 사물의 집단(생물, 생태학, 언어학, 수학 등)

가족은 그들이 안주할 수 있는 가정이 없을 때 건전하게 성장·발달하지 못하며 가정은 그 안에서 가족구성원들이 긴밀한 유대관계를 맺지 못할 때 진정한 의미의 가정이 될 수 없다. 현대사회의 변화에 따라 갖은 위기와 가족해체에 대한 사회적 문제들이 대두하는 현대에 인간에게 심신의 안정을 줄 수 있는 보금자리로서의 '가정'이 지니는 의의는 과거 어느 때보다도 강조되어야 한다(김경원, 2005, pp.24-29).

가정(home)	① 물질적인 환경(place)만이 아니라, 심신의 휴식과 안정을 얻고, 사랑이 있는 따뜻한 보금자리 ② 가족과의 비교 • 가족(집단, 즉 인간관계에 초점) • 가정(인간이 생활을 영위하는 장소(place)로 구분되나 밀접한 관계가 있음) → 공간적 장소 + 그 속에서 가족들이 신념과 애정을 주고받으며 정서적 만족을 얻는 심리적인 분위기 포함 예) "화목한 가정을 이루고 사시니 참 보기 좋습니다.", 가정교육
집(house)	① 가족구성원 + 가족구성원이 생활하는 거주지나 건물 + 생활공동체로서의 가족이나 동족, 친척까지 포함 ② 물량적인 의미(건물과 경작지 등) + 구성원(조상을 포함한 가족구성원 전원) ③ 비교 → 가족은 학술용어로, 집은 일반적으로 광범위하게 사용 → 예) "우리 집 막내입니다.", "우리 집 기둥"
친족(kinship)	① 시간의 경과에 따라 가족이 확대되고 누적되어서 생기는 집단 ② 혈연에 의한 관계를 혈족, 혼인에 의한 관계를 인척, 입양 등 사회적 관계로 이루어진 관계 포함 ③ 민법 • 친족의 종류: 혈족, 인척, 배우자 • 친족의 범위: 부계, 모계로 8촌 이내의 혈족, 4촌 이내의 인척, 배우자 ④ 가족과의 비교 • 친척: 친족과 외척을 가리키거나 이종, 고종같이 성(姓)이 다른 가까운 친족 • 예) "내 친척, 이종사촌 동생이야", "종친회 소유재산을 문중에서 관리합니다."

가구 (household)	→	① 통계청: 1인 또는 2인 이상이 모여서 취사, 취침 등 생계를 같이 하는 생활단위 ② 결혼관계나 혼인관계를 고려하지 않고 주거하는 공간과 가계라는 경제적 협력을 기준으로 한 집단 예) 1가구당 평균 가족원 수가 줄었습니다. 1가구 2주택
가계 (households)	→	① 경제활동의 결과 얻어진 대가를 그 수입원으로 하여 상품과 서비스의 최종적 소비활동을 영위하는 경제주체 ② 세대를 단위로 하며 세대는 생계를 같이하는 일단의 동거인을 총칭 ③ 동일한 주거시설을 사용하고 소득과 부의 일부 또는 전부를 공유하며 특정 유형의 재화 및 서비스(주로 주거와 음식)를 집합적으로 소비하는 소규모 개인집단 (국민계정). 예) 가계실질소득, 가계대출

5. 가족의 형태

산업화가 진행되면서 확대가족 제도와 친족제도가 파괴되고 핵가족화가 진행되어 간다는 논의는 일반적인 사실로써 받아들여지고 있다. 또한 가계의 부양자로서의 아버지와 자녀양육과 가사 담당자로서의 어머니로 이루어진 핵가족이 현대사회에서 가장 기능적이라는 관점이 구조기능주의 가족이론에서 주장되어 왔다. 그러나 가족에 대한 경험적 연구들에서는 전 산업사회에서도 지역별로 또한 계층별로 다양한 형태의 가족이 존재했으며, 산업화된 사회에서도 소위 전형적인 핵가족으로 볼 수 있는 가족의 숫자는 극히 제한되고 있는 것이 경험적으로 밝혀지고 있다. 따라서 특정 시대의 '전형적인 가족유형(The family)'을 설정하기보다는 오히려 다양한 가족의 형태들(families)에 관심을 기울여야 한다. 전형적인 가족유형을 설정하는 것은 실제로 다양한 형태의 가족생활을 하고 있는 많은 가족들을 '비정상적 가족' 혹은 '문제가족'으로 보는 관점으로 이어지기도 하기 때문이다. 특정한 유형이 문제가족인 것은 아니다. 어떠한 형태의 가족이든 문제가 이루어지면 문제

단계를 극복하여 정상적인 가족으로 기능할 수도 있다(이지연, 2004, p.17).

가족도 사회제도와 마찬가지로 그 사회의 필요에 의해서 성립되는 것이다. 그러므로 각 사회는 그 사회에 적합한 가족형태를 가지고 있으며, 사회가 변하면 그에 따라 가족형태가 변하게 된다. 역사적, 인류학적으로 보더라도 가족의 형태는 매우 다양하게 나타나는 것을 알 수 있다. 가족의 형태는 가족구성의 범위, 가장권(家長權)의 소재, 혼인의 형태 등에 따라 여러 가지로 구분할 수 있으나, 가장 보편적인 것은 가족 구성의 범위에 따라 구분되는 핵가족과 확대가족이다.

일반적으로 3세대 이상으로 구성되는 현대가족은 농업의 주요 산업으로 되어 있는 사회에 많이 나타나는 가족형태이다. 그 까닭은 농경 사회에서 노동력의 공급원이 가족이므로 한꺼번에 많은 노동력을 동원하기 위해서는 가족이 한데 모여 사는 것이 편리했기 때문이다. 확대가족에서는 많은 수의 가족을 효과적으로 통솔하기 위해서 가부장제의 형태를 취한다. 또한 부부의 결합보다는 가족 전체의 결속이 중요시되며, 배우자의 선택에 있어서도 가족의 의사가 많이 반영된다.

이에 반해서, 핵가족은 대부분 2세대로 구성되며, 공업화되고 도시화된 사회에서 많이 나타나는 가족형태이다. 공업사회에서 필요로 하는 노동력은 가족의 한 성원이지 그 가족 전체가 아니기 때문이다. 또, 공업사회에 적응하기 위해서는 많은 교육을 받아야 하는데, 이러한 교육이나 고용의 기회를 찾아 쉽게 움직이기 위해서는 핵가족의 형태가 더 편리하다. 핵가족 형태에서는 부부간의 유대가 중요시되며, 배우자의 선택은 거의 본인들의 의사에 의해서 이루어진다. 핵가족은 대개 성원의 수가 적기 때문에 부부관계는 물론 성원들 사이에 긴밀한 정서적 유대가 형성된다(손승영, 1995).

전통사회의 대가족 제도에서는 필수조건이 아니었던 부부간의 친밀성이 핵가족에서는 중요한 문제로 부각된다. 가족성원이 줄어들면서 부부간의 커뮤니케이션 빈도와 질이 매우 높아지는 까닭이다. 부부간의 친밀성이 높아 감정적 유대에 문제가 없을 때에는 이러한 조건이 부부와 가정의 행복을 가져오지만, 친밀성의 붕괴가 나타나면 갈등이 증폭되어 이혼, 가정폭력으로 이어진다. 부부의 대면접촉 시간이 늘어날수록 내재된 갈등이 표면화될 가능성이 그만큼 높아지기 때문이다. 대가족 제도에서는 부부간 갈등의 정도가 다른 가족성원들로 말미암아 약해지고, 과도하게 높아진 커뮤니케이션 부담도 분산이 가능하였다. 그러나 핵가족화는 이러한 객관적 환경의 도움이 사라지는 것을 의미한다.

핵가족에서는 부부간, 자녀와의 관계만이 부각된다. 특히 부부간의 관계가 더 중요해진다. 부부관계도 점차 수평화, 우정의 관계로 변모하여, 이 상황에서는 부부에게 정서적 유대, 이른바 감정적 친밀감이 필수조건이다. 부부간의 성생활도 이 연장선에서 중요해진다.

따라서 핵가족화 현상이 이혼율을 높이는 이유 가운데 하나는 무엇보다 부부의 갈등을 통제하고 조정해줄 구실을 할 사람이 없어졌기 때문이라고 할 수 있다. 대가족 제도에서는 이러한 역할자의 힘으로 가족구성원의 정서적 안정을 가져온 반면, 핵가족 제도에서는 부부의 상태에 따라서 가족구성원의 정서적인 상태가 변한다는 문제점이 있다. 특히 부부불화는 가족들에게 큰 정서적 영향을 끼치게 된다.

대부분의 서구 사회는 이혼이 합법화된 이래로 이혼으로 끝나는 혼인의 비율이 크게 증가하고 있다. 그 결과 이혼가족, 편부모 가족, 재혼가족이 가족의 실상의 한 부분이 되었다. 이러한 가족 외에도 동거가족(cohabitation), 동성애 가족(homosexuality) 그리고 공동체 가족과 같은 혈연과 혼인에 기반을 둔 기존 가족의 범위를 벗어나는 새로운 생활양식(life style)도 발전하고 있다 (이지연, 2004, pp.17-19).

핵가족과 확대가족	(1) 핵가족 ① 배우자가 1명씩 ② 혈통계승이 부계혈연으로 이어짐 ③ 가족단위가 부모와 그들의 미성년 자녀인 가족 (2) 확대가족: 핵가족은 부모 자녀관계의 확대를 통해 확대가족을 이룸
부계가족과 모계가족	① 부계가족: 가족의 혈통이 아버지 쪽으로 이어짐 ② 모계가족: 가족의 혈통이 어머니 쪽으로 이어짐
단혼제와 복혼제	• 기준: 배우자가 한 명인지 그 이상인지에 따라서

6. 가족의 기능

가정의 기능은 역사적 문화적 배경에 따라 다르지만 보편적으로 제기되는 기능은 크게 가족구성원들을 위한 가정 내 기능과 대(對)사회적인 기능으로 구분된다. 가정 내 기능으로는 성(性)과 생식, 양육 및 교육, 보호, 휴식, 생산과 소비, 오락, 종교의 기능 등이 있으며 대사회적 기능으로는 합법적인 성적(性的) 통제, 생식을 통한 사회의 유지·존속, 노동력 제공과 소비생활을 통한 경제적 기능, 자녀의 사회화를 통한 사회에 적합한 구성원 제공 등의 기능이 있다. 따라서 가정은 개개인이 생활하고 보호받는 터전인 동시에 한 사회를 유지·존속시키는 최소의 단위로서 개인과 사회를 연결시키는 중간 고리라고 할 수 있다.

머독(Murdock, 1949)은 인류사회의 존속을 위해서는 가족의 네 가지 기능을 충분히 수행해야 하는데 이 중 어느 한 기능이라도 수행되지 않으면 인류사회의 존속이 불가능하다는 고유 가족기능성을 강조하였다. 즉, 성적기능과 생식기능은 구성원을 재생산함으로써 인류사회가 존속되게 하며, 경제적 협동의 기능은 생존의 문제를 해결하기 위해 필요하고, 자녀의 양육과 사회화의 기능은 교육하고 문화를 계승시키는 기능으로 가족의 고유기능으로 보고 있다(이광규, 1992, p.26).

이러한 가족의 기능은 가족을 둘러싼 환경의 변화에 의해 가족의 기능을 대처해주는 다양한 집단들이 등장함으로써 변화를 가져오게 되었다. 따라서 핵가족의 보편성에 대한 회의와 가족의 개념정리에 혼란이 초래되고 있으며 현대사회의 가족기능적인가 혹은 역기능적인가 하는 문제까지 대두되기도 한다.

이처럼 가족의 기능변화는 양적인 축소와 질적인 깊이를 요구하는데 현대가족 내의 진정한 가족기능으로 **첫째,** 부부간의 애정적 유대를 기반으로 하고 성적인 질서유지의 기능과, **둘째,** 문화전달의 매개체로서 자녀의 가치관 확립을 통한 사회화 교육의 기능이 중시된다고 할 수 있으며, 셋째, 경제적 협력체로서의 가족, 특히 소비주체로서의 가족의 기능 등이 강조되고 있다.

이 같은 종합적인 가족의 기능을 살펴보면 다음과 같다(김혜경 외, 2006, pp.26-29).

① 성적 통제기능: 성적 무질서를 방지하고, 사회적으로 인정되는 방법으로 성적욕구를 충족하도록 하는 제도인 결혼이란 사회제도가 전체 사회에 대하여 어느 정도 성관계의 통제기능을 담당함을 의미한다(이정우 외, 1994, p.34). 즉, 어느 사회나 결혼을 재도화한 이유는 성적관계를 유지하기 위함이며, 이에 따른 규범은 시대나 사회 배경에 따라 다소 차이는 있어도 소멸되지는 않을 것이다.

② 생식의 기능: 이는 사회의 구성원을 충원하기 위해 재생산하는 기능이다. 모든 사회는 존속을 위해 사망한 사람을 보충해 나가야 하며, 가족은 이러한 기능을 담당하고 있는 가족 이외의 다른 집단이 대신할 수 없는 기능이다. 또한 생식기능은 인류의 종족 보존은 물론, 국가나 사회의 존속과 발전에 크게 기여하는 것이다.

③ 애정의 기능: 가족은 애정을 바탕으로 한 남녀가 가정을 이루며 그들의 자녀를 사랑으로 양육하는 집단이다(이정우 외, 1994, p.34). 현대의 가족은 제도적 가족에서 우애적 가족으로 변화함에 따라 가족애의 인간관계도 애정의 기능으로 중요시하게 되었다. 복잡한 산업사회에서 많은 긴장감과 갈등을 겪으며 살아가야 하는 현대가족에게는 정서적 안정감과 사랑을 가족으로부터 제공받아야 하기 때문에 중요한 기능이다. 원초적 사랑과 정서적 안정감을 주는 이 기능은 사회의 변화에 따라 그 기능이 축소된 듯하지만 더 중요시되고 강조되어야 할 기능이다.

④ 자녀양육과 사회화의 기능: 아이들은 출생하면서부터 가족으로부터 보호를 받으며, 가족생활을 통해 교육을 받게 된다. 가정에서는 그들이 사회에서 잘 적응하고 기능하며, 바람직한 인간으로 성장하도록 돕는 역할을 하는 일차집단이다. 또한 가족은 자녀의 인격형성에 막대한 영향을 끼치므로 나아가서는 건강한 사회인을 길러내는 기능을 가지고 있다. 즉 가정은 사회구성의 기본단위라는 관점에서 가족의 건전한 성장이 곧 사회발전의 기틀이 되는 것이다.

⑤ 지위부여의 기능: 인간은 출생하면서부터 가족 내 여러 지위(출생순위,

성별)가 부여되며, 자신이 태어난 가족에 의해 사회경제적 지위가 부여된다. 부모의 사회적 지위와 같은 가족 배경은 개인의 사회경제적 지위의 기초를 제공하며, 개인의 직업성취에도 주요한 요인이 된다.

⑥ 경제적 기능: 가족의 생명을 유지시키고 그 문화적 생활의 기반을 이루는 것이 경제적 기능이다. 과거 전통사회에서의 가족은 생산과 소비의 기능을 함께 수행했지만 현대사회는 고도의 산업화, 상품의 대량생산으로 생산단위로서의 가족기능은 축소되었으며, 가족원은 산업사회에 노동력을 제공하고 그 대가로 임금을 받으며 이것으로 필요한 물자를 구입하게 된 것이다. 따라서 현대 산업사회의 가족은 상품선택과 구매에 대한 현명한 소비자로서의 능력이 요구되며, 한정된 수입으로 온 가족의 욕구를 충족시킬 수 있는 공평하고 합리적인 재정관리가 요구된다.

⑦ 종교의 기능: 가족의 종교적 기능은 신앙적 욕구를 충족시키는 기능이다(김정옥 · 박경규, 2004, p.37). 종교적 의례나 형식만을 의미하는 것이 아니라 매일의 생활에 감사하고 삶의 진리를 깨달으며, 인간능력의 한계를 겸허하게 인정하고 기도하는 자세로 살아가는 생활태도를 말한다. 우리나라는 조상에 대한 숭배, 가신숭배, 무속신앙, 유교 등의 예가 있으며 그 밖의 여러 종교기관 등이 그 기능을 맡기도 한다.

⑧ 오락의 기능: 가정은 복잡한 사회생활로 인한 스트레스와 긴장, 갈등을 해소하고 몸과 마음을 쉴 수 있는 안식처로서의 기능을 가지며 각 가족원의 에너지를 재충전시켜 줌으로써 건강한 생활을 할 수 있게 하는 기능을 말한다. 또한 가족의 휴식과 오락의 기능은 각 가족원 간의 열린 대화를 유도하고, 생기를 불어넣어 건전한 가정에서 건전한 가치관을 갖게 하며 나아가 바람직한 사회풍토를 이루는 데 기초적 기능이 된다. 그러나 텔레비전이나 컴퓨터 등의 영향력 증가로 가족 오락기능을 위협할 수 있는 요소(김정옥 · 박경규, 2004, p.38)가 있다.

이렇듯 가족의 기능은 우리가 어떤 사람인가, 우리가 어떤 행동을 하는가에 영향을 끼치는 모든 요소 중 가장 심오한 것으로 이들 기능이 모여 하나의 울타리로서 영역을 갖는다(신남희, 2009, pp.12-16). 최근 급변하는 사회현상은 우리가 지니고 있는 가족에 대한 개념을 다시 생각하게 한다. 이혼과 재혼, 입양과 무자녀, 동성애, 공동체 등 다양한 집단의 형태를 가족이라는 집단에 포함시키고 있다. 미래에는 가족의 구조나 전형적인 틀보다는 함께 사는 사람들끼리 어떤 정감을 주고받는가의 상호작용을 중요시하는 기능적 측면을 강조하게 한다(김혜경 외, 2006, pp.26-29).

1) 가족의 응집력

가족응집력은 가족성원 간의 유대감을 의미하며 가족체계의 역동성을 설명하는 대표적인 개념이다. 스타이어린(Stierlin, 1976)은 응집력 측면을 가족 내에서 작용하는 두 가지 정반대의 힘, 즉, 가족성원들을 가족체계 안으로 끌어들이는 구심력과 가족체계 밖으로 밀어내는 원심력 사이의 투쟁으로 나타내었다. 이때 힘의 형태가 한쪽 방향으로만 강력하게 작용할 경우 역기능적인 결과를 초래하게 되므로 가족체계가 효율성을 지니기 위해서는 이상의 서로 상반되는 두 가지 힘이 적절하게 균형을 이루면서 작용해야 한다.

위와 같은 맥락에서 올슨(Olson, 1986)은 가족기능성에 대한 첫 번째 개념으로 가족응집력을 개인이 가족으로부터 분리되어 있거나 연결되어 있는 정도로서, 정서적인 유대감(emotional bonding)과 가족구성원들이 경험하는 개인의 자율성의 정도로서 정의하였다[3].

보웬(Bowen, 1978)은 자아가 가족성원들과의 정서적인 일체감에서 분리되지 못한 상태를 '미분화된 가족자아 덩어리'로서 표현하면서 개인이 가족으로부터 자신을 분리시키는 것이 건강한 성장을 위해 필요하다고 하였다. 위니(Wynne et al., 1958)는 상호성을 가족이 서로의 개성을 존중하는 동시에 자기 자신의 독립적 정체감을 발달시켜 나가는 관계로 정의하면서, 정신분열증 환자가 있는 가족은 '의사 상호성(pseudo mutuality)'을 기능적으로 문제가

3) 이 정의에는 몇 가지의 요소들이 있는데, 정서적 유대감(emotional bonding), 가족경계(boundaries), 지지(supportiveness), 연합(coalitions), 시간(time), 친구(friends), 의사결정(decision making) 그리고 여가에 대한 관심 등의 8가지의 하위개념이며, 가족응집력은 정서적 유대감의 정도에 따라 밀착된 상태(enmeshed), 연결된 상태(connected), 분리된 상태(separated), 유리된 상태(disengaged) 등의 네 수준으로 구분된다.

있는 가족뿐 아니라 건강하고 기능적인 가족의 조건까지 밝히고 있다는 점에는 가족체계 영역을 보다 포괄적으로 다루고 있다고 할 수 있다.

2) 가족의 적응력

가족의 적응력은 일반체계 이론에서 가족을 설명할 때 사용하는 항상성의 개념에 대한 이해부터 시작된다. 체계론적 가족치료자들은 항상성(homeostasis)을 중심원리로 삼아 가족이 변화지향적 속성보다는 안정지향적 속성의 영향을 더 많이 받는다고 보았다(Jackson, 1965; Satir, 1964). 그러나 액커맨(Ackerman, 1958)과 스피어(Speer, 1970)는 다른 이론을 제기하였는데, 항상성이란 본래 역동적인 성격을 띠고 있기 때문에, 현상을 유지하는 원리가 아니라 불안정을 조정하기 위해 체계 내의 변화를 허용하는 것으로 보아야 한다고 주장하였다. 액커맨(Ackerman, 1958)은 항상성 유지란 가족체계가 변화에 적용할 수 있게 하는 능력을 의미한다고 하며, 융통성과 안정성이 적절히 보장될 때 가족은 자녀의 건전한 자기감, 자아정체감을 형성하는 분위기를 제공하게 된다고 하였다. 또한 스피어(Speer, 1970)도 체계의 존속을 위해서 가족은 내적 요소들 간의 관계, 지배적인 가치, 구조 등을 변화시키는 변화 지향적인 기능을 가지고 있어야 한다고 주장했다.

가족의 적응력은 가족체계가 얼마나 융통성이 있는지와 변화할 수 있는 능력을 가지고 있는지를 의미한다. 이것은 가족의 권력구조와 역할관계를 변화시킬 수 있는 결혼이나 가족의 체계의 능력과 상황적인 스트레스와 발달적인 스트레스에 반응하는 관계적인 규칙의 변화능력을 의미한다(Olson, 1986).

이 차원의 요소는 지도력, 통제, 훈련, 역할 그리고 규칙 등이다. 적응력 집단은 그 점수가 가장 낮은 수준에서 가장 높은 수준의 순서로 경직된 집단(rigid), 구조화 집단(structured), 융통적 집단(flexible), 혼란집단(chaotic)의 4가지 수준으로 분류된다. 경직집단은 지나치게 변화 지향적인 가족으로 역기능적인 가족이 된다. 구조화 집단과 융통집단은 경직집단과 혼란집단의 중간에 위치하는 가족으로 적절한 수준의 적응력을 가지고 있으므로 기능적인 가족이 된다(한국가족학 연구회, 1993).

복합 순환모델이 기능적인 가족관계를 곡선적으로 설명하느냐 아니면 직선적으로 설명하느냐 하는 것은 논란의 여지가 있다. 올슨(Olson et al., 1983)은 복합 순환모델의 곡선적 가설을 지지하는 데는 두 가지 예외가 있어야 한다고 하였다. **첫째,** 가족체계에 관한 문화적·윤리적 규범이 고려되어야 한다는 것과 **둘째,** 정상가족을 대상으로 했을 때는 실제로 극단에 속하는 가족이 매우 제한되므로 가족기능과 가족응집력·적응력의 관계가 곡선적이기보다는 직선적이라는 것이다. 올슨(Olson et al.)은 가족 내 규범적 기대를 '가족이 함께 하는 것'을 강조하는 것인지 아니면 '가족성원 개인이 하는 것'을 강조하는지의 측면으로 설명하면서, 유태인 가족은 경직되고 밀착된 유형이 정상적인 가족 수행을 하는 것으로 나타나 '함께 하는 것'을 강조하는 문화라는 설명을 하였다.

또한 이규태(2000)에 의하면 한국가족의 특징은 자기 자신보다 가족의 이익, 화목과 결속을 중히 여기며, 가장의 권위나 가정의 규칙이 엄격한 데 있다고 하였다. 따라서 올슨과 레이브(Olson & Lavee, 1991)가 일반적인 가정을 연구할 때는 직선적인 가설을 사용하는 것이 적절하다고 주장한 바와 같이 우리나라의 문화적인 특수성을 고려하여 가족기능체계에 대한 직선적인 적용이 가능하다.

이러한 측면은 문화권에 따라 기대되는 규범이 다르므로 응집력에 대한 개념의 조정이 필요하다는 제안(김명자, 1992; 김수진, 1997)과 같은 맥락이라고 할 수 있다.

3) 가족의 의사소통

의사소통은 하나의 상징적이며 상호거래적인 과정으로서 의미를 창출하고 공유하는 과정으로(Galvin & Brommel, 1982), 여기서 의사소통이 상징적이라는 것은 의미를 전달한다는 뜻으로 언어적 행동 또는 말이 가장 보편적으로 사용되는 상징을 의미한다. 긍정적인 의사소통은 가족구성원들 사이의 이해와 감정이입을 가능하게 하나 비판이나 혹은 소리 지르기와 같은 부정적 의사소통은 가족구성원들의 응집성과 적응성을 감소시킨다.

부부간의 의사소통은 개인의 경험과 부부간의 경험을 바탕으로 한 고유한 의사소통 규칙을 발전시키게 되어, 부부간 의사소통에 대한 이해는 다른 사람과의 의사소통을 이해하는 것과는 다른 양상으로 나타날 수 있다(이정순, 1991).

부부관계는 의사소통을 통해 경험과 관심을 서로 나누고 사랑과 존경을 표현함으로써 더욱 친밀하고 정서적으로 만족스러운 관계를 형성할 수 있다(류승하, 1996). 효과적인 의사소통은 자기 자신과 타인과의 관계 사이에 원만한 인간관계를 유지시켜주며 진심으로 상대방의 이해를 돕는다고 볼 때 부부간의 의사소통을 정확히 이해하거나 수용하기 위해서는 정확한 상황판단과 함께 의사소통을 효과적으로 할 수 있는 시기, 장소 및 화제대상을 적절히 선택할 수 있어야 한다(김경자, 1994, pp.24-28).

학자		가족의 기능
구드 (Goode, 1982)	→	① 가족이 정서적인 애착, 권리, 의무의 결과로 인간관계의 지속성을 제공한다. ② 가족은 가족원들에게 쉽게 접근할 수 있는 물리적인 접근성을 제공한다. ③ 가족은 오래 지속되는 친밀한 관계를 제공해주는 혜택이 있다. ④ 가족은 경제적인 혜택을 준다.
머독 (Murdock, 1949)	→	① 성적 기능 ② 경제적 기능 ③ 출산기능 ④ 교육기능
함인희 (1993)	→	① 경제공동체 ② 성행위와 출산통제 ③ 자녀양육과 사회화 ④ 사회보장 ⑤ 정서적 유대 및 여가 ⑥ 지위계승 ⑦ 가사노동 ⑧ 성 역할 사회화
쟈스트로우 (Zastrow, 2000)	→	① 인구생산기능: 가족의 기본적인 권리이자 책임으로, 실제로 대부분의 사회는 아이들을 출산할 수 있는 사회적 단위로 가족을 인정 ② 아동양육기능: 우선적인 양육과 보호가 필요한 사춘기 이전 아동의 보호기능이 기본적으로 가족에게 있음을 명시 ③ 사회구성원의 사회화기능: 사회화는 아동들이 그 문화, 사회에 잘 적응할 수 있도록 사회화하고, 새로운 사회구성

	원으로서 생산하는 과정이라 할 수 있음 ④ 성적 행동의 통제기능: 성적 행동을 적절히 규제함으로써 책임 있는 성행동과 출산유도 ⑤ 가족애정의 원천기능: 가족구성원과의 지속되는 관계를 통한 정서적, 사회적 충족감은 가족관계 및 사회적 관계에 긍정적인 영향을 미침

7. 사회변화와 가족

오늘날의 가족은 사회변화에 따라 한부모가족, 무자녀가족, 재혼가족, 분거가족 등의 다양한 형태가 등장하고 있으므로 가족에 대한 정의도 시대와 문화에 따라 달라지고 있다. 따라서 학자들은 가족을 정의하는데 하나의 '가족(the family)'이라는 고정된 시각에서 '가족들(families)'이라는 새로운 개념으로 바뀌어야 한다고 주장한다. 그 이유는 가족에 대한 고전적 정의가 현대의 모든 가족을 포함하지 못하고 사회변화에 따라 발생하는 다양한 가족을 편견 없이 바르게 이해하기 위해서이다(최규련, 2005, p.15).

모든 시대와 문화에 적용할 수 있는 가족을 정의하는 것은 제한점이 있지만 가족을 포괄적인 의미로 정의하면 "혈연, 입양, 결혼으로 연결되는 두 명 이상의 사람들로 구성되고, 장기적 헌신과 역할수행을 통해 유지되는 집단"임을 알 수 있다(양재민, 2007, p.14).

현대가족의 변화요인을 보면 가족의 크기와 세대구성이 작아지고 있다. 통계청(2006)에서 조사한 가구구조 변화 추이를 보면 지난 30년간(1975~2005년) 1인 가구의 비중이 4.2%에서 20%로 급증하고, 평균 가구원 수는 5명에서 2.9명으로 감소하였다. 1세대로 구성된 가구 비중도 7%에서 16.2%로 증가하였고, 반면 3세대로 구성된 가구 비중은 20.1%에서 6.9%로 하락하였다(최규련, 2005, p.37).

표 2. 가족구조 변화 추이

구분	1975년	1980년	1985년	1990년	1995년	2000년	2005년
1인 가구(%)	4.2	4.8	6.9	9.0	12.7	15.5	20.0
4인 이상 가구(%)	75.1	70.1	64.3	58.1	50.1	44.5	36.9
평균 가구원수(명)	5.0	4.5	4.1	3.7	3.3	3.1	2.9
1세대(%)	7.0	8.8	10.5	12.0	14.7	14.2	16.2
3세대(%)	20.1	17.6	15.8	13.6	11.4	8.2	6.9

자료: 최규련(2005). 가족관계론. 경기도: 공동체, p.37.

이와 같이 현대가족은 그 크기가 작아지고 있다. 확대가족에서 핵가족, 소인수 가족으로 변화되고 있는 것이다. 현대가족은 친척들과의 접촉이 감소되었으며, 상호부조의 정신이 약화되어 가고 있는 즉, 가족이 불안정한 상태로 변화하고 있는 것이다. 또한 배우자 선택에 있어서도 결혼은 두 당사자 사이의 문제로 한정되어 이성이 만날 수 있는 기회가 많아짐에 따라 자유연애 결혼의 형태로 되어가고 살림의 형태 또한 두 사람이 새로이 건설하는 단가살이인 독립생활의 경향으로 되어가고 있는 것이다.

또한 우리나라는 전통적으로 가족주의가 매우 강하며, 가부장적 가족주의는 삶을 지배하는 중심원리이다. 그에 따라 가족관계에서 역할과 의무가 인간관계의 토대가 되고 부모와 조상, 우리 집과 가문이 삶의 우선순위에 놓이게 된다. 그 결과 구성원들에게 공동체 의식과 소속감, 책임감을 갖게 하고 사회질서를 유지시켰다는 장점을 지닌다. 한편 전통적 가족주의의 문제점으로는 여성에 대한 차별, 권위주의, 친소의식, 배타적 집단주의를 양산하여 시대변화에 역행한다는 것이다.

그동안 한국사회는 짧은 기간 내에 정치적 민주화, 산업화를 이루고 정보화, 국제화 사회로 변하면서 여성의 지위가 향상되고 이혼과 재혼의 증가와 출산율의 감소, 호주제의 폐지 등 실로 전통적 가족가치관으로 따라가기 어려운 현상이 발생하였다. 사회변화에 따라 양성평등 사상과 인간해방 사상, 개인주의, 편의주의, 경쟁적 업적주의가 사회에 확산되면서 결혼가치관, 부부관계 가치관, 자녀에 대한 가치관, 부모부양에 관한 가치관 등 가족가치관에 대한 변화가 나타나고 있다(양재민, 2007, pp.21-23).

가족변동의 사회구조적 환경	⇒	(1) 노동시장 구조 ① 계층적 양극화 ② 노동유연성 강화 ③ 빈곤의 여성화 확대 (2) 기술발전과 문화변동 ① 공/사 영역의 경계약화 ② 젠더문화의 다양성 ③ 소비 중심사회 (3) 인구학적 구조 ① 저출산의 지속 ② 고령사회로의 압축적 진입

8. 가족신화

통계청이 발표한 2005년 인구주택 총 조사 가구·주택부문 전수집계 결과를 보면 전통적인 가족개념이 무너져 가는 모습을 확연히 볼 수 있다. 혼자 사는 1인 가구가 무려 317만 7,000여 가구다. 다섯 집 중 한 집 꼴이다. 더 놀라운 것은 증가율이다. 지난 2000년 조사 때에 비해 무려 42.5%나 늘어난 것이다. 세대 구성을 보더라도 놀라움은 계속된다. 2세대 가구에서 전형적인 핵가족이라 할 수 있는 '부부+자녀' 가구의 구성비는 2.8% 감소한 반면 '한부모+자녀'의 경우는 21.9%나 증가하고 있다. 이는 이혼 등의 여파이다.

이러한 결과를 두고 가족위기 논쟁이 재현되고 있다. 논쟁의 핵심은 위기현상에 대한 진단과 해법의 차이에 있다. 한편에서는 가족위기의 원인을 변화 자체에서 찾고 있으며, 이에 대한 해결방법을 '전통' 가족규범과 질서로의 회귀에서 찾고 있다. 다른 한편에서는 전통가족에 대한 지나친 집착이 오히려 위기를 가져오고 있다고 진단하고, 새로운 가족 만들기에서 해법을 찾는다. 이른바 전통과 근대의 상이한 가족가치의 대충돌이다.

가족가치의 충돌은 "무엇이 정상가족인가"에 대한 신념의 차이에서 시작된다. 전통가족을 중시하는 측면에서는 전통가족이 곧 정상가족(normal family)이라는 강한 신념을 가지고 있다. 이들은 외부 사회의 변동과정에서 정상적인 전통가족이 '문제'가 있는 1인 가구나 한부모 가구로 변화함으로써 가족이 위기에 처하게 되었다고 진단한다. 이로 인해 가족에 의한 아이와 노인부양이 방기(放棄)되고, 가장의 권위가 약화되며, 가정교육이 약화되어 청소년의 일탈문제가 심각해지고 있다. 때문에 이들은 전통 가족가치의 회복이라는 도덕적 복고주의를 통해 현재의 가족위기를 헤쳐 나가고자 한다.

근대가족을 지지하는 측면에서는 개인의 자발적 선택과 성 평등을 지향하는 근대 가족가치가 곧 '정상'이라는 강한 신념을 가지고 있다. 이들은 전통가족의 수직적 위계질서와 불평등성, 그리고 비민주성을 강하게 거부하고 있다. 따라서 민주와 평등이라는 근대적 가치의 확산이 가족위기를 극복할 수 있는 대안이라고 확신한다. 특히 여성의 지위변화와 성별 역할분담 구조의 해체, 아동 및 노인부양의 사회적 책임을 강조한다.

이러한 위기 논쟁은 몇 가지 특징을 보여주고 있다. **첫째,** 논쟁의 축이 전통과 근대의 가족가치 충돌이며, 그 핵심에는 우리 사회 특유의 가족주의 정서와 이를 기반으로 하는 가족부양체제에 대한 세대별, 성별 인식차이가 놓여 있다는 점이다. 이러한 가치충돌은 곧 세대 간에, 남성과 여성 간에 치열한 대결 양상으로 확산되고 있다. **둘째,** 양측의 신념이 지나치게 강한 나머지 가족위기의 본질에 대한 진지한 고민을 하기보다 오로지 자신의 가족가치만을 강조하는 정치운동으로 변질되고 있다는 사실이다.

이들 양편에게는 한 가지로 합의된 가족이 없다. 다만 서로가 강조하려는 '그들만의 가족'이 있을 뿐이다. 자신의 관념 속에서 만들어진 가족이 정상이며, 상대가 선택한 가족은 언제나 비정상이다. 이 때문에 위기 논쟁이 가족문제에 대한 진지한 성찰과 이의 해법을 찾아가는 과정이기보다는 정치적·사회적 목적을 달성하기 위한 수단이 되고 있으며, 가족연대와 사회 전체의 결속력이 약화되는 부작용까지 나타나고 있다.

가족의 정상성에 집착하는 것은 언제나, 누구에게나 꼭 적용될 수 있는 기준만을 가지고 가족개념을 구성하기 때문이다. 그러나 가족은 '정형(定型)'으로 개인에게 주어지는 것이 아니라 개인이 언제나 자발적으로 선택할 수 있는 유연한 구성물일 뿐이다. 가족은 언제나 변화할 수 있으며, 다양한 가족들은 자신의 적극적인 가치를 가지고 있다. 관념 속에서 살아 숨 쉬는 정상가족은 현실 속에서는 신화에 불과하다. 이러한 인식의 전환이 이루어질 때 배제가 아니라 포용의 가족정치가 가능하며, 여기에서 사회적 합의에 의한 새로운 가족모형을 만들어 갈 수 있다(http://cafe.daum.net/2010121004).

정상가족의 신화	→	① 가족에 대한 강력한 규범을 만들고 이 범주에 들지 못할 경우 비정상적인 특이상황, 문제 상황으로 인식하도록 만듦 ② 이미 대한민국 가족 중 절반 이상이 다양한 가족의 형태를 취하고 있음
가족경험의 통합성 신화	→	① '가족은 서로 잘 이해한다.', '완전한 가족이 되도록 노력해야 한다.' ② 실제로 가족생활은 성과 연령에 따른 가족성원들 간의 이해관계와 갈등이 일상화되는 영역임
공사영역의 분리신화	→	① 가족과 사회는 사적 영역과 공적 영역으로 이분화 ② '대다수의 가족은 자급자족한다.', '가족은 사랑과 정서적 지지를 제공해준다' 등 즉 공사이분법은 가족과 사회를 좌우 대칭에 둠 ③ 가족은 무정한 세상의 안식처 ④ 가족관계는 사회관계와는 달리 이타적이고 비경쟁적이라고 봄 ⑤ 가족영역도 공적 영역과 마찬가지로 권력개념의 역동성으로부터 자유로울 수 없음

9. 가족규범

가족규범이란 사전적 의미로 가족의 구성이나 기능 등에 관하여 국가·지역사회가 규정하고 있는 질서 또는 규범을 뜻한다. 대가족과 소가족, 확대가족과 핵가족 같은 가족형태상의 구별도 한 사회에서 그와 같은 관습이 일반화되면 단순한 분류기준으로서만이 아니라 가족의 '개념'으로 발전되었다.

가족규범은 구체적으로 가족생활을 규제하는 법률·도덕·관습 등의 총체를 말한다. 즉 개개의 가정에서 임의로 정한 가훈이라든지 가풍과 같은 내부적 규범이나 행동양식을 의미한다. 가족이란 인간에게 있어 보편적인 사회집단으로, 그 규범은 사회의 발전단계와 이에 따르는 여러 조건, 또는 경제구조나 정치형태에 의하여 나라와 민족마다 각기 다른 형태의 규범과 질서 속에서 복잡한 역사적 변천과정을 밟아 왔다.

가족의 권위구조를 규제하는 부권제(父權制)와 모권제(母權制) 또는 가부장제와 부부가족제, 상속에서의 장자상속제·말자상속제·균등상속제 또는 가산상속제, 부양에 관한 여러 제도, 혼인에서 남녀의 수를 규제하는 복혼제(複婚制: 집단혼인·일부다처·일처다부)와 단혼제(일부일처), 혼인의 사회적 범위를 규제하는 족외혼과 족내혼, 혼인의 절차상에 관한 중매결혼과 자유결혼, 출가혼과 데릴사위 등은 모두 역사적 조건 속에서 이루어진 가족규범의 형태라고 할 수 있다.

고대 로마의 가장은 강력한 가장권을 가지고 가족을 지배하였다. 이 가장권은 처음엔 가족 내부의 모든 것에 대한 통일적인 지배권이었으나 나중에는 자손에 대한 가부권(家父權), 아내에 대한 부권(夫權), 물건에 대한 소유권으로 분해되었다. 로마에서의 가장지배권은 절대적이어서 생살여탈의 권한을 소유하고 있었다. 처음에는 가장만이 집안의 재산을 소유할 수 있고 다른 가족은 재산상의 무능력자여서 그들이 취득한 재산은 모두 가장의 소유가 되었다. 그러나 오래 가지 않아서 가장 이외의 가족이 재산을 관리하는 것을 인정하게 되고 상속은 균등분할 상속이 행해졌으며 혼인은 일부일처제가 되었다. 이러한 가부장제는 일가(一家)가 종교적인 조상제례의 단위였던 것과 관계가 있다.

고대 게르만의 가장은 가장권에 의해 가족을 지배했으나 가장권은 가족을 보호하기 위한 의무적인 성격을 지녔다. 따라서 부권, 친권 등으로 분해되는 경향이 강했다. 이것은 게르만 사회가 로마적인 노예제를 가지지 않았고 가족의 공동체적 성격이 강했기 때문이다. 그 후 중세의 봉건적 영주나 기사계급에 있어서는 전형적인 가부장제의 가족이 형성되었다. 이는 봉건적인 군역이나 공납의 확보를 위해 부득이 봉작의 승계가 요청되었기 때문이다. 그 봉작은 장남에게 단독 상속되었고 이에 따라 가장권은 더욱 강력해졌다. 이에 대하여 농민이나 수공업자의 가족규범은 공동체적 성격이 강하였기 때문에 가부장제는 지배계급에서와 같이 강력하지는 못하였다. 그러나 봉건사회의 경제적 요청과 지배층의 영향을 받아 점차 장남 단독상속 또는 일자상속이 광범위하게 행하여지게 되었고 따라서 가장권도 강화되었다. 이에 대응하여 결혼의 자유도 강력히 제한되었으며 그리스도교의 영향으로 이혼도 금지되었다.

근대에는 가부장제가 해체되고 자유평등이 결혼규범의 기조로 등장하였다. 포괄적인 지배권이었던 가장권이 존재하지 않게 된 것은 물론이고 부권도 남녀평등의 확립에 따라 점차 소멸되었으며 친권은 미성년자인 자식에게만 행사할 수 있게 된 동시에 자식의 보호를 위한 의무적 성격이 더욱 강해졌다. 다시 말해서 대등한 입장에 있는 부부와 그들에 의해 보호되는 미성년의 자식으로 구성되는 소가족이 근대가족의 전형이 된 것이다. 결혼도 자유화되어 성년자는 누구의 동의도 필요 없이 상호합의에 따라 자유롭게 결혼할 수 있으며, 이혼의 경우도 부부합의에 의한 협의이혼이 허용되었다. 상속에 있어서는 균등분할 상속이 확립되었고 동시에 유언의 자유도 어느 정도 널리 인정되고 있다. 이러한 근대가족의 성립·발전은 자본주의의 발전에 의한 것으로 동시에 자본주의의 발전에 따라 가족은 생산공동체에서 소비공동체로 바뀌었고 나아가서는 가족 자체의 해체까지 문제가 되고 있다.

한편, 우리 사회사에서 가족이 언제부터 사회조직의 기본단위나 공동생활의 기본집단으로 자리 잡게 되었는지에 대해서는 충분한 연구와 합의된 입장이 없다. 원시씨족공동체를 전제한 입장에서는 고대국가사회 특히 신라의 사회조직의 기반을 혈연적 친족공동체로 설명해 왔다. 이러한 인식 위에서 고구려, 백제, 신라를 종족 국가사회로 단정하기도 한다(최재석, 1983).

이렇듯 한국의 가족규범에서 삼국시대 이전은 기록된 문헌이 남아 있지 않아서 유추하기 힘들다. 다만 고조선의 가족규범이 부계의 혈연집단에 의한 동성혼으로 추측되는데 이는 신라·고려시대에 일반화되었던 동성혼 및 근친혼의 존재로 보아 이것이 삼한시대로부터 계승된 것으로 여겨지기 때문이다. 가계의 계승은 남자에 의해 이뤄졌고 특히 옥저의 풍속에는 일부다처제가 존재한 기록이 있다. 삼국시대 고구려에서는 가족생활의 형태가 모처(母處)·부처(父處) 거주형식, 즉 혼담이 성립되면 여성의 집에서 지내다가 자녀를 낳으면 그들이 장성할 때까지 머물다가 비로소 처자를 데리고 본가에 가는 혼인방식이 행해졌다.

고려시대의 호적은 부모 양계의 친족관계와 현실의 생활공동체를 그대로 반영하였으며 호의 대표자인 남편이 사망하였을 때 아들이 있더라도 그 배우자인 여성이 대표자가 됨으로 오늘날의 호주제와는 다르다. 조선시대에는 철저한 부계중심의 가족규범을 표방했음에도 호적은 동거하는 사람들을 기재하는 것을 원칙으로 동거하는 자식, 친족, 노비 등도 입적하였다. 집의 대표자인 남편이 사망할 경우 아들이 아닌 그 배우자인 아내가 대표자가 되었다(여성한국사회연구소, 2002).

일제 식민지 시기에는 통치수단의 하나로 1912년 호주제가 우리나라에 도입, '제사상속'과 '유산상속'의 전통적인 조선의 관습과 결합되어 '호주상속' 제도로 규범화되었다. 일본이 도입한 호적은 현거주지를 기반으로 한 가구의 기재가 아니며 가족의 본적이 호적의 기반이 되었으며 이것은 가계를 함께 하는 주거단위가 아니라 남자 호주와의 관계에서 개인들의 신분관계 즉 가족 내의 신분 지위를 나타내는 것으로 변화되었다. 호적이 호구에서 집(家)으로 바뀌면서 부자간의 호주상속이 가계(家系) 계승 신분상속으로 변화하여 현행법의 근간을 이뤘다. 1990년 민법개정으로 호주의 실질적인 권리를 삭제하고 호주상속에서 승계로 변화하였다(홍경희, 2007, pp.19-22).

가족규범의 종류와 내용	→	(1) 결혼규범 ① 결혼해서 가족을 이루고 살아야 한다는 것 ② 결혼하기에 적합한 나이의 범위 설정 ③ 자식으로서의 의무이며 인간으로서 필수적으로 거쳐야 하는 통과의례로써 받아들여짐 (2) 가장규범 ① 남성이 가장이 되어 생계책임자로서의 역할과 지도권을 가져야 한다는 것 ② 남성에게는 무거운 짐을, 여성의 경제역할은 가장규범에 의해 비공식적이거나 힘든 과정부여 (3) 현모양처 규범 ① 여성으로 하여금 타자지향적인 삶을 살도록 강요 ② 직업생활까지 병행하는 이중역할을 수행하도록 하는 새로

운 규범이 되고 있음

(4) 정절규범
① 여성의 결혼 전 순결강조와 결혼 후 배우자와의 성관계에 한정한다는 의식도 여성에게 더 강하게 요구
② 이중적인 성규범 적용으로 부부갈등을 낳게 됨

(5) 효 규범
- 서로 존중하며 호혜적 성격을 지니는 부모-자식 간의 관계를 규정하는 효 개념이 부족

10. 가족환경의 변화

가족문제가 현대에 와서 더 부각되는 것은 산업사회로 발전됨에 따라 사회적 구조와 기능이 변화되고 그 구성원의 가치관도 점점 더 복잡하고 다양화되었기 때문인데, 그 변화요인을 살펴보면 다음과 같다.

첫째, 가족구조의 변화로 기존의 3세대 이상의 확대가족에서 1세대 가족이 증가하고 있으며 평균 가구원 수도 최소화되고 있는 실정이다. 이처럼 현대의 한국가족은 소가족화, 가구원 수의 축소, 세대의 단순화와 더불어 핵가족화가 증가하는 추세이다.

둘째, 가족형태의 변화로 기존의 가부장제 직계가족이던 것이 부부중심의 핵가족화 현상을 보이고 있으며 한부모가족, 새싹가정, 노인단독가구, 미혼단독가구, 딩크족(DINK: Double Income, No Kids)이라고 하는 무자녀가족 등의 형태로 변화하고 있다.

셋째, 가족기능의 변화로 예전부터 내려왔던 경제, 출산, 자녀양육, 사회화, 정서 · 여가 기능 등이 사회변화와 더불어 다양한 가족의 형태로 변화되면서 가족 내 복지기능 또는 경제적 생산기능 등이 상실되거나 약화되고 있으며 반면 소비기능, 자녀의 사회화기능, 정서적 만족기능 등과 같은 것들이

강화되고 있다. 이처럼 가족생활주기와 가족가치관의 변화라든지 개인주의적인 사고방식, 남녀평등사상 등의 유입을 통해 가족과 관련한 가치관이 변하는 현상을 보이고 있다.

이같이, 가족의 변화에 대한 관점에서 살펴보면 가족이 종래의 핵가족 제도를 유지해야 하는가 아니면 다양한 가족을 인정할 것인가는 보수주의적 혹은 진보주의적인 관점과 여권론적 관점에 따라 달라진다(변화순, 1995).

보수적인 입장에서는 가족이 해체됨으로 인해 가족가치의 혼란을 야기하고, 그로 인해 가족은 위기상황에 처하게 된다고 한다. 이때 위기란 두 가지 의미를 지니는데 하나는 가족의 해체로 인해 여러 가지 사회문제를 초래하게 되었다는 것을 의미한다. 예컨대 이혼으로 인한 한부모가족의 증가로 말미암아 청소년 문제가 늘었다는 사실이 입증된다. 또 다른 의미는 가족이 더 이상 제도로서 존재하지 않게 될지도 모른다는 회의이다. 여기에는 정상가족과 문제가족을 나누는 시각이 내재되어 있다. 즉 정상적인 가족형태를 벗어나는 가족들은 가족 구조상의 결함이 가족 기능상의 결함으로 이어져 사회문제를 발생시키고 있다는 견해가 지배적이다(임인숙, 1999). 반면 가족의 변화를 위기론적 입장보다 현실로서 수용하고자 하는 시각에서는 한부모가족, 새싹가정, 노인단독가구 등 기존의 가족형태와는 다른 다양한 가족이 구조상 형태를 달리할 뿐이므로, 이들 가족이 수행해야 하는 기능의 문제를 보완하는 것이 중요하다는 것이다.

이러한 가족의 변화는 가족이 붕괴하는 경향으로 볼 수도 있지만, 다른 한편으로는 많은 압력과 도전에도 불구하고 가족이라는 제도가 변화하고 있는 것으로 볼 수도 있다. 가족변화에 따른 가족가치의 붕괴라기보다 현대세계의 도전을 맞아 새로운 가족생활의 형태가 발달하고 있고 또 그렇게 함으로써 가족들이 개인의 권리와 사회적 책임을 조화시키기 위한 더욱 효과적인 방식을 찾으려 애쓰고 있다는 것이다(Gittins, 1997).

가족의 변화에 대한 관점을 보면 **첫째,** 가족변화에 대한 보수주의적 시각에서 가족에 대한 위기감은 학자들 사이에 가족쇠퇴론(family decline)으로 표현되며, 이를 가족이 해체되고 있다고 보는 시각이다.

가족제도가 더 이상 규범과 가치를 통해 성원들을 통제하지도, 공동목표를 위해 성원들을 조정하고 유대와 응집력을 발휘하지도 못하는 것은 가족이 건강한 제도로서의 요건을 상실한 것이라고 본다(Popenoe, 1988; 임인숙, 1999). 이들은 이혼과 혼외출산의 증가를 주요지표로 보고 있다. 즉 결혼은 가족형성과 사회적 성원의 재생산을 도모하는 제도로서 개인에게는 '사회적 의무'이자 규범이다. 이혼은 가족의 형성과 사회적 성원의 재생산, 그리고 가치관의 전수를 통한 사회통제의 기능을 상실하기 때문에 가족을 유지시키는 방안을 모색해야 한다는 것이다.

보수주의적 관점의 가족정책과 관련된 이념은 가족이 붕괴되면 사회도 위협받는다고 보고 다양한 가족을 위한 가족정책은 오히려 가족의 붕괴를 조장한다고 본다. 즉 정부가 마련한 제반정책 프로그램들은 국민들을 빈곤에서 벗어나도록 하는 것이 본래의 목적이었지만 결과적으로 국민들을 빈곤하게 하는 원인이 되었다고 보고 있다. 예컨대 미국의 머레이(Murray, 1984)는 정부의 가족정책 프로그램들로 인해 수혜자들을 국가에 의존하게 하였다고 주장하면서 그 증거로 이전에 비해 1970년대 후반에 오히려 빈곤율이 증가했음을 지적한다. 따라서 이들은 가족에 대한 정부의 계획된 정책을 실시하기보다는 가족이 마음대로 할 수 있도록 자유를 주어야 한다고 주장한다(박민자, 1994).

가족쇠퇴론자들이 가장 우려하는 것은 아동의 빈곤화 현상이다. 그들은 가족이 해체됨으로 인해 아동이 심각한 타격을 받고 있다고 진단한다. 쇠퇴론자들은 이혼과 혼외출산에 따른 편모가족의 증가가 아동의 삶의 질을 하락시킨 주된 원인이라고 보고 있다. 또한 이혼가정의 자녀들이 심리적 또는 행동상의 문제를 갖게 될 가능성도 정상가족의 아이들과 비교해서 2~3배나 높다는 점을 지적한다.

둘째, 진보론자들은 변화의 와중에 있는 가족영역을 다원주의가 상징하는 새로운 영역으로 이해한다. 즉 개인의 선택과 자유의 폭이 넓어지고 자아표현의 기회가 확대되며 다양성에 대한 이해가 증가되는 것을 사회발전으로 간주한다. 이러한 맥락에서, 가족진보론자들은 한부모가족, 동거부부 및 동성애부부와 같은 비전형적 가족들을 대안가족으로 인정함으로써 소위 일탈

가족의 증가를 근거로 한 가족위기론에 쐐기를 박는다. 그들은 전형적인 전통가족(the family)에서 이탈한 듯 보이는 가족들(families)을 사회병리적 현상으로 비난하고 차별화하기보다는 대안적 가족유형으로 인정하고 그 나름의 강점을 이해하려는 자세가 필요하다고 주장한다(임인숙, 1999).

진보론적 시각에서 이혼의 증가는 '결혼제도'를 거부하는 사람들의 증가를 의미한다기보다는 특정한 유형의 결혼, 즉 만족스럽지 못한 결혼을 끝내려는 사람들의 증가를 의미한다. 또한 부부관계 상담가들, 가족심리치료사들과 각종 가족생활 지원그룹 등이 늘어나는 현상은 외부의 도움을 얻어서라도 가족의 문제를 해결함으로써 기꺼이 관계 회복을 도모하려는 사람들이 증가하는 것으로 풀이할 수 있다. 변화한 것이 있다면 그것은 가족제도나 결혼제도 자체가 아니라, 그 제도가 설정했던 이상과 가치라는 점을 강조한다. 따라서 이혼과 재혼은 만족스럽지 못한 결혼관계를 더 나은 관계로 대체함으로써 결혼생활의 질을 한 단계 높이고 결혼제도의 존속을 가능하게 하는 기제로서 이해된다.

이들은 아동의 이해와 성인의 이해가 균형을 이루도록 정책이 개발되어야 하며, 특히 여성의 경제적 자립을 인정해야 하고 그러기 위해서는 남성들이 가사노동과 육아책임을 공평하게 분담하는 등 권리와 책임을 공평하게 분배하는 정책이 필요하다고 보고 있다. 또한 다양한 가족을 인정하면서 한부모가족, 1인 가구 등이 가지기 쉬운 취약점을 국가가 법, 경제적, 물질적 지원 등의 정책을 통해 보완해주어야 한다고 본다(변화순, 1995).

셋째, 여권론적 시각에서 가족문제를 접근해보면, 근대 산업사회가 점차 노령화사회로 되어감에 따라 노령이면서 매우 빈곤한 상태로 남게 되는 사람들은 대부분 여성들이다. 노인의 부양부담은 특히 여성의 몫으로 간주된다. 가족이 노인보호를 부담해야 하는 경우가 과거보다 훨씬 더 많이 늘어난 현시점에서 노부모를 부양하는데 따른 스트레스와 긴장은 특히 며느리, 딸의 가족에 엄청난 부담을 안겨주며, 이에 따라 여성문제도 증폭된다. 노령화사회는 현대사회가 직면하고 있는 가장 커다란 문제의 하나이다.

그런데 이들 노인들에게 적절한 국가재정과 국가주도의 보호를 제공하기보다는 가족, 특히 여성에게 보호의 부담을 떠넘기려는 시도는 가족들에게 새로운 위기를 야기할 수 있다. 이에 따라 여성의 자녀출산 및 양육을 위한 육체적 부담은 줄어들었지만 정서적 부담과 보호의 부담은 늘어났다. 이것이 기혼여성들의 취업 가능성을 크게 축소시키고 있다. 기혼여성의 노동시장 전입의 '자유'는 시간적으로 제약을 받을 뿐 아니라, 남편과 자녀들이 그들에게 부여하는 사회적 기대와 전제, 즉 그들은 모든 가구원들의 육체적, 정신적, 그리고 정서적 욕구를 보호하고 이를 위해 희생하면서 무엇보다도 가족을 우선순위에 두어야 한다는 기대와 전제 때문에 제약을 받는다.

따라서 가족의 복지증진에 정부가 당연히 개입해야 한다는 것을 전제로 하되 어떤 영역에 어떻게 개입해야 하는가에 초점을 둔다. 그러므로 성인지적 관점에 의한 양성평등한 정책방향을 추구하고 여성이 불이익을 당하는 구조적 측면(예를 들면, 여성의 부양부담 완화, 아내학대)을 개선해야 한다는 데에 중점을 둔다.

물론 '가족(the family)'은 변화했으며, 그 변화가 가정파탄, 매 맞는 아이들, 비행, 높은 범죄율과 같은 사회문제의 실질적 원인이라고 생각해 볼 수 있다. 이와 비슷하게 여성해방이 여성의 취업을 조장하기 때문에 여성들이 가족을 소홀히 하여 그러한 문제가 더욱 악화되었다고 생각할 수도 있다. 그러나 이러한 문제 중 어떠한 것도 사회위기의 원인으로서의 가족이나 여성들이 직접 관련된 인과관계를 찾아보기 힘들다. 그것은 사회적·경제적·이데올로기적 문제들이며, 불평등, 빈곤의 확산, 가부장적 전제들이 가족의 해체로 표출되어 나타난 것이며, 이러한 것들이 사람들의 행위양식에 영향을 미친 결과로 보아야 한다. 이러한 것들을 가족문제로 인식하면 사회위기를 가족, 여성의 위기로 환원하는 것에 불과하다. 모든 사람은 어떤 한 형태의 가족가구에서 살고 있다. 즉 모든 사람이 어떤 한 형태의 문제를 가지고 있는 것이다. 그것의 책임을 부부의 이혼, 청소년의 비행문제나, 정서적 문제 등을 개별가족의 탓으로 돌리는 것은 사회적 위기에 대해 개인을 비난하는 것이 된다(Gittins, 1997).

따라서 가족의 기능을 강화할 수 있는 가족정책의 개발 및 프로그램의 개발이 요구되는데, 예를 들어 일과 가족과의 조화, 가정생활의 강화를 위한 정책, 가정폭력 및 가족위기에 대한 예방 및 대처를 위한 가족상담소

활성화, 요보호 대상가족을 위한 가족복지 정책이 여기에 포함된다(이영주, 2005, pp.10-15).

가족형태의 변화	→	(1) 가족구성원 수의 감소 ① 평균 가구원 수가 30년간 5명 → 2.9명 ② 1세대가구의 증가와 3세대가구의 계속적인 감소 • 원인 -산업화로 인한 자녀세대의 도시이동 -정부의 인구 억제정책 -가족과 결혼에 대한 가치관 변화 (2) 다양한 가족의 출현 ① 산업사회에서 증가한 자발적 무자녀 ② 개방결혼 ③ 동거가족 ④ 동성애부부 ⑤ 재혼가족 ⑥ 한부모가족 ⑦ 국제결혼가족 ⑧ 새터민 가족 (3) 다양한 가구형태의 출현 ① 맞벌이가구 ② 주말부부 ③ 기러기 가족 ④ 생계부양자 아내와 전업주부인 남편 ⑤ 조손가구
가족생활주기의 변화	→	① 초혼연령과 첫 자녀출산연령의 상승 ② 자녀 수의 감소 ③ 기혼여성의 취업증가 ④ 평균수명의 증가로 인한 가족 내 노인부양 부담증가 ⑤ '빈 둥우리' 노인의 증가 ⑥ 이혼과 재혼의 증가 ⑦ 재혼 후 출산으로 인한 자녀출산, 양육기의 혼란 ⑧ 사회의 경제난으로 인한 조기은퇴와 실업으로 인한 문제

Chapter
03

가부장적 가족제도하에서 가족의 이해

돈으로 살 수 없는 것

- 돈으로 아름답고 푹신한 침대 커버를 살 수는 있지만, 달콤한 숙면을 살 수는 없습니다.
- 돈으로 좋은 책을 살 수는 있지만, 사고하는 머리를 살 수는 없습니다.
- 돈으로 먹을 것을 살 수는 있지만, 식욕을 살 수는 없습니다.
- 돈으로 아름다운 장식품을 살 수는 있지만, 내면의 아름다움을 살 수는 없습니다.
- 돈으로 훌륭한 아파트를 살 수는 있지만, 따뜻한 가정을 살 수는 없습니다.
- 돈으로 몸에 좋은 약을 살 수는 있지만, 건강을 살 수는 없습니다.
- 돈으로 골동품을 살 수는 있지만, 좋은 예술품을 감상하는 안목과 교양을 살 수는 없습니다.
- 돈으로 오락을 즐길 수는 있지만, 행복을 살 수는 없습니다.
- 돈으로 할 수 있고 살 수 있는 것은 많지만, 그것을 누릴 수 있는 마음은 결코 살 수 없습니다.

김형태, 결혼과 가족상담, 2002, 서울: Midwest Press, p.45.

1. 가부장적 가족 특성과 대비되는 고려풍속

우리가 알고 있는 전통사회의 가부장적 가족제도는 사회의 유교화와 함께 수용된 중국 가족제도의 영향을 받았다. 그러나 고려시대 가족제도는 이와 달리 비부계적(非父系的)인 특징을 많이 지니고 있었다. 예컨대 고려시대에는 출계율(出系律)이 양측적(兩側的)이어서 혈연적 관계가 있는 모든 자손들을 후손으로 인정하였기 때문에 아들 손자와 같은 남계뿐 아니라 딸 외손자와 같은 여계의 자손에 대해서도 음서의 혜택을 주고 있다. 따라서 조상과 후손을 따질 때 같은 성씨의 조상에 대해 상세하게 거론하기는 하지만, 어머니나 외할머니의 조상에 대해서도 많이 언급하고 있으며, 실제로 벼슬하기 위해서는 아버지 쪽과 어머니 쪽 모두의 조상에 흠결이 없어야 했다.

이는 후손에 대해서도 마찬가지로 적용되었던바, 안동권씨성화보(安東權氏成化譜)와 문화유씨가정보(文化柳氏嘉定譜) 등의 조선 초기 족보(族譜)에서 딸 사위, 외손 등을 아들 친손자와 거의 같은 비중으로 기록한 데에서 알 수 있다. 그리고 시조의 아들로 이어지는 계통을 모두 기록한 것처럼 딸이 한 번 이상 포함되는 계통에 대해서도 동등하게 기재하였다. 이로 인하여 비록 국왕의 딸에 한정되는 것이지만, 외할아버지나 외증조할아버지의 성씨를 따르기도 하였다. 그런 점에서 조선시대에는 부계적인 출계율이 조상을 중심으로 한 친족집단을 만들었으나, 고려시대에는 나를 중심으로 부모, 자녀와 배우자 측이 혈연적 원근에 따라 친소가 결정되는 방식으로써 자에 많은 차이가 있었다.

혼인 후 거주지역도 가족제도와 관련한 중요한 사항인데, 혼인은 사회적 지위가 비슷한 집안끼리 이루어졌으며, 배우자를 가까운 곳에서 구하는 사례가 많았다. 그리고 신랑이 신부의 집에서 일정 기간 사는 경우도 종종 있었다. 또한 딸들이 사위와 함께 부모를 봉양하였고, 장인 장모가 경제적으로 도움을 주었으며, 외조부모 외사촌 이종사촌들과 친하게 지내어 외가 쪽에 대한 유대가 강하였다.

상례와 장례 역시 유교적이지 않았다. 불교의 영향을 받아 화장을 많이 하였으며, 불교식 재(齋)로 치러지는 상례를 주관하는 이는 승려였으므로 장자가 상주(喪主)가 되는 것이 아니었고, 자녀들이 그 비용을 공동으로 부담하였다. 중국의 유교식 상복제도인 오복제도를 받아들였으나, 외가 및 처가와 가까이 지내던 현실을 반영하여 외조부모의 상례 기간을 5월에서 1년으로, 처부모는 3월에서 1년으로 늘렸으며, 외가 쪽 친족에 대한 상복의 의무를 더욱 많이 포함시켰다. 제례 역시 주로 절에서 불교의례인 기일재(忌日齋)로 치러졌는데, 그 비용은 자녀가 출생 순에 따라 번갈아 부담하거나, 제사 대상을 후손들이 나누어 전담하는 분할 제사의 방식으로 치러져 제례의 장자 독점은 없었다. 또한 종자(宗子)가 시조를 비롯한 역대 장자의 계통에 대한 제사와 시제(時祭)를 담당하는 사례도 없었다. 때문에 제사와 관련된 문중조직도 존재할 수 없었다.

봉양과 상제례의 예에서 보듯이 부모에 대한 자녀의 의무가 거의 같았으므로 재산상속도 자녀에게 똑같이 나누어주려는 경향이 강하였다. 계보관념상 부모들이 아들과 딸을 차별할 이유가 없었고 자녀들의 봉사 의무가 같았으므로, 경제적 지위를 물려주는 재산상속도 똑같아야 한다는 뜻이었을 것이다. 따라서 고려 말에서 조선 중기에 이르는 재산상속 문서에서는 부모의 자식에 대한 사랑이 똑같음을 언급하고 성별이나 출생 순을 구별하지 않고 가능하면 노비와 토지를 공평하게 주려고 했음을 볼 수 있다.

이와 같은 출계율, 혼인 후 거주규정, 상장례, 봉사 및 봉양 등은 우리 고유의 것으로 조선 후기 유교화된 것과는 많은 차이가 있었고 상대적으로 가족 내에서 여성의 지위를 높이는 주요한 요인이 되었다(http://koryowoman.culturecontent.com).

<table>
<tr><td>출생 및 성장지</td><td>
• 남자가 여자의 집에 가서 아들 및 손자를 낳고 아들과 손자는 외가에서 자람
예) 신사임당은 정말 현모양처였을까?

현모양처 하면 대한민국 사람이라면 누구든지 자동으로 떠올리는 사람이 있다. 바로 1970년대 정부에서 이상적 여성상으로 교과서에 소개하면서 국가 차원에서 한국여성의 귀감으로 삼고자 했던 신사임당이다. 신사임당은 유명한 성리학자 율곡 이이를 잘 키웠다는 이유 등으로 현모양처를 상징하였다.
그런데 정말 신사임당이 글자 그대로 현모양처였을까? 사실 사임당은 전형적인 의미의 현모양처로는 볼 수 없다. 현모양처라면 남편과 자식 중심의 삶을 살아야 하는데 사임당은 그렇지 않았다. 19세에 결혼하여 38세가 될 때까지 19년간 친정부모를 모시며 남편을 처가살이시켰다. '보리가 서 말만 되어도 처가살이는 안 한다'라는 조선 후기의 기준으로 보면 남편에게 못할 일을 시킨 셈이니 (물론 조선 중기만 해도 처가살이가 많아 흠이 되는 일은 아니었다.) 완벽한 현모양처로 부르기는 힘들지 않을까?
(권인숙, 양성평등 이야기, 청년사, 2007, 101)
</td></tr>
<tr><td>남아 선호사상과 양자제</td><td>
• 법제상으로 '수양자'라는 용어가 많이 나오고, 장자의 가계가 단절되지 않은 족보가 없음
- 양자를 하지 않았다는 증거임
• 국조방목에도 입양의 사례가 하나도 없음
• 묘지명에도 150개의 사례 중 아들이 없는 경우가 22사례
-22사례 중 딸만 있는 경우가 4사례, 딸도 아들도 없는 경우 18사례
-아들도 딸도 없는 18사례 중 족녀를 양녀로 한 것이 한 사례
-아들이 없는 22사례 중 한 사례도 양자에 대하여 언급이 없음
</td></tr>
<tr><td>이성교제와 혼인</td><td>
• 남자가 여자의 집에 가서 아들 및 손자를 낳고 아들과 손자는 외가에서 자람
</td></tr>
</table>

2. 가부장적 가족체제하 여성정체성의 근본: '三從之道'

효를 중심으로 하여 부자관계가 우위에 서는 한국의 전통사회에서 부부관계는 자연 이차적인 관계에 놓이게 된다. 그리하여 조선시대에는 남존여비적인 가족관이 확립하게 되었다. 주자학을 기초로 하는 유교이념은 남녀유별(男女有別)을 천부적인 것으로 규정하기에 이르렀고 이러한 남녀의 유별관은 우주 만물의 기초가 되는 것으로 보아 남녀의 관계를 천지와 군신의 관계에 비유할 정도였다. 남녀가 7세가 되면 자리를 같이 하지 말아야 한다고 하여 남녀의 격리상상을 강조하였던 것이다.

'삼종지도(三從之道)'는 여자의 지위를 남자의 종속적인 위치에 놓이게 하는 가장 대표적인 공자(孔子)의 부녀관(婦女觀)이다. 어릴 때는 부모에 복종하여야 하며, 자라나 결혼하여서는 남편을 따라야 하며, 남편이 죽은 후에는 자식을 따라야 한다는 것이 그 내용이다. 또한 공자는 '부인이란 사람(남자)에게 굴복하는 것이라 하여 인(人)과 부인(婦人)의 언어를 구분하고 있으며 부인은 삼종지도에 따라야 하지 독립된 생활은 할 수 없다'고 하였다. 이와 같이 삼종지도는 여법(女法)의 종속성을 가장 강하게 나타내는 것이었다.

남편은 처(妻)를 통제하고 처는 남편의 통제에 공손히 복종하는 것이 부부의 생활을 유지하는 이상적인 가치이념이 된다. 유교적인 부행(婦行)에서 강조되는 부덕(婦德)·부언(婦言)·부용(婦容)·부공(婦功)은 유(柔)와 순(順)을 기본으로 하는 것이므로 시댁식구나 남편의 부당함에도 인내해야만 했다. 심지어 혼인을 가문과 가문의 결합으로 보았기 때문에 처는 남편보다는 더욱 일차적으로 시부모에 대하여 예속되어야 한다(유옥, 2006, pp.51-64).

고려시대의 형태	→	• 족보: 남계 여계, 차별 없이 기재 • 재산: 男女均分 • 제사: 男女輪行 • 혼인: 동성혼, 근친혼 • 혼인 후 주거규정: 처가살이 • 재혼여부: 문제가 안 됨

		• 남아선호사상: 거의 없음 • 양자제: 거의 없음
조선시대의 형태	→	• 족보: 남계만 기록 • 재산: 남자만 상속 • 제사: 장자만 지냄 • 혼인: 동성동본불혼 • 혼인 후 주거규정: 시집살이 • 재혼여부: 금지(열녀문) • 남아선호사상: 성행 • 양자제: 성행(씨받이)

3. 가부장제의 형성요인

가족은 우리에게 매우 친숙하고 자연스러운 것이어서 가족과 연관된 어떤 객관적인 탐구나 검토도 불필요하거나 불가능한 것처럼 여겨진다. 현재 존재하는 가족이 급격한 변화의 과정 속에 놓여 있고 또 우리가 그 변화를 이끌어가는 주요한 주체로서의 역할을 하고 있음에도 불구하고, 가족이란 불변의 것이라는 믿음이나 가족에 대한 이상적이고 바람직한 유형, 또는 정상적인 가족유형 등과 같은 정형화된 이미지에서 벗어나는 것은 쉽지 않다.

가부장(家父長), 또는 부가장(父家長)이란 단어는 의미 그대로 가족의 우두머리인 가장은 '아버지'임을 일컬으며 가부장제란 가장의 가족성원에 대한 지배를 지지하는 체제를 뜻한다고 볼 수 있다. 따라서 가부장제는 협의로는 가장을 중심으로 한 가족제도를 의미하며, 광의의 의미로는 개인 가족뿐만 아니라 사회 전반에서 연소자, 여자들에 대한 남성 지배를 제도화하여 사회의 모든 주요 제도의 권력을 남성이 가지며 여성이 그러한 권력에 접근하는 것이 허용되지 않는 사회제도를 뜻한다. 또는 여성에 대한 남성의 권력을 합법화, 사회구조화된 제도로 보아 여성에 대한 남성의 억압체계라는 개념으로 사용된다.

현재 부계중심의 우리의 가족제도가 지니는 가부장적 특성이 언제 시작되었는지에 대한 역사적 자료는 분명하지 않다. 그러나 몇몇 가능한 역사자료들을 통해서 살펴볼 때 역사적으로 가족제도와 가족원 간의 관계 및 가족가치들에 있어서 다양한 형태의 변화가 존재하였음을 확인할 수 있다. 특히 17세기 전후의 시기는 가부장적 가족제도가 확립되기 시작한, 가족사에서 매우 중요한 전환적 시기로 고려될 필요가 있다. 즉, 이 시기는 조선사회 지배체제를 합리화하기 위한 기반으로 유교적 생활규범을 전사회적으로 파급시키고 정착시키려는 노력이 전 사회적으로 확립되기 시작한 시기이다.

따라서 이 시기를 전후로 삼국시대 이후 고려시대, 그리고 조선 전기에 이르는 가족의 비단계적(非單系的) 구성원리 즉, 부계가 우위에 선 비단계제의 존재 및 이에 근거한 가족구성, 상속, 제례, 분재 등이 급격히 변화하였으며, 여성의 사회적 그리고 가족 내의 지위도 크게 변화된 것으로 확인된다(http://root.or.kr).

가부장제	→	• 남성에 의한 여성 지배 • 남성이 여성에 비하여 가족부양의 책임에서 자유로울 수 있다는 데서 원인을 찾음 -가정/공공영역의 분리, 체계적 성 역할분담 -공적 조직으로 발전되어 남성 지배체제의 토대를 이루게 됨 예) -모권제 신화에 대한 반론(Bamberger, 1974) -여성을 위험, 오염시하는 신념체계 -남성만의 의례용 가옥 -오트너(Ortner, 1974) 이론: 남성지배의 측면을 '자연'과 '문화'의 대비로 설명 -가부장제는 단순한 노동구조의 차원을 넘어 문화심리적 차원을 포함한 총체적 시각에서 파악되어야 한다고 봄 • 공공/가정영역 구분에 따른 한국사회 가부장제의 문화심리 구조의 변화

4. 조선조의 가부장제

조선시대에 들어서 결혼제도나 여성의 지위상에 커다란 변화가 나타난다.

조선의 창시자인 이성계는 중앙집권적 양반관료체제를 확립해가는 과정에서 새 나라의 정당성을 확보하는 일이 무엇보다도 중요했다. 이를 위한 전략으로 고려조 패망의 당위성을 역설하기 위해 고려시대 자유분방하던 여성의 활동이나 당시 번성하던 굿, 무속 등의 관습을 망국병이라고 비판하고 국교였던 불교를 배척했다. 이와 동시에 유교를 정치이념으로 삼아 왕도정치의 실현을 천명함으로써 역성혁명을 완성해 갔다(조혜정, 1988).

특히, 교육의 측면에서 세종 때에는 한글창제를 통하여 유교의 지배규범이 일반 서민층으로 확산되었고, 여성의 행실에 관한 규범이 상세해짐과 동시에 강화되었다. 특히 <삼강행실도>, <내훈>, <여계> 등을 지침으로 내외법, 남녀칠세부동석, 정절 등을 여성이 지켜야 할 규범으로 가르쳤다. 이와 함께 법제적으로는 조선 후기에 편찬된 <경국대전>, <속대전>에서 가장권, 즉 가장이 자신의 직계가족원들을 통제할 수 있는 권한을 규정함으로써 법제적으로도 가부장권이 뒷받침되었다. 이와 같은 유교이념과 법제의 확산을 바탕으로 가족원의 구성과 관계의 형태도 직계가족으로 변화하면서 점차 가부장제 가족은 가장권을 제도적으로 확립하게 되었다.

예를 들어 상제(喪制)의 경우를 보면, 조선조 성종 대에 와서 완성된 <경국대전>의 상복제는 고려 오복제를 전승하면서 처부모와 외조부모에 대한 규정에서 친조부모와 현격하게 차별하는 방향으로 차등을 두었다. 제례(祭禮)에서도 조선조 주자가례의 정책적 시행은 점차 여성들의 참여나 외손, 여계의 제사상속을 배제하는 방향으로 변화시켜 갔다. 제사를 주관하는 권리에서나 제사상속에서 적장자 중심으로 옮겨 갔다. 적장자에 아들이 없는 경우 제사상속을 위한 같은 집단의 조카를 입양하는 양자제를 확립하면서, 타성의 양자를 허락하지 않는 원리가 자리 잡게 되었다.

이와 관련하여 상속에 있어서도 17세기 중엽까지 균분제를 나타내는 가족의 사례가 여전히 많지만, 점차로 장남우대와 남녀차별의 경향이 지배적으로 되면서 딸은 출가외인으로 모든 면에서 차별을 받게 되었다.

그러나 조선시대 한국의 고유한 의식 가운데 유교화에 대해 가장 저항한 부분은 조선 초까지 지속되던 처거제(uxori-local) 혼례 관습이었다. 조선사회를 창건한 인물의 한 사람인 정도전(鄭道傳)은 "신랑이 신부의 집으로 옮겨가기 때문에 무의식적으로 아내는 자신의 부모의 사랑에 의존하게 되고 남편을 소홀히 여기게 됨으로써, 아내의 오만이 날이 갈수록 자라게 되고 결국에는 올바른 가족의 도리가 기울게 되었다."고 주장하였다. 유형원(柳馨遠)과 같은 유학자들도 '양(陽)'이 부당하게 '음(陰)'을 따름으로써 남편과 아내의 의미를 유기하는 이러한 관습을 묵과할 수 없으므로 신부가 신랑의 친족원이 되도록 신랑의 집으로 옮겨가는 것으로 한국의 결혼관습을 역전시켜야 한다고 하였다.

성종은 몸소 신부집으로 친영을 가서 사흘을 묵은 후 신부를 시댁으로 데려오는 사대부 형식의 혼인을 했다는 기록이 남아 있다. 이는 고려시대의 처거제를 단 3일로 상징화시켜 부거제를 확립하려는 노력으로 보인다. 그러나 이러한 왕의 솔선은 역으로 당시 부거제가 보편화된 규범이 아니었음을 시사해준다. 부거제 결혼이 보편적인 것이었다면 왕의 모범은 불필요한 절차이기 때문이다.

이때 고려시대의 비단계적 가족구조에서 부계 친족제도로 뚜렷이 변화한 조선 전, 후기 한국의 가족 비교가 조선 초기 이전의 가족과 사회가 남녀평등적이었음을 입증해주는 것은 아니다. 다만 여기에서 지적할 수 있는 것은 전기에 비하여 조선조 후기로 갈수록 부계혈통의 원리가 절대화되어 딸에게 상속이 전혀 주어지지 않고 외손들은 완전히 배제되며, 반드시 직손 중에서 양자를 들이려는 혈통의 순수성에 대한 집착이 매우 중요한 원리로 대두된다는 점이다. 특히 여성의 친정의 입장에서 볼 때, 딸은 혈통이 다른 후손을 낳기 때문에 출가외인으로 배제되고, 여성의 입장에서는 남편 가문의 혈통을 잇는 것이 지상과제가 된다. 이처럼 혼인은 점차 부계혈통을 계승하기 위한 수단이 되었다. 이와 함께 열녀관과 재가금지 등의 규범이 확고한 것으로 자리 잡게 되면서, 여성들은 유교적 이데올로기와 부계혈연집단의 강력한 통제대상이 된다. 따라서 여성들은 공적 정체성을 갖지 못하고 상호보완적 음양개념에 토대를 둔 남녀유별 의식과 더욱 철저해진 상하개념의 남존여비 이데올로기의 지배하에서 점점 더 예속적인 위치로 밀려나게 되었다(http://root.or.kr).

조선 왕조사회 구성과 가부장제 분석의 기본적 전제	→	(1) 경제적 특성: 집약 농업적 생산양식 • 수렵채취사회나 원시농경사회에 비해 남성의 경제생산 참여도가 크게 증가 • 고정적인 잉여 생산이 가능하여 재산의 사유화가 본격적으로 이루어짐 • 문자, 상거래, 기술 등과 관련하여 전문화된 집단들을 형성시킴 (2) 정치체계: 유교이념을 내세운 중앙집권적 양반 관료체제와 친족 조직적 지배체제의 차원 • 왕과 양반 권력 간의 세력 균형(Palais, 1976): 양반층의 비대화 초래 • 향촌지배질서의 붕괴 내지 재편성: 봉건제가 해체되는 과정에서 더욱 전근대적인 혈연 중심적 조직과 특수 주의적 가치가 다시 부각: 이러한 퇴행적인 움직임이 한국적 가부장제의 변형에 영향 (3) 결과 ① 공(혈연을 초월하는 차원)/사(혈연적)의 구분이 분명 • 여성은 공적인 영역에서 철저히 배제됨 예) 여성의 주요역할은 남성이 과거급제를 하도록 돕는 내조에 국한 ② 명분상으로는 공적인 영역이, 실제로는 사적인 영역이 압도적인 혈연적 가족주의 사회 예) '효'와 '충'의 가치공존, 가치상충 시 '효'의 가치가 우선시됨 • 조선조 가부장제의 사회 구성적 맥락: 신분제와 혈연체계와의 교묘한 결탁 • 유교이념의 교조주의적인 해석과 실행 • 문중조직과 부계 혈연적 대가족의 권위체계를 중심으로 분석되어야 함
삼종지도와 부덕	→	(1) 조선왕조 초기에는 보다 성평등 했는가? ① 긍정적인 의견: 예) 조선왕조 초기의 족보 • 아들과 딸이 출생 순서대로 기재됨 • 딸의 자손들에 대한 인적사항도 아들의 자손들과 마찬가지로 상세하게 기재됨 • 아들이 없어도 양자를 들이지 않았다 • 여성도 남성과 마찬가지로 재혼이 가능하였다 예) 당시 분재기에 아들과 딸에게 똑같이 재산을 분배,

외손봉사의 예

② 부정적인 의견

예) 외손봉사: 외손의 아들의 자손에 의해 상속되는 것임

- 부계혈통체제의 경직화
- 가문중시의 현상에 따라 여성 삶의 통제 강화
  예) 열녀관, 재가금지, 출가외인 이데올로기
- 배타적 혈통 원리에 따라 부계가족 속에 이성의 여성을 위치시키는 것이 과제: 공식적 제도와 이데올로기적 통제

(2) 유교원리와 내외관습으로 구체화된 여성 지배

① 주역

- 주역의 남녀관

남 성	여 성
우주 창조의 근원	창조된 것을 유지
천상적인 것	(지상적)
움직임	고요
강한 것	부드러움

- 위계 서열적인 남존 여비의 이념
- 숙명론("생물학적 성은 운명적이다")과 "여성은 남성의 보조적 역할수행에 만족해야 한다"는 규범으로 남녀관계를 지배하게 됨
  예) 내실과 사랑채의 엄격한 분리
  예) 서경과 논어: 여성을 덕녀와 악녀로 이분화

② 삼종지도

- "여성에게는 세 가지 좇아야 할 도가 있으니 집에서는 아버지를 좇고, 시집가서는 남편을 좇고, 남편이 죽거든 아들을 좇아 잠깐도 스스로 감히 이룰 수는 없느니라."
- 여성이 남성과 관계를 맺지 못하면 사회적 존재가 될 수 없음
- 여성 교육에서도 음양에 대한 원리적 논의 없이 남성의 보조자로서의 역할만 강조

③ 정절 이데올로기

- 과부 재가금지와 열녀
  -가문과 혈통을 극도로 중시하게 되면서 여성들은 친정으로부터 보호를 기대할 수 없게 되고,
  -시집의 씨받이와 보조자로서 철저한 통제 속에서 살아가게 됨
  -'열녀'로서 사회의 인정을 받을 수 있게 됨

(3) 자궁 가족과 안채문화
① 자궁 가족과 모권
- '효'의 절대 가치화
  -과거급제자 아들의 어머니로서의 명예와 보상
  -여가장으로서의 권위 확보
  -가부장적 체계에의 자발적 충성
  예) '묘지와 며느리' 전설: 아들과 자손이 잘되는 것이 여성 자신의 이익이 됨: 출가외인 이데올로기를 내면화시키는 기제가 됨

5. 근대와 현대의 가부장적 가족

조선왕조가 무너지고 일제 식민지를 거쳐 근대로 넘어오면서 우리 사회도 세계사적인 변화과정과 기본 방향을 같이 하게 된다. 조선조 말 신분제의 문란, 민중의 봉기, 외세의 압력, 전쟁, 빈곤과 혼란, 국가 공동체 및 공적 제도적 영역의 축소와 붕괴과정에서, 일부 실학자들을 중심으로 극단적인 정절관에 대해 이루어진 비판이나, 천주교의 전파 등은 유교적 여성관의 동요를 가져왔다. 특히 19세기에 확산된 동학은 여기에서 더 나아가 남녀의 동등성을 주장하였다. 근대적 개혁의 기점을 이룬 갑오경장(1894년)은 신분 및 가족제도의 측면에서 두드러진 변화를 나타내고 있다. 정치경제 개혁 이외의 사회적 개혁에서 신분제 타파, 과거 제 폐지와 능력에 의한 인재 등용, 공사노비법의 폐지, 과부의 재가 허용, 연좌법의 폐지, 조혼 금지 등 여러 폐습을 극복하려는 근대화의 의지를 보이고 있다. 이는 공업 자본주의화의 진행에 따른 사회경제적 조건의 변화와 함께 새로운 이데올로기를 낳는 기반이 되었다.

그러나 이러한 변화의 의지는 일제 식민지배하에서 좌절되고, 오히려 조선조에 확립된 부계친족제도가 일제의 식민지 통치를 뒷받침하는 보수적 사회제도로서 유지, 강화되었다. 다만 조선조의 부계친족제도는 식민지 통치와 동화정책의 필요에 의해 몇 차례의 부분적 개정이 이루어졌다. 그중에서

성(姓) 불변의 원칙과 타성(他姓)의 양자를 불허하는 종족제를 일본식의 서양자제(壻養子制)의 도입과 창씨개명의 강요로 왜곡, 변형시켜 우리 가족제도사에 민족적 치욕을 남겼다(이효재, 1990). 가족제도와 관련된 주요한 개정은 우선 호적제도를 통해 확인할 수 있다. 1909년 식민지 통치의 목적으로 일본식의 호적법을 적용한 민적법은 과거처럼 호구조사의 수단으로써의 의미를 넘어 오히려 "가(家)" 또는 집안 내에서의 개인의 신분관계를 증명하는 문서로 작용하게 되었다. 그리고 호주의 지위를 호구상의 지위에서 가족 상속자의 지위로 강화함으로써 식민지 통치를 위해 가족구성원에 대한 통제와 감시를 더욱 효율적으로 수행할 수 있게 하였다. 즉, 현거주지를 기반으로 하는 호구의 기재가 아니라 가족의 본적이 호적의 기반이 되었으며 입적자의 범위도 남녀 가구주를 중심으로 하는 동거자가 아니라 호주를 중심으로 하는 부계친족으로 확립되었다. 이에 따라 여성들은 원칙적으로 분재권(分財權)과 상속권을 상실하고, 가부장제는 새로이 재강화되었다.

1930년대 식민 자본주의가 정착되고 일본의 회유책이 성공을 거두게 되면서 도시화에 따른 핵가족의 증가와 근대적 자녀교육에 대한 관심에 따라 점차 직업여성에 대한 부정적인 견해가 대두되고 모성애가 강조되었다. 당시 <삼천리>라는 잡지에 "가정 일을 맡아 하며 …… 어린애를 청결히 씻기며 …… 남편의 마음을 헤아리며 꽃같이 방글방글 피어오르는 미소 속에 이야기를 나누는 아내"라는 이상적 아내상이 등장하는데 이는 일본의 <양처현모>상이 우리 사회에 뿌리내리는 과정으로 볼 수 있다. 물론 남성의 내조적 동반자로서 <현모양처>상에서도 여전히 모자중심의 가족관계는 지속되나, 이전보다 여성의 정서적 측면의 역할이 점차 강조되며, 이에 따라 여성의 활동반경은 점점 좁아지기 시작한다.

이와 같이 중간 계급 여성들을 주 대상으로 하는 초기 산업화 시기의 가족의 변화 또는 여성 역할에 대한 기대는 이와 완전히 상반되는 가족관계나 여성의 모습을 통해 보완되어야 하는 것이다. 즉, 식민지하의 초기 산업화 시기는 대부분의 국민들에게 생존 자체가 어려웠던 시기였다. 특히 남성들이 주로 전장에 나가거나 징용에 끌려 일본, 만주 등으로 가버리거나 노동력을 팔러, 교육을 받으러 멀리 떠나가 버린 부 부재(父 不在) 가족에서 여성의 위치나 역할이 동일할 수가 없다. 따라서 이러한 가족에서는 현모양처의 이상형 대신 '억척스러운' 여성의 저력이 가족의 생존을 위하여 한껏 발휘되었고 가족은 비공식적인 '모(母) 중심적' 성격을 더욱 강하게 띠게 되었다. 그러나 모 중심가족의 경우 어머니 역할의 중요성에도 불구하고 부재중인 부의 공식적, 상징적 권위가 여전히 지속되는 것은 흔한 일이다(http://root.or.kr).

근대와 현대의 여성	→	여성의 활동이 더욱 확대되는 혼란기: 효중심 가족과 현모양처 이데올로기의 대두 • 공적, 제도적 영역이 붕괴 내지 축소되는 대신 '가족단위 중심의 생존'이 개인의 삶의 목표가 됨 • 부재한 남성을 대신한 여성들의 '바깥'활동 증대 예) 〈토지〉(박경리, 1979) 속의 두 가지 남성상 예) 오빠에 대한 기다림의 노래들 • 상징적 부권의 존재: 여전히 남성은 상징적 권위로서 존재하면서 부계혈통 중심의 남성 우월주의 존속 • 17세기 이후 실학과 천주교의 전파 • '신여성'의 등장 • 일본의 황민화 정책과 1930년대 식민지 정책시기

6. 가부장제의 극복

가족과 사회의 변화가 17세기 이후 강화된 부계 및 남계의 중요성과 여성 지위의 하락을 당연히 반전시켜주는 것은 아니다. 오히려, 새로운 공-사 영역의 분리 및 각 영역의 역할 담당자의 성별 분리로 인해 변형된 가부장제 또는 새로운 가부장적 가족의 특성이 나타나고, 주부와 어머니 역할이 제도화되기 시작하는 것을 확인할 수 있다. 성별 역할 분리가 노동시장과 가족뿐 아니라, 가정 내에서의 성별분업으로 정착화됨으로써, 가정에 고립된 비취업 전업주부들은 소득 노동에 비해 평가절하되는 생계노동의 전담자로서 경제적 의존자, 내조자, 소비자 또는 '일 아닌 일'을 하는 사람으로 간주된다. 그리고 생계소득자인 남편은 총괄적 지휘권을, 생계노동자인 주부는 그에 의해 위임된 도구적 권한을 갖는 식으로 권력의 분화가 이루어진다.

때로 가족 내 남녀 간의 역할 분리는 그들 간의 세계의 분리를 의미하기도 한다. 특히 남성의 노동은 사회적인 임노동으로, 여성의 노동은 무보수 가사노동으로 이분화되는 상황에서 여성이 남편의 경제력과 그의 사회적 활동에 따른 사회적 신분의 자원에 의존하는 대신 남편은 아내의 정서적 자원에 의존할 가능성이 크다. 이때 이러한 공적 자원과 사적 자원 교환 간의 불균형 상태, 특히 매우 불안정한 사적 복지 체제(남편)에 자신의 생을 맡겨야 하는 여성은 이 체제의 희생물이 될 가능성이 매우 크다.

따라서 여기에서 중요한 것은 자본주의 사회에서 가부장적 가족들이 변형을 거듭하면서도 상존하게 되는 조건을 밝히고, 가족의 가부장적 특성과 자본주의 경제 변화 사이의 상호관계에 대한 분석이 이루어져야 한다는 점이다. 이는 단지 가부장제와 자본주의, 두 제도 간의 기능주의적 설명을 요구하는 데 그치는 것이 아니라, 가족이 자본주의 사회에서 그러한 기능을 담당하게 되는 원인과 과정, 그리고 가족의 기능 수행 상에 나타나는 긴장과 갈등의 구조도 밝혀져야 한다는 것을 포함하는 것이다.

가부장적 가족은 우선 공동생활과 출산, 양육의 단위가 됨으로써 노동력을 일상적으로 그리고 세대 간 재생산하여 자본제적 생산과정에 공급하는 역할을 한다. 즉, 가족원의 생계유지에 필요한 물질의 생산이 가족 안에서 이루어지던 전과는 달리 자본주의가 발달하면서 가족은 가족 밖에서 생산되고 상품화되는 재화와 서비스에 점차 더 많이 의존하게 된다. 이러한 상황에 적응하기 위해 임금은 가족단위로 수합되거나 개별 노동자의 임금에 가족임금, 가족 수당의 개념을 도입하여 가족단위 소득증대를 꾀하게 된다. 그리고 가족원의 인간 생산을 위해 가족 내에서 행하는 생계활동은 이전대로 임금을 지불하지 않는 방식을 유지한다.

또한 소득활동과 생계활동을 구분할 경우, 우선적으로 전자는 남자 가족원을 후자에는 여자 가족원을 배치하는 것을 원칙으로 한다. 가족 내 성별 분업구조와 자녀양육에서의 성차별적 사회화에 의해 여성이 소득활동에 참가하는 경우에도 가정 내의 생계활동은 여전히 여성의 몫이 된다. 이러한 상황은 바로 가부장적 가족제도의 변화를 어렵게 하는 요소가 되기도 한다.

그러나 가부장적 가족과 자본주의가 이러한 조화를 이루기만 하는 것은 아니다. 오히려 많은 경우 두 제도는 상호갈등과 모순관계에 놓이게 된다.

예를 들어 자본주의 발달이 가족에 대한 도전으로 간주될 수 있는 것은 첫째로 물질생산을 가족으로부터 분리시키고, 상품시장을 형성한 점과 둘째로, 자본주의가 기본적으로 개인 중심적 사회를 지향한다는 점이다. 즉, 개인 중심적이고 평등주의적 원리가 사회적 상호작용의 원리로 강조됨으로써 친족집단의 영향력은 점차 축소되고 부부중심 핵가족이 중시될 뿐 아니라, 자본주의하에서 가장권은 경제력(소유와 소득의 정도)에 비례하여 재조정된다.

이처럼 자본주의 확대가 가부장적 가족제도를 변형시키는 측면뿐 아니라, 이와 반대로 가부장적 가족제도의 지속이 자본주의의 확대를 저해하는 측면도 존재한다. 예를 들어, 가부장적 가족은 자본의 시장확대 및 기혼여성의 자유로운 저임 노동력 활용을 제한하는 경향이 있기 때문에, 사회 안에서 구체적인 상황조건에 따라 다양한 관계를 드러내는 자본주의와 가부장제 두 제도는 불안정한 상호보완관계를 유지하고 있다(조형, 1991). 그렇지만 이러한 두 제도 사이의 불안정한 상호보완 관계는 바로 어떠한 방향으로의 변화를 실현시킬 수 있을 것인지 개입할 수 있는 여지를 남기는 것이기도 하다 (http://root.or.kr).

가부장제 극복의 과제	→	(1) 공공/가정, 공/사에 대한 인식 이러한 인식을 토대로 형성되어 온 사회적 관계구조인 성과 부권의 문제해결 (2) 낭만적 사랑에 근거한 핵가족 이데올로기와 국가 및 기업 등 조직의 확대에 따라 더욱 강화되는 인간의 도구화 문제해결

Chapter 04

구조기능주의론, 가족발달론, 교환론적 관점에서의 가족이해

1. 가족에 대한 이론적 관점
2. 구조기능주의적 관점에서의 가족이해
3. 가족 발달론적 관점에서의 가족이해
4. 교환론적 관점에서의 가족이해
5. 상징적 상호작용론적 관점에서의 가족이해
6. 갈등론적 관점에서의 가족이해
7. 여성주의 관점에서의 가족이해

이것 하나만으로도

나에게는 사랑하는 가족이 있습니다.
나는 우리 가족을 언제라도 만날 수 있습니다.
이 하나가 나에게 얼마나 큰 기쁨인 줄 이제야 알았습니다.

나에게는 사랑하는 가족이 있습니다.
나는 우리 가족과 언제라도 전화를 할 수 있습니다.
이 하나가 얼마나 큰 즐거움인 줄 이제야 알았습니다.

나에게는 사랑하는 가족이 있습니다.
내가 우리 가족 중 한 사람에게 편지를 보내면 곧 답장을 받을 수 있습니다.
이 하나가 나에게 얼마나 큰 행운인 줄 이제야 알았습니다.

나에게는 사랑하는 가족이 있습니다.
나는 우리 가족에게 언제라도 선물을 보낼 수 있습니다.
이 하나만으로도 내가 얼마나 대단한 사람인 줄 이제야 알았습니다.

나에게는 사랑하는 가족이 있습니다.
나는 우리 가족과 언제라도 같이 식사를 할 수 있습니다.
이 하나만으로도 내가 얼마나 복 받은 사람인 줄 이제야 알았습니다.

나에게는 사랑하는 가족이 있습니다.
나는 우리 가족에게 나의 아픔을 낱낱이 이야기 할 수 있습니다.
이 하나만으로도 내가 얼마나 행복한 사람인 줄 이제야 알았습니다.

김형태, 사랑이 샘솟는 가정, 2010, 한남대학교출판부 머리말에서

1. 가족에 대한 이론적 관점

현대사회는 급변하는 사회와 함께 가족제도 또한 급격하게 변화되었고, 이혼, 혼외출산, 동거생활, 동성애가족, 한부모가족, 입양가족, 계부모가족(Remarriage and step families) 등과 같은 새롭고 다양한 형태의 가족이 등장하였다. 이러한 변화의 모습은 가족변화를 어떻게 받아들여야 하며, 어떻게 대처해야 하는가에 대한 문제를 제기한다.

미국의 경우에도 1980년대 중반까지는 종교 지도자들이나 보수 정치인들 그리고 일부 신우익 지식인들을 제외하고 대부분 사회과학자들 사이에는 가족의 변화에 대한 인식에 있어서 위기론보다는 낙관론과 진보론이 압도적이었다(임인숙, 1999). 후기 산업사회에서 가속화되고 있는 가족변화가 일부 사람들에게는 부정적인 영향을 끼칠 수 있고 일시적으로는 파괴적일 수 있다고 하여도, 대체적으로 가족은 새로운 사회변화에 잘 적응하고 있으며 쇠퇴하기보다는 더욱 바람직한 방향으로 진보해 나갈 수 있을 것이라는 것이다(Thorne & Yalon, 1982; Collins & Coltrane, 1991). 그러나 1980년대 후반부터 가족의 변화는 극단적인 위기로까지 치닫고 있다는 경고와 함께 적극적인 사회적 개입의 필요성을 역설하는 목소리가 높아지고 있다(Popenoe, 1993; Glenn, 1993). 이러한 움직임은 미국뿐만 아니라 우리나라에서도 가족해체 이전의 국가와 사회의 개입이 필요함을 절실히 요구하고 있는 실정이다.

1) 가족위기론

가족위기론자들이 말하는 '가족의 위기'란 단순한 표면적 변화를 말하는 것이 아니라 근본적인 구조 및 기능상의 쇠퇴와 그에 따른 삶의 방식에 있어서의 혼란과 갈등을 의미한다(Popenoe, 1988). 일반적으로 말해서, 가족제도는 산업화가 진행되면서 전통적인 확대가족이 핵가족으로 재편되고 가부장제가 흔들리며, 그동안 가족이 담당했던 다양한 기능들이 다른 사회제도에 의해 대체되어 왔다. 이러한 변화는 새로운 경제사회구조에 적응하며 전문화된 사회제도에 의해 가족기능이 효율적으로 보완되었다는 점에서 가족의 쇠퇴라 하기보다는 오히려 가족의 진보라고 볼 수 있었을 것이다. 그러나 현대사회에서 전개되고 있는 가족제도의 변화는 기존의 양상과 근본적으로 다른 가족해체라고까지 일컬을 수 있는 극단적인 것이라는 것이 가족위기론의 인식이다(임인숙, 1999).

즉, 위기론자들은 가족의 가장 근본적이고 기본적인 단위로서 핵가족을 상정하고 그 핵가족 자체가 분열되고 있는 현실에 경악하고 있다. 그들이 볼 때, 이혼과 혼외출산의 증가는 가족제도의 위기를 드러내는 결정적 증거가 된다. 더구나 가족만이 제공할 수 있다고 생각하는 특별한 정서적 유대가 흔들리고 그것을 대체할 수 있는 다른 인간관계나 사회제도가 등장하지 않는 상황하에서 새롭게 등장하고 있는 편부모 가족, 동거부부 및 동성애부부와 같은 새로운 가족형태는 극단적인 일탈 혹은 병리적 현상으로 간주된다. 결혼에 대한 전통적 의미와 규범적 성격은 퇴색하고 결혼마저 개인적 행복과 자아실현을 위한 수단적 성격이 강조되어 자유로운 선택과 계약에 입각한 하나의 생활양식에 불과한 것이 되었다고 본다(Bellah et al., 1985). 이런 인식이 일반화되면서 결혼생활에서 부부가 배려하고, 인내하기보다는 별거나 이혼을 쉽게 하는 경향이 늘어나고 있으며, 결혼을 필수라기보다는 선택으로 인식하는 경향이 늘어나고 있다.

가족의 해체위기와 관련하여 가장 큰 사회적 문제는 아동의 양육과 노인의 부양 문제이다. 늘어나는 한부모가족 속에서 아동들의 복지는 심각하게 훼손되고 있다고 한다. 특히 편부모가정에서 심각하게 대두되는 빈곤의 문제와 재혼가정에서 아동들의 적응문제가 심각한 것으로 지적되고 있다. 아동뿐만 아니라 노인부양을 일찍이 사회화함으로써 가족의 부담을 최소화시킨 스웨덴을 비롯한 소위 복지선진국에서 엄청난 복지비용의 문제는 물론 노인들의 삶의 질에 있어서도 그렇게 만족스러운 것이 아니라고 한다. 다양한 가족형태의 기능유지를 위한 적극적인 복지개입은 가족해체의 부정적인 영향은 일시적으로 완화할 수 있었을지 모르나, 오히려 가족제도의 해체를 조장하고 복지부담을 더 크게 가중시키고 있을 뿐이다.

가족변화의 심각성을 강조하는 학자들은 새로운 가족형태의 등장원인을 극단적인 개인주의가 가족에게까지 침투하였기 때문으로 분석한다. 근대 산업사회는 전통적인 성별분업을 기초로 하여 시장과 가정을 공적인 영역과 사적인 영역으로 대립시켜 효율적으로 노동력을 재생산하고 안정된 산업화를 추진할 수 있었다. 그러나 점차 가족 내부에까지 시장원리가 파고들고 그에 따른 개인주의화의 동력은 가족의 문 앞에서 멈추지 않고 있으며(Beck, 1997), 개인의 행복과 자아실현을 절대적 이상으로 삼는 현대사회에서 성원들의 희생과 사랑을 바탕으로 한 가족공동체에 대한 신념은 현저하게 퇴색하고 있다는 것이다(Glenn, 1993).

과거에는 부부간의 불화가 있어도 자녀가 있는 경우에는 자녀의 행복을 위해 이혼을 억제하였지만 요즘은 자녀의 유무가 이혼의 결정에 큰 변수가 되지 못하고, 더구나 부부들만의 자유를 향유하고 사회적 성취를 위해 자발적으로 자녀를 갖지 않는 부부가 증가하고 있다. 결혼과 가족의 가치는 궁극적인 것이라 하기보다 개인적 행복의 수단이라고 하는 인식상의 전환이 일반화되었다. 그러나 이런 논리대로 불행한 결혼과 가족갈등을 예방하고 해결하려는 시도로서 결혼율이 줄어들고 이혼율이 높아지는 것이라면 현대에 와서 결혼과 가족생활의 만족도와 행복이 이전보다 높아져야 하는데, 실제로 만족도는 줄어들고 삶의 불안은 늘어나고 있다(Glenn, 1993)고 한다.

특히 여성들의 사회진출, 성(sexuality)의 해방 그리고 전통적인 성 역할에 대한 거부 등은 극단적인 개인주의와 함께 가족관계를 파괴하는 주범으로 비난받는 경향이 있다. 여성들은 한 손에 월급통장을 들고 또 한 손에는 콘돔을 들고 가부장제와 맞서 싸운다고 하지만 실제에 있어서 가부장제는 견고한 자본주의와 모성 이데올로기 속에 견고하게 똬리를 틀고 앉아 변함이 없고 아동과 노인 그리고 대다수의 선량한 부부관계에만 상처를 내고 있다고 비난받는다(문소정, 1997).

따라서 문제의 근원이 극단적인 개인주의와 쾌락주의에 따른 가족주의의 실종에 있다면 그 해결책은 가족주의의 재건을 통한 개인주의와 쾌락주의의 견제에 있다고 할 것이다(Glenn, 1993). 이와 같은 주장은 중산층 가치체계에 바탕을 둔 이상화된 가족을 전제로 하고 복고적이고 보수적인 주장이라고 할 수 있다.

2) 가족진보론

오늘날 가족의 변화를 가족제도의 위기라고 주장하는 가족위기론자들과는 달리 현대사회의 변화하는 가족의 양상은 급속도로 변화하는 사회에 적응해 가는 것으로써 개인 선택의 자유가 신장되고 전통적인 가부장적 불평등관계로부터 보다 가족구성원들의 개인적 권리가 존중되는 진보된 형태로의 변화로 해석될 수 있다. 다시 말해서 가족위기론자들이 주장하는 다양한 가족의 형태를 극단적인 일탈 혹은 병리적인 현상으로 바라보는 것이 아니라, 현대사회의 새로운 가족형태들을 대안적 가족유형으로 인정하고, 장점을 부각시키는 동시에 문제점은 사회적·국가적 개입을 통해 해결해 나갈 수 있다는 긍정적 견해가 가능해진다.

가족진보론자들은 가족위기론자들에 의해 가족쇠퇴의 증후로 제시되는 이혼율의 증가나 결혼율의 감소가 가족이나 결혼에 대한 근본적인 가치의 변화를 의미한다기보다 불행한 가족 그리고 결혼생활을 굳이 지속할 필요가 없다는 인식상의 전환이며 가족 내의 보다 개방적이고 민주적인 의사소통과 생활방식을 통해 개별 성원들의 삶의 질을 향상시켜야 한다는 보다 적극적인 생활방식을 반영한 것으로써, 이와 같은 변화는 오히려 가족과 결혼제도를 존속할 수 있게 하고 보다 성숙한 가족관계를 가능하게 하는 것이라고 할 수 있다. 대부분의 현대인에게 이혼은 불행한 결혼을 청산하고 새로운 삶의 기회를 모색하는 적극적인 삶의 방식일 뿐 반드시 가족가치가 흔들리는 것을 의미하는 것으로 볼 수는 없다는 것이다(Skolnick, 1991).

가족진보론자들은 가족위기론자들에 의해서 제기되는 아동복지의 문제도 마치 개인적인 쾌락의 추구에 의한 무책임의 결과나 특히 여성의 권리를 위해 아동을 희생하는 이기적 처사로 부각하는 보수적 담론에 대하여 크게 반발하고 있다(임인숙, 1999). 편모가정의 빈곤문제는 사회적 불평등이라고 하는 다른 각도에서 접근할 문제이고 이혼 및 재혼 그 자체에 기인하는 문제라기보다 근본적으로 부모와 자녀 간의 관계 그리고 가족 내의 갈등구조상의 문제로 접근할 문제라고 본다. 즉, 불행한 가정생활의 지속보다 차라리 이혼하는 편이 자녀의 복지를 개선하는 것이 되며, 부모가 이혼하더라도 부모와 자녀 간의 지속적인 심리 정서적 유대를 통하여 자녀들의 새로운 환경에의 적응은 별문제가 없고 일부 발생하는 문제들은 사회사업적 개인을 통해 해소될 수 있다고 본다(Coontz, 1992; Furstenberg & Cherlin, 1991). 사실 편모가정에서 흔하게 나타나는 아동빈곤화의 문제는 그 원인이 편모가정 그 자체에 있는 것이 아니라 노동시장에서 여성이 받는 성차별과 소극적인 복지정책에 더 근본적인 원인이 있다는 것이다. 편모가정에 비해 편부가정의 경제적 여건이 훨씬 양호하다는 통계가 이러한 논리를 뒷받침한다고 할 수 있을 것이다(Dornbusch & Gray, 1988).

가족위기론자들은 핵가족을 전형적인 가족유형(The family)으로 상정하고 전통적인 핵가족 구조에 변화가 발생하는 것을 심각한 가족의 해체로 받아들이고 있으나, 과거에 핵가족이 고전적인 확대가족을 대체하던 100여 년 전에도 핵가족의 독립성이 전통적인 공동체적 유대를 파괴하는 고립성이 될 수 있음을 경고하고, 아동학대, 성적 방종, 이혼과 독신의 증가 등 현화하는 사회적 가치를 개탄하는 등 이 시대의 가족위기론과 유사한 논의를 하였다고 한다(Skolnick, 1991; Hareven, 1992). 따라서 이 시대의 가족문제를 논의하는 데에 있어서 그 문제의 원인으로서 여성들의 이기주의와 쾌락주의를 들먹이는 따위의 흘러간 옛 노래를 반복할 것이 아니라 보다 구조적이고 근본적인 원인으로서 가부장제의 모순과 자본주의 경제구조의 불안정성을 지적하여야 한다고 한다(Scanzoni, 1987).

가족진보론이 사회정책적 측면에서 가장 설득력을 갖는 주장은 다음과 같다. 대부분의 현대사회에 있어서 가족의 구조와 기능상의 변화가 진행되고 있지만 각 나라마다 문제의 성격과 심각성이 다르게 나타나는데, 그 이유는 바로 가족의 변화에 대한 각국의 복지정책에 차이가 있기 때문이라는 것이다. 예를 들어 동거와 혼외출산 그리고 이혼 등에 의해 발생하는 새로운 가족형태를 대안적 가족유형으로 인정하고 그 적응과 기능향상을 위해 정부에서 적극적으로 가족복지정책을 펼치는 스웨덴을 비롯한 스칸디나비아 국가들에서보다 전통적 가족가치에 대해 집착하면서 새로운 변화를 병리현상으로 억제하거나 제거하기 위해 복지정책을 제약하고 있는 미국에서 가족문제가 더욱 심각하게 나타나고 있다고 한다(Hobson, 1991).

표 3. 가족의 변화를 바라보는 관점

	위기론	진보론
이상적 가족형태	성별 분업에 기초한 핵가족	존재하지 않음
중심적 가족가치	가족공동체, 특별한 정서적 유대, 상호의존	개인적 만족, 자기발전, 독립성
이상적 부부관계	성별 분업에 기초한 동반자 (남성 중심적)	동업자 (남녀평등 강조)
새로운 가족유형들 (편부모, 독신, 동거, 동성애 가족 등)	가족제도의 위기 증후	대안적 가족형태
가족 변화의 원인	개인주의, 이기주의, 쾌락주의	가부장제의 모순과 자본주의 경제구조의 불안정성
대책	전통적 가치의 복원 분명한 성 역할 정립	적극적 사회복지정책을 통한 전통적 가족기능의 사회화

자료: 이혁구(1999). 탈근대사회의 가족변화와 가족윤리: 21세기 가족복지의 실천방향. 한국가족복지학, 4, 219-242.

3) 가족을 바라보는 관점

가족은 사회의 여러 제도들 가운데 가장 중요한 제도이다. 인류 역사상 어떠한 형태로든 가족이 한 번도 존재하지 않은 적이 없다. 가족은 가족구성원 개개인이 모여 물리적·정신적 공간을 함께 공유하는 단순한 집합이 아니고, 세대를 거듭함에 따라 그들 고유의 가족문화를 소유하여 가족의 규범, 역할, 권위구조, 대화형태, 가족구성원의 협동과정, 문제해결 방법 등 여러 과업들을 효율적으로 수행해 나가는 자연스러운 사회체계이다.

가족은 개인과 사회의 중간에 위치하면서 사회에 대해서는 하나의 기본적 사회단위(social unit) 및 사회집단이며, 개인에 대해서는 인간의 생활환경 중 근접환경으로서 개인의 성장·발달에 영향을 미치는 일차적 집단체계이다(유영주 외, 2001). 그러므로 가족은 사회변화에 따라 변화를 가져올 수 있음을 시사한다. 현대사회의 가족변화는 이러한 의미에서 당연하다고 볼 수 있다.

이러한 가족의 변화를 일부의 가족학자들은 이혼이나 혼외출산, 편부모

가족의 증가, 독신자의 증가로 인하여 가족이 위기를 맞고 있으며, 결국 가족은 쇠퇴할 것이라고 주장하는 반면, 개인 선택의 자유와 질적인 가족생활 만족도를 높이기 위한 방법이며, 성숙한 가족관계를 가능하게 하는 것이라고 주장하기도 한다. 이것이 가족위기론과 가족진보론의 관점이다(김경원, 2005, pp.7-14).

이론적 관점	→	• 폭넓게 펼쳐져 있는 가족상황을 보는 시각 • 거시적 관점과 미시적 관점 -거시적 관점: 개개인의 일상적 행동 및 소집단에 주목 예) 구조기능론, 갈등론 등 -미시적 관점: 개개인의 일상적 행동 및 소집단에 주목 예) 상징적 상호작용론, 사회교환론 등

2. 구조기능주의적 관점에서의 가족이해

구조기능론자들은 가족을 사회체제 유지를 위한 중요한 기능 중 유형유지의 기능을 담당하는 제도로 보고 있다. 즉, 부모들은 사회질서를 도모하여 체제의 안정을 유지하는데 기본적인 가치관을 자녀들에게 내면화시킴으로써 사회체제가 개인들에게 요구하는 인성을 형성하며 그들이 수행해야 할 사회적 역할을 교육시킨다는 것이다(김성주, 2002). 이는 가족을 바라보는 전통적인 관점이다. 가족은 혈연을 중심으로 구성된 집단이며, 생식·양육·보고·사회화 등의 기본 기능을 수행하는 사회의 기본 집단이 가족이라고 보는 관점이 구조기능론자들의 관점이다.

구조기능주의 이론은 사회학의 지배적인 이론으로서 어떠한 이론도 구조기능주의 이론만큼 오랫동안 사회를 지배한 적은 없다. 구조기능주의 이론은 사회가 유기체처럼 상호의존 관계에 있는 여러 부분으로 되어 있고 각 부분은 사회 전체가 유지될 수 있도록 각기 기능을 수행한다는 것이다(김양희, 1988). 즉, 가족은 전체 사회에 대하여 사회화기능, 자녀출산 및 양육기능,

사회통제기능을 수행하는 사회의 가장 기본단위라고 주장하는 것이다. 이 이론은 사회를 인간체계와 마찬가지로 상호 관련된 여러 부분으로 조직된 안정된 체계로 보며, 이러한 부분들을 하위체계(subsystems)라고 부른다. 하위체계에는 기적, 경제, 정부, 종교와 같은 사회의 주요 제도가 포함되며, 각각의 하위체계는 사회적 욕구를 충족시키기 위하여 하나 또는 그 이상의 여러 가지 기능을 수행한다. 예를 들어, 가족은 출산의 기능을 통하여 사회의 성원을 충원한다. 구조기능론은 사회의 이익을 위해서 모든 사회제도가 조화롭게 기능한다고 가정한다. 즉, 사회의 하위체계들은 전체 사회의 기능에 기여한다는 것이다(정현숙 · 유계숙, 2001).

구조기능주의의 대표적인 학자 파슨스(Parsons, 1955; 1964)는 핵가족을 친족집단의 기본단위로 보고, 지역적 · 사회적 이동이 빈번하게 요구되는 산업사회에 기능적으로 적합한 가족형태로 보고, 근대 산업화가 진행되면서 가족의 기능이 축소되어 경제적, 교육적 기능은 약화되고 자녀의 사회화 기능과 성원들의 정서적 안정을 제공하는 기능만이 남게 되었다고 주장하였다.

구조기능론의 주요 개념으로는 체계(system), 구조(structure), 기능과 역기능(function and dysfunction), 도구적 역할(instrumental roles), 표현적 역할(expressive roles) 등이 있다. 체계와 구조는 하위체계들의 상호 관련성 또는 상호작용을 의미하며, 기능과 역기능은 체계 전체뿐만 아니라 각 하위체계에 미치는 긍정적, 부정적 영향이나 결과를 나타낸다. 일반적으로 사회체계의 균형을 유지하고 사회집단의 목표달성에 도움이 되는 현상을 기능적이라고 하는 반면, 그와 반대인 경우는 역기능적이라고 한다. 그러나 때로는 동일한 가족현상이 기능적인 동시에 역기능적일 수도 있다.

파슨스(Parsons, 1955; 1964)는 핵가족을 그 역할에 따라 4중 구조로 분화된다고 주장하였다. 수평축은 도구적 역할과 표현적 역할에 따른 분화를 의미하고 수직축은 권력에 따른 분화를 의미한다. 아버지가 도구적 지도자 역할을 하고, 어머니는 표출척 지도자 역할을 한다고 하였다. 이런 구조로 핵가족 내의 사회화 과정과 성 역할 차이를 설명할 수 있다고 보았으며, 이러한 구조가 가족 내에서 사회화와 안정화 기능을 최대한 수행할 수 있는 구조라고 설명하고 있다.

이와 같이 구조기능론은 가족의 역동성과 상호작용을 분석하는 데 유용한 개념틀을 제공해주었다. 파슨스(Parsons, 1955; 1964)는 부부-자녀를 중심으로 하는 핵가족 구조를 가장 이상적인 가족구조로 제시하면서 가족 내 성 역할의 구별을 뚜렷이 제시하고 있다. 이러한 구조기능주의론자들의 가족 관점은 전형적인 가족구조를 탄생시켰으며, 전형적인 가족구조에서 벗어난 가족을 가족해체로 보고 해체가족은 가족의 사회화, 안정화 기능을 제대로 수행할 수 없다고 설명하고 있다(김경원, 2005, pp.14-16).

기본 가정	→	(1) 가족의 기능은 자녀출산과 자녀사회화이다: 초혼 핵가족을 이상적 가족구조로 봄 (2) 모든 체계는 기능을 한다. 기능을 수행하는 최상의 방법은 남성은 도구적 역할(부양자의 역할)을, 여성은 표현적 역할(정서적 욕구충족 역할)을 하는 것이다.
주요개념	→	(1) 구조 -가족의 구성(예) 핵가족인가 한부모가족인가, 초혼인가, 사별이나 이혼경험이 있는가 여부) -혹은 특정사회의 가족제도로서 성원들이 구성하고 있는 것 (2) 기능: 가족은 보다 큰 집단의 생존을 증진하는 기능을 위해 존재 (3) 도구적 역할 -가족원들의 물질적 욕구충족 -남성이 적합하다고 봄 (4) 표현적 역할 -심리적 만족을 위한 역할 -사랑, 의사소통, 지지 -여성에게 적합하다고 봄 (5) 평형 -인간체계는 변화에 저항할 것이라고 봄 -남편은 도구적 역할, 아내는 표현적 역할을 수행할 때 유지된다고 봄 (6) 표준가족 -부부와 그들의 자녀로 구성 -남편은 주 부양자, 아내는 전업주부의 역할을 맡고 있는 전통적 초혼 핵가족

주요연구 및 적용분야	⇨	(1) 가족구조 • 머독(Murdock, 1949): 인간관계 지역 파일 -핵가족 형태가 전 세계 어느 사회에서든 인간의 기본적 사회구조로 존재 -조사한 사회의 1/4에서 핵가족 형태가 규범 (2) 가족기능 분석요소 • 성적 통제기능 • 자녀출산 • 자녀사회화 • 경제적 기능(성별분업) • 의례와 가족 내 행동 (3) 가족의 기원 • 가족의 구조는 경제적 노동 분업의 결과 "남녀 간의 특정한 노동 분업이 편리하거나 효율적이며, 개인과 집단의 생존 가능성을 극대화시켜 준다는 점 때문에 가족이라는 형태가 인류에서 생겨나게 되었다." → 성 역할의 기원은 가족의 기원과 동시에 발생했다고 봄 (4) 가족의 보편성 • 예외) 스텝헨즈(Stephens, 1963): 자메이카 가족과 이스라엘의 키브츠 리(Lee, 1982): 인도의 나야르 나야르족은 핵가족이 결여된 어머니 중심 가족의 고전적 사례이다. 인도의 나야르족에는 핵가족이 없다. 인도 말라바 지방의 전사하위 카스트인 나야르족은 아버지가 없는 가족으로 살아간다. 나야르족의 가족은 어머니와 자녀들로 구성되어 있으며, 아버지의 자리에 외숙이 존재한다. 나야르족은 어머니 중심 가족이다. 갓 결혼한 나야르 소녀는 남편과 함께 살지 않으며, 남편도 그 소녀에게 오지 않는다. 첫날밤에 남편은 아내와 성관계를 가지기도 하지만, 그 후로는 성관계를 가지지 않는다. 그 대신 남편의 형제들과 남편의 씨족 동세대 성원들이 신부에게 성적으로 접근할 수 있는 권리를 갖는다. 누가 아내와 같이 자는가에 대한 혼란은 칼이나 창을 문밖에 놓아 점유되었음을 나타냄으로써 해결한다.

	(5) 부부구조 • 일부다처제: 전체 사회의 3/4 이유) 경제적 요인: 농경과 축산사회의 경우 여성과 아동의 노동력이 부를 창출하므로 비교) 일처다부제: 척박한 환경에서 경제적 빈곤에 적용한 형태 (6) 취업여성 • 미국의 경우 1960년대 이후 제조업에서 서비스산업경제로 변화하면서 취업모의 수가 증가했다고 봄 → 사회적 영향력에 초점
장점	• 유기체론: 평형과 역할개념 등은 가족체계이론에서 가족관계를 미시적으로 분석하는 데 유용 • 비교문화 연구에 유용: 예) 부부구조와 경제적 요인 간의 관계
비판점	(1) 모든 학문적 관점은 사회의 지배적 가치로부터 완전히 자유로울 수 없다 → 정치적 관점과 문화적 가치가 변화하면서 구조기능론에 대한 지지는 약화됨 (2) '기능'과 '원인'의 혼동 → 다양한 가족형태가 어떻게 특정 사회에서 존재하게 되었는지 역사적 과정을 설명하지 못함 (3) 사회체계 전반에 대한 거시적 분석에 초점, 안정된 상태 유지를 중요시: 그러나 가족생활은 본질적으로 성원들 간의 의견 불일치를 전제해야 함 (4) 기능적이면 무엇이든 유지해야 한다는 오류: 누구에게 기능적인가?
가족에 대한 총체적 이해 및 제한점	(1) 가족은 사회의 필요에 의해서 자연스럽게 생성되어 존재하면서 → 개인과 사회를 이어주는 제도 (2) 이상적 가족: 애정과 조화 및 가족성원 간의 만장일치에 기반 → 가족성원 각자의 이익과 관심보다는 가족 전체의 이익을 위해 협동 (3) 역할수행에 충실하지 않은 가족은 역기능적 (4) 핵가족 틀을 위협하는 제반상황을 역기능적으로 봄 → 정태적 (5) 가족성원들이 각자의 위치와 역할에 만족하는지 여부는 간과

3. 가족 발달론적 관점에서의 가족이해

가족이 직면하게 되는 발달단계를 알면 가족의 주요 과업, 그 결과로 발생되는 위기, 가족의 대처방식을 진단할 수 있다.

사회기능과 가족생활주기가 직접적으로 관련이 있으며 경제적, 사회적으로 어려움을 가지게 되는 가족들은 가족생활주기를 거치면서 더 많은 혼란과 어려움을 경험하게 된다.

1) 자녀 독립기

미혼자녀가 자신의 가족을 형성하기 이전까지의 기간으로 첫째, 자신의 수평적 측면을 탐색하고 확장시키면서 적극적인 개입을 미루고 둘째, 성인 초기의 생활구조를 만들어 내면서 삶의 뿌리와 안정성 및 지속성을 갖는다. 청소년기의 과업을 어떻게 해결하고 무엇을 경험했느냐에 영향을 받으며 이 시기를 성공적으로 견디어 내기 위하여 지속적으로 유대관계를 가지고 분리와 독립을 수용하고 성인자녀의 직업정체성에 대한 모호함과 차이점을 받아들이고 원가족 외부로 향하는 정서적 애착과 생활양식을 수용하는 능력이 필요하다.

2) 결혼으로 인한 결합: 새로운 부부

새로 결혼한 부부에게 3가지 주요 과업으로 관계의 수립, 확대가족과의 관계 재조정, 그리고 부모기에 대한 의사결정이 있다. 그리고 재정관리, 가사유지, 사회 및 여가 활동, 그리고 시댁 혹은 처갓집과의 관계를 포함한 많은 생활방식에 대한 타협을 하며 자신과 분리된 주체와 친밀한 관계를 형성하는 것과 자아를 완성시키며 자존감을 향상시키기 위하여 부부가 되는 것에는 큰 차이를 두는 시기이다.

3) 첫 자녀의 출생(부모기)

자녀의 출생은 가족생활을 복잡하게 하고 부부에게 급격한 변화를 초래한다. 사티어(Satir, 1964)는 자녀를 갖는 동기를 사회의 기대를 충족시켜 주는 것, 불멸의 감정을 획득하는 것 그리고 부모의 과거 쟁점을 전해주는 것을 포함한다고 하였으며, 자신의 정서적 욕구를 충족시키기 위하여 자녀를 갖게 되면 자신의 욕구보다 자녀의 욕구가 더 긴급하다는 것을 발견하게 되는 함정에 빠진다고 하였다. 자녀의 욕구는 부모의 욕구에 우선하며 부모는 자녀의 욕구를 무조건적으로 충족시켜 줌으로써 신뢰할 만한 대상이 되어야 한다는 것이다.

4) 아동기 자녀를 둔 가족

① 학령기 전 자녀가족: 아동의 운동기능이 향상됨에 따라 부모의 에너지가 고갈되는 시기이다. 부모는 이 단계 동안 아동의 보호와 안전에 관심을 집중하면서 수용해야 하고 자녀가 자율성과 분리성을 발달시킬 수 있도록 지지하고 책임감을 가질 수 있도록 한다.

② 학령기 아동가족: 자녀가 새로운 외부세계와 접촉하여 새로운 규칙과 방법을 배울 수 있도록 한다. 전형적으로 나타나는 어려움은 자녀가 한쪽 부모와 한편이 되어 다른 한편의 부모와 대항하는 삼각관계가 형성되고 드러나는 것이다.

자녀가 학교에 가면 부부는 새로운 직업이나 활동, 인간관계를 찾으면서 성공적 성취를 시도할 수 있는 시기이기도 하다. 그러나 부모가 개인적 발달과 목표를 이루지 못했을 경우 자녀에게 더욱 집중하거나 부모 역할을 포기하게 되고 자녀는 희생양이 되어 학교에서 부적응행동을 나타낼 수도 있다.

5) 청소년기 자녀가족

청소년은 신체적으로 성숙하고 부모세대는 중년기에 접어들며 조부모는 고령화로 인하여 복합적인 문제에 직면한다. 청소년 자녀가 있는 가족에게서 일반적으로 나타나는 삼각관계의 유형으로는 ① 청소년 자녀와 아버지, 어머니 ② 청소년 자녀와 한쪽 부모, 한쪽 조부모 ③ 청소년 자녀와 한쪽 부모, 형제 ④ 청소년 자녀와 한쪽 부모, 자녀의 친구가 있다.

청소년이 있는 가족의 문제는 청소년 초기의 학교공포증, 후기의 정신분열증까지 다양한데, 즉 심인증, 섭식장애, 우울증, 자살시도, 범죄, 약물남용, 가출, 충동적 행동 등이 있다.

6) 자녀 결혼기 가족

자녀가 독립하고 난 후의 가족으로 이 시기 부모의 나이는 40~60세 중반으로 "빈둥지 시기"로 불린다.

자녀 결혼기 가족의 발달과업으로는 변화하는 결혼의 기능, 장성한 자녀와 부모와의 관계가 성인 대 성인관계로 발달, 법률상 가족과 손자를 포함한 가족관계의 확대, 연로한 부모와의 관계를 해결할 수 있는 기회 등이 있다.

7) 노년기 가족

결혼으로 시작된 생활주기의 마지막 단계로 노화현상이 나타나면서 의사소통이나 운동능력상실, 경제적인 능력이 감퇴되는 상실을 경험하며, 배우자, 친구, 형제 등 가까운 사람들의 죽음에 직면한다. 이 시기의 발달과제로는 부부의 기능을 유지하고 사회적 혹은 육체적인 쇠퇴에 적응하는 것, 중년세대인 자녀들에게 가정의 중심적 역할을 이양하는 것, 손자녀들에게 좋은 조부모의 역할을 할 수 있도록 적응하는 것 등이 있다(http://blog.daum.net/cmskshon).

기본 가정	→	(1) 가족은 개인과 마찬가지로 발달단계를 거쳐 간다. (2) 각 발달단계마다 수행해야 할 과업이 있다. (3) 발달은 상호 호혜적이다. (4) 가족은 다양한 분석 수준에서 연구되어야 한다. (5) 가족은 시간의 흐름에 따라 연구되어야 한다.

구분	내용
가족경력	• 가족의 속성상 어느 정도 예측은 가능하나 비주기적으로 전개되는 단계들을 따라가는 현상 • 가족에만 초점 두지 않고 가족의 상호의존적 차원과 사회관계망 포괄
가족발달의 역동	• 역동적 가족을 이해하기 위해 발달과정, 가족성원 개인, 그리고 발달의 맥락 간의 유동성과 상호 관련성을 보아야 함
생애과정 관점	• 시간의 경과에 따른 변화를 구체화하고 • 세 가지 상이한 종류의 시간(개체발생적, 세대적, 역사적 시간) 제시 • 변화가 일어나는 사회적 맥락 • 생애과정을 통하여 일어나는 변화에 개인이 부여하는 의미 강조 • 각 가족성원이 시간, 공간, 맥락, 과정 속에서 존재하는 방식을 이해 • 개인의 발달사 및 가족생활에 부여하는 사회적 의미를 이해하는 데 유용
Carter와 McGoldrick의 모델	• 개인적 수준에서 시간에 따라 나타나는 변화 • 개인의 기질과 유전적 성향에 초점 • 가족의 비밀, 기대, 역할의 변화, 권력의 재협상 등 분석
체계적 가족발달 모델	• 가족체계이론 + 가족스트레스이론 + 가족발달이론 • 가족이 역할상의 전이와 변화를 경험한다고 봄 • 시간에 따른 가족발달패턴을 일반화하고자 시도함
비판점	• 예측 가능성의 일부 상실 예) 늦춰지고 적어진 자녀진수기 • 지나치게 기술적 분석에 치중

4. 교환론적 관점에서의 가족이해

사회를 거시적인 차원에서 분석하려는 것이 기능주의 이론이라면 교환이론은 미시적인 차원에서 개인, 가족, 사회현상을 분석하려는 것으로, 이 관점의 주요개념은 보상, 비용, 이윤, 상호 호혜성의 개념이다. 교환이론의 가장 대표적인 명제는 인간은 비용을 극소화하고 이윤을 극대화하는 방향으로 선택한다는 것으로 호만스(Homans, 1961)와 블라우(Blau, 1964) 등에 의해 발달되었다. 여기서 보상과 비용이라는 개념은 단지 물질적인 측면뿐만 아니라 심리적인 만족감과 불쾌감 등을 표현하는 포괄적인 개념으로 이해해야 한다.

교환이론의 창시자인 호만스는 행동주의 심리학의 원리들을 강조하며 인간은 항상 보상과 벌을 주고받으며 교환한다고 하였다. 그리고 사회 조직도 인간의 기본적인 욕구를 충족시키기 위해 출현하고 이러한 기능을 상실할 때 붕괴된다고 하였다. 그러나 호만스의 원리는 인간이 모든 상황에서 항상 비용과 보상을 비교하고 평가하는 상호작용을 하고 있는지에 대한 의문을 제기하게 한다. 또한 블라우는 인간이 보상을 추구하는 데는 개인 간 상호작용뿐만 아니라 거시적 사회단위들에 의해 제약을 받는다고 하였는데, 집단적 특성을 무시한 광범위한 거시적 시각과 거시적 사회조직화에 대한 모호한 설명체계가 문제점으로 지적되고 있다.

교환이론은 1960년대 후반부터 가족연구에 적용되기 시작하여 1970년대 이후 중요한 개념 틀로 부상되었다. 가족원 간의 교환은 부부간, 부모-자녀 간 관계를 기반으로 광역 사회와의 관계로 확대되는데, 가족원 간의 교환은 관계 자체가 보상으로 적용되는 경우가 많지만 산업사회가 진행되면서 점차 이러한 가족원 간의 교환적 특성이 감소하고 있다. 부부관계에서는 배우자 선택에서 부부권력, 의사소통, 결혼의 안정성, 성 역할, 성행동, 가정폭력 등에 적용되고 있으며, 부모 자녀관계에서는 물질적 보상을 추구하는 산업사회에서의 기혼여성의 취업문제, 세대 간 유사성이나 동일시에 보상적 관계가 미치는 영향, 사회계층별 부모행동이나 가치관에서의 비용개념 등에 적용되고 있다(김경원, 2005, pp.17-18).

기본 가정	
→	(1) 인간은 자기 이익을 추구한다. (2) 인간의 자신의 선택에 의해서 제약을 받는다. (3) 인간은 합리적인 존재이다. (4) 사회적 관계는 상호의존적이다.

주요연구 및 적용분야	• '결혼시장': 상대방이 자신의 행복을 위해 어떠한 자원을 제공할 수 있는지에 기초하여 배우자를 선택하며, 자신도 마찬가지로 상대방의 배우자로 선택받을 수 있는 자원을 제공해야 한다는 관점 • 낭만적 사랑과 배우자 선택 • 가족관계: 배우자 학대, 부모 역할, 결혼생활 유지 이유 등 • 성 행동에서의 성차: 성적 접촉을 위한 보상(예: 돈이나 결혼)을 교환할 가능성은 남성이 더 큼 • 의사결정
비평	• 가족이 단지 성원 개인들의 집합이라는 지나치게 단순화된 가정 • 가족생활이란 합리적이지 않은 결정들이 많이 이루어지는 감정적 세계 간과 • 자율과 독립을 강조하는 남성적, 서구 사회적 관점
가족에 대한 총체적 이해 및 제한점	• '인간이 기본적으로 최소한의 대가를 지불하고, 최대한의 보상을 받고자 노력한다.' -데이트나 결혼에서도 양편 모두 보상이 대가보다 크거나 최소한 같다고 여길 경우 교환이 이루어진다고 봄 • 사회교환이란 시장경제의 교환논리로 설명될 수 있는 이상의 차원 내포 • 사회교환은 단기적으로만 이루어지는 것이 아님 예) 자녀가 부모를 부양하는 관행, 식물인간 상태인 배우자를 정성껏 수발 • 사회교환은 다자 간의 원거리 교환원리 포함 예) 효의 원리: 부모(A)가 아들(B)을 양육하고, 아들(B)은 결혼하여 아내(C)에게 충실하며, 아내(C)는 시부모(A)를 공경함으로써 남편으로부터 받은 사랑을 되돌리는 삼자 간 베풂의 고리 → 효의 원리

5. 상징적 상호작용론적 관점에서의 가족이해

상징적 상호작용이론에서 일차적인 관심은 사회를 살아가는 사람들의 상호관계에 있다. 즉 이 이론은 사회에서 사람들이 어떠한 방식으로 상호작용하고 있는지에 지대한 관심을 가지고 있다. 그러한 관심에서 중요한 단서는 사람들이 사회에서 차지하고 있는 사회적 역할과 자아정체성, 사람들 상호간에 이루어지는 의사소통과 상호작용이다.

여기에서 역할은 사회적인 지위를 점하고 있는 사람에게 적용되는 규범이나 기대되는 행동을 말한다. 자아정체성은 사회적 역할에 대한 자기 이미지 또는 자신에 대한 가치나 의미를 부여함을 말한다. 그리고 의사소통과 상호작용은 다른 사람과 관계의 내용을 규정하는 것이다. 어떤 개인은 다른 사람과의 관계에서 의사소통과 상호작용을 통하여 모두에게 공유되고 있는 상징을 사용하게 된다. 즉, 사람은 타인과의 관계에서 언어와 문자, 억양, 몸짓, 표정 등 다양한 상징을 통해 상호작용하게 된다는 것이다.

이러한 이론의 관점에서 가족을 본다면 가족은 하나의 사회집단으로서 그 구성원들은 상호작용하는 자아정체성의 집합체이며 일정한 사회적 역할을 가진다. 그리고 가족구성원들 간의 관계는 어떻게 형성되어 있으며, 그 관계에 영향을 미치는 요인은 물론이고 개인의 자아정체성에 미치는 영향과 결과에도 관심을 가진다. 인간은 가족생활을 통해서 일정한 역할을 인식하게 되고, 그 역할에 따라 다양하게 행동을 나타내는 역할의 총합체가 곧 가족이다. 그리고 가족 내에서 구성원 상호간에는 의사소통을 통하여 끊임없이 상호작용하게 된다(http://cafe.naver.com/lifelong.cafe?iframe_url=).

기본 가정	→	(1) 첫 번째 주요 주제 • '의미는 간과할 수 없는 인간행동의 중요한 요인' ① 인간은 자신이 사물에게 부여한 의미에 따라 반응하게 된다. ② 인간은 타인과의 상호작용을 통해 의미를 배운다. ③ 사람들은 다양한 경험을 통해서 자신이 배운 것을 해석한다. (2) 두 번째 주요 주제 • 인간은 상황의 의미를 근거로 다른 사람과 상호작용하는 적극적인 사회적 존재이다. • 이를 수행하기 위해서는 반드시 자의식을 가지고 있어야 한다. ① 유아는 비사회적인 존재이다.

	② 자의식이 발달되고 나면, 이는 미래의 행동을 위한 동기를 제공할 것이다. (3) 세 번째 주요 주제 • 유아는 태어날 때부터 부여된 가치와 상징들을 포함한다. ① 인간은 사회의 영향을 받는다. ② 인간들은 자신이 속한 문화에서 일상적인 상호작용을 통해 사회의 가치와 규칙을 배운다.
주요연구 및 적용분야	(1) 미국 흑인 가족 (2) 자아의 발달 (3) 섹슈얼리티 (4) 방법론적 이슈
비평	• 정의하기가 어렵고, 검증하기가 어렵다. • 중심이론이 없다. • 감정, 무의식 간과 • 개인의 창조적 능력 과다평가
가족에 대한 총체적 이해 및 제한점	• 가족이란 표준화된 형태나 고정된 구조가 아니라 가족성원 간에 공통적으로 통용되는 상징과 의미를 통해 생성되는 문화적 실체이다. 비교) 고정된 역할 • 상호관계가 원활하지 않은 가족에게 구체적 해결방안 제공하는 이론적 근거 → 실용적 • 상징과 의사소통 방법 등으로 인한 갈등을 개선하고자 할 때 통찰력 제공 • 객관적 사실 간과 예) 거시경제 상황이 가족에 미치는 영향 간과

6. 갈등론적 관점에서의 가족이해

마르크스(Marx)의 영향을 받은 엥겔스(Engels)는 마르크스의 유물론적 시각을 가족과 남녀관계의 본질에 적용시킴으로써 현대사회의 남성과 여성의 관계가 지배와 종속의 지위에 있는 불평등체계임을 주장하였다.

가족은 성원들 간의 대립과 이익이 상충되는 주요 장(場)으로서, 일치와 조화를 위해 끊임없이 타협한다고 한다. 그는 갈등이 가족생활에서 영원히 종결될 수 없기 때문에 가족갈등을 해소하기보다는 관리한다는 것이 정확한 표현이라고 본다. 따라서 가족갈등을 관리하는 과정에서 서로 만족스러운 방식으로 협상, 교섭, 타협할 수 있는 성원들의 동기와 능력 및 공유된 일련의 규칙을 유지하는 것이 중요하며, 이러한 갈등 관리방법에 따라 가족이 유지되기도 하고 해체되기도 한다(정현숙 외, 2001)고 하였다.

즉, 권위나 분배과정에서 가족의 갈등이 존재하는 것은 필연적이므로 어떤 갈등 관리방법이 사용되는가에 따라 가족의 유지와 해체가 결정된다고 하였다. 또한 콜린스(Collins, 1974)는 성, 연령 등의 사회 구조적 불평등이 자원의 분배과정상 갈등을 발생시키는데, 이것이 가족 내의 성적 불평등, 세대 간 갈등을 일으킨다고 하였고 집단 간 갈등에 대한 거시적 관점도 제시하였다.

갈등이론은 가족 내의 이해관계나 권력 혹은 자원의 불평등에 초점을 두고 있으며, 가족 내에서 갈등이 반복된다고 해서 반드시 가족이 가족해체가 발생되는 것은 아니며 가족체계가 더욱 구조화되기도 한다고 하였다. 그러므로 갈등을 긍정적 혹은 부정적으로 보느냐에 따라 갈등의 강도와 지속성이 결정되게 된다(이희자 · 김경원, 2000). 또한 갈등이론에서는 가족갈등이 처리되는 과정이 중요하므로 부부관계나 부모 자녀관계 등에서의 자원과 권위의 특성이 파악되고 존중되어야 한다(김경원, 2005, pp.16-17)는 것이다.

기본 가정	(1) 근본적으로 인간은 자기중심적이어서 자신의 이익에 따라 행동한다. (2) 사회는 영속적으로 희소한 자원에 대한 경쟁체제이다. (3) 가족집단의 역동은 다른 집단의 역동과 차이가 있다. (4) 갈등은 희소자원을 조정하기 위해 나타나는 현상이다. (5) 갈등은 분류할 수 있다. (6) 갈등을 통해 얻을 수 있는 긍정적인 면도 있다.
비판점	• 갈등, 권력, 경쟁 등의 부정적인 용어 사용 • 관계를 경쟁, 권력, 자원이용이라는 요인들로 표현할 뿐, 가족이 어떻게 호전될 수 있는지는 밝히지 않음

가족에 대한 총체적 이해 및 제한점	→	• 가족은 소수의 기득권을 보호하기 위해 의도적으로 시도된 것이라 봄 예) 가족의 태동배경: 부를 축적하게 된 소수의 기득권층 남성 집단이 물려줄 자손과 노동력을 확보하기 위해 시도한 것 • 가족을 상호애정에 기반을 둔 화합이 아니라 개별적 이익을 극대화하고자 하는 가족성원들 간 이해관계의 충돌, 갈등관계의 장으로 봄 • '가족 안의 개인들 각자가 얼마나 평등하고 행복할 수 있느냐'에 초점 • 가족 안에 존재하는 가족성원 간의 애정, 배려, 자발적 희생 등을 지나치게 축소

7. 여성주의 관점에서의 가족이해

여성주의의 주요 개념으로는 사회적 성(gender), 억압(oppression), 해방(emancipation), 분리된 공적-사적 영역(separate public-private spheres) 등이다. 여성주의적 관점에는 사회적 성은 생물학적 성을 기반으로 하여 사회 심리적으로 학습된 행동과 기대를 뜻하며, 남녀별로 다르게 역할을 기대하는 문화적 속성을 의미한다. 사회적 성은 하나의 획득된 성정체감인 반면 생물학적 성은 타고난 성을 의미한다(임정비 · 정혜정, 1997). 여성주의적 관점에서는 남녀의 차이가 과장되거나 은폐되어 여성과 남성을 분리시키고 성차를 더 크게 하며, 남녀가 서로 의존하도록 만드는 성별 노동 분업과 이성 간의 성적 결합을 요구하는 성(sexuality) 체계가 바로 여성에 대한 억압을 가져오는 주원인이라고 지적한다. 성별 노동 분업에서 우선적으로 고려해야 할 문제는 남성은 주로 공적인 일로써 사용가치를 생산해내는 임금노동을 담당하고, 여성은 사적인 일로써 교환가치를 생산해내는 가사노동을 담당하도록 오랫동안 구분되어 왔다는 점이다. 즉 여성이 공적인 일에 참여한다고 해도 한정적인 분야에서 일하거나 남성의 보조적인 역할을 담당하도록 길들여져 왔다. 성별에 따라 공적-사적 영역을 분리하는 것이 기능적인 분업으로 보일

지도 모르지만, 실제적으로 성차별적인 가치가 부여되기 때문에 여성은 낮은 사회적 지위를 가질 수밖에 없다(정현숙 · 유계숙, 2001).

여성주의적 가족이론은 가족을 공적 영역과 사적 영역으로 보는 이분법적 사고를 거부한다. 가족과 사회 간의 상호작용을 중시하며, 가족은 자연발생적이고 생물학적이며, 역사적인 보편적 제도가 아니라, 사회적이며 역사적인 현상으로 파악한다(김경원, 2005, p.19).

구분	내용
기본 가정	(1) 여성의 경험이 가족을 이해하는 데 있어 매우 중요하다. (2) 성 역할은 사회적으로 구성된 개념이다. (3) 사회적, 역사적 맥락이 중요하다. (4) 가족의 형태는 다양하다. (5) 사회적 변화에 중점을 두어야 한다. (6) 객관적이고 편견 없이 관찰한다는 것은 있을 수 없다.
주요연구 및 적용분야	(1) 노동 분업: • 성별에 따라 구성 • 한 사회 내의 임금노동, 무보수노동 포함 (2) 가정폭력: 폭력의 정의를 확대시켜 고립, 위협, 강제된 경제적 의존을 포함시킴
비판점	• 남성에 대한 역차별 • 비과학적 • 운동권적 입장에 대한 비판 • 전통적인 핵가족에 반하는 관점이라는 비판 • 다른 집단의 차별은 제외시키고 여성차별만 고려한다는 비판
가족에 대한 총체적 이해 및 제한점	(1) 자유주의 여성주의 • 남녀 개인의 선택행위가 가족문제해결에 중요한 수단이라 봄 → 독신이나 무자녀 가정, 가사노동에 대한 남녀의 합리적인 분담방식 등의 개인적 선택대안 강조 • 공적 영역의 문제 중시 → 가족영역 이론 취약 (2) 급진주의 여성주의 • 이성애 핵가족 비판 -여성의 모성 역할 강요, 남성 중심적 성관계, 낭만적 사랑 이데올로기 → 여성의 의존성 강화 • 여성끼리의 연대, 동성애 가족을 대안가족모델로 제시 • 여성의 출산과 양육이 모성으로서의 권력과 우월한 영적 능력을 제공한다고 봄 → 일부일처제 핵가족 형성 거부

(3) 마르크스주의 여성주의
- 노동자 계급 내에 존재하는 성차별과 가족 내에서의 여성 성차별문제 직시
- 노동자계급 주부 가사노동의 무보수성이 노동자 저임금에 영향
  → 핵가족 제도 유지는 기본 가계급의 이해관계와 연결된다고 봄
- 핵가족 기능은 계급과 빈곤의 재생산에 영향 미친다고 봄
- 임금보장, 사회보장제도의 보완을 통한 노동가족생활 안정화와 보호가 우선되어야 한다고 봄

(4) 정신분석적 여성주의
- 남녀가 함께 양육에 참여하는 가족구조를 대안으로 세움
  예) 자녀의 초기 양육을 여성이 전담 → 가족 내 성별분업 구축, 가족갈등 야기 → 조기 양육과정부터의 부부참여 강조

Chapter 05

문화이데올로기로서의 성, 사랑, 성 역할의 이해

잠시 쉬어가는 코너

- 10대의 남녀는 꿈속에서 그리며 산다.
- 20대의 남녀는 신이 나서 산다.
- 30대의 남녀는 환멸을 참으면서 산다.
- 40대의 남녀는 체념하고 산다.
- 50대의 남녀는 서로 가엾어서 산다.
- 60대의 남녀는 없어서는 안 되어 산다.
- 70대의 남녀는 고마워서 산다.

- 연애는 술 취한 상태
- 결혼은 술 깬 아침의 두통
- 이혼은 두통 때문에 먹는 아스피린

- 결혼의 조건

A(Age), B(Beauty), C(Condition), D(Degree), E(Economy), F(Faith), G(God)가 합해져야 Happiness가 가능하다.

- 이 세상에서 제일 어려운 것은? "대머리에 핀 꼽기."
- 그보다 더 어려운 것은? "인간관계" 특히 "부부관계."

- 배우자의 만남에서

1) 잘생긴 남자와 못생긴 여자가 결혼하면-저 여자 돈 많은가 봐.
2) 못생긴 남자와 예쁜 여자가 결혼하면-저 남자 능력 있네.
3) 못생긴 남자와 못생긴 여자가 결혼하면-걔네 정말 사랑하나 봐.
4) 잘생긴 남자와 예쁜 여자가 결혼하면-정말 잘 어울린다.

김형태, 결혼과 가족상담, 2002, 서울: Midwest Press, p.16

1. 생물학적인 성

인간의 성(性)은 정자와 난자가 결합하여 수정(fertilization)되는 순간부터 구별된다. 난자와 정자는 각각 23개씩의 염색체를 가지고 있으며 이들이 결합된 수정체는 46개의 염색체를 갖는다.

특히, 생물학적인 성은 정자, 난자의 23번 성염색체의 결합의 방법에 따라서 결정된다. 여자의 경우 성염색체는 XX이므로 모든 난자는 X염색체를 가지나 남자의 성염색체는 XY이므로 정자의 일부는 X, 일부는 Y염색체를 갖고 있다. 따라서 수정 시에 X염색체를 가진 정자와 난자가 결합하면 XX의 여성이 되며, Y염색체를 가진 정자와 난자가 만나면 XY로서 남성이 된다(송명자, 1996). 여기에서 정자는 분리된 XY쌍 중 어느 하나를 가지고 있기 때문에 X 성염색체나 Y 성염색체를 갖고 있을 확률이 같다.

그 후 생물학적으로 모두 정상일 경우 9달이 지난 후에 남자 혹은 여자 아기로 태어남으로 남자와 여자로 구분된다. 이와 같은 남자와 여자의 구분은 사춘기를 거치면서 더욱 뚜렷이 나타난다. 그리고 염색체 결합 이상도 생물학적 성의 구분이 있으며, 청소년기를 거치면서 성 정체성의 발달과제도 갖게 된다.

따라서 성을 결정하는 데 있어서 생물학적 요인이 큰 비중을 차지하고 있음을 말해준다. 이러한 생물학적 결정론의 대표적인 사람은 정신분석학자 프로이트(Sigmund Freud)이다. 그럼으로써 프로이트의 인간관은 결정론적이고 환원적(還元的)이다. 그래서 프로이트는 "해부학적 구조는 운명이다."라고 말하기도 하였다. 프로이트는 인간에 대한 결정론과 무의식이라는 두 가지 개념을 기본적으로 가정한다. 즉, 인간의 행동은 어렸을 때의 경험에 따라서 크게 좌우되며, 마음의 대부분은 의식할 수 없는 무의식 속에 있다는 것이다(이혜성 외, 1999). 따라서 유아기 때부터 "내가 남자냐, 여자냐"의 성의 결정은 비합리적인 무의식과 생물학적 본능에 의해서 결정된다(전병재, 2004, pp.18-22).

생물학적인 성	→	• 유전적인 성 염색체의 구성 • 생식기의 외부 형태 및 내부구조 • 생식선, 호르몬 등을 포함 예) 2차 성징, 중년기의 호르몬 변화

2. 성을 표현하는 용어

1) 성(sex)

sex는 성행위를 뜻하기도 하지만 생물학적 성을 의미하기도 한다. 생물학적 성(sex)은 성 염색체에 따라 남성, 여성, 혹은 양성 등으로 나누어지게 된다.

그 사회의 도덕적 관용도가 낮을수록 생물학적 성으로 한 개인의 삶을 규정하는 정도가 더 강한 경향이 있다. 남성 생식기를 가지고 태어나면 남성, 여성 생식기를 가지고 태어나면 여성으로 확연히 분리해서 규정하는 것이 '자연스럽다'라는 생각은 어떤 경향성을 띠고 있는 역사의 허구이다.

동서양을 막론하고 남성 생식기와 여성 생식기의 유사성, 혹은 차이점을 놓고 과학이라는 이름하에 지금껏 논쟁을 벌여온 게 사실이다. 또 사람마다 여성, 남성 호르몬 분비율이 각기 달라서 몸에 지니고 있는 생식기와 상관없이 우리의 몸은 다른 누군가보다 남성/여성 호르몬이 더 많거나 더 적은 생리적 과정의 결과물이다.

2) 성 정체성(sexuality)

sexuality는 성 정체성을 의미한다. 성 정체성이란 성적 대상을 누구로 삼고, 어떻게 좋아하며, 얼마큼 좋아하는지에 관한 성적 지향성에 대한 질문으로부터 비롯된다.

성적 대상이 이성일 경우 그 사람의 성 정체성은 이성애(heterosexuality)이며, 성적 대상이 동성일 경우 그 사람의 성 정체성은 동성애(homosexuality)가 되는 것이다. 또, 양쪽 모두를 좋아할 경우는 양성애(bisexuality)라고 부른다.

성 정체성은 성적 대상에 대한 질문으로부터 빚어지게 된다. 이때 이 질문은 정치성을 띨 수밖에 없다. 왜냐하면 주류 이성애 사회에서는 생리학적 성이 남성인 경우엔 당연히 여성을, 생리학적 성이 여성인 경우엔 당연히 남성을 좋아하는 게 지극히 당연하고 자연스럽다는 통념이 지배적이기 때문이다. 해서 '너의 성 정체성은 뭐야?'라는 질문은 질문 자체부터가 강제적인 이성애주의에 대한 이의제기인 셈이다.

결코 sex와 sexuality가 동일한 범주가 아니며, sexuality는 이성애만 존재하는 게 아니라는 사실을 이해하는 일은 중요하다. 다소 드물긴 하지만 어느 누구도 좋아하지 않는 무성애자 역시 하나의 섹슈얼리티로 정당하게 인정해야 할 것이다.

3) 성적 자아감(gender)

gender는 사회문화적으로 구성되어지는 성적 자아감을 의미한다. 흔히 사회적 성이라 일컬어지는 젠더(gender)는 자기 자신이 여성인지, 남성인지, 또는 둘 모두인지를 의식적으로 구성하는 인지 과정이기도 하다.

강제적 이성애주의 사회에서는 생물학적 성과 사회적 성의 일치를 개인에게 강제한다. 그래서 남성 생식기를 가지고 태어난 사람에겐 '남성성, 남성다움'을 강제하고, 여성 생식기를 가지고 태어난 사람에겐 '여성성, 여성다움'을 강제하는 것이 일반적인 경향이다. 이 세상엔 남성성/여성성으로 구별되는 체계밖에 없다고 믿으며 생물학적 성에 사회적 성을 고착시키는 이런 단순한 믿음의 체계를 '이분법적 젠더 체계'라고 부른다.

하지만 트랜스젠더를 비롯한 다양한 사회적 성이 존재한다. 생물학적 성과 '다르게' 자신의 사회적 성을 인지하는 사람들은 많다. 또한 비록 자신의 사회적 성이 남성임을 부정하지는 않지만, 주류 이성애 사회에서 강요하는 '남성성, 남성다움'에서 훨씬 이탈된 '여성스러운' 남자들도 존재하며, 그 역도 숱하게 존재한다. 역사적으로도 인디언들처럼 생물학적 성과 사회적 성을 별도로 생각했던 성 문화를 가지고 있는 사회가 우리의 상상 외로 많이 존재한 게 사실이다.

사회적 성적 자아감(gender)이 생물학적 성에서 자유로워질수록 '이분법적 젠더 체계' 때문에 억압받는 여성, 동성애자들을 비롯한 다양한 성적 소수자들의 자유가 그만큼 증대될 것이다(http://chingusai.net).

섹스(sex)	→	• 생물학적 성을 지칭하는 용어 • 태어나면서 신체적으로 구별되는 남자, 여자 • 성 행동
젠더(gender)	→	• 사회문화적으로 학습된 후천적인 성 • 남성 혹은 여성으로서 바람직하다고 보는 특성이나 행동을 수행하는 것
섹슈얼리티 (sexuality)	→	• 이성애·동성애·양성애, 성전환+성행동의 개방성과 다양성에 대한 개인적 취향 포함 → 성에 대한 태도, 행동, 감정, 가치관, 신념: 심리적·사회적 요인 모두 포함

3. 성 관련 개념들

성은 인간의 가치, 인간본성의 힘(power), 목적적인 면, 개인의 중요한 특성을 묘사한 것이다(Fonseca, 1970). 성은 인생의 많은 다른 부분에서 즐거움을 증가시키기 위해 생기 있게 하는 능력을 신체적, 정신적, 정서적으로 함양함으로써 인생을 찬양하는 것이다(Adams, 1976). 성은 태어나서 죽을 때까지를 다 포함해서 말하며, 모든 수준에서 자신을 수용하고 개인이 배움으로써 성숙되어지는 과정, 성정체감(sex identity)을 형성하는 것의 불가분의 부분이다(Sutterly & Donnelly, 1973).

성은 개인의 인식, 감정, 정신적인 능력과 가치를 포함한다. 이것은 자아실현의 과정에서 타고난 것이고, 아이디어, 감정, 행동의 통합이다(Otto, 1971). 성은 성적 긴장을 풀어주고 감각적 즐거움을 주고받는 것을 포함하고 친밀감, 가까이 하려는(closeness) 욕망이다(Miller, 1975). 성은 모든 인간관계를 포함하고 인간이 애정의 미묘한 감정을 표현하고 애정의 감정을 증가시키는 것을 포함한다. 황홀한 절정에 도달하기 위해 정신적인 면에서 서로 융합되는 것은 물론이고 길거나 짧은 시간 동안 두 사람이 함께 하는 데 있다(Miller, 1975).

성은 접촉, 따뜻함, 부드러움 및 사랑에 대한 욕망에서 광범위하게 정의되어질 수 있으며 여성, 남성과 같은 성별의 본질뿐만 아니라 인간의 특성을 모두 포함한다.

또한 성은 외모, 대화, 시적인 것, 긴 산책, 입맞춤, 또는 자기만족감의 다양한 수단을 통해 상호 극치감의 도달이 통합되며 자기 자신의 모든 감각이 내포된다.

사람은 전 생의 주기를 통해 성적인 느낌과 행위에 관여되며 성욕은 모든 인간에게 절대 필요한 부분으로서 존재하고, 행해지고, 보고, 믿고 하는 삶의 근원인 것이다. 이와 같이 성(sexuality)에 포함되는 영역은 매우 넓다. 역사, 즉 시대와 공간, 민족에 따라서, 또는 그 사회 환경과 성별에 의해서 성에 대한 개념, 받아들이는 감정이나 태도가 다르며 사람과 사물의 본바탕인 만유의 본질 중 하나로써 남성, 여성, 중성, 동성 등 생리적인 구분의 의미만이 아니라 천성, 기질, 욕구 등 내면적 심리상태까지 포함한다.

흔히 섹슈얼리티(sexuality)라는 용어는 단순히 성욕(sexualdrive)이나 성애(性愛)라고 번역되어 있지만, 이러한 번역은 의미를 정확하게 전달해주지 못하고 제한된 의미를 가지고 있다. 인간의 성(性) 행동은 물론이고 개인이 갖는 性에 대한 환상, 꿈, 행동, 태도, 사고, 감정, 가치관, 신념, 이해심 및 개인의 존재의미 등의 모든 것을 지칭하는 표현이 한마디로 섹슈얼리티인 것이다. 이러한 포괄적인 의미에 비하여 섹스라는 용어는 단순히 성기(性器)를 비롯한 신체의 일부에 의해서 수행되는 행동만을 의미하는 극히 제한된 의미에 불과하다. 그러나 한 개인의 섹슈얼리티는 살아가면서 환경으로부터 많은 영향을 받기 때문에 "정신성적인 주체성(gender identity)"과 밀접한 관계에 있으며 또한 개인의 행동변화에 지대한 영향을 미치기 때문에 오히려 성적인 성격(sexual personality)이라고도 풀이할 수 있다. 이러한 맥락에서 섹슈얼리티는 전성(全性)으로 번역되는 것이 적절하다(http://www.momilk.co.kr).

성 관련 개념들	⇨	1) 성적인 정체감(sexual identity): 생물학적으로 남성인가 여성인가 2) 심리성적인 정체감(gender identity) • 자신을 심리사회적으로 남성 또는 여성으로 인식하는 개인의 자기상(self-image)에 대한 지각 • 비교) 성전환자(trans-gender) 3) 성 역할(gender role) • 적절한 성 행동과 태도에 대한 사회문화적인 기대 • 남성성(남성다움 masculinity)과 여성성(femininity) 4) 성 역할 정체감(gender-role identity) • 바람직한 남성성, 여성성을 습득하여 내면화하는 것 5) 성 역할 고정관념(gender-role stereotype) • 신체적인 성별에 따라 능력, 인성특성, 행동, 태도 등에 남성과 여성 각자의 적절한 성 역할이 있다고 보는 신념 6) 성 지향성(sexual orientation) • 성행위를 위한 성적 파트너 • 이성, 동성, 양성에 대한 개인의 선호 → 심리성적인 정체감에 따라 구분

4. 심리사회적인 성적 자아감(Gender)

유전적 인자와 성적인 인자들은 남자답거나 여자다움의 내적 요소이다. “나는 남자다” 또는 “나는 여자다”라는 인식과 유전적 인자는 생물학적 속성들, 즉 남성 또는 여성으로 특징지어진다.

전통적으로 남성은 성적욕구의 상상보다 성적 자아의 상상을 가진다. 융(Jung)은 우리는 모두 영혼과 육체를 공유한다고 주장하면서 우리는 남성성과 여성성을 함께 가지고 있는 남성 또는 여성이 아닌 인간이라고 하였다. 성욕은 개인의 의식이나 정도, 자극에 따라 다르고 그에 따른 성행위도 다양화되며 전체적인 삶의 문맥으로 보인다.

어떤 이에게는 섹스가 삶의 중추점이고 다른 어떤 이에게 섹스는 중요하지 않으며 환경과 성격, 인격에 따라 그 나타나는 방법이 다르다. 어떤 이에게 사랑은 섹스 전 필요한 조건이 되고 다른 이들에게는 함께 존재하거나 존재하지 않는 분리된 두개의 개념으로 생각된다. 인간의 성욕은 하나의 문화요, 후천적으로 만들어지는 것이다. 인간에게는 본능적인 욕구가 있는 반면 그 욕구를 충족시킬 수 있는 대상물이 있다. 성적 욕망 같은 사랑은 복합적인 현상이다. 사랑의 종류는 다양한데 각각의 형태들은 성적욕망과 발전에 영향력을 행사한다. 인간의 사랑은 개인이 인간 모두에게 가지는 사랑이고 이것은 이타적이고 성구별을 떠난 것이다.

인간은 생존에 필요한 것이 주어지지 아니하였을 때 그것을 얻고자 하는 욕구 때문에 성장하고 생명이 연장된다. 예를 들면 갈증을 느낄 때 마실 물이, 배고플 때 음식이 있으며, 사랑하고 싶을 때 그 대상인 이성이 있고 아름다운 화초, 감미로운 멜로디도 인간이 추구하는 대상물이다. 이처럼 일반적으로 "성"을 본능이라고만 결론짓는 것은 잘못된 견해라고 볼 수 있겠다.

성욕은 본능이고 성욕을 행동으로 나타내는 성행동은 사춘기에 접어들면서 자위나 몽정, 사정 등이 나타나면서부터 성행동을 위한 대상을 생각하게 되고 상대를 찾으려는 데서 나타나는 것이다. 예를 들면 자위를 하고 싶은 자신의 의지에서 사정을 하게 되는 것처럼 학습과 체험을 통해서 성행동으로 옮겨지는 것이다. 성욕이나 성행동이 본능이라고 하나 무조건 충족하려 한다든가 상대를 의식하지 않거나, 상대의 의견을 무시하고 행위로 옮겨져서는 안 된다. 성욕이란 느끼면서, 요구하면서 동시에 억제하고, 거부하는 심리적 작용이 일어난다. 즉 직접적인 자극의 본능적인 욕구와 아울러 대뇌를 통한 정신적인 세계에서 일어나는 자극과의 판단이 필요하다.

마틴 루터는 "자연의 충동을 억압하는 것은 자연으로 하여금 자연이 되지 못하게, 불로 하여금 붙지 못하게, 물로 하여금 적시지 못하게 하는 등……" 이라고 지적하였고, "성을 인습에 의하여 지나치게 은폐하거나 억압하므로 사회의 불행과 비참함 등이 일어나 개인적으로나 사회적으로 많은 비극과 죄악을 가져온다."라고 주장하였다. 다시 말해서 성을 과학적, 생물학적으로 연구하고 이성과 양심에 입각하여 올바른 지식을 얻어 정도(正道)를 걸을 때 개인에게 만족이 있고 인류의 행복이 유지될 것이라는 참뜻을 함축하고 있다.

과거에는 성과학을 연구하는 사람들이 심리학자들과 생의학(정신의학, 비뇨기학, 생리학, 유전학, 내분비학, 부인학 등)들이 대부분이었지만 지금은 보건학자, 사회학자, 인류학자, 교육학자, 사회사업학자, 역사학자 또는 법학자들도 이 연구에 많이 종사하고 있다.

그동안 우리 사회에서는 성에 대한 많은 부분들이 표출되는 것이 금기되어 왔었지만, 일반적으로 대부분의 사람들은 은연중에 성에 대한 이야기를 더 듣고 싶어 하고 또한 이에 대한 지식을 더 많이 갈망해 왔다. 여기에서 우리는 사생활(privacy)이라는 개념과 비밀(secrecy)이라는 개념이 서로 다름을 우선 알아야 한다. 성은 사적인 것일지라도 비밀스러운 것은 아니다. 다시 말하면 성에 대한 모든 것이 우리 자신에 대한 것이므로 성에 대한 지식의 갈망은 곧 자기 스스로를 알려고 하는 것과 마찬가지라는 것이다.

인간에게 종교적인 양심이 생기기 이전의 원시사회에서는 성의 표현이 지금보다 훨씬 자유로웠을 것이다. 그러나 문명의 발달과 함께 인간의 본능은 억압되기 시작하였다. 결국 성에 대한 표현이 여러 가지의 변형된 모습으로 금기된 것이다. 이렇게 문화적으로, 역사적으로 억압된 인간의 성욕을 이해하고자 할 때에 꼭 기억해야 할 한 가지 중요한 원리가 있다. 이는 곧 모든 사회 구성원들의 성에 대한 태도나 관점, 행동들은 시대적이고 사회문화적인 맥락 속에 한정되어 학습(learning)되고 있다는 것이다. 그러므로 현대에 살고 있는 우리들의 성에 대한 태도나 행동들도 대부분 이 시대에서 학습되어진 사회문화적인 현상들인 것이다. 이러한 성에 대한 태도나 개념, 행동 등을 한마디로 섹슈얼리티(sexuality)라고 부를 수 있다. 일반적으로 사회의 변혁이란 쉽게 이루어지는 것은 아니지만, 근본적으로 학습된 현재의 섹슈얼리티를 향상시키거나 또는 건전하게 이해하기 위해서는 과거의 섹슈얼리티를 살펴볼 필요가 있다.

한때 수세기 동안 서구문화권에서는 아이를 잉태할 의향이나 욕망이 없으면서 가지는 모든 성관계를 비자연적이고 비도덕적인 것이라고 가르쳐 왔다. 즉 단순한 생식(生殖)의 목적을 위한 일부일처주의의 관계 이외에서 발생하는 모든 성생활을 윤리적으로 그리고 법적으로 제한해 왔었다.

그러나 오늘날의 사회 환경은 무척 변하여 효과적인 피임법들이 널리 보급되고 여성들의 인권해방운동이 시작되면서 성행동의 목적은 물론이고 인간이 존재하는 의미마저도 바뀌고 있다. 다시 말하면 단순한 종족보존은 차치하더라도 성행동의 근본목적은 친교나 온정 그리고 순수한 쾌락과 같은 인간의 정서적인 측면을 더 강조하게 된 것이다. 심지어는 개인적인 자유와 행복의 추구 등의 측면들이 강조되면서 전통적으로 인간을 "human being"으로 여기던 개념도 도전을 받게 된 것이다. 그래서 현대에는 오히려 인간을 "sexual being(성적인 존재)"로 정의하면서 인간의 가치나 의미를 찾으려 한다.

남녀를 구분할 때에는 "섹스(sex)"와 "젠더(gender)"라는 용어들이 사용된다. 보통 생물학적인 면에서 남녀를 구분할 경우에는 sex라는 용어를 사용하는데, 이는 개인이 태어나면서부터 구분된 선천적인 성(性)을 뜻한다.

반면에 정신적, 성적인 면에서 남녀를 구분하는 경우에는 gender라는 용어를 사용하는데, 이는 개인이 태어난 이후에 사회적, 문화적, 심리적인 환경에 의하여 학습되어진 후천적인 성(性)을 의미한다. 따라서 해부학적으로 개인이 남성(male)인가 또는 여성(female)인가를 나타낼 때에는 "성적인 주체성(sexual identity)"이라는 용어가, 그리고 그 사회에 통용되는 남성다움(masculinity)이나 여성다움(femininity)을 나타낼 때에는 "정신성적인 주체성(gender identity)"이라는 용어를 사용하는 것이 적절하다. 개인의 정신성적인 주체성의 형성은 환경으로부터, 특히 부모와 사회적인 태도로부터 많은 영향을 받는다. 어원상 섹스(sex)라는 용어 자체는 라틴어(Latin)의 "섹서스(sexus)"에서 유래했는데, 이는 "자르다" 또는 "나눈다"는 뜻의 세코(seco, cut)라는 동사에서 파생된 말이다. 우리에게는 sex와 gender라는 단어들이 단순히 성(性)이라고 번역되지만, 성이라는 글자가 지니는 원래의 의미는 마음(心)과 몸(生)의 양면을 동시에 나타내고 있음을 알아야 한다. 다시 말하면 성이란 전체적인 인간 그 자체를 뜻하는 것이지 결코 性 행동이나 성적인 쾌락만을 의미하는 것이 아니다. 여기에서 후자의 의미는 오히려 "色"이라는 용어로 표현될 수 있는데, 요즈음에 와서 성의 의미는 색의 의미와 혼용되어 사용되고 있다. 또한 우리는 인간이나 동물이 모두 본질적으로 수(雄)와 웅(雄)의 두 가지 성(性)으로 구분된다고 이해하고 있는데, 사실상 그 이분법은 그렇게 단순하지가 않다. 왜냐하면 우리는 수많은 종(種)에서 양성(intersexuality)의 예를 찾아볼 수 있으며, 심지어는 인간의 사회에서도 남성이나 여성으로 구분되기 어려운 사례들이 가끔 존재하기 때문이다.

인간의 성(性, sexuality)은 신비의 영역이면서 불확실의 영역이다.

따라서 성에 대한 잘못된 개념들은 항상 존재하고 시대의 변천과 함께 바뀌고 있다. 그러므로 절대적으로 좋거나 또는 그릇된 성행동이라는 정의는 있을 수 없다. 결과적으로 인간의 성행동은 그 목적이 단순하지 않으므로 이에 대한 정상성과 비정상성을 논하기가 무척 어렵다. 게다가 인간의 성행동은 사회적인 규제를 강하게 받고 있기 때문에 더욱 그러하다. 예를 들면 일부다처제 또는 일처다부제가 존재했던 시대도 있었으며, 지금도 정상적으로 존재하는 문화권도 있다. 이처럼 인간의 성행동에 대한 정상성과 비정상성의 사회적인 정의나 개념은 시대에 따라서 조금씩 변하고 있다.

대부분의 문화권에서 용납되고 있는 최근의 개념을 소개하면, 성인들 간의 정상적인 성행동이란 일반적으로 자발적인 행위이고, 서로 동의에 의해 이루어지므로 기쁨을 얻는 것이며, 또한 서로 자존심도 고양시켜 주고, 죄의식을 전혀 느끼지 않는 경우를 이른다. 그 반면에 수동적이거나 충동적인 상태에서 발생하는 성행동은 상대방에게 일방적으로 이용당한다는 느낌을 주며, 기쁨보다는 죄의식을 불러일으킬 수 있고, 또한 자존심도 저하될 수 있는 경우에 속하므로 비정상적인 것으로 간주된다. 사람들이 이러한 기준에 따라서 그리고 자신들의 가치를 훼손시키지 않고서 그들의 전성(全性)을 표현한다면 전혀 문제가 되지 않는다.

인간의 사랑을 성기에 의한 표현에만 국한시킨다면, 인간은 지루해지거나 강박관념에 싸여, 마침내 파괴적인 인간이 되어버릴 것이다. 한마디로 표현하면, 성혁명을 잘못 이해한 사람은 성적인 자유분방함에 젖어버린 사람이 되기 쉽다(http://www.momilk.co.kr).

심리사회적인 성	• 양육과 사회화의 결과 → 사회문화적 요인을 이해해야 함 • 낸시(Nancy J. C., 1978): "성의 재탄생(Gender Reproduction)" -남성과 여성이 서로 각기 다른 젠더를 갖고 태어나는 것이 아니라 가족과의 상호작용에 의해 발달하는 것 -특히 부모의 역할이 자녀의 성정체감 형성에 중요한 영향
성 역할 사회화 이론	• 사회화: 그 사회문화에서 적절하다고 기대되는 태도와 행동, 규범, 가치를 학습하는 과정 • 성 역할 사회화: 그 사회문화에서 수용되는 성별에 따른 역할을 학습해 가는 과정 • 성 역할 사회화 과정: 동성 부모와 동일시하고자 하는 심리적 과정으로 봄 예) 프로이트(Freud, 1920): 심리성적 발달과정 -3단계 남근기 때 오디푸스 콤플렉스와 엘렉트라 콤플렉스를 해결하는 과정에서 동성 부모 동일시를 통해 적절한 성 역할을 배운다고 봄 예) 반두라(Bandura, 1977): 사회학습모델 -관찰, 모방, 상・벌 등에 의해 성 정형화된 행동을 학습한다고 봄 예) 콜버그(Kohlberg, 1966): 인지발달모델 -아동의 성 역할이나 성정체감은 아동 자신의 경험에 의해 구조화됨 -자신의 성별 인식 후 성별에 따른 경험을 반복함으로써 스스로 구조화한다고 봄 -2, 3세경 성영속성에 대한 개념 무 → 4, 5세는 성 안정성의 단계로 성정체감 수용 → 6, 7세 이후 성항상성 획득

5. 양성성의 이해

성 역할의 정체감과 전통적인 성 역할 발달이론은 자신의 성을 어떻게 인식하며, 성에 적합한 역할들을 어떻게 발달시켜 가는가를 관심의 대상으로 하고 있다. 이러한 이론에 대해 심리적 성차가 생리적 성차와 일치하는 것만은 아니라는 새로운 사실을 발견하게 되고, 이에 성차와 개인차를 포괄할 수 있는 새로운 개념인 양성성 개념이 도입되었다.

최초로 양성성 개념을 도입한 벰(Bem, 1974)은 남성성과 여성성을 상반되는 연속선상의 개념이 아닌 독립 차원으로서 한 개인 내에 남성성, 여성성이 함께 공존하면서 한쪽 성만을 갖는 개인이 존재할 수도 있고, 이 둘을 모두 갖는 양성성 개인도 있다고 주장한 양성성 이론(androgyny theory)을 제안하였다.

그는 자신의 생물학적 성에 주어진 성 역할을 하는 사람이 심리적으로 더 건강할 것이라는 전통적 성 역할이론을 부정하며 문화적으로 적합하다고 강요되어진 성 역할을 내면화시키는 것은 인간 자신이 가지고 있는 모든 행동능력을 완전하고 만족스럽게 발휘하는데 방해가 된다고 보았다. 반면에 바람직한 남성적 특성과 바람직한 여성적 특성을 동시에 가지고 있는 양성적 사람은 성 역할에 있어 더욱 안정되고 효율적으로 남성적 행동과 여성적 행동을 수행할 수 있다고 주장하였다(여경순, 2002). 양성성 정체감을 가진 개인은 남성성 변인 점수와 여성성 변인 점수 간의 차이가 거의 없이 모두 높으며(Gaudreau, 1977), 전통적으로 성유형화된 개인들보다 성 역할 행동을 할 때 유연성을 더 잘 나타낸다. 즉 양성성은 성 역할의 융통성과 다른 상황에 있어 행위를 변화시키는 능력을 지니고 있으며, 독단적이고 온화한 면의 두 가지 양면적인 성격을 가지면서 두 가지 상황에 모두 효과적인 특성을 가진다. 따라서 이들은 능력 있고, 성취 지향적이며, 대인관계가 원만하고 적응을 잘하기 때문에 정신적으로 건강한 삶을 유지한다고 볼 수 있다(Bem, 1974; Spence et al., 1975).

한편 양성성과 심리적 건강에 관한 실증적 연구를 통해 양성성을 가진 사람이 건강하게 적응한다는 것은 양성성 속에서 남성성이 중요한 요인으로 작용하기 때문이며 여성성의 영향력은 무시할 정도로 하찮은 것이 아닐까 하는 의문이 제기되었다. 켈리와 워렐(Kelly & Worrell, 1977)은 남성적인 행동이 여성적인 것보다 더 사회적으로 유용한 가치가 있다고 여겨지는 것은 서구 문화권에서 남성적인 특성을 더 강조하는 탓이라고 하면서 양성적인 사람은 그가 지닌 남성적인 성격 특성 때문에 건강하게 잘 적응한다고 주장하였다(김혜래, 2003). 또한 화이트리(Whitely, 1983)는 양성성 정체감을 지닌 개인이 심리적으로 적응을 잘하는 것은 양성성 정체감의 남성적 요인이 심리적 적응에 효율적으로 작용하기 때문이라고 하며 남성성을 강조하였다(안순, 2004, pp.11-12).

양성성의 이해	• 양성성의 어원: 그리스어로 남성을 일컫는 'andro'와 여성을 일컫는 'gyn'으로 구성 -하나의 유기체 내에 여성적 특성과 남성적 특성이 공존함을 의미 • 심리적 양성성(psychological androgyny): 한 사람이 남성적인 특성과 여성적 특성을 동시에 가질 수 있음 → 상황에 따라 도구적 역할과 표현적 역할을 수행할 수 있는 효과적인 성 역할 개념을 의미 • 내적 인격, 아니마와 아니무스: 외적 인격, 페르소나 • 아니마와 아니무스는 개인적인 경험을 밑받침하는 원형적 이미지 아니마는 남자가 가지고 있는 여성적 이미지, 아니무스는 여자가 갖고 있는 남성적 이미지 → 내적 인격 • 페르소나: 집단에 의해 요구되는 태도, 생각, 행동규범, 역할을 수행하는 외적 인격 • 아니마의 현상과 인식 -남성의 내적 인격인 아니마는 우울한 기분, 짜증, 끝없는 불만과 예민함의 특징 -긍정적으로 진행되었을 때 '올바른 여성'을 찾을 수 있으며 아니마의 최고 발전단계는 지혜로운 여성임 • 아니무스의 현상과 인식: '거룩한 확신'과 '예외'를 인정하는 경우 -아버지가 딸에게 '이론의 여지가 없는 의견'이라는 이미지를 심어주었을 때 발달 -부정적 아니무스: 판단 · 의욕 마비, 남자와의 관계 차단 -긍정적 아니무스: 자기를 체험하도록 다리의 역할을 하며 아니무스의 최고 발전단계는 지혜로운 행동가

성 역할 사회화의 결과 →

- 성별에 따른 역할수행 기대를 당연한 것으로 여기게 만들 뿐 아니라 성별 역할에 대한 고정관념을 발달시키게 함
- 성에 따른 신체적, 심리적 특징의 차이

	남성이 높은 점수를 나타내는 영역	차이가 없는 영역	여성이 높은 점수를 나타내는 영역
능력	• 신체크기, 힘, 달리기 • 수학적 능력(산수능력 제외) • 시각, 공간능력 • 대근육 운동	• 지능 • 창의성 • 기계적 학습능력 • 분석력(남성이 공간적 능력이 포함된 분석력은 높음)	• 언어능력 • 질병에 대한 저항능력 • 촉각의 민감성 • 소근육 운동
심리적 특성	• 공격성 • 활동성	• 지배성 • 주장성 • 정서성 • 수동성 • 성취지향성 • 성적인 반응 • 동조성 • 수줍음 • 자존감 • 경쟁성 • 피암시성	• 양육성 • 사회성 • 감정이입

- 성 역할 고정관념의 부담감

이 나라에서 남자로 살기	이 나라에서 여자로 살기
• 아들-아버지-할아버지 • 치열한 경쟁을 통해 자신의 위치를 갖는 것 • 무거운 짐을 등에 지고 가시밭을 걷는 것 • 슈퍼맨이 되는 꿈을 매일 꾸는 것 • 제일 멋있는 가면을 찾기 위해 노력하는 것 • 가부장제의 이익을 보는 것 • 여자로 사는 것보다 편하다. • 살얼음 위를 걷고 있는 것 • 아프고 힘들어도 아무 말 못 하는 것	• 남편, 자식 뒷바라지의 전문가 • "여성성"을 잃어버려야 성공할 수 있다 • 남성과 동등하게 대우받기 위한 몸부림 • 진흙 속에서 진주 찾기 • 나라를 바로 세우는 것 • 할 수 있는 것을 실천으로 보여주기 • 힘들다-집에서 핍박 더 심함 • 약간의 약한 척-내숭은 기본 • 독립심이 약해지는 것

- 천사와 마녀로서의 여성 이미지

콤플렉스 →

- 콤플렉스: '현실적인 행동이나 지각에 영향을 미치는 무의식의 감정적 관념으로 열등감, 욕구불만, 강박관념으로 순화되어 나타나는 것'
- 주변의 기대에 역할이 부합되지 못할 때 콤플렉스 형성
- 남성과 여성 콤플렉스 유형

구분	유형	내용
남성콤플렉스	• 사내대장부 콤플렉스 • 온달 콤플렉스 • 성 콤플렉스 • 지적 콤플렉스 • 외모(체격) 콤플렉스 • 장남 콤플렉스 • 슈퍼맨 콤플렉스	• 남성의 지배와 성공/사회적 인정과 지위 획득/강함/기부장적 이데올로기 • 처덕을 보기 원하는 의존심리 '아내의 성공이 곧 나의 성공' • 성관계에서 주도적일 것과 강한 성욕 • '지적인 남자가 남자답다' • '크고 우람한 체격을 가져야 남자답다'-람보형 • 가계계승자로서의 책임과 의무 • 무엇이든지 잘할 수 있음(사회적 월등 지위 포함)
여성콤플렉스	• 착한여자 콤플렉스 • 신데렐라 콤플렉스 • 성 콤플렉스 • 외모 콤플렉스 • 지적 콤플렉스 • 맏딸 콤플렉스 • 슈퍼우먼 콤플렉스	• 인내와 희생/싫은 소리 못함 • 완벽한 결혼상대자와의 결혼으로 모든 것이 해결 • 정숙하고 순결한 여자/생식의 목적인 성 • 외모가 여자 최대의 가치와 의미 • 여성은 남성보다 지적으로 열등한 것이 맞다 • 첫딸은 살림밑천/집안을 위한 희생 • 완벽한 아내, 엄마, 사회인 남성의 여성 콤플렉스 유형

6. 21세기의 여성성·남성성의 새로운 개념

21세기 여성성과 남성성의 개념이 변하고 있다. 언어가 변하는 것은 사회가 변하기 때문이다. 사회가 변한다는 것은 생각(인식)이 변했다는 것이다.

다음의 용어들은 21세기의 남성성(남성답다)과 여성성(여성답다)이 변화하고 있음을 알 수 있는 신(新)조어들이다(Salzman, 2003).

1) 여성성의 변화

① 콘트라섹슈얼(Contrasexual): 콘트라섹슈얼은 영국의 미래연구소에서 나온 용어로, 주로 30대 후반의 여성이며 생활과 일, 배우는 것과 행동에 있어서 매우 신중하고 단호하며 모험적인 사고방식을 가진 사람을 의미한다. 이들은 결혼과 낭만적인 관계보다는 지금 바로 주어지는 기회를 활용하며 인생경험을 중요시하고 때로는 자기과시를 통해 기쁨을 얻고 주어진 목표에 관심을 둔다. 남성에 대해서는 '일부'이지 '전부'나 '중심'으로 사고하지 않는다.

② 집안의 여왕(Domestic Diva): 이들이 결혼하여(자기 인생에 남성을 끌어들임) 먹을 것, 집 그리고 모든 종류의 사치품을 남성에게 의존하는 사회적 노동을 하지 않기 때문에 외향적으로는 '주부'이지만 실제로 가사노동(집안일)을 도우미에게 맡기거나 돈으로 해결한다. 운동과 취미활동을 하면서 시간을 보내고 아이의 학교생활이나 지역 예술단체회의에 참석하는 것을 가치 있는 일로 생각하는 것을 말한다.

2) 남성성의 변화

① 뉴 블로크(New Bloke): 호주의 사회학자인 맥키(Macky)에 의하면, 이들은 중간적인 남성성으로 사내다우면서도 예민하여 친구들을 좋아하며 가장 친한 친구 중에는 여성도 있다. 겁쟁이가 아니지만 마초 또한 아니

다. 이들의 특징은 깨어 있고 자유로우며 자신이 갖고 있는 남성성을 편안하게 받아들인다. 여성과 남성이 동등하다는 것을 잘 알고 있기 때문에, 여성과 남성 간에 좋은 관계를 이루기 위해서는 사회가 진정한 평등을 인정해야 가능하다고 보는 사람들이다.

② 이모 보이(Emo Boy): 근육질이 아니며 쌀쌀맞고 은근히 자만심이 강하다. 교양 있고 친절하며 어두운 내면도 지녔다. 남성상의 전형적인 부분인 부정적인 행동이나 속성과 동일시되기를 거부하는 사람들이기 때문에 남자다워 보이는 부분이 있기는 하지만 상처받기 쉽고 감성적이며 감정의 기복이 있고 상대방의 감정보다는 자신의 감정에 더 예민함을 보이는 사람들이다(http://blog.daum.net/cmskshon).

구분		특징
콘트라 섹슈얼 (Contrasexual)	→	• 30대 후반의 여성으로 생활, 일, 배움, 행동에 있어 신중하고 모험적인 사고방식 • 결혼이나 낭만적인 관계는 미루고 재정적으로 독립 • 지금 이용할 수 있는 기회를 최대한 활용
집안의 여왕 (Domestic Diva)	→	• 운동, 취미활동 중시 • 아이의 학교활동, 지역 예술단체회의 등의 활동 중시
메트로 섹슈얼 (Metro sexual)	→	• 외모에 돈과 시간 투자하면서 자신에게 진실하려는 남성집단 • 여성적인 측면을 포용하는 남성성 • 주요 인생목표를 우정, 사랑하는 사람과 함께 늙어가는 것, 행복하고 건강한 아이들에 둠 예) 데이비드 베컴
위버 섹슈얼 (Uber sexual)	→	• 모든 면에서 매력적이고 역동적인 남성들 • 스타일을 중시하고 자신의 관심사와 관계에 열중 • 인생에서 만나는 여성을 '동지'로 생각하지 않음
뉴 블로크 (New Bloke)	→	• 여성운동의 장기적인 효과로 만들어진 중간적인 남성성 • 깨어 있고 자유로우며 자신의 남성성을 편안해 함 • 성별 간에 좋은 관계를 이루는 길은 사회가 진정한 평등을 인정하는 데 있다고 봄
이모보이 (Emo boy)	→	• 외면적으로 남성의 전형적인 나쁜 속성 및 행동과 동일시되기를 거부하고 여성적인 특징을 받아들임 • 자신의 감정에 예민

Chapter

06

사랑의 이해

1. 사랑이란?
2. 사랑의 이론
3. 사랑의 유형
4. 사랑의 발전
5. 성숙한 사랑

〈웃음 코너〉

간 큰 남자 시리즈

- 아침에 밥 달라고 식탁에 앉는 남자.
- 아내가 잔소리 좀 한다고 말을 끊는 남자.
- 아내의 눈을 똑바로 쳐다보며 말대꾸하려 드는 남자.
- 반찬 투정하는 남자.
- 아내에게 전화를 건 남자한테 누구냐고 묻는 남자.
- 외출하고 귀가한 아내에게 행선지를 물어보는 남자.
- 술친구를 집에까지 데려오는 남자.
- 아내가 보는 신문을 빼앗아 낱말풀이 하는 남자.
- 같이 야한 비디오를 보고 그냥 곯아떨어지는 남자.
- 병원에 가서 엑스레이를 찍어보니 실제로 간이 부어 있는 남자.
- 아이들에게 모처럼 용돈 한 번 주면서 "너 엄마가 좋아? 아빠가 좋아? 하고 물어보는 남자.
- 결혼한 지 한참이 지나도록 수첩의 여자 전화번호를 지우지 않는 남자.
- 아내 앞에서 여성지 속옷 광고를 뚫어지게 응시하는 남자.

김형태, 결혼과 가족상담, 2002, 서울: Midwest Press, p.46.

1. 사랑이란?

사랑에 대한 생각이 개인별로 다양하고 시·공간적으로 달라지기 때문에 누구나 동의하는 사랑의 개념을 정의하는 것은 쉽지 않다. 그 이유는 대부분의 사람들은 자신들의 사랑 경험에 기초하거나 다른 사람의 사랑 경험을 보고 듣거나 아니면 문학작품, 영화, 드라마의 사랑을 그대로 받아들이는 경향이 있기 때문이다. 몽테뉴(Montaigne)는 사랑이란 우리의 미래를 이끌어주는 일반적이며 창조적인 원리로 정의하였다(Holland, 1981). 에릭슨(Erikson)은 사랑이야말로 가장 위대하고, 인간에게 가장 지배적인 덕목이라고 여겼다(노안영·강영신, 2003).

이는 곧 사랑이란 주고받는 사람들을 건강하게 성장하도록 돕는 힘을 지니고 있음을 의미한다. 대부분의 사람들은 사랑은 그저 좋은 것이라고 받아들인다(Gillaspy & Others, 1995). 그러나 사랑에 대한 다양한 개념은 우리를 더욱 혼란스럽게 한다.

사전적 의미에서 사랑은 크게 다섯 가지로 구분되고 있다. **첫째,** 아끼고 위하며 한없이 베푸는 일 또는 그 마음이다. '어머니의 사랑'이 그 예가 된다. **둘째,** '남녀 간에 정을 통하여 애틋이 그리는 일', 또는 그러한 애인, 연애, 연인을 의미한다. 흔히 사랑하는 사이라고 할 때 이런 의미로 사용된다. **셋째,** 동정하여 너그럽게 베푸는 일 또는 그 마음이다. '수재민을 위한 따뜻한 사랑의 손길'의 표현이 예가 된다. **넷째,** 어떤 사물을 몹시 소중히 여기거나 또는 그 마음이다. '별을 사랑하고 하늘을 사랑하였다'에서 이런 의미를 지닌다. **다섯째,** 기독교에서 긍휼과 구원을 위하여 '예수를 내려보낸 하나님의 뜻'으로 사용된다. 한편, Webster에서 사랑은 네 가지 의미로 정의되고 있다. **첫째,** 혈연이나 개인적 유대를 통해 나타나는 강한 애정(자녀에 대한 부모의 사랑)이다. **둘째,** 성적인 욕망에 따른 매력이다. **셋째,** 동경, 박애 또는 일상적인 흥미에 기초한 애정이 있다. **넷째,** 다른 선을 위하여 이타적이며 충성심과 자비이다(Gove & Merriam-Webster, 2002). 이와 같이 사랑에 대한 사전적 정의에서 동서양의 차이점은 발견되지 않고 있다.

이러한 사전적 정의에도 불구하고 사랑의 실체에 대해서 명확하지 않다. 여기서 우리는 사랑에 대한 새로운 정의 방법을 생각하게 된다. 사랑을 인간 누구나 가지고 있는 심리적 속성, 즉 구인(construct)으로 이해할 수 있다면 사랑에 대한 조작적 정의가 가능하다. 사랑을 조작적으로 정의하게 되면 그 개념은 분명해진다. 이러한 정의는 과학자들이 즐겨 사용하고 있으며, 교육에서 인간 행동을 분석하는 교육심리학자들에 의해 많이 사용되고 있다. 사랑이 조작적으로 정의될 때 측정이 가능하다. 조작적 정의에서 조작이란 그 개념이 통용되고 측정되는 방법이나 과정 또는 절차를 의미한다(권순달, 2002; Holland, 1981). 사랑의 조작적 정의 중에 가장 널리 인용되는 것이 스텐버그(Sternberg)의 사랑의 삼각형 이론(triangular theory of love)이다. 스텐버그는 사랑은 친밀감, 열정, 헌신 등 3요인으로 되어 있다고 주장하고 있다(Sternberg, 1999; 1988; 1986). 이 3요인들이 다른 부수적인 특성보다 중요하다고 강조하고 있다. 즉 사랑을 표현하는 많은 요인들이 있지만, 이 3요인의 한 부분이거나 표현에 지나지 않는다는 것이다(권순달, 2004, pp.165-184).

스탕달	• 사랑의 결정화 작용 • 의심작용
지크 (Zick, 1973)	• 상대를 위해 무엇이든지 하려고 하는 경우 • 외로울 때 서로를 찾는 경우 • 서로에 대한 소유감을 느끼는 경우 • 서로의 안녕에 대해 걱정을 해주는 경우 • 서로 상대가 없으며 살아가는 게 힘들다고 느껴지는 경우
사랑의 오류들	• 사랑은 누구나 우연한 기회에 '경험하게 되는' 즐거운 감정이다. 대부분의 사람들은 사랑의 문제를 '사랑하는' 곧 '사랑할 줄 아는 능력'의 문제가 아니라 '사랑받는' 문제로 생각한다. • 사랑의 문제는 나의 '능력'의 문제가 아니라 '대상'의 문제이다. 내가 사랑할 수 있는 사람인가에 대한 질문을 하기 전에 상대가 사랑받을 만한가를 먼저 따진다. • 사랑을 '하게 되는' 최초의 경험 상태와 사랑을 하고 있는 '지속적 상태' 혹은 사랑에 '머물러' 있는 상태는 동일하다.

2. 사랑의 이론

1) 사랑과 애착이론

애착이란 생후 6개월 전후에 형성되는 인간의 가장 원초적 형태의 사랑이다. 애착이론의 핵심은 다른 사람을 사랑할 수 있는 근본적인 조건은 자신이 사랑을 받는 것이라는 점이다.

2) 사랑의 삼각형 이론

사랑의 요소에 대한 유명한 스턴버그(Stenberg, 1986)의 사랑의 삼각 이론이다. 이 연구에 따르면 사랑을 구성하는 것은 세 가지 요소 즉 정서적 측면의 친밀감, 동기적 측면의 열정, 인지적 측면의 헌신이다. 사랑의 크기는 이 세 요소의 비율로 결정될 뿐만 아니라, 이 세 요소의 상대적 비율에 따라 다양한 형태의 사랑이 나타나게 된다.

① 친밀감: 가깝고 편안한 느낌, 서로가 결합되어 있다는 느낌
② 열정: 신체적 매력을 느끼거나 입맞춤하고 싶거나 신체적 접촉을 하고 싶다는 욕망
③ 결심/헌신: 상대방을 사랑하겠다는 결심과 그것을 지속시키겠다는 헌신

열정은 가장 빨리 발전하고 빨리 사라지며, 친밀감은 보다 느리게 그리고 헌신이 점차적으로 발전하게 된다. 스턴버그는 이 세 가지 요소를 다양하게 조합하여 사랑 없음, 좋아함, 도취성 사랑, 공허한 사랑, 낭만적 사랑, 허구적 사랑, 우애적 사랑, 그리고 성숙한 사랑의 8가지로 분류하였다(http://unoware.com).

애착이론	→	**애착(Bawlby, 1958)** • 1세 이전의 기간 동안 특정 대상에게 접근을 유지하고 그 접근이 손상되었을 때 이를 회복하려는 행동 • 성장 후 다양한 인간관계에 영향을 미침 • 성인기 애착양식(3가지 유형) (1) 안정애착유형 • 자신이 사랑받을 만한 가치가 있고, 원할 때 도움을 줄 수 있는 외부 대상이 있다는 믿음 • 자존감이 높고 쉽게 타인과 친밀한 관계를 유지 (2) 불안애착유형 • 사랑받을 만한 가치도 없고, 타인으로부터 도움을 받을 수 없다고 봄 • 정서적으로 의존적이며 상대에게 강박적으로 몰두 (3) 회피애착유형 • 자신의 가치에 대해 애매모호 • 타인과 너무 가까워지는 것을 두려워함
사랑의 삼각이론 (Sternberg, 1986)	→	**사랑의 세 가지 요소** (1) 친밀감 • 가볍고 편안한 느낌 • 서로를 잘 이해한다는 느낌 • 의사소통이 잘된다는 느낌 • 서로 정서적으로 긍정적인 지지를 하고 있다는 느낌 (2) 열정 • 사랑의 동기를 주는 것에서 시작 • 함께 있고 싶고 신체적인 접촉을 하고 싶어 하는 열망 • 시간이 지남에 따라 감소 (3) 결심/헌신 • 인지적 애착 • 상대를 사랑하겠다는 결심과 이를 지키고자 하는 행동적 표현 예) 약혼식과 결혼식 사랑의 징표 교환 주변 사람들에게 연인을 소개 연인과 함께 고통을 나누는 일

3. 사랑의 유형

사랑은 누구의 사랑이 다른 사람의 사랑보다 우월하다거나 못하다는 것의 성질이 아니다. 사랑은 우열을 가릴 성질의 것이 아니며, 좋아하는 색깔을 고르는 '선호'의 문제이다. 그렇다면 사람들은 어떤 사랑들을 할까? 그것을 유형화시킨 대표적인 사람이 리(Lee, 1973)이다. 그는 수많은 고전작품들과 다양한 사람들의 인터뷰를 통해 사랑을 일차색과 이차색으로 분류하여 제시하였다.

1) 사랑의 일차색

① 에로스(eros, 낭만적 사랑): 강한 정서적 감정이 특징이다. 신체적 매력에 이끌리며 강력하고 육체적인 자극을 필요로 하는 관계를 원하므로 자신의 이상형을 잘 알고 그런 상대를 만나면 첫눈에 반해버린다. 사랑을 지나치게 갈망하지는 않지만 언제나 사랑할 준비가 되어 있고, 이상적 연인들이 만나 함께 사는 것이 연애와 결혼의 중요한 가치라고 생각한다. 상대가 자신에게 몰두하기를 원하지만 소유하려 하지 않으며 경쟁자의 존재도 두려워하지 않는다.

② 루더스(ludus, 유희적 사랑): 사랑을 일종의 게임으로 여겨서 사랑에 빠지거나 헌신할 의사가 없고 정서적으로 통제된 관계를 맺는다. 한 상대에서 다른 상대로 떠나는데 손쉬우며, 상대에게도 역시 허용적이고 여러 상대를 동시에 사랑하기도 한다. 사랑이 인생에서 차지하는 몫이 상대적으로 크지 않다. 그저 다양한 이성과의 만남을 즐기는 것일 뿐이며 감상적인 깊이도 없다. 일상적인 사랑관계에서보다는 다소 놀이적인 애정관계에서 볼 수 있는 예이다.

③ 스토르게(storge, 우애적 사랑): 사랑을 많은 시간과 활동을 공유하는 특별한 우정이라고 여긴다. 상대에 대한 지나친 감정표현은 삼가고 공유할 수 있는 관심사에 대해서 이야기하기를 더 선호하며, 열정보다는 친구

로서 알게 되는 과정이 더 중요하다고 생각한다. 상호간의 사랑은 우정과 사랑이라는 상위목표의 일부로 여긴다. 서서히 발전해 가는 정에 근거한 지속적이고 진화적인 사랑의 유형이다.

2) 사랑의 이차색

① 마니아(mania, 소유적인 사랑): 의존성과 질투가 특징이다. 사랑받는다는 사실을 반복적으로 확인하고자 하는 강박적인 욕구가 있다. 사랑에 대한 필요를 느끼면서도 사랑을 유지하는 것이 힘겹고 고통스럽다는 생각에 사랑하기를 두려워한다. 극도의 질투를 보이며 상대에 대한 더 많은 애정과 헌신을 요구하고, 관계에 만족하지 못하고 평온을 얻지도 못하나, 스스로 관계를 끊지 못해서 상대가 관계를 종결시키게 된다. 너무 많은 애정을 요구하느라 냉정하게 처신할 수가 없다. 외로움, 낮은 자존감, 자신과 상대의 애정관계에 대한 불확실감 등이 원인이 되어 사랑증후군(symptom love)에 빠지기도 한다.

② 프라그마(pragma, 실용적 사랑): 논리적이고 실용적인 쇼핑리스트 같은 사랑이다. 쇼핑목록을 작성하듯 원하는 상대의 자질 요건을 의식적으로 구체화해둔다. 상대가 자신과 걸맞은지를 합리적으로 계산하고 평가해서 의도적으로 고려하여 적절한 상대를 선택한다. 어울리는 상대를 구하는데 노력을 다하는 것이 사랑에 있어 현실적으로 중요한 문제라고 본다. 따라서 늘 접촉하는 사람들 중에서 상대를 찾으려고 항상 면밀히 평가하고 따져본다. 상대를 제대로 알기 전까지는 헌신이나 미래를 이야기하기를 꺼린다. 어울리는 짝을 만나는 것이 행복한 삶을 위해 바람직하지만 본질적인 것은 아니라고 여겨서 그 어떤 상대도 자신의 상식을 희생할 만큼 중요하다고 생각하지는 않는다. 유희적 사랑과 마찬가지로 흔히 있는 사랑의 유형은 아닌 듯하다. 그러나 이런 식으로 관계를 만들어가는 경우를 현실적으로 주위에서 찾을 수 있다.

③ 아가페(agape, 헌신적 사랑): 타인 중심적, 자기 상실적 사랑 유형으로 사

랑을 선물 혹은 책임이라고 여겨서, 상호성을 기대하지 않으며 사랑을 의무로 생각한다. 따라서 사랑이란 감정이 아니라 의지의 표현이며, 상대에게 애정 어린 보살핌을 베풀어야 할 의무를 강하게 느끼고, 배우자는 이런 배려를 필요로 하는 사람이어야 한다. 상대를 더 행복하게 해줄 경쟁자가 존재하면 기꺼이 그 관계를 단념할 수도 있다. 이런 류의 사랑이란 존재하기 어려우며 애정관계에서 일시적으로 이런 과정이 나타날 수는 있다(http://unoware.com).

사랑의 일차색	→	(1) 에로스(Eros 낭만적인 사랑) • 첫눈에 반하는 사랑 • 자신의 어린 시절이 행복했다고 생각 • 일을 즐기고, 사랑을 위해 위험을 감수 • 사랑에 빠지는 속도가 빠르고 감정이 강렬해 생활의 균형을 잃기 쉬움 • 배타적인 관계를 원하나 소유하려 하지 않음 • 이상적인 연인을 만나 함께 사는 것이 삶에서 가장 중요하다고 봄 (2) 루더스(Ludus 유희적 사랑) • 정서적 관계란 즐기기 위한 도전이고 이기기 위한 시합이라고 생각하는 사람들의 사랑 • 이상형이 없고 사랑의 방랑자임을 자처 → 충동적, 유희적인 관계 • 상대방보다는 자기만족과 자기성취에 중점 (3) 스토르게(Storge 우애적 사랑) • 형제자매 간이나 놀이 친구 사이에 시간이 흐르면서 서서히 무르익는 사랑의 감정 -좋은 친구로서의 사랑 • 우호적인 공동체 안에서 성장한 유형 • 상호간의 사랑은 우정과 가정이라는 보다 큰 목표의 한 부분임

사랑의 이차색	(1) 마니아(Mania 소유적인 사랑) • 과격한 정신적 혼란, 집착, 광기 • 에로스 + 루더스 • 에로스식 사랑의 강렬한 육체적 자극을 갈구 • 실제로 자신에게 어울리는 사람을 찾는 능력 부족 • 자신에게 부족한 부분을 상대방에서 찾으려 하고, 집착 • 외로워하며 자신의 일에 만족하지 못함 • 극도의 질투심과 극단적인 감정 기복 (2) 프라그마(Pragma 실용적인 사랑/논리적인 사랑) • '이루어진 것'이라는 의미로 인간관계에서 현실적인 것에 움직임 • 루더스 + 스토르게 = 자신의 쇼핑목록에 적절한 상대를 찾음 • 노력을 통해 자신이 원하는 것을 실현할 수 있다고 봄 • 자신을 희생할 정도의 가치가 없음 (3) 아가페(Agape 이타적인 사랑) • 베푸는 사랑 • 에로스 + 스토르게 → 좋은 이웃, 충직한 봉사자, 헌신적인 친구로서의 사랑

4. 사랑의 발전

사랑이라는 총체적인 특성의 발달은 어렸을 때부터 관계, 가족관계 속에서 주고받으며 형성되는 복합성을 띤다. 따라서 시기마다 사랑의 강도와 빛깔, 그리고 역할이 다르다.

레이스(Reiss, 1980)는 두 사람 간의 서로에 대한 신뢰가 형성되면 점차 자신의 속성을 드러내고 상대방의 자아를 알게 되면서 서로 상호의존하게 되고, 그들의 성격 및 욕구충족을 통하여 원하는 사랑을 성취하게 된다. 만일 신뢰감이 별로 없으면 자아개방을 덜 할 것이며 서로를 잘 모르는 상태라면 상호의존도가 낮아지고 자신이 원하는 욕구충족과 친밀감이 감소할 것이다.

① 신뢰감 형성 단계: 신뢰감을 갖게 되면 우리는 쉽게 교제를 할 수 있

다. 편안한 감정을 갖고 대화를 할 수 있다면 사랑이 발전할 수 있다. 사회문학적 배경이 유사하게 되면 서로의 경험과 인식에 대해 쉽게 이해되므로 다른 경우보다는 쉽게 신뢰감을 형성한다.

② 자아개방 단계: 신뢰가 생기고 감정을 편안하게 교류할 수 있게 되면 자연스럽게 자신을 개방하게 된다. 이 단계는 자신의 감정, 사상, 사회적 교류, 성격, 과거의 경험 등을 자유롭게 대화하는 시기이다. 너무 지나친 개방은 오히려 매력을 잃게 될 수도 있다. 서로의 관점, 감정, 경험을 공유하는 것은 필수적이다.

③ 상호의존 관계: 자아노출의 교환은 상호의존성을 창출하게 된다. 그리고 상호 이해가 깊어진 이들은 협동적으로 어떤 일을 수행하고 경험과 감정을 함께 나누면서 상호의존하며, 서로를 필요로 하게 된다.

④ 퍼스낼리티 욕구충족 단계(마지막 단계): 상대방의 인격적 요구를 받아들여 퍼스낼리티의 상호보완적 발전을 꾀하는 단계이다. 이 단계는 가족, 직업에 관련된 중대한 감정의 욕구를 포함함은 물론이고, 서로가 상대방의 성취와 사회적 영향에 대해서도 중요하게 기여하는 역할을 담당한다(http://blog.naver.com/queen).

레이스의 사랑의 발전과정	→	(1) 신뢰감 형성 단계 (2) 자아개방 단계 (3) 상호의존 관계 (4) 퍼스낼리티 욕구충족 단계(마지막 단계)

5. 성숙한 사랑

인간은 누구나 항상 사랑하고 있다. 다만 정도가 다르고 강도가 다를 뿐이다. 그러므로 "내가 사랑하고 있는가?"라는 질문보다는 "나의 사랑은 성숙한가?"라고 묻는 것이 옳다. 성숙치 못한 사랑이 성적 매력, 놀이 친구 등 어느 부분에만 집착한 것에 반해 성숙한 사랑은 전인격을 향한 것이다. 또한 상호존중과 존중으로 표현하는데 타인의 영역을 주의 깊게 보호해 준다. 인간은 본성적으로 자신의 행복과 안전과 발전에 관심을 가지지만, 다른 사람의 행복과 안전과 발전이 자신의 것처럼 중요한 것이 될 때 그 사랑은 성숙한 사랑이다.

성숙한 사랑은 헌신과 책임으로 표명되는데, 서로서로 헌신해야 하고 서로의 관계를 책임지게 된다. 각각 자기 일을 하는 것이 나이라 우리 일을 하는 것이라고 인식하게 되는 것이다. 또한 역동적인 성장과 창의성이 있으며, 현실적이다. 상대가 완전한 인간이라고 믿지 않고, 결점이 많지만 그럼에도 불구하고 포용하며, 마음의 깊은 비밀들을 간직한 채로 서로 신뢰한다(http://cafe.naver.com/social86).

사랑의 다양한 정의들	→	(1) 프롬(Fromm) • 사랑의 발전가능성과 노력의 중요성 강조 • 성숙한 사랑은 단순히 감정의 문제가 아니라 개인의 성숙도와 관련 -자기 자신을 어떻게 생각하는지, 자신을 충분히 사랑할 수 있는지가 전제되어야 함 • '모든 사람은 자신을 사랑한다고 생각하며, 필요한 것은 사람들에게 계속적으로 다른 사람을 사랑할 것을 일깨워주는 일 뿐이라는 생각이 널리 퍼져 있는 것 같다' (2) 사티어(Satir, 1988) • 사랑은 이유 없이 찾아오는 느낌 • 사랑이 지속되기 위해서는 양육되어야 한다 → 사랑은 씨앗과 같다고 봄 • 자존감을 중시 • 진정한 사랑이란 "나는 당신을 구속하지 않을 것이고, 당신으로부터의 구속도 받아들이지 않겠다"라는 것을 의미한다고 봄 (3) 자크 아달리(1998): '가장 자주 입에 오르내리는 대화의 주제이자 가장 나중에 소비하는 대상. 인간의 으뜸가는 정열이자 인간성을 지키는 최후의 보루'

성숙한 사랑의 전제들	→	• 사랑에는 여러 가지 유형이 있다는 것을 이해한다. 예) 서로 다른 '사랑의 언어' 이해 • 사랑의 성장은 개인의 성장과 함께 성장한다 → 나의 성장 배경이나 과거의 문제를 해결하는 것이 우선되어야 함 • 사랑은 한 단계에 머물러 있는 것이 아니라 시간과 환경에 따라 변한다. -서로를 알아가는 과정에서 배려하고 함께 성장해가는 욕구를 느끼며 안전감과 소속감을 느끼는 상태로 발전해 나가는 것

Chapter 07

성과 사랑

1. 성의 사회적 측면: 성 각본
2. 혼전 성 행동
3. 임신
4. 피임
5. 이성교제와 관련개념
6. 전통적 데이트와 비전통적 데이트
7. 데이트의 단계
8. 데이트의 기능
9. 이성교제의 의의
10. 이성교제에서 자기를 알아보기 위한 질문
11. 바람직한 파트너 검증방법
12. 이성교제의 종료
13. 데이트 폭력

당신의 사랑을 느낄 때

당신의 사랑을 느낄 때
나 한 줌의 소금이
되고 싶습니다.
은혜 가운데 맛을
거르게 하고 자신은 녹는
한 줌의 소금이.

당신의 사랑을 느낄 때
난 한 다발의 안개꽃이
되고 싶습니다.
장미꽃을 받쳐
더울 돋보이게 하고
조연으로 만족하는
겸손한 안개꽃이.

당신의 사랑을 느낄 때
나 한 은쟁반이
되고 싶습니다.
믿음 소망 사랑의
열매를 담은 은쟁반이

당신의 사랑을 느낄 때
난 속삭이며 흐르는
시냇물이 되고 싶습니다.
즐거운 노래로
산새들의 합창에 반주하는 시냇물이

당신의 사랑을 느낄 때
난 한 그루의 나무가
되고 싶습니다.
주님을 향해
늘 깨어 있는 푸른 나무가.

당신의 사랑을 느낄 때
난 아름다운 별의 무리가
되고 싶습니다.
밤하늘을 쳐다보는
모든 이에게
꿈을 주는 별의 무리가.

1. 성의 사회적 측면: 성 각본

인간은 어려서부터 사회화 과정이나 교육 및 개인적인 경험을 통하여 성에 대한 태도와 행동에 관한 일련의 규칙 등으로 구성된 성 각본을 발전시켜 왔다(정희정, 2001). 인간의 성적인 행동은 성 각본(sexual script)에 의해 지배된다. 성 각본이란 어떻게 성적으로 행동해야 하는가에 대해 문화적으로 프로그램화된 일련의 기대들로서 성에 대한 관념을 의미한다(Lloyd & Weiten, 1997). 성 각본은 사람마다 다르며 사회적 지위나 민족배경, 그리고 종교적 양육에 영향을 받는다.

나스(Nass et al., 1981)가 밝히는 서구문화에서의 5가지 공통되는 성 각본을 정리하면 다음과 같다.

① 전통 종교적인 성 각본: 성, 여성의 성은 결혼 내에서만 허용되며, 성이 비록 애정과 관련되어 있음에도 주로 출산을 의미하는 것으로 보는 견해이다.

② 낭만적인 성 각본: 성이 곧 사랑이며 결혼 여부에 관계없이 사랑하면 성(性) 교제가 가능하다고 보는 견해이다. 이는 현재 서구사회를 주도하고 있는 성 관념으로서 사랑 없는 성은 의미 없는 동물적인 것으로 간주한다.

③ 재미로서의 성 각본: 성을 유흥적인 재미로 정의하고, 가볍게 아는 사이에도 상호 성적으로 욕구를 가진다면 성관계가 가능하다고 보는 견해이다. 대중매체로 인해 이러한 견해는 급속히 대중화되고 있다.

④ 성적인 친구로서의 성 각본: 누구나 친구 사이라면 친밀한 성관계를 가질 수 있다고 보는 견해이다.

⑤ 타산적인 성 각본: 성관계의 이유가 즐거움이나 출산 혹은 사랑에 있기보다는 매춘이나 직장 승진 혹은 권력 성취 등 이익을 고려하는 계산에 있다는 견해이다.

이 밖에도 성관계를 누가 먼저 시작하고 어디서, 언제, 어떤 순으로 할 것인가의 문제들도 모두 성 각본에 따라 상이하다. 따라서 상대방의 성 각본이 서로 일치하지 않는 경우 관계 내에 상당한 갈등이 존재하게 된다.

시대에 따라 다르게 나타나는 주도적인 두 개의 성 각본은 전통적인 가부장적(traditional patriarchal) 성 각본과 표현적(expressive) 성 각본이다. 전자에서는 자위행위나 동성애를 인정하지 아니하고, 나이 든 부부의 성관계를 꺼려하거나, 여성의 성은 남성에 비해 보수적이어야 한다거나, 성은 남성이 주도해야 하고, 혼전 순결의 이중적 기준이 가능하다는 등의 태도를 고수한다.

반면, 후자인 표현적 성 각본에서는 성(性)을 단지 생물학적인 만족으로 보기보다는 성행위를 통하여 친밀하게 서로를 의사소통하는 데에 더 많은 관심을 가진다(Pietropinto & Simmenauer, 1977). 점차 많은 여성들이 육체적인 성적 즐거움을 가치 있게 여기며, 남녀 모두의 성행동은 정서적 유대와 신체적 만족 양쪽에 역점을 두는 추세로 바뀌고 있다(정희정, 2001, pp.8-9).

표 4 두 가지 성 각본 비교

가부장적·전통적 성 각본	표현적·근대적 성 각본
• 남성이 여성의 성을 소유하고 성행위를 주도한다.	• 모든 개인은 자신의 성적 자아를 표현할 자유가 있다. 따라서 남녀 모두 성행동에 동등하게 참여하고 책임을 진다. 남녀 누구든 성행위를 주도할 수 있다.
• 성의 주요 기능은 자녀출산이다.	• 성은 대인 간 의사소통과 친밀감을 향상시키는 수단이며, 성적 활동을 통해 사랑과 쾌락을 서로 나눈다.
• 남성은 선천적으로 성적 충동을 가지고 태어나지만, 여성은 원래 성적으로 수동적이다.	• 남녀의 성적욕구와 능력은 동일하다.
• 남성의 성적 긴장 방출은 필수적이다.	• 남녀 모두 성적 긴장 방출이 필요하며, 오르가슴을 경험할 권리가 있다.
• 남성의 성적욕구는 충족되어야 하므로 남성의 혼외관계도 인정한다.	• 남녀 모두 성적 쾌락을 추구할 권리가 있다
• 성교만이 적절한 성행위이다.	• 성교뿐 아니라 자위 등도 적절한 성행위이다.
• 임신할 수 없을 정도로 나이 든 파트너들 간의 성행위는 부자연스럽다.	• 나이 든 파트너들 간의 성행위도 자연스럽다.

성 각본 (sexual script)	1) 사회적 규범이 성적인 역할, 성적인 정체성, 성행위에 대한 의미에 어떠한 영향을 미치는가를 이해할 때 → 성적인 활동과 상호교류의 지침 2) 출생 후부터 시작되는 사회화 과정과 그 이후 공식적 교육, 개인적인 경험을 통하여 구성됨 3) 질문들 ① 누구와 성행위를 할 것인가?(파트너의 연령, 성별, 자기/타인 등) ② 어떠한 성행위를 받아들일 수 있는가?(혼자, 반드시 파트너와 함께) ③ 파트너와 어느 정도 헌신하는 관계에서 성행위를 할 것인가? ④ 언제 성행위를 할 것인가?(성행위의 적절한 연령, 타이밍 등) ⑤ 어디에서 성행위를 하는 것이 적절할 것인가? ⑥ 왜 성행위를 한다고 설명할 것인가?(쾌락/자녀출산)

2. 혼전 성 행동

혼전 성이란 결혼 전 남녀 사이에 일어나는 성적행위 및 관계를 말한다. 혼전 성행동과 태도는 그 시대와 사회문화적 영향을 받는다. 요즘 젊은이들 사이에서도 '진정으로 사랑하고 책임질 수 있는 관계'라면 혼전 성교제(premarital sex)도 찬성한다는 개방적인 성 윤리의식이 자리 잡아가고 있다. 혼전 성행위를 포함한 성에 대한 태도가 최근에 보다 자유롭고 개방적으로 변화한 것은 사실이나 이러한 경향이 일률적인 것은 아니어서 많은 사람들이 과거의 금욕적인 규범이나 가치에 집착하기도 한다.

성경험 연령은 점차 낮아지고 있으며, 여성보다는 남성이 개방적인 것으로 나타나고 있다. 그리고 지난 40년간 여성의 혼전 성경험에 대한 태도나 행동이 보다 개방적으로 변화하고 있지만 남성과 여성의 성에 대한 기준은 여전히 상이한 것으로 보이며, 전통적으로 보수적인 집단에서는 혼전 순결을 여전히 강조하기도 한다.

결혼 전 남녀의 신체적 접촉은 두 사람의 관계가 깊어질수록 없을 수 없는 것이며, 일단 접촉이 있게 되면 다시 원점으로 되돌아간다는 것은 거의 불가능하여, 신체적 접촉을 반복하게 된다. 그러나 신체적 접촉이 반복됨에 따라 그 행복감이나 자극의 효과는 반대로 감소하기 마련이며, 그러다 보면 접촉의 방법이나 자극의 종류 혹은 강도 등 어느 것이라도 강화시켜, 그 결과는 점차 위험한 경지에 이르게 된다. 이와 같이 적절한 통제를 못 하거나 쾌락만을 추구하게 되면, 혼전 성행위로 인해 일생을 불행하게 지내야 하는 예가 발생하게 되기도 한다(http://blog.dreamwiz.com).

혼전 성에 대한 가치 변화단계 (Riss)	(1) 첫 번째 단계: 절제형-남녀 모두 혼전 성관계는 절대 안 된다고 봄 (2) 이중규범의 단계: 남자는 괜찮지만 여자는 순결을 지켜야 한다고 봄 (3) 애정이 있다면 허용하는 단계: 서로 사랑하거나 결혼할 사이라면 무방하다고 봄 (4) 개방적 단계-애정이 없이도 성을 허용
혼전 성 행동에 대한 추세	(1) 여성보다 남성이 개방적 (2) 성에 대한 이중적 기준 존재 (3) 전통적으로 보수적인 집단에서는 혼전 순결을 여전히 강조
혼전 성에 영향을 미치는 요인들	• 여대 학부 재학생 2,534명을 대상으로 실시된 '2006년 성의식 및 성폭력 실태조사'에 대한 설문조사 결과 혼전 성관계에 대해 '사랑하는 사이라면 무방하다' 42.9%, '결혼을 약속한 사이라면 무방하다' 27%, '어떤 조건 없이도 무방하다' 3.5%로 긍정적인 답변이 73.4% 비율로 가장 높았다. 반면 '옳지 않다'는 26.6%였으며, 전체 응답자 가운데 '성관계 경험이 있다'는 응답은 16.4%였으며, 1학년 10.2%, 2학년 12.8%, 3학년 20.9%, 4학년 25.2% 등 학년이 올라갈수록 뚜렷한 증가 추세를 보였다. (한국경제신문, 2010.8.6.에서 재구성) • 콕스(Cox, 1998) 혼전 성행동과 관련 주목해야 할 사항들 -성병에 감염될 가능성은 결혼한 부부들보다 혼전 관계에

있는 사람들이 더 높다.
-혼전 성관계로 인하여 임신하는 비율이 높아가고 있다→ 대부분 원하지 않은 상태의 임신
-두 사람의 관계가 배타적이 되고 다른 대인관계로부터 고립될 가능성이 있다.
-미래의 성행동의 질에 부정적인 영향을 줄 가능성도 있다.

3. 임신

여성의 난소에서 다음 번 예정 월경일 약 14일 전에 배란이라는 과정을 거쳐 난자(23X)가 배출되고, 이 배란된 난자가 난관 내로 들어가서 부부관계에 의해 사정되어 자궁을 통해 나팔관에 도달한 정자(23X 또는 23Y)와 결합하여 수정이 이루어지는 것을 의미한다.

배란 시기가 되면 나팔관의 끝 부분인 난관채가 호르몬과 신경 조직에 의해서 배란이 되는 부위의 난소 표면을 완전히 덮어씌워서 배란된 난자를 채취하려고 하게 된다.

성교 시 남성이 사정할 때 평균 약 2~5cc가량의 정액이 나오는데 1cc마다 약 70,000,000개의 정자가 포함되어 있으며, 사정된 정자 중 약 200개 미만의 정자만이 나팔관의 팽대부에 도달하게 되고 일반적으로 1개의 정자가 난자의 투명대와 난황막을 침입하면 수정이 이루어지게 되며, 일단 수정이 이루어지면 난자의 원형질막과 투명대의 변형에 의해 다른 정자의 결합이나 투명대 통과가 억제되어 다른 정자의 수정이 이루어지지 않게 된다.

그러므로 우리들 인간 개개인은 약 1억 내지 4억 개의 정자들 중에서 치열한 적자생존 및 인연의 법칙에 의해 배란된 난자에 가장 적절하고 부합되는 정자가 수정되어 발생한 개체임을 명심해야 한다.

이렇게 수정된 수정란은 세포분열을 하면서 난관을 이동하여 점차 자궁 내로 들어가게 되며 자궁 내의 자궁내막에 착상을 이루게 된다. 착상 전 배포(Blastocyst)를 보면 8개의 배아형성세포와 이를 둘러싼 99개의 영양배엽세포들로 구성되어 있으며, 착상되기 전에 투명대는 소실되고 배포는 자궁내

막 표면에 부착되는데 이는 107세포 배포에서 256세포 배포일 때 이루어진다. 대개는 자궁의 후벽 상방에서 착상이 이루어지는데 자궁내막 상피의 미란 후에 자궁내막 속으로 함몰되어 완전히 덮이게 된다.

의학적으로는 습관상 수정 후 첫 7주 말까지의 인간의 수태 산물을 배아, 수정 후 8주부터 만삭까지를 태아라고 부르며 배아기 동안에 주요 장기계통이 형성되고 태아시기 동안에 조직의 형성과 분화 및 성숙이 일어난다.

사람에서 임신기간, 즉 최종 월경 제1일부터 분만까지는 보통 280일(40주) 정도이고, 따라서 9개월 10일에 해당하며 이는 28일 단위(음력으로 한 달은 실제로 약 29일 반이지만)로 계산하여 약 10개월로 흔히 통용된다. 분만 예정일은 간편한 계산으로 최종 월경 제1일에서 날짜(day)에 7을 더하고 달(month)에서 3을 빼서 산출한다. 예를 들면 최종 월경 시작일이 10월 10일이라고 하면 분만 예정일은 그 다음해 7월 17일이 된다.

때로는 임신기간을 3개월씩 3등분하기도 하고, 혹은 3분기(trimester)로 구분하여 사용하고 있으며, 산과적 특성 혹은 특정 내용들을 표현, 분류하는데 편리하게 사용되고 있다(http://www.icma.co.kr).

임신	→	(1) 임신: 수정란이 자궁내막에 착상하여 모체로부터 영양을 공급받으면서 형성되는 현상 -난자가 난관 내에서 정자와 결합하는 것인 수정으로 시작해 출산으로 끝나는 것 (2) 착상: 수정란이 자궁내막에 이르고 점막 내에 묻혀 모체와의 관계를 이루게 되는 현상 수정부터 착상까지는 약 10일간-착상 후 발육을 시작하여 태아가 됨

4. 피임

20세기 들어서 종족번식이 목적이던 섹스가 쾌락의 수단으로 바뀌었고, 종교의 그늘을 벗어나 다양한 연령층이 과감한 성의 즐거움을 즐기게 되었다. 최근 성이 크게 개방되고 자유스러워짐에 따라 원치 않은 임신으로 고통받는 여성의 수가 늘어나고, 그에 따라 사생아의 수나 낙태의 빈도도 급격히 증가하게 되었으며, 특히 십 대 미혼모의 수가 급격히 증가함으로써 낙태나 미혼모의 문제가 심각한 사회적인 문제로 대두되고 있다.

이러한 문제의 해결을 위해서는, 과거 성의 억제만을 강요하는 교육에서 벗어나 성을 이해시키고 성의 주체가 될 수 있도록 새로운 차원의 단계별 교육이 필요하다. 피임이란 교접이란 행위와 생식이라는 행위를 분리하려는 여러 가지 방법을 말한다. 사람이 결혼을 하면 부부간에 건강한 성생활을 하여야 하며 또 건강한 성생활의 결과 아기를 임신하고 출산하고 출산한 아기를 건강하게 키움으로써 행복한 결혼을 하게 되는 것이다. 이렇게 행복한 가정을 꾸미자면 여러 가지 책임 있게 행동해야 할 일들이 많겠지만 아기를 계획하고 책임 있게 출산하고 키우는 일은 어떤 일보다 중요하다.

아기를 원하지 않는 상태라면 피임의 원리를 알아야 한다. 임신의 원리를 알면 임신을 원할 때 임신을 할 수 있으며 피임의 원리를 알고 있으면 피임하고자 원할 때 성공적으로 피임을 할 수 있다. 피임방법에는, 여성의 월경주기를 이용하여 배란기간 동안 성행위를 피하는 등의 자연 피임법, 정자가 질의 내부로 들어가는 것을 방지하기 위해 콘돔이나 피임용 격막을 사용하는 기구 피임법, 배출된 정자를 죽이기 위해 피임용 거품, 젤리 등을 사용하거나 배란을 막아 난자가 생성되지 못하도록 경구 피임약을 사용하는 약물 피임법, 수술에 의한 영구 피임법 등 여러 가지가 있다. 각 피임 방법마다 나름대로의 장단점이 있으므로 개인의 특수한 사정에 맞춰 선택해야 한다 (http://www.healthkorea.net).

피임	→	**교접이란 행위와 생식이라는 행위를 분리하려는 방법들** • 기초체온법 • 점액관찰법 • 리듬 조절법 • 경구피임약 • 이식형 호르몬 피임제 • 페미돔 • 난관수술 • 살정자제

		• 자궁 내 삽입장치 • 응급피임법
피임 선택 시 고려해야 할 사항	⇨	• 피임효과 • 피임의 안정성(부작용 등의 가능성) • 피임의 유용성 • 성관계의 방해 정도, 성적 표현의 자연스러움이나 표현 방식 • 비용 • 성병의 예방 능력 • 종교문화적인 배경 • 피임 책임에 대한 부부의 견해(누가 피임을 할 것인가)
남성 피임법	⇨	(1) 질외사정 (2) 콘돔 (3) 정관수술

5. 이성교제와 관련개념

이성교제란 어떤 계약적인 책임을 가지지 않는다는 이해 위에서 미혼남녀 간의 자연스러운 만남으로부터 시작하여 결혼하기 전까지의 모든 과정을 포함한다. 이는 이후 배우자 선택의 중요한 기능을 하고, 성숙한 인격형성에 많은 도움을 주며, 배우자로서의 상대방의 적합성 여부를 탐색하는 기간이라 할 수 있다(Loyd & Cate, 1985).

이성교제는 미혼남녀 간의 자연스러운 만남으로부터 시작하여 결혼하기 전까지의 모든 과정을 포함하는 것이기 때문에 결혼상대를 고르는 배우자 선택의 중요한 기능을 하기도 한다. 발달 과업 측면에서 볼 때, 이성교제는 미성년에서 성년으로 넘어가는 과도기에 위치하는 청소년 후기에서 초기 성인식에 속한 대학생들에게 매우 중요한 과업이다(장휘숙, 2000).

이성교제는 젊은 사람들에게나 사회 전체에 있어서 다음과 같은 중요한 의미를 갖는다. 이성교제를 함으로써 사랑의 본질과 기쁨을 알게 되며, 예의를 잃지 않고서 이성에 대한 욕구와 흥미, 관심 등을 방출하고, 서로의 개성과 인격을 존중할 줄 알며, 공통적인 목적을 가지고 공통적인 일에서 협동할 수 있는 자질을 터득하며, 나아가서 배우자 선택과 장차 결혼생활을 원만히 할 수 있도록 기초적 자질을 배양할 수 있는 기회가 된다. 그리고 무엇보다도 중요한 의의는 자기 자신을 상대방에게 투사하여 다시 알아보는 자아의식, 자아평가의 중요한 계기가 된다는 것이다(김경은, 2008, p.14).

이성교제 →

(1) 평생을 함께 할 배우자 선택의 기초과정
(2) 다양한 성격의 이성을 경험하고 이성에 대한 관심을 표현하는 방법을 배움
(3) 자신의 특성과 능력을 알고 대화와 감정이 일치하는 특정인에게 범위를 좁혀 배우자 선택과정으로 나아감
(4) 반드시 결혼을 전제로 하는 것은 아님

데이트(dating)와 구혼과정(courtship) →

(1) 데이트(dating)
- 상대를 한 사람으로 한정하지 않고 다수의 이성과 교제를 즐김
- 헤어지고자 할 때도 부담 없이 자유롭게 관계 해소

(2) 구혼과정(courtship)
- 상대가 한 명으로 한정
- 결혼을 목적으로 하는 교제로써 책임 수반

-이상적인 이성교제는 데이트과정에서 구혼과정으로 밟아가는 것이 좋음

6. 전통적 데이트와 비전통적 데이트

인류 역사는 변화의 연속이었다. 고대로부터 지금까지 변하지 않은 것은 거의 없을 정도이다. 그러나 그 장구한 세월 속에서 전혀 변하지 않은 것이 한 가지 있다. 바로 사랑이다.

사랑은 인류를 유지해주는 근원이다. 사랑이 없는 날엔 인류도 없다. 사랑은 종족번식의 필수조건이기 때문이다. 한 남자와 여자가 서로 사랑할 때,

그들은 서로를 보호해주고 후세를 탄생시킨다. 그리고 이 후세를 건강히 성장시키기 위해서도 사랑이 필요하다. 나아가 자신의 종족 혹은 사회를 사랑하는 마음이 그 집단을 건강하게 유지시켜 주고, 국가에 대한 충성과 사랑이 국가를 발전시킨다.

이 중에서 제일 중요한 것은 남녀 간의 사랑이다. 다른 사랑은 인류의 생존에 반드시 필수적인 것은 아니다. 그러나 이성 간의 사랑이 없다면 결혼도 없을 것이며 종족번식이라는 것도 없을 것이다. 사랑하는 두 남녀는 본능적으로 함께 있고 싶어 하고 궁극적으로 일생을 함께 살고 싶은 욕구가 생기게 되는 것이다. 그래서 많은 세월 동안 사랑은 결혼이라는 등식이 성립해 왔다.

그러나 20세기 후반, 세상은 변했다. 연애는 연애, 결혼은 결혼이다. 상대방이 마음에 들고 매력을 느낀다고 해서 꼭 그 사람과 결혼을 하고 싶은 것은 아니다. 물론 지역마다 사람마다 차이는 있지만, 전체적으로 보았을 때 사람들의 가치관은 예전과 비해 아주 많이 달라졌다.

이런 현상은 나름대로 타당성이 있다. 연애를 할 때 필요한 사랑과 결혼을 할 때 필요한 사랑은 다르다. 연애를 할 때 느끼는 감정은 즉흥적이고 감성적이다. 그러나 결혼을 하고 나서는 좀 더 차분하고 이성적인 사랑이 필요하다. 결혼 후에는 하나의 사회를 만들고 이끌어 나가야 하는 짐이 생기기 때문이다.

서로에게 완전히 구속되지 않아도 되는 연애시절에는 책임과 능력이 필수적인 것은 아니다. 연인들은 그런 것에 구속받지 않고 그 순간순간을 누릴 수 있다. 좋을 때는 만나고 싫을 때는 만나지 않으면 된다. 결혼은 한 번 하면 이혼하는 것이 상당히 어려워지지만 연애를 할 때는 마음만 먹으면 헤어질 수 있다. 그래서 이 시대의 경향은 결혼을 그렇게 서두르지 않는다. 결혼을 하면 연애를 할 때보다 훨씬 많은 부담이 생기기 때문이다(http://blog.naver.com).

전통적 데이트	→	(1) 남성지배 (2) 남성이 데이트 경비 부담 (3) 데이트 초기부터 커플 중심 만남 (4) 여성만이 성관계의 한계를 설정 (5) 신중한 사전계획하의 데이트
비전통적 데이트	→	(1) 남녀평등 (2) 남녀 동등한 경비 부담 (3) 초기에는 집단으로 만남 (4) 남녀 모두 성관계의 한계를 설정 (5) 보다 자유롭고 임의로운 데이트

7. 데이트의 단계

데이트는 그 기능, 성격, 심각성 정도 등에 따라 몇 단계로 구분할 수 있으며 이에 대한 학자들의 견해는 약간씩 다른데 이것을 종합하여 보면 다음과 같다.

① 그룹 데이트(group date): 이성교제에 익숙하지 않은 사람이 혼자서 데이트하기에는 자신이 없으므로 여러 사람이 함께 참여하는 데이트로 우리나라의 경우 흔히 대학 초기 신입생들이 많이 하는 데이트이다.

② 임의로운 데이트(random date): 특정의 상대를 정하지 않고 자유롭게 부담감 없이 누구와도 교제하는 것으로 결혼 대상자를 고른다기보다 오락이나 지속적 데이트의 상대자를 선택하는 과정이다.

③ 고정된 데이트(pinning date): 많은 데이트 상대자 중 가장 매력을 느끼는 한 사람을 선정하여 고정적으로 계속 만나는 데이트 유형으로 상호 장래에 대하여 고려하게 되고 따라서 책임감도 느끼며 협조적 · 긍정적 태도로 변화하게 된다.

④ 결정적 데이트(court ship): 고정된 데이트가 상호 동등한 관심과 참여 속에서 만족스럽게 진행되면 구혼을 하게 되고 장차 결혼하리라는 약속을 하게 된다. 따라서 장래 문제에 대하여 상호 진지하게 의견을 나

누며 육체적인 친밀도도 증가하고 상대방의 가족이나 친구와도 친숙해지는 단계이다(이정우 외, 1994; 최신덕, 1991).

또, 그레이(Gray, 1992)는 다섯 단계로 아래와 같이 제시하였다.

첫 번째 단계는 매력을 느끼는 단계로 어느 한 이성에게 강한 매력을 느끼는 단계이다.

두 번째 단계는 상대를 반신반의하는 단계로 매력을 느낀 이성에 대해서 불안을 느끼는 시기이다. 즉 "그 사람이 과연 나에게 맞는 상대인가?" 하는 의문을 던지기 시작하는 단계이다.

세 번째 단계는 서로 독점하는 단계이다. 이 단계에 이르면 어느 한 사람하고만 데이트를 하며 고정된 데이트(steady date)라고도 한다.

네 번째 단계는 강한 친밀감을 느끼는 단계이다. 이 단계는 상대방과의 관계에서 실질적인 친밀감을 경험하게 된다.

마지막 단계는 결혼을 약속하는 단계로 이때 비로소 "나는 이 사람과 결혼하기를 원한다"는 확신을 갖게 되고 결혼을 약속하게 된다(김경은, 2008, pp.20-21).

그룹데이트 (group date)	→	혼자 데이트하기에 자신이 없어 여러 사람이 함께 참여하는 데이트
임의로운 데이트 (casual or random date)	→	특정 상대를 정하지 않고 부담감 없이 누구와도 교제
고정된 데이트 (steady date)	→	(1) 가장 매력을 느끼는 한 사람을 선정하여 고정적으로 계속 만남 (2) 최소흥미의 원칙(principle of least interest)이 적용됨
결정적 데이트 (pinning)	→	약혼의 시험적 단계

8. 데이트의 기능

파트너와의 친교관계는 대부분 데이트 과정을 거쳐서 이루어진다. 여러 가지 경로로 데이트를 경험하는데 데이트의 기능은 다음과 같다.

첫째, 데이트로 인하여 여가활동을 즐기는 기회가 된다. 여러 가지 활동을 데이트 상대와 함께 참석하는 기회가 더 자주 생긴다.

둘째, 데이트는 이성의 구성원들과 함께 사회생활을 하는데 필요한 대인관계기술을 습득시킨다. 예를 들면 이성과의 인간관계를 형성시키는 요령이나 원하지 않는 관계를 종식시키는 기술을 습득한다.

셋째, 데이트 기회가 누적될수록 상호 만족스러운 친교관계로 발전시키고 또 그 관계를 유지하게 된다.

넷째, 데이트를 통하여 상호 용납되는 범위 내에서 성 행동을 실험하는 기회가 생길 수 있다. 그러나 대부분의 성행동은 우연히 만난 데이트 상대보다도 오랫동안 사귀던 상대와의 데이트 관계에서 더 많이 이루어지고 있다.

다섯째, 데이트는 나중에 배우자를 선택하는데 귀중한 경험이 된다(http://www.onnoori.org).

데이트의 기능 →

(1) 자아통찰의 기능
(2) 사회화의 기능
(3) 오락의 기능
(4) 배우자 선택의 기능

9. 이성교제의 의의

인간은 일정한 연령에 도달하게 되면 자아의식이 발달하면서 이성에 대해 새로운 흥미와 관심을 가지게 되고 이에 따라 자신의 관심을 표현할 대상자를 찾기 위해 이성교제를 시작하게 된다. 이는 매우 자연스런 현상이라 할 수 있다.

사회적 관점에서 볼 때는 성숙한 남성과 여성들이 만나서 서로의 상호작용을 통해 자신과는 다른 이성의 성 역할과 퍼스낼리티를 관찰할 수 있는 기회를 제공받고 가벼운 교제에서부터 배우자 선택에 이르기까지의 역할을 수행한다. 결혼 이전의 성인기에 이성과 친밀한 관계를 맺는 방법을 익히고 실행하는 것은 중요한 발달과업으로써 이는 장차 부부관계 및 부모 됨과 직결되는 과정이라 할 수 있다(http://cafe.naver.com/social86).

이성교제	→	(1) 자아의식과 자기이해 증진 (2) 인간관계 형성 방법 터득 (3) 갈등해결방법 습득을 통하여 상대를 이해하고 배려하는 방법 습득

10. 이성교제에서 자기를 알아보기 위한 질문

결혼 전 이성교제 경험이나 그에 대한 높은 만족도는 이후 결혼만족도에 긍정적인 영향을 미치는 것으로 보고되고 있는데(Lewis & Spanier, 1979), 실제로 우리나라 미·기혼 남녀 각각 300명을 대상으로 한 연구에서도 연애결혼을 한 사람들이 중매결혼을 한 사람들보다 결혼만족도가 높은 것으로 나타나, 이성교제 경험 및 관계의 질은 배우자 선택과 그 이후의 삶에도 영향을 미침을 알 수 있었다.

이성교제에서 진정한 사랑의 관계로 발전하기 위해 스스로 답해야 할 질문은 다음과 같다.

① 상대의 필요를 먼저 생각하는가?
② 모든 가면을 벗고 솔직해질 수 있는가?
③ 서로 만지지 않아도 여전히 사랑하는가?
④ 상대에게 상처를 주지 않고 갈등을 해결할 수 있는가?
⑤ 세월이 흘러도 관계가 흔들리지 않는가?
⑥ 서로 대화가 끊이지 않고 이어지는가?
⑦ 공적인 자리에서 서로의 행동 방식이 마음에 드는가?
⑧ 사적인 자리에서의 서로의 행동방식이 마음에 드는가?
⑨ 상대로부터 유용한 충고를 들을 수 있는가?
⑩ 상대의 결점을 파악하고 있는가?
⑪ 상대가 최악의 상황에 빠졌을 때에도 그를 사랑할 수 있는가?

결혼의 행복은 자기가 선택한 사람에 의해 크게 영향을 받으므로 이성교제를 통해서 인격적으로 서로 어울리며 사랑할 수 있는 배우자를 선택한다는 것은 매우 중요하다(김경은, 2008, pp.16-17).

이성교제에서 자기를 알아보기 위한 질문	→	(1) 나는 어떤 사람인가? (2) 나는 나를 사랑하는가? (3) 나를 사랑하는 사람은 어떤 사람이었으면 좋겠는가? (4) 교제 중(혹은 교제하게 될)인 사람과의 스킨십 정도(성행위)는 어디까지 허용하겠는가? (5) 이성교제를 통한 최종 목적은 결혼인가?

11. 바람직한 파트너 검증방법

사람은 여러 가지 다양한 이유를 가지고 이성을 사귀고, 데이트를 하게 된다. 데이트가 진전되어, 이제 결혼을 생각한다면 다음과 같은 질문들에 스스로에게 묻고 답하여 파트너가 어떠한 사람인지를 평가해보아야 한다.

① 그녀(혹은 그)는 몇 사람의 친한 친구가 있는가?

② 당신은 당신의 파트너를 친구나 친지들에게 소개하는 것을 계속 미루고 있는가? 혹은 당신의 파트너가 당신을 파트너의 친구나 친지들에게 소개하는 것을 미루고 있는가?

③ 사랑하는 관계가 끝난다고 하더라도, 당신은 여전히 서로가 친구로서 남을 수 있는가?

④ 당신은(혹은 당신의 파트너) 성관계에 집착하는가?

⑤ 당신은 당신의 파트너가 다른 사람을 대하는 방식이 마음에 드는가?

⑥ 당신은 당신 파트너가 성적인 면에 있어서 어떤 취향이나 특성이 있다는 것을 알고 있는가?

⑦ 당신의 생활은 지금 파트너와 만나기 전이 더 흥미로웠고 만족하였는가?

⑧ 당신은 지금의 파트너와 같이 결혼하게 될 경우 미래가 행복해진다는 전망에 대해서 종종 비관적인가?

⑨ 서로가 토론하지 못하는 금기시된 주제가 있는가?(http://cafe.naver.com/photosim98).

바람직한 파트너 검증방법 →

(1) 그는(그녀는) 몇 사람의 친한 친구가 있는가?
(2) 파트너를 친구나 친지들에게 소개하는 것을 미루고 있는가?
(3) 사랑하는 관계가 끝난다고 하더라도 당신은 여전히 서로가 친구로서 남을 수 있는가?
(4) 다른 사람을 대하는 파트너의 방식이 마음에 드는가?
(5) 파트너의 성적 취향을 아는가?
(6) 지금의 파트너와 만나기 전에 더 흥미로웠고 만족하였는가?
(7) 지금의 파트너와 결혼하게 될 경우 미래가 행복해진다는 전망에 대해 가끔 비관적이 되는가?
(8) 서로 이야기하지 못하는 금기된 주제가 많은가?

12. 이성교제의 종료

친밀감을 형성한 두 사람이 그들의 관계를 종결하는 과정은 일반적으로 다음과 같은 단계를 거치게 된다(Duck, 1982). 1단계인 내적인 관계(intrapersonal phase)에서는 상대방의 불만스러운 점을 개인적으로 평가하고, 관계가 종결되었을 때의 부정적 측면과 새로운 관계를 시작했을 때의 긍정적 측면을 고려하게 된다. 2단계인 상호적인 관계(dyadic phase)에서는 상대방과 관계를 종결하는 문제에 대해 논의하고, 자신들의 관계에 대한 재협상을 시도하게 된다. 3단계인 사회적 단계(social phase)에서는 상대방에게 관계의 종결을 통보하고 이별 후의 상황에 대해 협상한다. 마지막 4단계는 다시 내적인 단계(intrapersonal phase)로 이별을 극복하기 위해 여러 가지 활동에 참여하게 된다.

어떠한 과정을 통해 이별이 이루어지든 관계의 종결은 두 사람에게 고통스러운 경험이 된다. 일반적으로 관계의 종결과정에서 책임감의 수준이 높은 쪽이 관계를 끝내는 주체가 되며, 낮은 쪽이 거절을 당하는 쪽이 된다. 거절을 당한 쪽은 보다 심한 외로움과 우울, 분노를 경험하게 되며, 쌍방 간에 합의가 이루어진 경우에는 부정적 감정이나 신체적 증상을 덜 경험하는 것으로 나타났다(정옥분, 2005).

종결과정 (Duck, 1982)	→	① 1단계: 내적인 관계 • 상대의 불만스러운 점을 개인적으로 평가 • 관계가 종결되었을 때의 부정적 측면과 새로운 관계를 시작했을 때의 긍정적 측면 고려 ② 2단계: 상호적인 관계 • 상대방과 관계를 종결하는 문제에 대해 논의 • 관계에 대한 재협상 ③ 3단계: 사회적 관계 • 상대에게 관계의 종결 통고 • 이별 후의 상황에 대해 협상 ④ 4단계: 내적인 단계 • 이별을 극복하기 위해 여러 활동에 참여

13. 데이트 폭력

데이트 폭력은 10대에서 20대에 집중적으로 일어나지만 30대나 40대에서도 일어난다. 일반적으로 데이트 폭력은 이성과 계획된 만남 중인 데이트 도중, 예컨대 이성과 함께 영화관에 가거나 스포츠관람을 하거나 드라이브를 가는 것 등에서 일어나는 폭력을 말한다.

데이트 폭력의 가장 큰 문제점은 가해자뿐만 아니라 피해 당사자도 이것을 폭력으로 인식하지 못하는 데 있다. 데이트 폭력 피해 여성 중 57%는 자신의 피해 경험을 강간으로 규정했으며, 나머지 43%는 그것이 강간이라는 사실조차 알지 못할 정도이다. 다만 도덕적으로나 윤리적인 잘못을 저지른 정도로 여긴다.

데이트 폭력을 예방하기 위해서 여성은 평소에 예스인지 노인지 알 수 없는 모호한 태도를 보이지 말고 의사표현을 분명히 하여 자신의 생각과 성적인 한계를 설정해서 남성에게 정확한 의사전달이 되도록 해야 한다. 따라서 누구도 내가 원하지 않는 성행위를 강요할 수 없다는 것을 확신해야만 한다.

또한 남성은 데이트 상대에게 애무, 키스, 성관계를 강요하지 않아야 하며 상대방의 노는 거부표시로 받아들여, 본인과 상대방의 욕구에 대해서 서로 명확하게 이야기를 나누고 친밀한 우정을 나눠서 여성들이 남녀관계에서 무엇을 원하고 있는지를 이해해야 할 것이다. 특히 폭력 피해자들이 겪는 후유증과 고통을 알고 나면 적어도 가해자는 되지 않을 것이다 (http://cafe.naver.com/photosim98).

데이트 폭력이란?	→	결혼한 경험이 없는 남녀가 결혼 직전이나 결혼을 전제로 한 데이트뿐만 아니라 꼭 결혼을 전제로 하지 않더라도 배우자 선택과정과 관련된 낭만적인 남녀 간의 관계 내에서 상대방에게 해를 끼칠 의도를 가지고 행한 정서적, 신체적, 행위 또는 그러한 의도를 가졌다고 인정되는 정서적, 신체적 행위 (1) 폭력(violence): 타인을 신체적으로 해칠 의도로써 수행한

	행위나 그러한 의도를 가졌다고 인정되는 행위 (2) 공격(aggression): 타인에게 의도적으로 상처를 입힘 (3) 학대(abuse): 동등하지 못한 권력이나 불평등한 관계 전제 (4) 데이트 폭력의 유형: 심리적 폭력, 신체적 폭력, 성적 폭력
데이트 폭력에 영향을 미치는 요인 →	(1) 아동기 때의 가정폭력 경험과 폭력문화 학습경험 (2) 사회적 문제해결 능력 부족 (3) 데이트폭력에 대한 허용도 • 가해자의 협박 • 오랜 폭력으로 인한 피해자의 무기력과 의존적 사고의 변화 • 피해자가 상대방을 변화시킬 수 있다는 생각 (4) 남녀 커뮤니케이션 차이 • "말하지 않아도 알아요, 그냥 바라보면~" -임의대로 가진 성격 편견이나, 소극적인 방식 • 성적 자결권: 자신이 선호하는 성적 방향과 친밀한 관계 맺기의 상대, 시기, 방식 등을 자율적으로 선택하고 결정할 수 있는 권리 -이를 침해하는 언어적, 정신적, 신체적인 행위는 '성폭력'이 됨 (5) 남성성과 여성성의 현대적 구성

Chapter 08

배우자 선택과 적응

1. 배우자 선택이론
2. 바람직한 배우자 선택을 위한 고려사항
3. 부부적응
4. 건강한 가족, 건강한 부부 역할과 평등부부
5. 평등부부

배우자 선택의 A-Z 관찰법

1. A(Age) '나이'-결혼적령기와 나이 차이를 본다.
2. B(Beauty) '미'-내적인 미와 외적인 미를 본다.
3. C(Character) '인품'-인격, 성품, 인성을 관찰한다.
4. D(Degree) '등급'-계급, 신분, 학위, 학력을 본다.
5. E(Economy) '경제력'- 경제 상태, 경제성, 집안 경제, 자립 능력, 검소한 생활 등을 본다.
6. F(Family) '가문'-가문 혈통, 가족 상황 등을 관찰한다.
7. G(Gap) '격차'-학업차, 세대차, 성격차 등을 본다.
8. H(Health) '건강'-정신적, 육체적 건강 상태를 본다.
9. I(Idea) '사고'-생각, 사상, 창의력 등을 관찰한다.
10. J(Job) '직업'-직업, 직책을 본다.
11. K(Knowledge) '지식'-지식, 경험, 능력을 말한다.
12. L(Leadership) '지도력'-지도력, 통제 능력을 말한다.
13. M(Manner) '매너'-예절, 태도, 언어를 관찰한다.
14. N(Nice) '인간관계'-인간관계에서의 나이스한 점.
15. O(Organization) '조직'-소속된 조직, 조직력, 활동력을 관찰한다.
16. P(Past) '과거'-과거의 삶과 행실, 경력을 알아본다.
17. Q(Qualification) '자격'-기술 자격, 전문직 자격을 알아본다.
18. R(Religion) '종교'-각종 종파 신앙 정도를 본다.
19. S(Sense) '지각'-사려심, 분별력, 판단력, 상식 등.
20. T(Talent) '재능'-타고난 좋은 재능, 특기를 알아본다.
21. U(Understand) '이해심'-이해심, 협동심, 양해심을 본다.
22. V(Vision) '비전'-관찰력, 시야, 소망, 결의를 본다.
23. W(Will) '의지'-의지, 결심, 소망, 결의를 본다.
24. X(X) '미지수'-장래에 닥칠 일의 잠재력과 능력을 본다.
25. Y(Yak) '재담'-유머와 재담을 관찰한다.
26. Z(Zest) '흥미'-흥미, 취미, 기호를 관찰한다.

1. 배우자 선택이론

과거의 결혼은 당사자의 결합으로 인한 새로운 가족의 창설이란 의미보다 기존 가족의 확대 혹은 계승에 더 큰 의미가 부여되어 있었다. 그래서 결혼 당사자의 개인적인 자질보다도 가문과 같은 가족 환경적인 요소가 더 중요시되었다. 그래서 우리나라 전통사회에서의 배우자 선택조건 가운데 가장 중요한 것은 동성 불혼과 동일계급 내에서 결혼해야 한다는 것이다. 이것은 동성 간에 결혼할 수 없다는 것, 그리고 당사자의 인물, 행동, 용모, 재능 등에 앞서서 양가의 문벌, 가풍, 재산 그리고 가정 사정이 더 중요시되었음을 의미한다(김두헌, 1971).

그러므로 개인의 결혼관은 가족의 계승에 국한되어 있었으며 배우자 선택도 본인의 의사가 아닌 부모나 친척의 선택에 의해 결정되었다. 대체로 사회체계 내에서 가족과 친족의 중요성이 클수록 결혼은 개인의 일이 아니고 가족 전체의 일로 간주되었고, 배우자 선택에 있어서 당사자의 의견이 무시된 채 가장이나 친족의 연장자 등이 큰 영향력을 미치고 있었다. 이러한 사회에서는 일반적으로 결혼 전의 남녀가 자유롭게 교제하는 것이 금기로 되어 있고 중매를 통한 배우자 선택이 제도화되어 있다(한남제, 1989).

오늘날 현대사회는 가부장적 가치관이 약화되고 개인주의적 경향이 강해지면서 사랑의 일치가 가장 중요한 요인으로 부각되어 결혼 당사자들이 자유롭게 배우자를 선택하고 결정하게 되었다. 따라서 상호 직접적인 교제를 통해, 결혼 당사자들의 의지에 의해 결정하기 위한 준비로써 이성교제가 보편적인 것이 되었다. 우리나라는 아직까지 자유혼과 절충형의 중간 형태로 볼 수 있다.

결혼상대를 부모가 선택하여 자녀의 동의를 얻는 형태와 결혼 당사자가 선택한 후 부모의 동의를 얻는 형태이다. 그러므로 부모의 의견과 본인의 의견을 동시에 수렴할 수 있고, 상대방의 배경에 대한 충분한 사전지식을 가질 수 있으며, 부모와의 갈등을 최소화할 수 있게 된다(채옥희 외, 1995). 이에 따른 배우자 선택이론이 제기되었다. 배우자 선택을 돕는 이론으로는 가족제도와 사회발전 정도에 따라 다르지만, 미국에서는 자유교제를 통한 배우자 선택이 제도화되어 있다. 이런 사회에서 배우자의 선택을 결정하는 요인이 어떤 것인가에 대한 연구가 지금까지 활발히 진행되어 왔다.

1970년대의 배우자 선택에 대한 연구결과를 요약한 머스틴(Murstein)에 의하면 배우자 선택요인으로 연령, 지역적 근접성, 교육 정도, 사회경제적 지위, 인종, 종교에 대한 연구가 많이 이루어졌다(한남제, 1999). 또한 배우자 선택에 공통적으로 적용될 수 있는 중요한 요인이 되는 원칙을 찾아보려는 노력도 적지 않았다. 그 결과 배우자 선택에 적용되는 여러 가지 이론들이 제기되었다.

우선 평형이론을 들 수 있다. 이 이론은 보상능력이 유사한 사람들이 배우자로 선택된다는 이론이다. 각기 다른 부분에서 유리한 면을 가지고 있는 경우에 이들이 교환되면서 두 사람 간에는 평형이 이루어질 수 있다. 다음은 자극가치 역할이론(stimulus-value-role, SVR)을 지적할 수 있다. 원래 이 이론은 양자관계의 발달에 대한 일반이론이다. 처음에는 남녀 간의 교제를 설명하기 위해서 고안된 이 이론이 인종 간의 결혼을 설명하는데 활용되었고, 다소 수정되어 친구관계와 부부관계에도 적용되었다(한남제, 1999). 이 이론도 일종의 교환이론이다. 비교적 자유롭게 배우자가 선택되는 사회에서 남녀가 매력을 느끼고 상호작용을 하는 것은 각자가 가지고 있는 자산 및 책임의 교환가치에 달려 있다. 두 사람 간의 관계가 발전하는 과정에 영향을 줄 수 있는 변수는 자극, 가치비교, 역할이다. 이들 세 가지 변수는 전 교제기간 동안 계속 영향을 미치게 되는데, 교제의 단계에 따라 영향력은 다소 다르다. 이에 비해 우리나라의 배우자 선택이론은 미국의 경우와는 다소 차이를 나타낸다.

우리나라의 경우, 1960년대부터 최근에 이르기까지 발표된 미혼남녀의 결혼관에 대한 연구들을 고찰한 서병숙 · 정해은(1994)에 따르면 우리나라 미혼남녀가 고려하는 배우자 선택조건에는 성(性) 차가 존재한다고 하였다. 즉, 미혼남녀 모두 애정, 성격, 건강과 같은 개인적 속성을 중시하나 이차적으로 남자는 여자의 용모를, 여자는 남자의 학벌과 생활력 등의 현실조건을 중시하고 있다는 것이다(김오남 · 윤상희, 1997). 이와 같이 배우자 선택에 대한 조건은 변화하고 있다.

아담스에 의하면 배우자 선택유형은 산업화와 발달 정도에 따라 변화한다고 할 수 있다. 전통적인 선택유형에서는 강력한 동질혼으로써 중매혼을, 점차 산업화되고 근대화되어감에 따라 배우자 선택에 제한을 가지는 절충형으로, 그다음에는 개방된 선택의 자유혼으로 넘어간다는 것이다. 마지막에는 급진적인 유형으로 일정한 틀에 싸인 결혼제도를 부인하고 다양한 형태의 결혼을 선택하게 된다는 것이다. 그 한 예의 연구를 살펴보면, 목원대 학생을 중심으로 1976년에서 1996년까지의 가치관의 비교연구에서 결혼관에 대한 가치관이 전통적인 가치관과 현대적 가치관이 혼합된 상태로 나타남을 알 수 있다(박영복, 1997).

일반적으로 대부분의 사람들은 결혼을 하여 가족을 이루고 살아간다. 따라서 어떤 배우자를 선택하는가는 결혼의 행·불행을 좌우하며, 그들과 관련된 가족관계에까지 영향을 미치므로 배우자 선택은 인생에 있어서 매우 중요한 일이며, 이성교제와 결혼생활의 여러 조건들을 충분히 고려해야만 성공적인 결혼이 되는 것이다. 즉 서로 잘 적응할 수 있고, 서로 상호보완적인 자세를 가지며, 사랑을 통해 안정감과 행복감이 증진되는 결혼생활이 되기 위해 배우자 선택에 관련된 이해와 교육이 필요하다.

이상의 개관에서 현대사회는 개인주의적 성향이 강해져서 사랑의 일치가 결혼의 가장 중요한 요인으로 작용하고 있다는 것을 알 수 있다. 그러나 자유로운 이성교제를 통한 결혼인 경우라도 단순히 사랑만으로 결혼 조건이 충족되는 것이 아니라는 것과 배우자를 선택하는 데 있어서 여러 가지 조건을 충족할 때 올바른 선택이 되며 그 조건은 사회와 환경에 따라 변화한다는 것을 알 수 있다(이충호, 2001, pp.11-14).

정신역동 이론	→	(1) 부모 이미지 이론(parent image theory) 성인기 사랑대상의 선택은 최초의 사랑대상인 부모로부터 리비도 에너지가 이동한 것 → 부모의 이미지와 같거나 유사한 사람을 배우자로 선택하게 됨 이유: 안전의 욕구충족: 부모와 함께 지내왔던 생활습관이나 태도를 토대로 예측이 가능하다고 보기 때문이고, 혹은 부모와 유사한 배우자 선택을 통하여 부모에게 부족했던 욕구문제를 해결하려 함

	(2) 이상적인 배우자 이론(ideal mate theory) 아동기 때 꿈꾸던 이상형을 닮은 모습의 이성을 배우자로 선택 (3) 출생순위 이론(birth order theory) 원가족에서 학습한 역할과 태도가 결혼 후에도 이어질 때 행복한 결혼생활을 할 수 있다고 봄 예) 외동: 맏이가 어울림 딸만 있는 가족의 막내: 여형제를 둔 장남이 잘 어울린다고 봄
욕구보상 이론	(1) 보완적 욕구이론(complementary needs theory) 성격과 욕구가 상호보충적일 때 매력인으로 작용한다는 것 예) 공격성이 강한 사람: 비하형 모성적이고 양육적인 사람: 의존적인 사람 성취 지향적인 사람: 대리성취를 취하는 사람 (2) 도구적 욕구이론(instrumental needs theory) 욕구를 최대한으로 충족시켜줄 수 있는 능력을 소유한 사람을 배우자로 선택하게 된다는 것 (3) 사회교환이론(social exchange theory) 배우자 선택 시 자신은 적은 비용으로, 가장 큰 보상을 주는 상대를 택하기를 원한다는 것. 나이, 신체적 특성, 경제적 지위, 학벌, 장래성 등
배우자 선택과정	(1) 결혼을 통해 얻게 되는 비용과 보상 계산 (2) 자신에게 최대한의 만족을 줄 수 있는 사람을 고름 (3) 현재 사귀고 있는 사람을 미래에 만날 수 있는 다른 파트너들과 비교, 현재의 사람이 낫다고 판단될 때 배우자로 선택
단계이론	(1) 여과망이론(Filter Theory) (2) 자극-가치-역할이론(SVR 이론 stimulus-value-role theory) • 초기 머스틴(Murstein)의 수정이론(1986) -행동양식, 직업역할, 책임감 등에 대한 역할 기대가 일치 -결혼에 이르는 지속적인 만남으로 연결되어 최종적인 배우자 선택의 요소로 작용함. 만남의 횟수로 단계 규정하는 것에 대한 비판

수정 역할이론	→	(1) 자극요소: 특정한 사람의 신체적 매력이나 명성 등에 다른 사람보다 더 매력을 느낌. 상대방 파트너의 개인적인 매력에 대해 평가하여 호감을 느끼는 과정 예) 첫눈에 반함. 운명적 만남 (2) 가치호환성: 기본적인 신념이나 가치에서 상호간 합의에 다다를 수 있는가 고려 (3) 역할호환성: 협동적인 관계를 정립할 수 있는지 검증해 봄

2. 바람직한 배우자 선택을 위한 고려사항

배우자 선택이 시대적, 사회적으로 다른 요인에 의해 영향을 받고 인간의 주관적인 감정이 작용하는 영역이기 때문에 학자들마다 다양한 견해와 연구결과를 제시하고 있다.

교환 이론적 측면에서 배우자 선택은 배우자 선택과 관련되는 경제적 조건, 사회적 계층이나 신분, 사랑, 성, 신체적 매력, 직업, 학벌, 가문 등이 가족과 결혼의 기능 및 유대를 적절히 보장하고 균형을 이루는 범위 내에서 교환된다고 보았고, 아담스(Adams, 1980)는 배우자 선택이 초기에는 접촉기회, 신체적 매력, 가치로운 행동을, 두 번째 단계에서는 긍정적인 자기노출, 우호적 감정, 성적 매력, 가치 합의, 동질성을, 세 번째 단계에서는 역할 적합성의 공감이, 마지막 단계에서는 자신의 최상의 배우자라고 선택한 사람에 대한 헌신이 관계 내에서의 유인, 장벽, 대안에서의 유인 등과의 역학관계에 의해 진전되거나 종료된다고 하였다.

머스틴(Murstein, 1970)은 배우자 선택 시 우선, 신체적 외모, 전문적인 직업, 학벌, 성격적 특성, 사회적 지위와 같은 자극요인을 기초로 하여 상호간에 매력을 느끼고, 서로 느끼는 총체적 매력이 균형을 이루면 인생관이나 성, 결혼생활에 대한 가치나 태도 등이 평가된다고 하여 배우자 선택의 단계가 진전될수록 가치에 대한 고려가 더 이루어진다고 하였다.

이정덕 외(1998)는 미혼남녀를 대상으로 한 연구에서 원하는 배우자의 외적 조건의 경우, 남성은 건강상태, 장래성, 가정환경 등의 조건에서 여성은 장래성, 건강상태, 수입, 직업, 학력 등의 조건에서 비교적 높은 수준을 선호하였고, 내적 조건의 경우, 남성은 정서적 성숙, 대인관계의 원만성, 애정의 표현력의 조건에서 여성은 대인관계 원만성, 진취성, 정서적 성숙 등의 조건에서 비교적 높은 수준을 원하고 있었다고 보고하였다.

배우자 선택의 조건에 대한 중요도를 알아보기 위해 26개의 요인을 종합적으로 고려하여 살펴본 정민자(1996)의 연구에서 중요도의 순위는 건강, 성격, 사랑, 생활력, 가치관, 장래성, 순결성, 성장환경, 직업, 학력, 부모의 찬성 순으로 나타나 건강, 성격과 더불어 서로의 주관적인 영역인 사랑, 가치관, 순결성의 중요성이 배우자 선택에 영향을 준다고 하였다.

우리 사회는 서구사조의 유입과 현대적 교육의 보급으로 결혼에 관련된 규범과 가치 의식이 근대화되면서 점차 애정과 사랑, 인격, 개인적 자질과 매력과 같은 개인의 주관적인 면을 중시하는 배우자 선택에 관심을 두게 되었으나, 아직까지도 가족 내의 일정한 규정과 양식에 의해 제한되고 있으므로 가문이나 사회경제적 지위와 같은 사회·경제적 요인도 배우자 선택에 영향을 미치는 요인이라 할 수 있다는 것이다(이선정 · 신효식, 2000).

배우자 선택조건은 다양하게 분류되고 있다. 정현숙 외(2003)는 동질적 요인과 이질적 요인으로 나누고 있고, 김경신 외(1995)는 외적·내적 조건과 동질적·상호적 조건으로 분류하였다.

외적요인과 내적요인으로는 문화인류학적 요인, 신체적 매력, 종교, 연령, 사회계층, 근접성을 포함시키고 있다(송정화, 2008, pp.14-15).

유영주 (1987)	→	첫째, 배우자는 본인이 원하는 사람이어야 함 -결혼생활은 감정교환의 연속이므로 상호간에 호감이 느껴져야 하며 감정의 교환이 가능해야 함 둘째, 본인이 필요로 하는 사람이어야 함 -배우자를 통해 경제적·감정적으로 안정감을 느낄 수 있어야 함 셋째, 현실적으로 선택이 가능한 위치에 있어야 함 -유사한 환경수준이나 적당한 거리가 필요

스타이넷 (Stinett, (1984)	첫째, 자신에 대해 알아야 함 -욕구가 무엇이며, 어떤 상대를 원하며, 결혼의 동기가 무엇인지 알아야 함 둘째, 결혼상대자를 알아야 함 셋째, 둘의 관계가 타인에게 어떤 영향을 미칠 수 있는지 고려해야 함 넷째, 상호간의 일치성 고려 다섯째, 사랑의 감정 여섯째, 결혼의 안정성에 영향을 미치는 여러 요인 고려
공통적 고려사항	(1) 충분한 이성교제의 기회와 교제기간을 통하여 상대방의 내면적인 면을 이해 (2) 상호 협력하는 관계로 발전할 수 있어야 함 (3) 결혼은 현실이라는 점을 이해 → 사랑한다는 감정만으로는 충분치 않음 (4) 신체적 매력보다 인생관, 가족관, 성격, 습관 등의 내면적 요인이 상호조화를 이룰 수 있는지 보아야 함 예) 허영심과 낭비벽 예) 지나치게 의존적인 남편 (5) 친구 및 부모의 지지를 무시해선 안 됨 (6) 상대의 성격을 변화시키려고 노력하기보다 상호 적응하는 노력이 필요함 (7) 상대에게 완벽을 기대하지 않는 현실적인 안목과 지혜가 필요 (8) 본인의 성장과정에서 경험했던 어려움으로 지나치게 집착하는 점이 없는지 살펴보아야 함 예) 아버지의 주벽으로 어려움을 겪은 경우

3. 부부적응

적응이란 체계나 환경, 혹은 이 둘의 상태나 구조를 변화시키는 살아 있는 체계(예: 가족)의 행동이다. 인간은 단지 환경에 적응할 뿐만 아니라, 바람직한 결과에 도달하기 위해 환경을 수정하기도 한다. 적응은 살아 있는 체계의 성정과 정신적인 통합에 필연적인 과정이며, 자신의 욕구와 환경과의 사이에서 조화를 이루면서 자신의 욕구를 충족시키는 과정이다. 즉, 자아를 실현함과 아울러 환경을 고려하고 사회의 기대에 맞추어 나가는 과정을 적응이라고 할 수 있다. 부부 상호간의 적응이 잘 이루어질 때 부부관계는 비로소 만족과 안정을 찾게 되며, 이것은 가족 전체의 행복과도 직결되는 것이다(유영주 외, 2000).

부부적응은 결혼생활의 질을 나타내는 개념으로서, 정의 내리기가 쉽지 않은 개념 중의 하나라 생각된다. 강은령(1988)은 부부적응이란 용어가 결혼의 질을 측정하는 하위개념으로서 결혼만족도나 결혼행복이라는 말과 명백히 구분되지 않는다고도 하였다. 스패너(Spanier, 1976)는 이전의 연구들을 토대로 하여, 결혼적응에 대한 개념을 조화롭고 기능적인 부부관계를 이루기 위한 필수적 과정이라 하였고, 결혼생활에서의 다루기 어려운 차이점, 배우자 간의 긴장과 개인적 고민, 결혼만족도, 부부의 결합, 결혼생활에서 중요한 문제에 대하여 합의하는 정도에 의해 결정된다고 보았다(정현숙, 2001).

또 부부간의 적응이란 부부 당사자 간의 적응에만 한하는 것이 아니고 여러 가지 외적 조건, 즉 경제적 · 사회적 · 인간적 환경에 대한 적응도 포함한다. 즉, 두 사람 사이의 인격적 적응, 성적인 적응, 경제적 적응, 인척관계의 적응 등이 이루어져야 한다. 쿠버와 하로프(Cuber & Harroff, 1965)는 적응이 잘된 부부들이라고 해서 모두 비슷한 결혼생활을 하는 것이 아니고 5가지로써 갈등이 습관화된 유형, 생기를 잃은 유형, 소극적-동조적 유형, 생기 있는 유형, 통합적 유형으로 구분된다고 하였다(유영주 외, 2000). 만족스러운 결혼생활을 위해서 부부가 서로 관계의 특성을 이해하고, 서로에 대해 적응해 가려는 노력이 필요할 것이다(권정란, 2005, pp.19-20).

이 같은 부부적응은 부부의 결혼생활 환경에서 나타나는 여러 가지 갈등들을 대화를 통해 해결하고 결혼생활의 만족과 안정을 위해 추구하는 부부의 행동적 또는 정서적 상호작용의 과정이다(홍미기, 2009).

구분	내용
성적 적응	(1) 성적 반응에서의 성차를 이해한다. (2) 여성이 보다 성욕에 있어 정서적인 영향을 많이 받으며 성적 감각에 대한 반응속도가 느림 (3) 성행위는 함께 배워나가는 것임 (4) 성관계를 맺는다는 행위는 한 사람은 능동적이고 다른 사람은 수동적인 양극단의 이자 관계가 아님 → 가부장적인 성 역할 고정관념
인격적 적응	• 부부는 서로 다른 성격적 특성을 가지는 것이 당연하다는 것을 인정하며 상대방의 행동과 성격적 특성을 이해하도록 노력해야 함 • 상대방의 성장배경이나 가족배경, 경험들에 대해 알아야 함 • 서로 상대방을 인격적으로 존중하며 자신과 상대방의 장점과 단점을 알아서 함께 발전적인 방향으로 성장해 갈 수 있도록 도와야 함 • 부부간의 갈등을 당연하고 정상적인 것으로 받아들임
경제적 적응	(1) 경제적 요인이 문제가 되는 이유(Olson & Defrain) ① 경제적인 부분에 대한 논의의 터부시 ② 경제적인 문제에 대한 비현실적 기대 ③ 꼼꼼한 계획을 바탕으로 예산을 세우지 않거나 그대로 따르지 않음 ④ 과소비 ⑤ 부부가 돈을 소비하거나 저축하는 방법이 다름 ⑥ 돈의 의미에 대한 서로 다른 개념 (2) 돈을 사용하는 방법이 서로 다를 때 극복하는 결정적인 세 가지 1단계: 돈에 대한 당신의 독특한 습성을 알아두어라 2단계: 당신의 돈에 대한 관점을 이야기하라 3단계: 당신의 인생목표에 대해 말하라

4. 건강한 가족, 건강한 부부 역할과 평등부부

건강한 가족은 최근 가족 연구에 있어서 점차 중요하게 인식되고 있는 개념으로 건강한 사회를 유지하고 개인의 성장을 도모하는데 있어 가족의 중요성을 간과했다는 자각 아래 제기된 개념이다.

건강한 가족이란 가정생활에서 나타나는 다양한 문제에 대응하여, 경우에 따라서는 지역사회단위에서 가정생활을 유지·발전시키려는 여러 측면의 노력을 하는 가족이다. 고정자(2006)는 건강한 가족이란 가족이 어려운 상황에 처했을 때 귀중한 자원이 될 수 있는 가족이라고 하였다.

건강한 가족은 태어나는 것이 아니라 만들어지는 것(Stinnett & DeFrian, 1985)으로써, 가족건강성이란 사회심리적이고 관계적인 측면에서 가족이 지니는 건강한 성질 또는 경향을 의미한다고 하였다.

가족건강성 연구의 선구자인 오토(Otto, 1975)는 건강한 가족의 강점이란 가족원들의 개별적인 자원과 잠재력의 발달을 북돋우며, 가족생활이 가족원들에게 매우 만족스럽고 충만하도록 하는 힘과 역동적인 요소들로 구성된다고 규정하였다. 이와 유사하게 윌리엄스(Williams et al., 1985)는 긍정적인 가족 정체감을 창조하고, 가족구성원들 간에 만족스럽고 충만한 상호작용을 도모하며, 가족집단과 개별적인 가족원들의 잠재적인 발달을 북돋우며, 스트레스와 위기를 효과적으로 다룰 수 있는 가족 능력에 기여하는 관계 패턴, 대인관계 기술과 능력, 그리고 사회·심리적 특징들로 가족건강성(family strengths)을 언급하였다.

프랫(Pratt, 1976)은 사회심리학적 관점에서 가족건강성이란 가족원이 서로 다양하고 규칙적인 상호작용을 하며, 가족원의 적극적인 참여를 통해 광역사회와 유대를 가지며, 가족원의 개별성 및 자율성을 부여하며, 문제해결 및 적극적인 대처를 해나가는 가족의 성향이라고 하였다. 즉, 가족건강성은 가족 간의 상호작용의 질이 가족 개개인의 심리적 안녕에 기여하는 가족의 성질로서 개인적 차원에서 가족원 개개인의 성장과 발달을 도모하고, 가족관계 차원에서 가족원 간의 상호작용이 기능적이고 원만하며, 가족체계가 잘 유지되면서 가족가치관을 지속적으로 발전시키고 있는 가족이라고 정의할 수 있다(진달님, 2008, pp.10-11)고 한다.

한편 건강한 부부관계 향상을 위한 접근법들이 소극적이고 제한적인 발달단계와 한계를 극복하기 위하여 다양한 시도들이 발견되고 있다. 즉, 체계이론, 의사소통이론, 행동주의이론, 사회학습이론, 갈등 및 문제해결 접근, 성교육, 인본주의 심리학, 소집단 역동이론, 내담자 중심 치료적 접근, 가족관계학, 가족심리학 등에서 영향을 받기 시작한 것이다.

이런 이론들의 주요 맥락은 인간에 대한 긍정적이고 성장발달 지향적이며, 그리고 잠재력 지향으로써 예방적이고 교육적인 접근에 관심을 나타내는 경향이다. 그러므로 건강한 부부관계 향상을 위한 모든 시도는 부부관계 향상, 부부관계의 성숙, 부부문제의 예방 가능성, 부부관계의 건전성 등의 의미를 내포하고 있다고 볼 수 있는 것이다(최종환, 2007, p.12).

이같이 건강한 가족과 건강한 부부 역할 및 평등부부를 위한 상호관계와 역할을 살펴보면 다음과 같다.

먼저 부부관계에 대한 이해에 있어 부부관계란 두 남녀의 신체적, 심리적, 사회적 결합을 통해서 남편과 아내의 관계를 형성하고 부부라는 새로운 지위를 획득함에 따라 남편으로서의 역할, 아내로서의 역할을 수행하게 되는 인간관계를 의미한다.

부부는 긴밀한 애정을 바탕으로 하여 상호간에 인격적 조화를 이룩함으로써 행복한 가정을 형성할 수 있다. 현대사회에서 건전한 부부관계의 형성은 가족구성원들 간의 만족스러운 인간관계 형성의 근본이 된다. 특히 가족의 애정과 정서적 안정 기능이 강조됨에 따라 부부관계는 상호작용에 기초한 새로운 형태가 요구되고 있는데 이 부부관계는 역동적 변화과정을 경험하면서 상호 적응해 나가는 동안 점차 성숙하게 된다고 볼 수 있다(김양희, 1988, p.208).

1) 전통적 부부관계

한국의 부부관계는 평등한 인격 존중의 관계보다는 권위주의적 구조로서 주종관계이며 상하관계가 분명한 형태이다. 최재석(1983)은 가족의 중심은 부부관계에 있는 것이 아니라 부모-자녀관계(친자관계)에 있으므로 부부관계는 친자관계에 비하면 이차적 의미밖에 갖지 못하고 있다고 지적하였다. 그리고 부부관계는 평등, 우애의 인간관계로 성립, 유지되는 것이 아니라 지배와 복종의 종적관계로 유지된다고 하였다. 따라서 부부관계에서 남편은 처의 행동을 통제하고 처는 남편의 통제에 복종하는 것이 부부생활을 유지하는 이상적인 가치이념이므로 여자는 남편을 따르고 공경하며 남편보다는 남편의 부모인 시부모에게 예속되어 시부모를 잘 섬겨야 했다(송성자, 1987, pp.79-80).

당시의 불평등한 부부관계는 부부의 역할분담이 엄격했음을 의미하기도 한다. 남자는 가정을 대표하여 대외적인 일을 했고 부인은 주로 가사 담당의 역할을 수행하였다.

부부의 권위구조 면에 있어서 부부관계는 애정을 바탕으로 한 인격 대 인격으로서의 상호 수평적 관계이어야 하며 가정의 구심적 역할을 담당할 수 있어야 가정 내 권위구조가 안정된 상태로 유지될 수 있다. 그러나 우리나라에서는 여전히 전통적 성별 분업에 의한 부부의 권위구조가 유지되고 있어서 가부장적 차별 위계에 의한 수직적 부부관계의 구조를 크게 벗어나지 못하고 있다(김양희, 1988, p.116).

2) 현대적 부부관계

현대의 부부관계는 점차 평등한 관계, 동료적인 관계로 변화되고 있다. 해방 후 민주주의 제도의 도입으로 만인은 법 앞에 평등하다는 생각을 갖게 되었으며 이는 가정생활에도 영향을 주게 되었다. 여성의 교육 정도가 향상되어 부부가 비슷한 학력을 갖게 되었고 남편이 사회활동에 전념하게 됨에 따라 가족 내의 많은 역할이 여성에게 위임되었다(김양희, 1988, p.115).

현대가족은 그 안정성과 지속성이 부부관계에 주로 의존하고 있다. 현대사회의 결혼은 가문의 계승과 집안의 화목에 일차적인 목적을 두지 않고 부부 사이의 애정적 유대관계에 기반을 두며 가족 전체보다는 부부중심의 행복과 만족을 추구하려고 한다. 현대 부부생활은 핵가족 내의 상호작용에 중점을 둠으로써 개인의 욕구가 충족되며 부부관계도 애정이 존재하는 관계로 발전시킬 수 있다(송성자, 1987, p.80).

이렇게 부부관계의 발전은 부부관계의 역할 및 권위구조에서도 변화를 가져왔다. 그러나 현대 우리나라의 가족이 구조적으로 핵가족화했으면서도 의식적 · 기능적 측면에서는 확대가족적 특성을 유지하고 있기 때문에 이에 따른 모순과 갈등을 보여주고 있으며 전통적 역할규범은 많이 완화되었지만 남자는 바깥일, 여자는 집안일을 한다는 성적 분업은 여전히 명백하다. 따라서 우리나라 부부의 역할 구조에서는 역할의 상호성이 거의 없고 부부가 담당하는 역할이 동등한 가치의 평가를 받지 못하는 분업이 되고 있어 현대 핵가족 속에서도 여성의 지위는 낮으며 종속성이 지속되고 있는 실정이다(김양희, 1988, p.116).

한편, 가족관계 내에서 부부의 역할에 있어 역할이란 어떠한 지위에 있는 각 개인에게 맡겨진 행동유형이며, 개인이 어떤 지위를 차지할 때에 그 지위에 주어지는 행동규준이나 권리, 의무관계를 말한다. 사회는 개인으로 하여금 그가 사회 속에서 차지하는 위치에 따라 특정한 행동을 하도록 기대한다. 이처럼 사회가 사회적 위치에 따라 요구하는 행동유형을 역할이라고 한다.

가족집단 역시 사회의 일부분이므로 가족원은 가족 내의 관계구성상의 일정지위를 획득하며, 지위와 관련되어 사회적으로 기대되는 행동양식이 존재하는바 이러한 기대되는 행동양식 내지 규준이 바로 가족으로서의 역할이다. 부부는 출생 시부터 지니게 되는 고유지위(ascribed position)와 더불어 결혼에 의해 부과되는 남편으로서 혹은 부인으로서 획득지위(achieved position)를 가지게 된다(유영주, 1987, p.198).

가족으로서의 역할은 가족구조 내에 일정한 지위를 갖는 가족구성원들 각자에게 기대되는 행동양식이나 규범을 의미한다. 즉, 역할이란 개인이 가족구조 내에서 점유하는 특정한 지위와 관련된 행동 · 의무 · 권리에 대한 기대로 사회규범과 문화적 배경, 심리적 특성에 따라 다양하게 전개되는 가족관계에 구체화되어 나타난다.

가족 내에서 이루어지는 구성원들 간의 상호작용은 각자의 역할을 기초로 전개된다. 즉, 남편과 아내·부모와 자녀·형제자매 등의 지위에 부여된 역할을 수행하게 되는데 한 개인이 가족 내에서 일정한 지위를 갖게 되면 그 지위에 적합한 행동양식을 수행하도록 요구받는다(김양희, 1988, p195).

모든 사회는 결혼과 가족제도에 있어서 남편과 아내의 역할을 구분하고 있으며 이러한 부부의 지위와 역할에는 상호 관련된 규범과 기대가 포함된다. 파슨스(Parsons, 1955)는 부부의 역할 분에 대해 남성은 과업수행·문제해결·직업 등의 도구적 역할(instrumental role)을 담당하며, 여성은 가족구성원들의 통합관계·긴장완화·정서적 안정 등의 표출적 역할(expressive role)을 수행한다고 주장했다.

도시화와 산업화의 전개에 따라 가족의 대외적 기능이 약화되면서 가족의 정서적 기능이 현저하게 부각되고 있는 현대사회에서 여성의 표출적 역할은 더욱 중요한 위치를 차지하게 되었다. 그러므로 부부생활에 있어서 이러한 도구적 역할과 표출적 역할 간에 적절한 균형을 회복해야만 만족스러운 부부관계가 유지될 수 있다.

아담스(Adams, 1980)는 부부 역할의 변화 방향을 전통주의, 신정통주의, 평등주의로 구분하고 사회변화에 따라 전통주의에서 신전통주의, 평등주의로 진행한다고 하였다.

전통주의는 부부간의 역할구분이 뚜렷하여 남편과 부인은 각기 분리된 채 역할수행을 하게 되며 서로의 역할에 관여하지 않음을 뜻한다.

신전통주의는 부인의 사회진출·사회적 역할은 경우에 따라 인정하되 그에 따른 남편의 가족 내 역할보충은 일어나지 않으며 근본적으로 남성 우월적인 가치의식이 지배적임을 말한다.

평등주의는 남편·부인이기 이전에 한 사람의 인간으로서, 자신의 삶의 목표·능력에 따라 원하는 역할을 선택적으로 수행할 수 있는 것을 말하는 것으로 부부직업형(dual career), 역할공유형(role sharing), 역할전환형(role reversal) 등은 평등주의에서 가능한 역할 유형이다.

그 밖에, 평등부부에 있어 공통된 특징은 권리·책임·의무를 공유하며, 서로 존중하고 개방적인 대화를 통하여 높은 친밀감을 보이는 것으로 나타났다. 권리·책임의 공유란 부양자 역할·가사 노동·육아·의사결정에 있어 성별 분업에 기준하지 않고 융통성 있게 분담하는 형태를 의미한다. 말하자면 가사노동이 자동적으로 여성의 책임으로 규정되지 않고 남편과 함께 하는 것을 '도와주는 것' 즉, '특별히 호의를 베푼 것'으로 생각하지 않는다는 것이다.

부부의 평등성 확보를 위해 가장 중요한 것은 의사소통 및 의사결정 면에서는 부부의 대화 시간 확보, 가사 노동 및 자녀양육 분담 면에서는 성별 분업에 대한 개방적 사고, 가정 내 경제 관리 면에서는 부동산 소유·증식에 대한 책임, 심리적·정서적 유대관계 면에서는 배우자의 고민·느낌에 대한 관심이 평등한 부부관계를 형성하는데 가장 중요한 요소인 것으로 나타났다(이정우 외, 1994, p.166).

평등부부를 실현하기 위한 방안으로 남성의 가족 역할 참여가 확대되도록 남성의 의식변화와 제도적 뒷받침이 필요하고, 노동시장에서의 여성의 지위가 향상되어야 하며, 여성의 의식변화가 이루어져야 한다.

건강가족의 요인 →	• 양육 • 지지 • 부모의 훈육 • 가족원의 성장과 성숙의 격려 • 정신적인 행복감 • 원활한 의사소통 • 문제해결기술 • 가정 외부의 활동에 가족원이 함께 참가함
건강가족의 기능 →	• 자아정체감 처리과정: 개체화 대 집착, 몰입, 상호성 대 고립 개체화: 가족원들이 서로에게서 분화되어 자율감을 형성하는 것 집착과 몰입: 가족에 대한 의존성이 높고 자아의 경계가 명확치 않은 것 상호성: 가족원에게 정서적 친밀감과 유대감을 느낌 고립: 소외감을 느낌 • 변화: 융통성 대 엄격성과 안정성 대 해체 영역으로 구성 융통성: 새로운 상황이나 변화에 반응할 수 있는 능력 엄격성: 새로운 상황이나 변화에 적응하거나 반응하지 않는 것 안정성: 가족관계의 일관성과 신뢰성을 의미 해체: 가족원 간의 명확한 책임감이나 행동지침이 결여된 상태

- 정보처리 과정: 명확한 지각 대 불명확한 지각, 명확한 의사소통 대 불명확한 의사소통
  명확한 지각: 자신과 타인에 대한 인식이 왜곡되지 않은 것
  불명확한 지각: 자신과 타인에 대한 인식이 애매하거나 혼란된 것
  의사소통의 명확성 정도: 가족원 간의 정보의 피드백 교환 정도
- 역할구조: 명확한 역할 상호교환성 대 불명확한 역할 또는 역할 갈등과 명확한 세대 간 경계선 대 혼란된 세대 간 경계
  역할교환성: 상대방의 역할을 보완해주고 서로 인정해주는 것
  역할갈등: 가족원 간의 역할행동의 혼동
  세대 간 경계영역: 세대에 따른 가족원 간의 역할 차이의 명확성 정도

건강가족의 6가지 기본 속성 →

- 감사/존중
- 질적인 시간 함께 보내기
- 긍정적인 의사소통
- 헌신
- 종교적 태도
- 문제나 위기에 효과적으로 대처하는 능력

우리나라 건강가족의 특성 →

- 대화(양, 질, 분위기)가 잘 이루어지는 가족
- 가정생활이 화목한 가족
- 서로 사랑하며 가정 내에 사랑이 충만한 가족
- 부모나 웃어른을 공경하는 가족
- 함께 많은 시간을 보내며 그것을 즐기는 가족
- 가족 공동의 가치관과 가훈
- 상호 이해
- 사생활 존중
- 가족원으로서의 역할 충실
- 건전하고 긍정적인 사고방식
- 규칙적인 생활
- 문제를 잘 해결하는 가족

건강한 부부 →

성별에 의한 역할 구분을 통해 가족의 원활한 기능을 유지하는 것이 아니라 부부 각자의 역량과 필요에 따른 부부 역할 내용의 분담을 의미
예) '진정한 남자의 조건' 변화(폴 프레이저)

- 1950년대: 밥벌이를 하는 사람, 울지 않고, 불평하지 않을 것, 공구장비를 가지고 고장 난 것을 뭐든 고칠 수 있을

		것, 자식과 아내에게 절대적인 권위를 가질 것 • 2005년: 융통성 있고 이해력 있으며 가족관계에서 동등하게 공헌하는 사람으로 배우자를 똑같이 배려하며 감정을 표현할 줄 아는 사람
부부간 역할 변화	→	• 인생의 평등한 동반자 • 부인은 선택적으로 취업하고 남편도 가사에 관여하여 역할 구분이 모호함 • 능력에 따른 동등한 보수 • 남녀 모두 재능 · 취미를 자유로이 개발함 • 남녀 모두의 권리 · 기회를 주는 것

5. 평등부부

양성평등 의식은 남녀가 지닌 비본질적인 특성은 서로 다를 수 있지만 인간의 존엄성이라는 본질적인 측면에서는 남녀가 평등하다는 것을 의미한다(한명희, 1987; 김현재, 2007). 또한 생물학적 차이를 사회문화적 차이로 직결시키지 않으며 남녀 모두에게 잠재되어 있는 능력이 같고 동등하게 대우받아야 한다고 생각하는 의식이다(임정순, 1999). 남녀차별 철폐와 양성평등 지향이라는 과제는 전 세계인들이 동의하는 바이고 많은 학자들의 기여로 법과 제도가 상당 부분 변화하는 성과가 있어 왔다. 그러나 이러한 변화에도 불구하고 아직도 국가사회와 가정에 양성평등은 요원한 실정이다. 이는 법의 집행 및 적용에서 실질적으로는 성에 대한 동등한 대우가 행해지지 않고 있기 때문이다. 특히 가족 내의 양성평등은 가족의 특수성 때문에 더욱 실현되기 어렵다(고보혜, 2006).

결혼이란 남녀가 평등하고 존엄한 개체로서 자유로운 의사의 합치에 따라 생활공동체를 이루는 것이므로 가족생활에서 기본이 되는 부부관계는 동등한 지위에서 인격과 평등이 유지될 때(박선영, 2005) 부부갈등을 줄이고, 건강한 부부관계를 이룰 수 있음을 알 수 있다.

우리 헌법은 제36조 1항에서 "혼인과 가족생활은 양성평등과 개인의 존엄을 근간으로 유지되고 국가는 이를 보장한다."고 규정하여 결혼과 가족생활에서 양성평등과 개인의 존엄을 보장하는 민주적 가족제도를 헌법이 보호하고 있음을 명백히 하고 있고 국가의 이념 역시 양성평등에 의하여 구성되고 있다. 그리고 가부장적 이데올로기와 남녀차별 의식을 조장하고 제도화해 온 호주제도가 개인의 존엄과 양성평등을 보장하고 있는 헌법 정신에 정면으로 배치되므로 2005년 2월 3일 헌법재판소의 헌법불합치 결정과 함께 3월 2일 민법개정 법률안이 국회본회의 통과로 호주제가 폐지되었다. 새로운 신분등록제도가 마련되어 2008년 1월 1일 호주제 폐지의 효력이 발휘하게 된다. 이로써 남성 가장에게 일방적인 권위와 책임을 부과하여 남아선호사상과 가족 간 주종관계를 유지하게 했던 호주제 대신 남녀가 평등한 가족개념이 자리 잡고, 의식이 크게 개선될 것으로 보인다. 우리 사회의 가부장성은 여성의 교육수준이 높아지고 사회참여가 보편화되면서 사회의 발전을 저해하는 주된 요소로 지적되어 왔다.

가족에서의 부부의 평등이 법적으로 보장되고 있지만 실제적으로 부부의 삶에서 평등이 실현되지 못하는 현실은 출산율 저하와 가족의 해체라는 문제를 낳고 있다. 이제 양성평등은 물론 혼인과 가족생활에서의 부부평등은 국가만의 문제가 아니라 국제사회가 함께 짊어지고 나아가야 할 과제인 것이다(이상은, 2002). 여성의 교육수준이 높아짐에 따른 사회참여 증가가 부부관계의 전통적 사고를 벗어나고 여성이 경제력을 갖게 됨으로써 가정 내 지위의 변화로 인해 양성평등한 부부관계를 지향하고 있다(이명신 · 김유순, 2003). 또한 취업을 통한 여성의 경제력 확보가 가정 내 권력을 증가시키고 양성평등적인 부부관계를 가능하게 하여 결혼의 질을 향상시킬 수 있다(우명순, 2008, pp.10-12).

부부간 역할 변화	→	• 킴밸(Gale Kimball, 1988) 남편과 아내가 돈벌이, 집안일, 육아, 의사결정을 분담하는 부부 -남편과 아내가 서로 평등한 권위 또는 권력을 소유하며 책임도 함께 지는 결혼관계 • 1994년 세계가족의 해 UN 지정

Chapter 09

부부관계

1. 부부갈등과 의사소통
2. 의사소통 유형
3. 부부 의사소통의 장애요인
4. 효과적인 의사소통
5. 부부갈등의 요인 및 실태
6. 부부갈등해결 방식
7. 결혼의 대안: 독신

샘물은 퍼낼수록 계속 새 물이 고이는 법이다.

오히려 아껴두면 썩는다.

하나님은 믿음의 조상 아브라함의 가정에 복의 근원, 즉 샘솟는 복을 주셨다.

샘솟는 복은 부귀(富貴), 다남(多男) 등 물질적 소유나 삼재팔난(三災八難)을 모면하는 소극적 안일함이 아니라, 어려워도 올곧게 사는 것, 온유하고 순결한 것, 마음이 깨끗하고 정직한 것, 정의를 위해 핍박받는 것, 하나님의 뜻에 합하는 것이다. (마 5:-12, 시 1편)

샘솟는 복을 누리는 사람들의 성품

1) 친구의 사업이나 자녀가 성공했을 때 내 일처럼 흐뭇함을 느낀다.
2) 남을 위해 돈이나 시간을 쓸 때 아깝지 않고 기뻐한다.
3) 자녀들이 정상적으로 성장하고 있는 것만으로도 늘 감사한다.
4) 식사 때마다 먹는 음식 하나하나에 대해 고마워한다.
5) 자연의 아름다움을 느끼며 새소리, 꽃과 풀의 생김새에 감탄한다.
6) '모자란다.' '더 있어야 하겠다.'는 생각보다 '이만하면 충분하다.'고 느낀다.
7) 남을 비평하고 헐뜯는 횟수보다 칭찬하고 격려하는 횟수가 더 많다.
8) 과거나 현재를 후회하기보다 내일에 대한 소망을 갖고 다짐한다.
9) 사람 앞에 보이는 모습보다 하나님께 보이는 모습을 더 생각한다.
10) 잘사느냐보다 바르게 사는가에, 무엇을 가졌느냐보다 무엇을 나누어 줄 수 있는가에 대해 더 관심을 갖는다.

김형태, 결혼과 가족상담, 2002, 서울: Midwest Press, p.12.

1. 부부갈등과 의사소통

부부의 기능이 잘 수행되기 위해서는 누구보다도 부부간의 의사소통이 잘 이루어져야 한다. 부부의 의사소통은 부부간 상호작용의 중요한 부분으로 부부관계의 친밀함을 증진시키고, 갈등발생 시 갈등해결의 중요한 방법이 된다. 의사소통은 언어와 비언어적인 상징을 사용하여 이루어지므로 두 사람 사이의 의사전달 방식이나 해석에 차이를 보일 수 있다(김현주, 1998, p.195).

한국사람은 말로 표현해야 안다는 말은 이미 상대방을 잘 알지 못하고 이해하지 못하는 것으로 생각한다는, 즉 이심전심의 상태라야 가까운 관계로 여기기 때문에 생각이나 느낌을 분명히 표현하는 것을 매우 쑥스럽게 생각한다는 것이다. 서양사람들이 사랑을 매우 적극적인 언어로 표현하는 데 비해 한국의 남편들은 아내에게 사랑한다는 말을 잘 못 하고 표현하는 것도 미숙하다. 아내들도 남편이 사랑한다는 말과 표현을 자주 하면 오히려 의심하기도 한다. 또한 흔한 예로 남의 집을 방문했을 때 주인이 배고프냐, 뭘 먹겠느냐, 더 먹겠느냐 등등을 물을 때 대부분의 한국사람은 분명한 대답을 하지 않는다. 말로써 분명하게 자신의 의사를 말하는 것을 예의에 어긋난다고 여기며, 오히려 주인이 알아서 파악하고 처신해야 한다고 생각한다(김영애, 1993, p.169).

여성의 경우엔 조용하고 얌전하며 다소곳한 것이 여성답고 미덕이라고 간주되어 왔으며 더구나 자긍심이 낮은 여성은 거부될 것이 두려워 언어로 정확히 자신을 표현하지 못하고 상대방이 자신의 생각과 마음을 알아주고 읽어주기를 원하며 상대방도 자기중심적으로 판단하고 해석하는 경향이 짙다. 이러한 문화적, 환경적, 남녀성별의 차이로 부부갈등과 여러 가지 문제들은 의사소통을 통하여 원활하게 해결하지 못하고 부부관계가 더욱 어긋나고 악화되기 쉽다.

한편, 송성자(1985, pp.126-131)는 우리나라에서 문제부부의 역기능적인 의사소통을 권위지향성, 소심지향성, 불성실지향형, 희생지향형, 지배지향형으로 유형화하였다.

첫째, 권위지향형 의사소통의 남편은 계층 서열의식이 강하고 체면을 중요시하며, 부인을 무시하고 장점보다는 단점을 지적하고 비난하여 부인으로 하여금 두려워서 복종하게 하고 자신의 체면과 권위를 유지하려고 한다. 부인은 자신을 과시함으로써 인정받고자 하는 경향이 있다. 전통적인 가부장 제도하에서 자주 발견할 수 있다.

둘째, 소심지향형은 과거에 집착하는 보수적인 성향을 말한다. 이 유형의 의사소통은 불평불만이 많고 무슨 일이든 소극적이며 비관적이다. 아무것도 아닌 것을 공연히 두려워하며 비사교적인 경향이 있다. 아내들이 많이 가지고 있는 유형이다.

셋째, 불성실지향형은 정확한 답변을 회피하고 거짓말을 하며 무책임한 말을 하는 특성을 지닌다. 남편의 경우 자신의 무력감이나 부정행위를 숨기려는 방어 전략으로부터 불성실 지향적 의사소통을 사용하는데, 아내가 자신을 무시하고 비난하는 것으로부터 자신을 보호하고 방어하여 임시변통적인 말을 둘러대는 경우이다.

넷째, 희생지향형은 쉽게 결정을 못 하고, 말할 때 딴전 피우거나 무조건 동의하고, 해야 소용없다는 생각을 하는 경우로써 남편들이 표면적으로는 상대방의 의견에 무조건 수용하고 반대하지 않으면서도 내면적으로는 비판적인 태도를 가지고 있는 경우이다. 아내의 입장에서는 지나치게 남을 의식하고 자기희생에서 타인에 의한 희생을 하면서도 가족을 위해 진정으로 희생하고 있다고 해석한다.

다섯째, 지배지향적 의사소통의 남편의 경우 아는 척, 잘난 척, 호언장담을 하므로 자신의 능력을 과시하면서 상대방을 명령적 지시적으로 지배하려는 의사소통 유형이다. 아내의 경우엔 감정적이면서 자기주장을 고집하기 위해 이유를 따지고 양보하지 않는 자기중심적 지배지향성이 특징이다. 권위지향적 의사소통과 유사하나 실제적으로 권위지향형은 서열의식, 남녀차별, 체면의식 등을 중시하며 개인의 능력에 의존하기도 하지만 제도, 규칙, 관습 등을 중시하고 자기를 과시하려는 경향이 있다. 반면에 지배지향형은 자기능력을 과장하여 상대방을 지배하려는 경향이 짙다.

송성자(1985)는 문제부부 중 남편에게는 권위지향형이 많이 나타나는데 비해 아내에게는 소심지향형이나 희생지향형이 많다고 말했다.

부부간 갈등이 없는 결혼생활은 존재하지 않는다. 백년해로한 부부들 역시 그 세월만큼 수많은 갈등을 겪는다. 어떤 이는 살아가면서, 부딪치면서 갈등을 해결하고 어떤 이는 이혼으로써 갈등을 마무리한다. 현대인들은 이혼으로써 갈등에 종지부를 찍는 경우가 급증하고 있다. 갈등을 해결하기 위해서는 부부가 당면하고 있는 상황에 대한 자신들의 마음과 생각들을 정확하고 솔직하게 교환하는 것이 전제되어야 한다. 서로의 의견과 입장을 대화로써 주고받는 방법을 소홀히 하고서는 갈등을 해결할 수도 없고 오히려 또 다른 오해와 갈등을 증폭시킨다.

부부 의사소통이 원활하고 효과적으로 이루어지기 위해서는 다른 사람에게 자신의 생각, 느낌, 희망 등을 솔직하게 이야기해야 한다. 자기 자신에 관하여 표현해야 하며 또한 바람직한 대화를 위한 필수적인 요소로서 경청, 즉, 주의를 집중하여 열심히 들어야 한다. 경청하기 위해서는 긍정적인 수용태도, 선입관이나 고정관념 버리기 그리고 경청의 자세로서 긍정적 시선, 고개 끄덕임과 같은 태도가 요구된다(이정덕 외, 1998, pp.253-255).

부부는 각자의 성장과정에서 겪은 가족배경, 문화, 자아정체감, 가치관, 서로의 차이점으로 인한 갈등을 인정하고 이러한 갈등을 해소하는 데도 대화에 시간을 할애하고 대화의 원리와 내용, 방법과 기술 등을 훈련하고 습득하여 서로 공유하는 것이 필요하다고 생각한다. 그럴 때에 의사소통에 막힘이 없고 원활한 부부가 서로의 차이와 다른 점을 이해하고 인정할 수 있으며, 친밀한 관계, 나아가 성숙한 부부관계로 나아갈 수 있을 것이다(정희원, 2000, pp.30-33).

부부간의 효율적인 의사소통	→	여자친구 1: 얼굴이 왜 그래? 여자친구 2: 응. 며칠 전에 부부싸움을 하고 난 뒤부터 계속 냉전 중이야, 답답해 죽겠어. 여자친구 1: 나도 자주 싸우긴 하는데…… 금방 풀어야지 오래 가면 안 좋더라. 화해해. 세계에서 젤 오랫동안 결혼생활한 부부가 1925년에 결혼한 100살 넘은 미국 할머니 할아버지라는데, 그 할머니가 그랬대. 자주 싸우긴 했지만 그날 밤을 넘긴 적이 없대. 꼭 껴안고 미안하다고 하고 잤대. 여자친구 2: (웃으며) '미안하다, 사랑한다.'라고 해야겠네?

2. 의사소통 유형

의사소통은 일반적으로 사회적 상황에서 언어적 의사소통과 비언어적 의사소통을 함께 의미한다. 그것은 상호작용이나 상호거래(interaction or transaction)를 의미하고 메시지를 주고받는 사람들이 사용하는 모든 상징들과 암호들을 말한다.

Satir(1972)는 의사소통에서 언어적 의사소통뿐만 아니라 비언어적 의사소통을 강조하였다. 사람들은 의사소통할 때 몸짓, 표정, 움직임, 목소리, 억양, 옷차림 등을 통하여 메시지를 전달한다. 그리고 모든 의사소통은 시간, 장소, 대상, 환경 등의 상황 속에서 이루어진다. 이러한 모든 요인들 때문에 의사소통은 복잡해진다. 그러므로 수신자는 송신자가 보내는 메시지의 여러 가지 측면을 고려하여 메시지를 받아들여야 한다(송성자, 1987, p.192).

Satir는 의사소통 유형을 네 가지로 분류하여 개념을 발전시켰다. 이 개념들은 주로 역기능적 의사소통에 관한 것으로 회유(placating), 비난(blaming), 초이성적(computing), 주의산만(distracting) 등이다.

① 회유(placating): 회유는 사람들이 생존의 위협을 느꼈을 때 취하는 반응양식 중의 하나이다. 회유형은 대부분의 문화나 가족들로부터 붙임성있고, 매우 적절한 행동을 하는 것처럼 여겨진다. 그러나 회유는 마음

과 행동이 일치되어 다른 사람을 편안하게 해주려고 하는 것과는 다르다. 회유는 자신의 가치를 잃어가면서 하는 것이다. 회유는 자기존중을 하지 못하고 다른 사람들에게 자신은 중요한 사람이 아니라는 메시지를 보낸다.

회유적 의사소통 유형을 많이 사용하는 사람은 변명하고 아부를 하며 다른 사람의 찬성을 받으려고 하고, 모든 것을 자기 책임으로 돌리며, 무조건 동의하고, 상대방이 원하는 대로 행동하고, 희생적이며, 다른 사람을 화나지 않게 하려고 노력한다.

② 비난(blaming): 비난은 변명을 받아들이지 말 것, 불편해하지 말 것, 학대를 당하지 말 것, 스스로 자기 몫을 챙길 것 등과 같은 사회의 규칙을 잘못 반영한 불일치한 양식이다. 즉, 비난형은 "약해서는" 안 된다는 의지를 나타낸다.

자신을 보호하기 위해서 다른 사람을 괴롭히거나 비난하고 환경을 탓한다. 비난하기 위해 다른 사람을 깎아내리며 자신과 상황만을 중요시한다. 비난할 때 사람들은 적대적이고, 독재적이고, 잔소리꾼이고 혹은 폭력적으로 보인다. 회유형이 엎드려 굴복하는 자세라면, 비난형은 큰 소리로 표현하는 것이다.

비난은 다른 사람으로 하여금 두려움을 느끼게 한다. 사춘기 청소년들, 특히 질서를 지키고 조용한 것을 중시하는 가족의 청소년들이 자주 이러한 태도를 취하는데, 이는 비난형의 태도가 다른 사람을 지배하는 듯한 느낌을 제공하기 때문이다.

우리 모두는 생존하기 위한 방법으로 행동하고 말한다. 날카롭게 비난하는 것도 실은 도움을 간청하는 것이다. 이러한 대처기술이 도움이 되지 않음을 알지만 우리를 생존하게 해주고, 자기가치감과 살고자 하는 의지를 부여해준다는 점에 대해서는 존중할 가치가 있다.

③ 초이성적(computing): 초이성형의 대화양식은 자기와 다른 사람을 무시한다. 지나치게 이성적이라는 것은 단지 상황만을 존중하면서 대개의 경우 정보와 논리의 수준에서 기능하는 것을 의미한다.

이 방식의 가장 중요한 특징은 비인간적이며 객관적이라는 것이다. 이렇게 행동을 하게 되면 자신뿐만 아니라 다른 사람까지도 감정에 초점을 맞추도록 허용하지 않는다. 이러한 태도는 마치 움직이지 않고, 보지 않으며, 만지지도 않고, 느끼지도 않는 것이 성숙함이라고 여기는 사회의 규칙을 반영한다.

때로는 초이성적 태도가 지성으로 오인된다. 초이성적 대화자들은 전문용어를 조리 없이 사용하며 매우 미세한 부분까지 복잡하고 길게 설명하고자 한다. 돕는 사람이 이해를 못 해도 상관하지 않고 학문적 광신자가 된 기쁨을 느끼면서, 자신의 의견이나 관점을 뒷받침할 수 있는 자료나 연구결과를 인용하여 갈등을 해결하고자 한다. 그렇게 해서 자신이 항상 옳다는 것을 증명하기를 원한다.

④ 주의산만(distracting): 주의산만형은 통상적으로 재미있거나 익살스러운 모습과 혼동된다. 산만한 양식은 초이성적인 것과 대조적이다. 이러한 대조적인 태도는 초이성적인 사람들을 조용하고 안정된 것처럼 보이게 한다.

사람들이 산만할 때는 쉬지 않고 계속 움직인다. 이러한 태도는 현재 의논하려는 문제들로부터 사람들의 관심을 분산시키려는 목적을 갖고 있다. 이들은 생각을 자주 바꾸고 한꺼번에 많은 행동들을 하고자 한다. 산만형의 사람들은 자기, 다른 사람, 그리고 서로 상호작용하는 상황에 대해서조차도 별로 큰 관심을 갖지 않는다.

이러한 사람들은 주제에 초점을 맞추지 못한다. 예를 들어 안부를 물으면 비싼 생활비, 날씨, 혹은 최근의 축구경기 등에 대해서 이야기한다. 이들은 신체적으로도 관심을 집중하지 못하는데 계속 몸의 일부를 움직이거나 휘파람을 불거나, 노래를 하거나, 눈을 깜빡거리거나, 다른 사람의 머리카락을 건드리거나 혹은 안절부절못한다(김형일, 2008, pp.11-17).

사티어의 의사소통 유형	→	(1) 회유형 • 자신의 가치에 대한 느낌 무시 • 자신의 힘을 다른 사람에게 넘기고 모든 것에 '예'라고 함 • 마음과 행동이 불일치, 자신의 가치를 잃어감 (2) 비난형 • 자신을 보호하기 위해 다른 사람이나 환경을 탓함 • 싸우면서 헤쳐 나가는 것이 인생에서 성공하는 방법이라고 생각함 (3) 초이성형 • 자기와 다른 사람을 무시하고, 지나치게 이성적인 상황을 존중 • 정보와 논리의 수준에서 기능 • 원칙주의자, 재미없고 강박적 (4) 산만형 • 자기, 다른 사람, 상황에 관심이 없음 • 주의 집중하지 못하고, 행동이 엉뚱하고 무의미 (5) 일치형 • 자기의 독특성을 인정하며 개인적인, 그리고 대인 간 에너지가 자연스럽게 순환 • 자신과 다른 사람을 신뢰 • 자신의 내적·외적 자원을 활용 • 자기 자신과 다른 사람을 사랑 • 변화에 대해 융통적, 개방적

3. 부부 의사소통의 장애요인

① 성장배경의 차이: 결혼한 부부는 성장배경에 있어서 차이점이 많다. 부부는 결혼하기 전에 가정의 형태가 있었을 것이다. 그 가정이 기능적인 가정이든 역기능적인 가정이든 어떤 환경 가운데 자랐다. 그러므로 어떤 이는 성장배경이 좋았다면 긍정적인 사고를 가지고 있지만

성장배경이 역기능적인 가정에서 자랄 경우에 삶에 있어서 부정적인 사고가 강하게 드러날 수 있다. 그런 면에서 부부는 성장배경에 있어서 많은 차이점으로 부부갈등을 겪게 된다(고상원, 2003, pp.56-59).

② 성격차이: 부부의 성격차이 또한 부부의 의사소통과 부부관계에 중요한 영향을 미치는 요인이 된다. 이혼하는 대부분의 부부들이 성격이 맞지 않아 이혼을 한다고 한다. 그만큼 상대방의 성격적인 부분을 이해하고, 인식하고, 존중하는 것이 중요하다. 그러나 배우자와의 사소한 성격적 특성의 부딪침을 통해 큰 갈등으로 이어지며 부부의 성격차이는 여러 가지 있을 수 있다. 기질의 차이, 결혼의 기대, 배우자의 지배성향, 무관심, 고집스러움, 질투, 이기심, 소유욕, 자기 확신, 애정표현, 회피, 자기주장 등 많은 부분에서 차이가 있다(고상원, 2003, pp.59-60).

③ 남녀의 차이: 남녀의 성별차이는 생물학적 기능에 의해서 일어나며 남녀 성별에 따른 주요차이를 보면 다음과 같다. 남자는 더 느리게 성숙한다. 신진대사가 더 활발하다. 질병에 더 약하다. 더 공격적이다. 더 빠르다. 더 강하다. 더 민첩하다. 좌뇌가 더 발달되어 있다. 감정에 어려움을 느낀다. 인식적이고 공간적이다. 성적 만족이 가장 큰 우선순위이다(이말임, 1999, p.35).

④ 대화방식의 차이: 남성과 여성의 대화의 방식에 있어서 차이가 있다. 벡(Beck)은 "대화의 스타일에 있어서 남녀의 차이"를 다음과 같이 나타냈다. **첫째,** 여성은 질문을 대화의 방편으로 생각하지만 남성의 질문은 정보를 요청하는 것으로 간주한다는 것이다. 왜냐하면 남성에게는 질문이 간접적인 행위이며 프라이버시 침해라고 생각하나 여성은 질문이 친밀감과 관심의 표현이기 때문이다. **둘째,** 여성은 말을 다리로 사용하나 남성은 지배의 수단과 무기로 사용하며 여성은 대화상대가 한 말과 자기가 한 말 사이에 다리를 연결하려고 하는 성향이 있는 반면, 남성은 보통 이 규칙을 따르지 않으며 상대가 앞에서 한 말을 무시하는 경향이 있다는 것이다(고상원, 1999, pp.62-64).

⑤ 문화적 심리적 장애요인: 부부간의 교육수준, 연령, 계층, 인종 등의 문화적 배경의 차이가 의사소통의 장애요인이 될 수 있다. 부부의 대화 중 개인이 느끼는 거절에 대한 공포, 소외감 등의 심리적 요소도

대화에 대한 장애를 가져온다고 본다. 이러한 심리적 장애요인이 부부의 갈등을 초래한다.

그리고 유교사상에 뿌리를 두고 있는 전통적인 한국가정이 산업화되고 도시화되는 과정을 통해서 서구적인 사고와 가족구조를 가지게 되면서 나타나는 부부갈등 현상이 나타난다. 구조적인 측면으로서 볼 때, 대가족 제도에서 핵가족 제도로 변화하는 과정에서 나타나는 가족구조적인 변화에서 갈등이 야기된다. 즉 부자관계 중심적인 구조에서 부부중심적인 관계로 전환하는 과정에서 오는 갈등적인 요소를 지적한다. 관계 측면에서 대가족 제도가 핵가족 제도로 변화하면서 남편과 아내의 역할과 기능이 달라졌는데도 불구하고 부부가 전통적인 역할과 지위를 고수할 때에 또한 부부갈등이 일어난다.

⑥ 의사소통의 능력과 기술부족: 사람은 무엇을 하든지 기술이 필요하다. 대화할 때도 마찬가지로 기술이 필요하다. 메시지를 전달하는 사람은 자기감정을 전달하려는 욕구와 기술이 필요하다. 수신자 또한 전달된 메시지를 이해할 수 있는 능력이 요구된다. 이와 같은 능력과 기술의 부족은 의사소통에 장애가 된다. 늘 수신자와 전달자 사이를 오가고 있기 때문이다(문순희, 1997, pp.41-44). 토마스(Tomas)에 의하면 부부가 외인에게는 상호작용이 잘되지만 부부의 상호고집과 부정적인 행동들은 특별한 배우자 간의 상호작용 관계의 특징적인 유형과 배우자에 대한 학습의 결과라고 하였다. 이와 같은 부부나 가족원 사이에는 타인이 간단히 해석할 수 없는 의사소통의 기재를 가지고 있다. 현대사회에서 부부는 감정적이고 개인적인 대화가 많아지고, 이런 내용의 의사소통이 부부관계의 친밀성에 더욱 관계하고 있음을 의미한다(최양진, 2008, pp.46-49).

부부 의사소통의 장애	→	1) 각자 다른 성장환경에서 자라면서 각자의 원가족에서 서로 다른 가족규칙을 배움 2) 남자의 말과 여자의 말이 다름 예) • 남자의 문장은 짧고 직접적이며 사실에 근거한 표현을 함 • 남자는 상대와의 관계에 '제3의 무엇' 즉 어떤 문제나 업무

	를 끌어들임 • 남자의 대화는 해결을 위한 것이고 여자의 대화는 공감을 위한 것임 3) 부부 각자의 자존심이 의사소통에 영향을 미침

4. 효과적인 의사소통

갈등은 어느 부부에게나 있다. 그러나 그 갈등을 해결하는 것은 두 부부가 어떤 관계에 있는가를 잘 보여준다. 어떤 부부는 갈등을 부정적으로 대하지만 또 다른 부부는 갈등을 긍정적으로 대한다. 갈등을 파괴적으로 대하지 않고 창조적으로 대처하는 부부는 부부간의 친밀감을 높이고 서로가 성장할 수 있도록 하는, 부부관계 향상 운동이 매우 중요시하는 부분이다. 하워드(Howard)는 부부의 관계를 증진하는데 도움이 되는 몇 가지를 제시하고 있다(이종헌, 1992, p.35).

첫째, 각자에게 진정으로 중요한 것에 대하여 함께 이야기할 시간을 정기적으로 가진다. 관계에 있어서 의사소통은 우리 몸에 산소가 중요한 것만큼이나 중요한 것이다.

둘째, 상대방 안에는 장점과 보물이 들어 있다는 것을 서로 깨닫고 받아들인다. 따듯하게 관심을 기울여서 정식으로 받아들이는 것이다.

셋째, 의견의 불일치에 대해 토론하고 공정한 절충안에 타협함으로써 갈등을 해결한다. 서로 기본적인 약속을 정기적으로 수정하여 그 약속이 늘 효력을 발휘하는 공명정대한 것으로 남아 있게 함으로써 풀리지 않은 노여움과 상처와 울분의 장벽이 둘 사이에 높이 쌓이지 않게 한다.

넷째, 각자 그 자신이 미처 발휘하지 못한 채 지니고 있는 장점과 가능성을 찾아내어 발전시킬 수 있는 기회를 균등하게 마련한다.

다섯째, 정기적으로 함께 천진난만한 아이들처럼 놀아본다. 스스로에게 또 상대방에게 더불어 크게 웃는 법을 터득하게 한다. 날마다 자신에게 축소판 휴가를 준다(적어도 몇 분 동안 휴식과 오락을 즐긴다).

여섯째, 독서 및 즐겨하는 영성훈련을 통하여 자신의 내적 삶을 풍요롭게 한다. 절친한 관계에서 주고자 할 때 줄 수 있는 것을 보다 많이 지니게 될 것이다.

일곱째, 자신에게 도움을 줄 집단을 개발한다. 개인적으로 또는 부부 단위로 할 수 있다.

여덟째, 관계를 위하여 계획적인 성장방법을 개발하고 실천한다. 두 사람 모두 원하는 방식으로 관계를 개선할 성장목표를 선택하고 두 사람 나름의 보다 행복한 앞날을 창조하는데 이바지할 수 있게 마련된 구체적인 행동계획의 실천을 다짐한다.

부부간의 친밀감을 표현하기 위해서 사랑의 표현과 접촉하기 또한 대화의 원칙을 가지고 서로 상대방의 말의 내용이 중요하고 대화 도중에 말을 끊지 말고 끝까지 경청해야 하며 전달하고자 하는 요점을 명확하게 전달하고 상대방과 자신의 사정을 숙지하여야 한다. 상대방의 마음이나 인격을 존중하고 대화한다면 효과적인 대화, 건강한 대화가 될 수 있다(우상식, 2006, pp.42-43).

효과적인 의사소통을 하고자 하면 말하기, 경청하기, 이해하기, 적절한 감정 표출하기를 잘하여야 한다. 또한 부부가 성숙한 의사소통을 하기 위해서는 그리스도 중심의 가정으로 서로 만들어가야 하는데 그 기초가 바로 가정예배이다. 즉, 말씀을 보고 서로를 위해 기도를 하며 영적으로 주님과 하나됨을 이루고 예배 후에 가정의 모든 일을 서로 의논하고 합의하고 협력하는 자세가 필요하다(유양옥, 2006, pp.29-33).

가트만은 갈등을 다루는 부부대화기술을 다음과 같이 제안하고 있다(한숙자, 2006).

첫째, 부드러운 말로 시작한다. 상대방을 비난하거나 매도하지 않고, 곤란한 문제를 부드러운 말씨로 이야기할 수 있다. 불만을 말하더라도 상대방을 비난하지 않는다. '당신은'이 아니라 '나는'이란 말로 시작한다. 무슨 일이 있는지를 말하고 상대방을 평가하거나 판단하지 않는다. 문젯거리를 그때그때 대화로 풀어 쌓아두지 않는다.

둘째, 회복시도를 주고받는다. 회복시도란 서로 적대시하는 분위기를 없애고 말다툼이 다소 과열된다 하더라도 효과적으로 브레이크를 걸 능력을 말한다.

셋째, 서로 흥분하지 않는다. 사이가 나쁜 부부들의 다툼은 마침내 큰 싸움으로까지 번지는 경우가 많다. 상대방의 회복시도를 받아들일 수 없는 경우, 한쪽은 적대감으로 마음이 굳어져 있어 상대방의 말을 귀담아들을 만한 정신상태가 아니기 때문이다. 보통 말다툼을 한 다음 남성이 여성보다 흥분을 지속하는 경향이 있다. 부부는 흥분하지 않고, 의견에 대해 이야기를 나눌 수 있어야 한다.

넷째, 타협한다. 결혼생활을 해 가는데 있어서 문제를 해결할 수 있는 유일한 길은 타협이다. 하지만 어떤 문제를 놓고 두 사람이 충분한 대화를 나누지도 않은 채, 타협하는 데만 온통 신경을 쓰다 보면 실패하고 만다. 문제가 엉뚱한 데로 몰려가 버릴 가능성이 높기 때문이다. 부드러운 말로 시작하고 회복시도로 흥분이 가라앉히고, 냉철하게 되어야만 의견교환을 할 수 있고, 서로가 건설적인 타협점을 찾을 수 있다. 배우자의 의견이나 바람에 마음의 문을 꼭 닫고 있으면 효율적인 타협은 이루어지지 않는다. 배우자의 의견을 존중하는 것은 배우자가 하는 말이나 믿음에 모두 동의할 필요는 없지만 상대방의 입장을 충분히 배려하는 관용을 보여주는 것이다.

다섯째, 상대방의 실수에 관대하다. 상대방의 결점이나 약점을 받아들이지 않으면서 타협점을 모색하는 건 무리다. 배우자에게 생각을 바꾸라고 끊임없이 강요하는 것으로 문제는 해결되지 않으며, 두 사람이 모두 받아들일 수 있는 조건을 찾아내어 고통을 분담하며 함께 바꾸어 나가도록 노력하지 않으면 해결되지 않는다(최양진, 2008, pp.55-58).

자기표현하기	→	(1) 사회적 침투모델 • 친밀한 관계를 형성하기 위해서는 상대에 대한 피상적인 지식이 아닌 내면에 대한 지식, 즉 상대방의 내면에 대한 침투가 일어나야 함 • 부정적인 자기노출도 잘 대처하기만 하면 관계발전에 효과적임 (2) 나-전달법(I-message) • 문제를 유발하는 상대의 행동이 무엇인가 규명하고 상대의 수용할 수 있는 행동을 비난이나 비평 없이 구체적으로 서술함 • 그 행동이 내게 어떤 영향을 미치고 있는지 구체적으로 서술 • 상대방의 행동이나 그것의 영향에 대하여 갖는 감정이나 느낌을 표현 (3) 말하기 기술(Miller) • 자신이 말하는 주인이 되어 말하는 것으로 '나는'이라는 말로 시작함 • 자신이 보고 들은 것을 근거로 사진 찍듯이 그대로 말한다. • 구체적인 사실에 대한 자신의 생각과 해석을 말한다. • 자신의 긍정적 혹은 부정적인 감정을 적절한 언어로 표현한다. • 솔직하게 자신이 원하는 소망을 말한다. • 자신의 행동에 대해 말한다. (4) 상대방을 존중하면서 듣기 • 주의를 기울여 듣는다. • 상대방을 인정해준다는 표현을 한다. • 상대방의 말을 요약하고 더 이야기할 것이 있는지 물어 본다. • 개방적인 질문을 한다. → 누가, 무엇을 어디에서, 어떻게, 언제로 시작하는 개방질문

5. 부부갈등의 요인 및 실태

인간이 겪고 있는 대부분의 갈등은 인간관계 안에서 일어난다. 그 관계가 밀접하면 밀접할수록 스트레스와 갈등이 발생할 가능성이 높다. 갈등은 인간의 역사와 함께 항상 존재하였다. 인간의 역사는 곧 갈등의 역사라고 할 만큼 인간의 역사는 갈등의 연속이라 할 수 있다. 부부갈등의 원인을 이론적 관점에서 본 부부갈등의 원인과 한국가족의 부부갈등의 원인에 대해 성경적인 부부갈등을 제시하고자 한다.

1) 이론적 관점에서 본 부부갈등의 원인

갈등의 원인을 다양한 측면에서 살펴볼 수 있다. 사회학적인 측면에서 보면 **첫째,** 기능주의 관점으로써 가족구성원들 간의 갈등은 서로 다른 규범이나 각 구성원들이 감당해야 하는 역할의 불일치로 일어난다고 본다. **둘째,** 갈등이 체제 속의 억압이나 권력, 자원의 불평등한 분배로 인해 가족원들의 이해관계가 첨예하게 대립하면서 생겨난다. **셋째,** 결혼생활주기 가운데 나타나는 것으로 이해할 수 있다. 부부관계는 어느 관계보다도 깊은 인간관계이다. 깊은 인간관계는 살아 있는 과정으로 굴곡이 있으며 끊임없이 변화한다. 따라서 결혼생활주기의 각 단계에는 독특한 요구와 그에 따른 갈등과 만족, 근심과 기쁨이 있게 된다. 그러므로 가족생활주기 관점에서 보면 가족발달주기 전환에 따른 스트레스가 부부갈등의 원인이 될 수 있다(Chafin, 1978).

부부갈등의 원인은 결혼생활주기로 나타나지만 더욱 근본적인 것은 사랑이 결여될 때 나타난다고 할 수 있다. 결혼생활주기로 나타나는 부부갈등은 사랑의 정신을 가질 때 결혼생활주기에 따른 갈등과 스트레스를 극복할 수 있다. 가정에 있어서 절대적으로 필요한 요소가 화목이다. 이 화목의 가정을 이루는 것은 애정과 존경이다. 남편은 아내를 사랑하고 아내는 남편을 존경할 때 갈등은 사라지고 진정한 화목을 이룰 것이다.

2) 한국가족의 부부갈등의 원인

한국가족의 부부갈등의 원인은 **첫째,** 가부장 제도에서 오는 갈등이다. 가부장제 가족에서는 가족성원을 지배하는 권리와 가족성원의 행위를 책임지는 의무, 그리고 가옥을 포함한 재산을 관리하고 상속하는 권리가 최고의 세대의 연장자인 남자에게 있다. 이런 남자는 가장인 동시에 부(父)이기 때문에 그가 소유한 권한을 가부장권이라 하며, 가부장권에 의해 운영되는 가족을 가부장제 가족이라 한다. 대가족 제도에서 핵가족 제도로 변화하는 과정에서 나타나는 가족구조적인 변화에서 갈등이 야기된다고 본다. 즉 가부장적 축소로 유교적 가부장적 가치관에 깊은 뿌리를 내리고 있는 부모와 새로운 민주적, 개방적, 평등주의적 가치관에서 의식하는 젊은 세대에 끼여 갈등을 겪고 있다(송정자, 1995, p.283). **둘째,** 가부장적 성문화에서 오는 갈등이다. 부부갈등은 성의 영역에서 대다수 나타난다. 성적인 영역에서의 어려움은 다른 면에서 좋은 생활에 해가 될 수 있다. 우리나라는 역사적으로 유교사상의 영향을 받아서 '남녀칠세부동석'을 깊이 강조하고 성적 충동 등 외적인 접촉을 금지하여 억압해 버림으로써 성은 나쁜 것이라고 인식하였다(이근후 · 이동원, 1973, p.294). 성은 인간의 건강과 마음의 균형과 살아 있는 기쁨에 깊이 관련되어 있으므로 성에서 만족을 얻지 못하면 비정상적으로 나타난다. 성생활의 불만족은 가부장적 성문화에 사로잡힌 남성의 일방적인 성행위에서 나타난다. 뿐만 아니라 여성의 경우 성이 신성한 것이라는 인식보다는 부끄러운 것, 수치스러운 것으로 인식하고 성에 대한 거부반응을 보임으로 상호간의 사랑의 관계를 깨뜨리고 있다(김기행, 1992, p.8). **셋째,** 대가족 제도에서 핵가족 제도로 변화하면서 남편과 아내의 역할과 기능이 달라졌는데도 불구하고 부부가 전통적인 역할과 지위를 고수할 때에 또한 부부갈등이 일어난다고 하였다. **넷째,** 종교적인 측면에서 오는 갈등이다. 역사적으로 한국은 전통문화가 불교, 유교문화였기 때문에 이에 영향을 받고 생활을 하여 온 세대와 서구의 기독교에 대한 사상, 풍습, 교리 등에 상당한 반발을 가지고 있는 세대이다. 이 세대와 서구의 기독교 문화와의 만남으로 상당한 갈등을 겪고 있다. 유교문화는 효를 강조하고, 제사가 가족과 인류를 유지하게 하는 기본 바탕이 되었다. 그러나 기독교가 들어오면서 제사의 폐지를 주장하였고, 제사를 우상숭배로 여김으로 많은 갈등을 초래하였다. 이런 이유로 교회의 출석문제, 봉사문제, 헌금문제 등 많은 갈등을 겪게 되고 이 신앙의 차이로 오는 갈등 때문에 때로는 이혼의 조건이 되기도 한다(이현규, 1992, p.67).

한국사회는 가부장적 제도와 대가족 제도에서 핵가족 제도로 변화하면서 남편과 아내의 역할과 기능이 달라졌는데도 불구하고 부부가 전통적인 역할과 지위를 고수할 때 부부갈등이 일어나며, 또한 종교적인 갈등이 심화되어 환경이 악화 되면 이혼이라는 극단으로 치닫게 된다(김규식, 2003, pp.15-18).

부부는 성장배경 및 경험이 다르기 때문에 부부생활의 상호 적응과정에 있어서 어느 정도의 갈등이 있기 마련이며, 부부간의 갈등을 발전적인 방향으로 재조정하거나 재교섭하여 갈등의 해결책을 모색할 경우 부부관계는 새로운 상호관계로 발전할 수 있지만, 그 반대로 부부갈등을 잘 해결하지 못하면 불만의 감정의 골이 깊어지면서 가정에 위기가 찾아오게 된다. 부부갈등으로 인해 이혼하는 가정이 급격하게 증가하고 있으며 그 여파는 심각한 사회문제를 초래하고 있다. 2002년 하루 평균 840쌍이 혼인하고 398쌍이 이혼한 것으로 나타났다. 10년 전 하루 평균 1,150쌍이 혼인하고 147쌍이 이혼하던 것과 견주어보면, 혼인하는 쌍은 27% 줄고 이혼하는 쌍은 171%가 늘어난 셈이다(한겨레신문, 2003.3.27; 김규식, 2003, p.23).

부부갈등의 요인 →

(1) 정신내적 원천은 부부 각자가 지니고 있는 개인적인 심리적 요소. 외모와 능력에 대한 열등감, 상대에 대한 끊임없는 불신과 불안한 정서, 자신이 추구하는 이상적인 자기상과 현실적인 자기 모습과의 심한 괴리감 때문에 생기는 정신적 고통처럼 자신의 내면세계에서 발생되는 심리적인 긴장, 불안, 불쾌 등으로 인한 갈등

(2) 한 개인의 일시적이거나 지속적인 생리적 변화나 약화에 따른 신체적 원인 때문에 취업주부가 남편의 가사분담에 대한 무관심과 비협조로 신체적 피로가 누적되거나 질병 상태에 빠질 때 부부간의 갈등 야기

(3) 상호 정신적 원천, 즉 부부관계에서 두 사람의 상호작용의 결과로 발생되는 갈등

(4) 상황, 환경적인 원천으로 전혀 예기치 못한 사회경제적 여건의 악화로 인해 갈등이 발생하는 경우

(5) 자녀출산과 같은 가족구성원의 변화로 부부갈등 야기

6. 부부갈등해결 방식

스트레스의 한 유형인 갈등은 부정적인 면뿐만 아니라 긍정적인 측면도 가진다. 즉 부부간에 내재된 갈등은 신체적, 정신적 부적응을 일으키며 관계에 불신 및 거리감을 주는 부정적인 측면을 갖는 반면, 갈등을 원만히 잘 관리했을 경우, 부부관계에 긴장을 제거시켜 주고 상호 이해를 증가시켜 주며, 분노를 감소시킨다는 긍정적인 측면을 동시에 갖는다. 그리고 갈등이 심한 부부는 갈등 존재 그 자체가 문제가 아니라 그들이 갈등해결을 위한 대처하는 방법이 부적당하기 때문이라는 연구결과가 있듯이(Straus, 1979), 부부갈등에 대한 대처행동은 부부갈등 자체보다 중요하다.

갈등대처 행동이란 문제나 갈등에 직면해서 그것을 극복하는 효과적인 수단을 찾는 것으로 펄린과 쇼더(Pearlin & Schoder, 1978)는 대체로 고통의 점차적인 감소, 문제해결, 현실검증, 복귀의 과정이라고 하였고, 코도프와 호버만(Chodoff & Hoberman, 1983)은 심리적 안정성에 대한 중요한 위협을 처리하기 위해 사용되는 모든 방법의 총체라고 정의하고 있다.

한편 이러한 갈등대처 방식에 관한 연구에서 코헨(Cohen et al., 1985)은 효과적인 갈등대처 행동을 사용하는 사람들은 갈등해결을 위해 정보를 추구하고 적극적으로 행동하며 부정적 행동을 억제하고 반성하는 등의 심리적 과정이나 상황에 능동적으로 대처할 수 있는 유연성의 행동특성을 갖는다고 하였으며, 이와 비슷한 결과로 펄린과 쇼더(Pearlin & Schoder, 1978)는 개인이 사용하는 스트레스나 갈등상황에 대한 대응방법의 종류가 많고 범위가 클수록 개인의 감정을 적절히 발산할 수 있고, 이러한 특징은 더욱 대응능력을 강하게 하고 효과적인 극복을 할 수 있다고 보았다(원자희, 2004, pp.19-20).

부부갈등 해결 유형	⇨	• 이성형, 공격형, 회피형(3가지) • 이성형, 공격형, 회피형 + 행동표출, 외부도움 요청, 순응 및 체념, 의견 강요
바람직한 행동해결	⇨	• 건설적인 갈등해결과 파괴적인 갈등해결 • 건강한 부부갈등해결 비결 • 과격하지 않은 부드러운 말로 이야기를 시작하라 • 화해와 회복의 시도를 주고받아라-타협하라 • 상대방의 결점과 약점을 수용하라

7. 결혼의 대안: 독신

1980년대 초반만 해도 '여자 나이 스물다섯' 하면 '노처녀' 소리를 들었지만, 요즘은 그 나이에 시집간다면 왠지 이른 느낌이 든다. 현대 여성들이 체감하는 평균 초혼연령은 30세라는 주장도 있고 보면 결혼을 둘러싸고 진행되는 변화 속도가 눈부실 정도로 빠른 듯하다.

2002년 통계청이 발표한 자료에 따르면 우리나라 초혼연령은 여자 26.8세, 남자 29.6세로 나타나 있다. 1955년 평균 초혼연령은 여자 20.4세, 남자 24.5세로 나와 있고, 좀 더 거슬러 올라가 1920년대에는 여자 18세, 남자 21세로 기록되어 있다. 대략 50년 격차를 두고 여성의 평균 초혼연령은 무려 6.4세가 높아졌고, 남성은 5.1세가 높아져 대표적인 만혼(晩婚) 국가로 등장하게 된 셈이다.

세계적으로 보면 아시아 지역에서 초혼연령이 비교적 높게 나타나는데, 대표적인 나라로는 홍콩과 싱가포르이다. 1995년 기준으로 홍콩에서는 여자 평균 나이 26.6세, 남자 29.2세에 결혼하고, 싱가포르에서는 여자 27.0세, 남자 29.8세에 결혼한다. 또한 일본의 초혼연령은 여자 26.9세, 남자 30.3세로 우리나라보다 다소 높게 나타난다. 반면 유럽이나 미국에서는 아시아보다 이른 여자 23～24세, 남자 27～28세에 결혼한다.

최근 결혼과 관련해 흥미로운 데이터가 발표되었다. UN에서 45세 이상

남녀 가운데 결혼한 경험이 한 번도 없는 독신자 비율을 집계한 결과 한국이 여자 0.3%, 남자 0.4%로 세계에서 가장 낮은 것으로 밝혀졌다. 중국은 독신자 비율이 여자 0.2%, 남자 3.5%였고, 일본은 여자 3.6%, 남자 3.3%로 우리나라의 약 10배에 이르렀다. 독신자 비율은 아시아 국가가 대체로 낮은 데 반해, 라틴 아메리카나 아프리카 일부 지역은 25~30%로 높게 나타나 지역적 특성이나 문화에 따라 매우 다양함을 알 수 있다.

우리나라와 같이 '결혼적령기'를 지나면 결혼율이 보통 90%를 넘어서는 경우를 일컬어 보편혼(universal marriage) 사회라고 한다. 물론 인류학자들 중 결혼적령기가 있다고 주장하는 사람은 없다. 만일 인간에게 결혼적령기라는 것이 있다면, 세계적으로 결혼하는 나이는 비슷하게 나타날 것이고 결혼율도 거의 100%에 이를 것이다. 그러나 실제 초혼연령이나 결혼 비율은 물론, 결혼 풍습과 의미 등은 문화권에 따라 매우 다채로운 모습을 보인다. 또 같은 사회 안에서도 시대에 따라 끊임없이 변해오고 있다.

결혼적령기의 압력이 강하게 작용하는 우리나라에서 선남선녀들이 계속 결혼을 늦추고 있음은 주목할 만한 현상이 아닐 수 없다. 만혼이 보편화되고 있는 객관적 조건으로 우선 전반적인 교육수준의 향상을 들 수 있다. 남자의 군복무와 경제적 자립이 결혼의 선행조건으로 등장하게 되면서, 남자의 결혼연령이 자연스럽게 상향 조정됨에 따라 여자의 결혼연령도 동반해 높아진 결과이기도 하다. 여성의 취업 경험 역시 결혼연령을 높이는 데 일조했음은 물론이다.

이런 객관적 조건의 변화와 더불어 결혼을 둘러싼 가치, 규범, 행위, 태도 등이 자연스럽게 변화되고, 결혼을 하도록 밀어내는(push) 요인과 결혼 속으로 끌어당기는(pull) 요인이 동시에 약화된 측면도 결혼지연에 일정한 영향력을 미치고 있다.

먼저 결혼하도록 밀어내는 요인으로 '결혼을 강요하는 부모의 압력', '집을 떠나 독립하고픈 욕구', '심리적 외로움' 등을 생각해볼 수 있다. 오늘날은 배우자 선택과정에서 그동안 결정적인 영향력을 행사해 온 부모 및 친지들의 입김이 약화되고 있다. 결혼 당사자의 의견이 중시됨에 따라, 결혼 시기 자체를 당사자들이 선택하는 경향이 증가하게 된 것으로 보인다.

다음으로 과거에 부모로부터 독립할 수 있는 유일한 방법이 결혼이었다면, 이젠 일정한 경제력이 확보될 경우에 독립이 가능해 굳이 결혼을 선택하지 않아도 되는 분위기가 조성된 탓도 만혼에 기여한 것으로 보인다. 더불어 결혼을 통해 심리적 외로움을 충족하고픈 욕구 또한 결혼에 대한 기대가 커질수록 결혼의 안정성 약화에 따른 위험 부담이 어느 때보다 증가하고 있음을 목격할 수 있다. 이제 결혼 외에도 다양한 인간관계에서 심리적 외로움을 달래주고 정서적 친밀성을 교감할 수 있는 방법을 대안으로 선택하는 경우가 늘어가는 듯하다.

결혼을 선택하도록 끌어당기는 요인도 과거에 비해 약화 일로에 있음이 관찰된다. '자신의 가족을 갖고픈 욕구'는 최근 들어 '결혼은 선택, 취업은 필수'라는 인식으로 대체되고 있다. 결혼은 반드시 해야 하는 전통 관례라기보다 개인의 선택에 의해 '할 수도 있고, 안 할 수도 있는 하나의 생활양식'으로 자리 잡아 가고 있다. 더불어 과거에는 친구의 결혼이 미묘한 심리적 부담으로 작용하던 동년배 집단의 압력은 점차 약화되고, 자신의 삶을 개성 있게 디자인하는 의지가 작동함에 따라 제한적이긴 하지만, 결혼의 압력에서 자유로운 태도를 가능케 하고 있다.

물론 사랑하는 사람을 만났다는 느낌은 결혼의 강력한 유인책이 될 수 있다. 그러나 사랑의 종착역이 반드시 결혼일 필요는 없다는 인식이 확산되고 있다. 더불어 사랑을 전제로 하는 낭만적 결혼에 대한 환상이 커질수록 그 환상을 충족시켜주는 배우자를 만날 수 있는 기회가 줄어드는 아이러니로 인해 당사자가 의도하든 의도하지 않든 결혼이 지연되기도 한다.

반면 결혼의 대안으로서 독신을 선호하도록 끌어당기는 요인은 점차 강화되고 있다. 주목할 만한 요인으로 혼전 성관계의 제약이 약화되면서 결혼하지 않고도 자유롭게 성관계를 즐길 수 있는 사회적 분위기가 조성되고 있다. 특히 여성에게만 순결을 강요해 온 이중 성 윤리의 부당함이 인식되고, 남녀 모두 독신을 매력적인 대안으로 여기는 경향이 증가하고 있다.

이에 발맞춰 독신자들이 별다른 불편 없이 생활할 수 있도록 1인을 위한 거주 공간에서 가정용 식사, 세탁, 청소, 빨래 등에 이르기까지 다양한 편의시설이 발달하게 된 것도 결혼선택의 절실함을 약화시키는 요인으로 작용한다. 마지막으로 사회적 가치가 보다 다원화되고 개인의 선택을 중시하는 방향으로 변화하면서, 자유와 자족의 상징인 독신에 대한 선망이 증가하고 이를 실천으로 옮기려는 젊은이들이 대열에 가담하는 것으로 볼 수 있다 (http://jmf.or.kr).

독신의 정의	→	• 비혼이나 이혼, 사별 혹은 별거 등으로 인하여 현재 결혼하지 않은 상태, 즉 법적 배우자가 없는 경우 • 일상적으로는 결혼적령기가 지나도록 결혼하지 않고 혼자 지내는 사람
독신의 유형	→	• 독신의 4가지 유형(Stein, 1981) • 자발적, 일시적인 독신 • 자발적, 안정적인 독신 • 비자발적, 일시적 독신 • 비자발적, 안정적 독신
독신생활의 기능	→	(1) 개인적인 측면 • 독신자가 정신적이고 신체적인 건강문제의 발병률이 보다 높고, 덜 행복해 함 • 독신 남성은 기혼남성에 비해 상대적으로 수명이 짧고, 알코올 중독, 자살, 등 기타 정신병리적 문제가 생길 비율이 높다고 봄 • 독신 여성은 독신 남자보다 건강하고 삶에 더 만족하는 것으로 나타남 • 경제적 자립능력, 사회심리적 자립능력, 스스로의 선택에 의해 독신생활을 하는 경우 개인의 생활만족도를 증진시켜 줌 (2) 가족기능 • 주변의 가족체계를 침범하고 약화시킨다고 볼 수 없음 • 일시적으로 불균형 상태에 있는 가족체계들을 지원함으로써 완충기능 수행 (3) 사회적인 측면 • 종교계의 독신 성직자들의 기여도 • 타 근무지로의 이동이 용이, 직장 일에 성취 지향적 • 독신기간을 길게 잡고, 결혼을 늦게 하는 것이 사회 안정에 긍정적인 결과를 가져오기도 함 → 사회체계에 직, 간접적으로 긍정적인 기능 수행

독신세대의 생활양식	→	(1) 연령 • 젊은 세대: 독신이 주는 혜택, 즉 자유, 자아발전, 이동성 등 혼자 사는 자유로움을 즐김 • 나이 든 세대: 기혼친구들과의 공통된 화제가 줄어들고, 이성친구나 애인이 늘 가능한 것도 아님→외로움 증가 • 여성의 경우 더 불리 (2) 경제력 • 혼인상태별 경제활동 참여율 및 실업률 (3) 거주형태 • 독신자들의 가구구성비
독신의 전망	→	• 여성: 경제적 자립도 증진으로 경제적 의존을 위한 결혼이 줄어듦 • 남성: 결혼을 구속이나 희생으로 인식하는 경우 독신 선호 • 성의 개방화 진전으로 금욕적인 독신자 외에 독신과 비독신을 반복하는 부류, 비동거 커플, 자발적 독신모가 늘 전망

Chapter
10

가족의 역할과 부모 되기

1. 가족 역할분담
2. 임금노동과 가사노동
3. 한국가족에서의 역할분담
4. 바람직한 역할분담
5. 부모 되기의 의미 변화
6. 부모가 되고자 하는 동기
7. 저출산 문제와 대처방안
8. 현대가족에서의 양육자와 양육방식

자녀양육법

김형태 장로(한남대 교수/대전 삼성교회)

“당신의 자녀는 당신의 것이 아닙니다.”라고 일러주는 칼릴 지브란의 교훈시도 한번 읽어봄직하다.

“당신의 자녀는 당신의 소유물이 아닙니다.

그들은 생명의 아들이고 딸입니다. 그들은 당신을 통하여 왔지만 당신에게서 온 것은 아닙니다. 또한 당신과 함께 있으나/당신의 소유물이 아닙니다.

그들에게 당신의 사랑을 줄 수는 있으나 생각까지 줄 수는 없습니다. 왜냐하면 그들은 자기의 생각이 있으니까요.

당신은 그들의 몸을 가둘/ 수는 있어도 그들의 마음까지 가둘 수는 없습니다. 왜냐하면 그들의 마음은 〈미래의 집〉에 살고 있기 때문입니다. 당신은 그 〈미래의 집〉을 방문할 수 없습니다.

꿈속에서일망정 당신들이 그들처럼 되고자 하는 것은 좋으나 그들을 당신처럼 만들려고 들지는 마십시오. 왜냐하면 인생은 과거로 돌아갈 수 없는 것이며 어제에 머물러 있어서도 안 되는 것이기 때문입니다.”

예기(禮記)에도 오만한 태도나 교만한 마음이 싹트고 자라나지 못하게 다듬어 줄 것을 권고하고 있다. 스스로의 몸가짐과 마음가짐을 억제조절하지 않는다면 인간은 언제나 오만과 욕망의 함정에 빠질 가능성이 있기 때문이다. “오만한 마음이 자라지 않게 하고, 욕심대로 따라가지 못하게 하며 뜻한 바를 남김없이 만족시키려 하지 말고, 즐거운 일을 누릴 때도 끝까지 다하지 말라”(傲不可長, 欲不可從, 志不可滿, 樂不可極) 이 밖에도 「탈무드」, 「채근담」, 「명심보감」들과 함께 구약의 「잠언」, 「전도서」, 「신명기」, 신약의 「에베소서」 등을 정독하여 부모로서, 조부모로서, 장로로서, 연장자로서 내 자녀와 우리 교회의 후진들을 잘 기르도록 도와줘야겠다.

1. 가족 역할분담

아내와 남편이 각자 맡은 역할을 성의껏 수행하는 가운데 부부관계는 원만히 지속될 수 있다. 그러나 부부의 역할에 대해 조사한 것을 보면, 대개의 부부들이 각자의 역할을 제대로 이행하지 못하는 것으로 나타났다.

부부의 역할과 관련하여 나타나는 대표적인 유형은 네 가지로 요약된다.

첫째, 가부장적인 역할분담이다. 이 가부장적인 제도에서는 남편의 권한이 절대적이다. 그의 말이 곧 법인 셈이다. 따라서 가정 문제에 관한 모든 것을 독단적으로 결정하고 가족 간의 규칙까지도 남편이 결정한다. 또 어떤 문제에 대해 아내와 의논을 하느냐 마느냐도 순전히 그의 선택에 달린 것이다.

둘째, 여부장적인 역할분담이다. 이 제도에서는 여성으로서 아내의 권한이 절대적으로 강화되어 있다. 다른 문화권에서는 거의 찾아볼 수 없는 이 제도는 놀랍게도 오랜 세월 동안 서구사회의 욕구를 충족시켜 왔다.

예를 들어 남편이 가정을 잘 이끌지 못하거나 그릇된 결정을 했을 때는 아내가 직접 나서서 해결했던 것이다.

셋째, 서로 동등한 권한을 갖는 역할분담이다. 비교적 최근에 나타난 이 제도는 60~70년대 미국과 유럽을 휩쓴 여권신장운동의 영향으로 생긴 것이다.

이 제도에 의한 부부의 역할은 서로가 동등한 권한을 갖고 가정을 꾸려나가는 대신, 어떤 선택에 따른 결과에 대한 책임도 서로 동등하게 지는 것을 원칙으로 한다.

넷째, 서로가 자신의 권한을 강화하기 위해 경쟁을 하는 유형이다. 가정의 주도권을 잡기 위해 남편과 아내가 경쟁하는 이 유형은 어떤 문제가 발생할 때마다 부부가 서로 경쟁을 하여 이긴 쪽의 의사를 따르고 가정의 주도권은 두 사람 사이에서 왔다갔다한다(유옥, 2006, pp.35-48).

가족 역할이란?	• 가족이 적절한 결속을 유지하면서 주어진 기능을 충실히 수행하기 위해 가족성원 각자가 행하는 반복적 행동양식 • 부부 역할분담 방식 남편 생계부양, 아내 전업주부 아내 생계부담, 남편 전업주부 맞벌이, 가사육아 공유

2. 임금노동과 가사노동

가사노동은 사적인 가정생활의 장에서 가족원에 의해 이루어지는 무보수의 노동이다. 가사노동은 리드가 정의한 가계생산과 동일시되며, 가족원의 욕구충족을 위해 재화나 용역을 생산한다는 의미에서 생산적 노동이라고 볼 수 있다. 그리고 리드의 가계생산은 베커가 제시한 가계생산모형의 토대가 되었다. 한편 보이틀러와 오웬은 가정생산이라는 용어를 사용하고 분리 가능한 가계생산과 분리 불가능한 활동을 포함한 개념으로 이해함으로써 가정 내에서 이루어지는 생산활동 유형을 광범위하게 제시하였다.

가사노동의 개념은 다음과 같이 정리될 수 있다.

① 가사노동은 노동의 한 형태로서 노동 일반의 역사적 변동에 기본적으로 규정되어 변화되어 온, 초역사적으로 존재해 온 역사적 산물이다.

② 가사노동은 생산적 노동이다.

③ 가사노동은 특정 성(性)과 관련된 노동으로 규정되어서는 안 되며 가족 전원이 공동책임을 지고 수행해야 하는 노동이다.

④ 가사노동은 사회적 노동의 특성을 지닌 노동이다. 가사노동은 사적인 가정생활의 장에서 이루어지나 사회와의 역동관계 속에서 가사노동양식이 규정되고, 또한 그 성과가 사회와 교환된다는 점에서 사회적 특성을 갖는 노동이라고 할 수 있다.

가사노동의 분류는 그 기능이나 성격에 따라 다르게 분류된다. 또한 연구자의 견해나 연구목적에 따라서도 다소 차이가 있다. 그러나 가사노동은 대체로 식생활관리, 주생활관리, 의생활관리, 가족 돌보기, 경영 및 장보기의 5개 영역으로 정리할 수 있다(http://blog.daum.net/jisuk7930/8656391).

임금노동과 가사노동의 차이	• 임금노동: 가족생계부양 역할 • 가사노동: 식사준비와 설거지, 청소, 빨래와 다림질, 은행관련업무, 쇼핑, 육아와 환자 및 노인 돌보기, 집안의 대소사 챙기기, 친지 및 이웃과의 관계유지 등 • 차이점 -임금노동은 양과 질에 따라 화폐로 환산되어 경제적 가치를 나타내는 반면 가사노동은 무보수 노동임 -임금노동은 전문성이나 숙련도 및 업적이 사회적으로 평가를 받으나 가사노동은 객관적인 평가가 불가능함 -임금노동은 정해진 업무시간을 지켜야 하고 주어진 시간 안에 업무를 완수해야 하는 압박이 있는 반면 가사노동은 시간을 융통성 있게 조절할 수 있고 노동의 양과 질에 대한 자율적 조정이 가능함 -임금노동은 일정한 계획을 세어 수행하게 되는 데 비해 가사노동은 가족의 요구와 상황에 맞추어 노동의 양과 내용이 좌우되므로 시작과 끝이 명확하지 않음 -가사노동은 사적인 노동이므로 개별가족의 특성에 따라 노동 가치에 대한 평가의 편차가 큼 -가사노동은 이혼이나 배우자의 장기질환 및 사망 등으로 인하여 실업수행이나 퇴직금 등의 보장이 주어지지 않음 -임금노동에 비해 가사노동은 직업적 성장을 기대하기 어렵고, 성과가 눈에 띄지 않아 그 가치가 상대적으로 낮게 평가됨 -임금노동은 대인관계상의 스트레스가 많은 반면 가사노동은 고립감 및 우울감을 유발하기 쉬움
가사노동 가치 평가	(1) 기회비용에 의한 가사비용 산출법 ① 주부가 취업했을 경우를 상정하여 벌어들일 수 있는 수입을 '주부 역할로 인해 잃어버린 기회에 대한 비용'으로 대체하는 방법 ② 기회비용이 각각 다르므로 그 가치가 상이하게 평가되는 특성을 가짐 ③ 정확한 산출이 어려움

	(2) 시장비용에 의한 가사비용 산출법 ① 주부가 해오고 있는 가사노동을 외부로부터 구매할 경우 지불해야 할 비용의 정도에 따라 가사노동의 가치를 산출하는 방법 ② 산출방법 ㉠ 가사노동 일체를 가사도우미에게 일괄적으로 맡길 경우 지불해야 하는 액수로 평가하는 방법 ㉡ 개별적인 가사노동을 전문가에게 각각 맡길 때 발생하는 비용의 총합으로 평가하는 방법 • 김종숙(2005): 전업주부의 무급가사노동 가치를 국내 총생산의 28.2%에 해당하는 월평균 111만 원으로 추산 • 김경희(2005): -기회비용에 의한 가사노동 가치를 월평균 111만 3천 원~132만 3천 원으로 산정 -전문가에게 개별적으로 맡길 경우의 시장비용에 입각한 가사노동 가치를 월평균 96만 8천 원~119만 8천 원 -가사노동 전체를 도우미가 대체할 경우의 시장비용에 의거한 가사노동 가치를 85만 7천 원~109만 2천 원으로 산정함 → 재판상 재산분할 시 월평균 약 80만 원으로 실질적으로 과소평가되어 옴 • 통계청(2005) -맞벌이 여성의 가사노동 소모시간 하루 평균 2시간 47분 -맞벌이 주부 남편은 하루 평균 20분을 가사에 사용 -전업주부 남편의 하루 평균 15분과 별 차이가 없음 -남편의 소외감과 여성과 남성 간의 불평등으로 인하여 갈등상황 야기
자원-권력 가설 →	• 부부관계에서 각 배우자가 가진 개인자원은 원하지 않는 가사부담을 피할 수 있는 권력 • 개인자원: 가계수입에 대한 기여율+사회경제적 지위나 교육, 연령 등에서의 상대적 우열, 관계 파탄 시의 대안과 관계에의 상대적 몰입도 등에 대한 총체적 평가임 → 남편에 비해 아내가 지닌 상대적 자원이 줄어듦 • 한계점: 남편이 지닌 자원은 쉽게 권력으로 연결되는 반면 아내의 것은 그렇지 못한 현상을 설명해주지 못함

성 역할 이념 가설	• 성 역할 이념: 말로 표현되는 성 역할 태도뿐만 아니라 부모 및 본인의 교육수준, 사회경제적 지위, 나이, 민족적 정서 등을 통해 내면화된 개인의 의식과 태도 포함 • 양 배우자의 성 역할 태도의 조합에 따라 가사분담과 부부 유대에 다른 영향을 미침 ① 진보적인 남편과 진보적인 아내 -맞벌이를 할 가능성이 많으며, 가사 및 육아분담 -구체적인 분담과 관련하여 서로 타협함으로써 나름대로의 역할 수행양식을 정착시킴 ② 보수적인 남편과 보수적인 아내 -전통적인 형태의 성별분담 -맞벌이의 경우 가사분담을 요구하기보다 아내 자신이 임금노동을 그만두기를 고대함 ③ 진보적인 남편과 보수적인 아내 -맞벌이 가족에 있어 서로에게 미안함과 고마움을 느낌 -가사역할에 전념하는 것을 이상적으로 생각하는 보수적인 아내는 맞벌이 상황 자체에 대한 불만을 가질 수 있음 ④ 보수적인 남편과 진보적인 아내 -보수적인 남편은 아내가 전업주부가 되기를 원하는 반면 진보적인 아내는 취업을 선호함 -가사분담을 둘러싸고 부부간 갈등이 유발할 소지가 많음 -제한점: 가정의 가사분담 형태는 주로 남편의 성 역할 태도에 의해 좌우되는데, 이 가설로는 그 이유에 대해 설명하지 못함 → 이를 설명할 수 있는 변인은 '체계적 권력'임 • 체계적 권력: 가부장적 문화 속의 체계적 권력은 남성에게 편향적으로 주어지므로 아내가 많은 부분을 포기하고 남편에게 맞추어 적응해가는 경향이 있음
생애주기 가설	• 가족주기 및 생애주기별 역할분담 양상 -배우자 간의 가사분담 형태는 가족의 발달단계에 따라 변화함 -남편의 경우 가사참여 정도가 가족주기를 따라 가면서 U자형 -전통적인 남편 부양가족의 가사분담 형태를 설명하는 데 부합

필요-반응능력 가설	• 가사를 분담하는 데 있어 배우자의 시간 및 에너지 여력에 대한 합의를 전제로 하는 구조 기능론적 시각에 입각한 이론 • 코버만(1985): 집안일이 증가(필요의 측면)하면 이에 대한 남편의 기여가 증가한다고 주장 • 프레서(1994): 부부간에 직장 근무시간이 겹치지 않을수록 (반응 능력의 측면) 각자가 가사에 많은 시간을 투자함 • 한계점: 남편에 비해 아내가 가사 및 육아의 필요에 우선적으로 반응하는 이유를 설명하지 못함
사회관계망 가설	• 현재의 인습적 성 역할규범이 부부간 역할 분리를 가져옴 - 개별가족이 사회의 고정관념으로부터 어느 정도 자유로울 수 있는지를 분석 • 가족 외부의 사회적 관계망이 조밀할수록, 각 배우자가 이웃과 긴밀한 유대를 맺고 있을수록 보다 전통적인 성 역할 분리를 경험하게 됨

3. 한국가족에서의 역할분담

가족구성원의 역할은 가정생활을 해 나가는 과정에서 다른 가족구성원들이 특정한 지위에 있는 개개인에게 기대하는 태도나 행위를 의미한다. 따라서 가족생활을 원만하고 효율적이고 순기능적으로 유지하기 위해서는 각 가족구성원들에게 주어진 역할을 잘 수행하여야 한다. 그런데 앞서 언급한 바와 같이 여러 가지의 다양한 제반 사회적 변화에 의해, 각 가족구성원의 역할에 대한 다른 가족원들의 기대, 역할수행자의 역할인지와 실제 역할수행 간에 불일치가 나타나고 있는 것이 현실이다.

비록 서구사회의 경우 일정한 연령이 되면 누구나 결혼을 하고 자녀를 출산해서 부모가 된다는 과거의 시각에서 벗어나 결혼과 부모 됨이 하나의 대안적 특성이 되는 경향이 있긴 하지만, 우리나라의 경우는 아직까지 결혼과 부모 됨이 하나의 발달과업으로 현존하는 사회적 분위기이며 사회적 변화와 더불어 오히려 역할의 질적인 향상에 더욱 관심이 쏠리고 있다.

1) 부부 역할

부부간의 상호행위는 상대의 기대를 고려하면서 자기의 행동을 조정해 나가는 역할취득 과정이다(유영주, 1987, p.201). 파슨스(Parsons, 1955, 1964)가 가족관계에 중점을 둔 성 역할 개념으로써 남성은 도구적 역할을, 여성은 표현적 역할을 전담하여 두 역할이 상호보완성을 가짐으로써 가족의 기능이 유지된다는 성 역할 분화이론을 주장한 이래(이성의 · 김태현, 1989, p.111) 부부의 역할은 다양한 측면에서 논의되어 왔다.

그중 하나는 아담스(Adams, 1986, p.239)와 같이 파슨스(1955, 1964)의 성 역할 분화이론에 입각한 역할분화형의 입장을 취하면서 현대의 부부간 역할분담의 변화를 설명하는 시각이다.

현대로 오면서 남편의 경제적 생산 역할과 부인의 사회, 정서적인 역할은 여전히 뚜렷이 구분되고 남편의 경제적 생산 역할이 가족 내부가 아닌 외부에서 수행되는 것으로 확보했다고 보며, 이것은 부부가 서로 원하여 각각의 직업을 가지게 된 경우에도 남편의 직업이 우선적이며 아내는 가계소득을 보충하기 위해서 또는 주부와 취업이라는 두 가지 직업을 가진, 능력이 있는 경우에만 직업을 가질 수 있다는 신전통주의(新傳統主義)의 입장으로 연결된다(옥선화, 1989, p.211).

또 다른 시각은 부부간의 역할분담이 기존의 역할분화형에서 역할공유형으로 진행되고 있다고 보는 관점이다(이성희 · 김태현, 1989, p.124). 따라서 이러한 관점은 오늘날 남녀의 성 역할구분은 점차 흐려지고 양성성(兩性性)이 성 역할의 이상적인 유형이며 부부가 함께 역할을 수행하는 민주적인 역할구조를 나타내는 방향으로 진행되고 있다고 본다.

이에 관련된 선행연구들을 종합해보면, 우리나라에서 가족의 역할구조는 상당히 전통적인 측면을 고수하고 있어서 역할에 따라 남녀의 분업이 분명하다고 할 수 있다(옥선화, 1982, p.3). 또한 우리나라 부부들의 부부 역할에 대한 의식도 대체로 성별분업을 지지하는 특성을 보여 가족부양자 역할은 남편의 역할로 지각하고, 가사와 자녀양육 역할은 부인의 역할로 자각하는 것으로 나타나고 있다.

2) 학동기(學童期) 자녀를 둔 부모의 역할

학동기 자녀를 둔 부모들은 자녀의 학업수행, 훈육, 사회성 발달, 성적 발달에 많은 관심을 두고, 자녀의 성 역할발달에 동일시(同一視) 역할을 해야 하며, 친구관계, 저축 및 금전사용방법 등을 지도하고 자녀의 친구 상대가 되어주는 역할을 해야 한다(고성혜, 1981, p.13).

이처럼 자녀가 학동기에 이르게 되면 부모의 역할은 보다 다양해진다. 즉 자녀의 활동범위가 가정에서 학교와 또래집단으로 확대됨으로써 부모의 역할내용의 변화가 필요한 것이다.

그런데 선행연구에 따르면 6~10세의 자녀를 둔 아버지는 인적 환경조성 및 자녀의 능력개발을 위한 역할을 전체적으로 소홀히 하는 경향이 있으며(위영희, 1980, pp.27-40), 자녀의 학습지도, 교유관계지도 등의 역할은 주로 어머니가 담당하는 것으로 나타나고 있어(이은식, 1974, p.27) 어머니의 역할과중과 아버지의 역할참여 부족 양상을 유추할 수 있다. 그러나 유아기 이전의 자녀에 대한 아버지의 역할분담보다는 학동기 자녀에 대한 아버지의 분담비율이 약간 더 높게 나타나고 있고 부부공동분담의 비율도 증가하고 있다는 점은 고무적인 현상이라고 할 수 있다.

3) 청소년기(青少年期) 자녀를 둔 부모의 역할

자녀들이 청소년기에 들어서게 되면 부모의 역할은 새로운 전환기를 맞게 된다. 이 시기 동안 많은 가족들은 부모 자녀 간의 갈등을 경험하게 되고 부모는 부모 나름대로, 자녀는 자녀 나름대로 심리적, 정서적인 어려움을 경험하게 되어 극단적인 경우 이러한 갈등은 청소년 비행으로까지 연결되는 불행을 가져오기도 한다. 이와 같은 갈등발생의 원인은, 청소년기 자녀들이 가족과 가족 이외의 사회 공영역에서 새로운 변화와 여러 문제에 직면하게 되지만, 부모들은 자신들의 범위 안에서 벗어났다고 생각하여 무관심하게 되고, 사회에서는 청소년 보호와 교육의 책임을 가정으로 돌림으로써 이들의 혼란이 발생되고 더욱 가중된다는 데에 있다는 것이다(고성혜, 1981, p.6).

청소년기 자녀를 둔 부모들의 역할내용을 보면, 자녀와 친구처럼 지내면서 동료적 역할을 하며 자녀를 한 개인으로써 이해하고 그 세대의 관점에서 이해하고 신뢰하며, 애정적으로 존중하는 관계를 유지하도록 해야 한다. 그리고 또한 이와 더불어 청소년기 자녀의 발달과업을 고려하여 자녀의 신체 발달 및 성에 대한 교육, 이성교제, 교우관계, 정서적·경제적 독립, 직업선택 및 준비, 결혼과 가정생활을 위한 준비, 건전한 생활철학 및 책임감 형성에 대한 지도를 해야 할 것이다.

이처럼 청소년기 자녀를 둔 부모들은 이들의 신체적, 심리적, 정서적인 변화를 주지하여 보다 세심한 관심을 기울여야 할 필요가 있다. 그런데 유의해야 할 점은 자녀에 대한 지나친 관심과 부모 입장으로만 지도해서는 안 되고, 청소년에 대한 충고자와 경청자의 입장을 취하는 것이 바람직하다는 것이다(유영주, 1994, pp.5-12).

농촌가족	• 유교적 전통으로 가부장제가 강하고, 농업에 기반을 둔 경제구조로 대가족 제도를 이상적으로 여겨옴 • 가정과 논밭이 인접해 있고 노동집약적으로 행해 온 전통농업의 특성상 여성은 가사노동과 논밭에서의 노동 병행→ 여성의 가사노동과 생산노동 간의 경계 불명확 • 유연한 가족 간 역할경계로 역할갈등은 적었음 → 대체 노동력을 가족 안에서 조달 • 오늘날의 농촌은 핵가족화되어 여성은 생산노동과 가사, 육아 병행 • 농가 아내의 생산노동의 경우 임금 환산이 되는 것이 아니라 가사노동의 일부로 간주됨 →이중노동을 하면서도 임금노동의 장점인 경제적 독립과 혜택은 누리지 못함
도시 저소득층 가족	• 저소득층 맞벌이 부부의 육아문제 심각 • 중산층의 경우보다 남편의 가부장적인 성 역할 태도로 아내의 이중부담 • 자원이 부족한 경우 딸과 아들의 역할을 명확히 하는 경향 → 아들의 진학을 위해 딸이 경제적 보조를 함

상류층 가족	→	• 다자간 분담 형태 →남편: 경제활동 아내: 문화적·물질적 소비를 통해 가정의 지위와 남편의 경제활동 내조 가사와 양육은 지불된 노동력이 전문적으로 수행
중산층 가족	→	• 고용불안이 심해지면서 맞벌이가 늘어남 • 역할갈등과 과잉부담이 심각함

4. 바람직한 역할분담

전통적으로 이상적이고 훌륭한 남편은 가족의 가장으로서 지배적인 역할을 맡고 가족의 대외적인 일을 모두 처리해야 했다. 농경사회에서 가정은 생산과 소비의 공동 경제 단위였고 가장의 일터는 가정과 분리되어 있지 않았다. 대부분의 경제활동은 가족중심이었으며, 사회의 질서 유지 또한 친족 간의 유대를 통하여 이루어져 왔다. 이러한 사회의 가족구조 내에서 남편은 대부분 권위를 가지고 있었으며, 생활에 필요한 모든 물자의 공급자는 남편이었다. 그리고 부인은 가사를 담당함으로써 성별로 분리된 역할분담체계를 이루었다.

그러나 현대사회의 생산구조의 변화로 직업이 다양해졌으며, 직업이 전문화되었다. 이에 따라 대부분의 직업 종사자는 가정에서 분리된 직장생활을 하게 되어 남편은 집 밖에서 더 많은 시간을 보낼 뿐 아니라 남편의 관심도 직업과 사회활동에 치중되어 가정생활의 세세한 부분까지는 주의를 기울일 수 없는 형편이 되었다.

따라서 이와 같은 변화의 결과 가정 내에서 남편과 공동의 역할을 상실한 부인은 남편과 동료감을 나눌 기회를 잃게 되고, 자녀의 사회화에 아버지의 영향이 감소되었다.

집 밖에서 직장생활을 하는 남편과 가정의 관리자로서의 아내의 역할분담의 내용은 과거와 별 차이가 없으나 현대의 가족생활에서 여성이 처리하고 관리해야 할 영역이 확장되면서 동시에 여성들이 예속적으로 가정의 일에 매달리지 않으려는 가치관의 변화가 있게 된 것이다.

특히 여성들의 권리 획득을 위한 지속적인 노력은 상대적으로 남편의 역할에 영향을 미쳤다. 여성들이 더 이상 의존자, 복종자로서 존재하는 것이 아니라 보다 많은 교육을 받고, 기회가 있으면 자신의 수입을 가질 수도 있고 남성과 같이 사회적 권리를 가질 수도 있게 됨에 따라 가족 내에서 여성의 지위나 역할은 점차 남편과 동등하게 되는 경향이 있다. 이에 따라 남편들도 자신의 위치와 역할관계를 재고하도록 압력을 받는다.

서구사회에서는 부부의 역할에 융통성이 많고 서로 협조적이다. 우리나라에서도 전통적으로 여성의 일이라고 도외시하던 가사나 육아에 많은 남편들이 참여하고 있다. 이처럼 부부간의 역할수행에 대해 융통성을 가질 수 있는 것은 부부가 직장생활을 함께 하므로 서로 협조해야 하는 까닭도 있겠지만 근본적으로 남녀평등(男女平等)의 가치관에서 기인한다는 것을 알 수 있다.

이와 같이 부부의 역할은 사회문화적 차이와 시대의 윤리나 가치관에 따라 다르게 인식될 수 있다. 즉 고정된 '남자의 일', '여자의 일'이 존재하는 것은 아니며 남녀의 소질과 역할도 지금까지 생각해 온 것처럼 차이가 있는 것이 아니다.

그러므로 부부간의 역할은 부부들이 각자 상황에 맞게 역할수행을 하면서 남편과 부인의 깊은 상호 이해와 협력으로 역할조정을 하도록 해야 한다. 그럼으로써 개별가족의 특성에 맞는 부부간의 역할유형이 형성될 수 있을 것이다(http://www2.rda.go.kr).

바람직한 역할분담	→	• 과거 가부장의 생계부양 역할과 가부장권 및 가사역할 간의 성별 분화 -오늘날 생계부양 역할의 탈분화 추세는 가사역할의 성별 탈문화를 수반해야 함 • 가족생활의 두 축인 경제적 부양과 가사의 양 영역에서 부부 역할 균등분담은 적응력의 극대화를 배가시킴 -이를 위하여 가부장적 노동시장의 관행 개선과 육아 및 가사를 해결할 수 있는 양질의 사회시설 보급이 필수적임

5. 부모 되기의 의미 변화

부모가 된다는 것은 한 인간(유아)의 새로운 탄생이자 또 다른 인간(부모)의 새로운 변신이라는 중요한 의미를 갖는다. 특히 모성실조이론이나 부성실조이론에서 주장하고 있듯이 유아에게는 어떤 부모와 만나 어떻게 서로 상호작용하느냐가 성격을 포함하여 한 인간의 형성과 발달에 결정적인 요인이 됨으로 부모가 된다는 사실은 중요한 의미를 갖는다.

따라서 부모가 되는 것은 무엇을 이루기 위한 수단적 차원이나 다들 하니까 나도 한다는 관습적 차원을 떠나 '삶'그 자체로서의 목적 차원에서 자신의 선택에 의해 이루어져야 한다. 이러한 의미에서 현대사회에서는 바람직한 부모가 되기 위하여 미리 대비해야만 하는 것으로 생각되고 있다.

일반적으로 한 인간이 부모가 되면 삶에 대한 기대나 인식 그리고 행동에서 많은 변화를 가져오게 된다. 즉 부모-자녀관계가 성립되면 부부관계에 영향을 끼치는 것은 물론이고, 부모는 일반사회 현상에 대한 관심과 흥미가 증대되고, 부모가 되었다는 정서적 만족감에 행복을 느끼며, 그에 따라 자신의 삶의 의미를 살피고 성찰을 함으로써 생활의 변화를 가져오게 된다.

한편 자녀는 부모와의 감각적 · 정서적 · 지적 만남을 통하여 애정을 포함하는 기본적 욕구를 충족시키며 심리적 동일감에 바탕한 정서적 안정을 이루고 자신의 능력을 개발할 수 있는 기회를 제공받고 언어나 태도, 규범 등을 학습하면서 한 인간으로 성장하게 된다.

따라서 부모는 자녀양육에 있어 보다 적극적인 부모 역할을 통해 가족 구성원 모두가 참여할 수 있는 분위기를 조성하고, 각자의 개성을 신장시킬 수 있는 기회를 제공해야 하며, 풍부한 학습경험의 제공 등 교육기관의 협조를 얻어 보다 바람직한 부모 역할을 수행하는 것이 중요하다 (http://ihappy.or.kr).

구분	내용
당위적 규범에서 선택의 대상으로	• 부의 흐름(wealth flow)의 역전으로 소자녀 시대로 접어들게 됨(부의 흐름이 자녀로부터 부모에게로 흐르던 농업중심 사회와 달리, 부모로부터 자녀에게로 향하게 되면 소자녀 시대로 접어들게 되었다고 봄) • 임금노동과 양육 역할을 병행하기 어려운 현실에서 출산을 늦추거나 자녀 수를 줄이는 선택 → 사회적 압력의 작용으로 출산에 대한 동기를 유발하기도 함
규범적 관계에서 정서적 관계로	• 자녀에 대한 도구적 기대가 감소 • 각각의 자녀에게 거는 정서적 만족에 대한 기대치는 증가함
부모의 영향력 변화	• 과거의 대가족적 전통이나 친족 공동체 문화가 부재하고 가족규모가 축소된 상황에서 어린 자녀에 대한 부모의 영향력 상대적 증가 • 자녀가 성장함에 따라 학교, 또래들로부터의 영향력, 대중매체의 영향 증대로 부모의 영향력이 축소하게 됨
지위획득 기반 제공자로서의 부모 역할 강화	• 소자녀화로 현 부모세대는 자녀의 성취와 자신의 지위를 동일시하는 경향이 강해짐 • 자녀의 교육을 통해 미래에 부모세대 이상의 지위를 유지하게 하고자 함 • 자녀로 인해 부모에게 주어지는 부담이 많아질 때, 개별 자녀에 대한 투자를 줄이기보다 자녀 수를 줄이는 선택을 함 • 한정된 자원을 놓고 자녀의 성취를 위한 투자와 부모 자신의 노후를 위한 경제적 대비 사이에 갈등
부모 자녀관계의 변화와 자녀 수	• 부모자식 간의 비호혜적 관계에도 불구하고 자녀를 출산하는 이유 • '내리사랑': 부모 자녀 간의 교환관계는 즉각적인 2자 간 교환관계가 아니라 일반화된 교환관계에 의해 유지됨 • 일반화된 교환관계: 여러 세대를 거치면서 '부모로부터 받고 자식에게 베푸는' 사슬을 이어가는 교환관계 • 부모가 되고자 하는 동기나 본능이 존재한다고 봄

6. 부모가 되고자 하는 동기

성인이 되는 과정에서 결혼을 하는 것보다 더 중요한 것이 부모가 된다는 것이다. 이때 부모가 된다는 것은 단순히 아기를 낳는다는 생물학적인 의미가 아니라 심리적으로 부모가 된다는 것이고, 그리스도인의 입장에서는 영적으로 부모가 된다는 것이다. 부모가 된다는 것은 반드시 임신과 출산 그리고 육아의 과정들을 경험한다는 것을 의미한다. 그런데 이런 과정들은 하나하나가 너무나 중요한 의미들을 갖기 때문에 부모는 이런 사건들을 겪으면서 많은 내적 격동과 변화를 경험하게 된다.

임신은 부모의 성적 주체성을 확고하게 해 준다. 생식력을 가진 여성과 남성이라는 것이 증명됨에 따라 적지 않은 만족감을 얻게 된다. 또 새 생명이 창조되었다는 사실은 자기애적인 만족을 가져다준다. 그리고 자아가 아기를 통해 확장된 느낌을 갖게 된다. 특히 어머니는 아기를 보살피고 싶은 욕망과 함께 자녀를 자기와 함께 강하게 동일시한다.

아이의 출산은 부부에게 일체감을 높여준다. 그러나 육아의 과정은 부부에게 책임감과 과도한 스트레스를 주기도 하고, 부부간의 기존의 친밀성의 패턴을 깨버려서 갈등을 가져올 수도 있다. 또 아내가 남편보다 자녀에게 정서적으로 더 비중을 두게 될 때, 어머니에 대한 의존성으로부터 제대로 독립하지 못한 남편일 경우 아기에게 자신의 위치를 빼앗겼다는 느낌을 가지면서 질투심과 경쟁심 그리고 분노 등의 감정을 느낄 수도 있다. 반면 어머니가 되었다는 것을 심리적으로 받아들이지 못하는 여성은 우울증에 빠지게 될 수도 있고, 아기 때문에 남편의 관심과 애정이 식었다고 불평할 수도 있다. 또 부부관계가 원만하지 못한 경우에는 자녀 출생으로 이제는 불행한 결혼생활에서 벗어날 수 없게 되었다는 절망감에 사로잡히게 된다.

일반적으로 부모가 되고자 하는 동기는 자아를 확장하려는 욕구, 성취감을 얻으려는 욕구, 생식력을 증명함으로써 사회적 위상을 확인하고 사회질서에 순응하고자 하는 욕구, 통제욕구와 권위욕구, 애정의 욕구와 친밀감의 욕구, 행복의 욕구 등이다. 자녀와의 관계에서 이런 것들을 만족시키기도

하고 때론 좌절당하면서 부모의 정신구조도 많은 변화의 과정을 겪게 된다. 한편 자녀를 낳고 기르는 동안 부모 자신의 어린 시절의 기억과 갈등들이 되살아나게 된다. 그래서 양육과정을 통해서 자신이 겪었던 어린 시절의 상처와 좌절을 수정하고 보완하고 극복할 수 있는 기회를 얻게 된다 (http://www.duranno.com).

스콜나이크 (Skolnick, 1991) →	(1) 사회적 압력 • '혼인한 자는 자녀를 갖는 것이 정상이다'라고 여기는 사회적 압력 → 본인의 성향과 상관없이 결혼한 사람이 거쳐야 하는 절차로 받아들임 (2) 정서적 · 상징적 보상 • 사랑하고 사랑받고 싶은 욕구 • 자신의 성과 가업 및 가계를 잇고 싶은 영생의 욕구 • 누군가에게 필요한 존재라는 느낌을 얻고자 하는 욕구
라빈 (Rabin, 1965) →	• 숙명의 동기: 결혼한 부부는 자녀출산과 양육을 자연의 섭리로 받아들이고 따름 • 이타주의 동기: 타인을 보살피고자 하는 욕구로 인해 자녀를 출산하고 보살피게 됨 • 자기도취적 동기: 후속세대를 출산하고 타인(자녀)에 대해 영향력을 행사하는 성인으로서 정서적 안정감을 얻고자 함 • 도구적 동기: 자녀를 통해 부부간의 결속도를 높이며 자신과 닮은 존재의 성장을 통해 대리만족을 구하려 함

7. 저출산 문제와 대처방안

전 세계적 추세인 저출산 문제가 우리나라라고 예외일 수 없게 되었다. 우리나라 합계출산율은 1960년 6.0명에서 1983년 2.1명으로 대체출산 수준에 도달한 이래 지속적으로 낮아져 1.48명(1998년) → 1.47명(2000년) → 1.17명(2002년) → 1.08명(2005년) → 1.12명(2006년) → 1.25명(2007년) → 1.19명(2008년)으로 전 세계에서 유례를 찾아볼 수 없을 정도로 빠른 출산력 감소를 보이고 있다.

'아들 딸 구별 말고 둘만 낳아 잘 기르자'라는 표어는 1970년대 우리 사회의 가장 유명한 표어였다. '딸 아들 구별 말고……'로 바뀌어 등장하기도 했다. 이러한 일련의 산아제한을 위한 각종 홍보들은 새마을운동처럼 전 국민의 동참을 조장하려는 국가의 의도적인 정책이었다.

또한, 각 지역 보건(지)소마다 산아제한을 위한 각종 시책들이 앞다투어 쏟아져 나왔다. 피임법의 홍보와 피임 기구의 보급은 물론 가임여성 불임시술, 남성에겐 정관수술을 권장하여 예비군 훈련 면제 특혜를 주는 등의 다양한 방법을 통한 산아제한 정책을 유도하였다. 셋째 아이 출산 시엔 의료보험 혜택조차도 주지 않는 시절도 있었다.

이러한 한국의 산아제한 정책은 중국과 더불어 가장 성공적인 사례로 남았다. 중국은 20년 만에 인구가 두 배로 증가하자 인구증가에 위기를 느껴 한 자녀 정책으로 강력한 산아제한 정책을 추진했다. 그래서 지금은 실질적인 감소상태에 돌입했다고 한다. 본래 산아제한은 여성의 건강을 지키기 위한 모자보건의 차원에서 시작되었으나 본래의 취지와는 전혀 다른 정책이 되고 만 셈이다.

물론 그 시절의 시대적 상황으로 보자면 전후 혼란기를 거쳐 경제적으로 낙후되어 국민들은 가난에 허덕이고 국토마저 좁아 산아제한을 통한 인구밀도 증가 억제정책이 필요했음은 이해할 수 있는 부분이다.

불과 삼십여 년이 지난 지금 저출산이 국가적 위기 문제로 떠오르면서 전국의 지자체마다 출산율을 높이기 위한 정책이 시급한 당면과제가 되고야 말았다. 각 지자체마다 서로 경쟁적으로 출산율을 높이기 위해 다양한 새로운 시책을 개발하기에 바쁘다. 하지만 출산장려금 지급 기준이 지역마다 다르고 지급액마저 천차만별이다 보니 일부 역기능도 생겨나고 있다.

재정자립도가 높은 지자체는 출산장려금이 많은 반면 가난한 지자체는 장려금 액수가 적은 이른바 '출산 장려금 빈익빈 부익부' 현상이 빚어지고 있다. 불과 수십만 원의 출산장려금을 주는 지자체가 있는가 하면 수백만 원에서부터 셋째 아이를 출산하면 출산장려금을 수천만 원을 주는 지자체도 있다.

산모의 입장에서야 당연히 출산장려금을 더 많이 주는 지역으로 가서 출산하고 싶을 것이다. 그 법을 교묘하게 악용하여 잠시 주소를 그 지역으로 옮겨 원정출산을 하는 경우도 생기고 산모와 짜고 장려금을 타내기 위해 사기행각을 벌인 자도 있어 국가정책을 악용하는 사람도 생겨났다.

이렇듯 무분별한 출산유도 정책을 다시 한 번 면밀히 살펴보고 문제점을 시급히 개선해야만 할 것이다. 물론 이러한 출산장려금 혜택도 중요하다. 그러나 젊은 국민들이 정작 출산을 기피하는 원인이 무엇인지 현실적이고 근본적인 대책이 절실한 시점이다.

경제적인 부분은 아이를 낳아 길러 본 평범한 부모라면 누구나 공통적으로 느낄 수 있는 문제일 것이다. 더구나 사교육비가 엄청나게 지출된다는 우리 사회에서는 그 문제의 근원이 무엇인지부터 선결되어야 할 것이다. 사교육비, 양육비에 관한 문제의 선결이 이루어지지 않는다면, 저출산 문제는 쉽게 풀 수 없는 난제가 될 것이라고 판단된다. 또한 미혼모에 대한 출산장려금 문제도 고려해 볼 필요가 있을 것이며, 독신자에 대한 문제, 출산장려금 지급 기준 마련 등도 심도 있게 생각해 보아야만 할 것이다.

이미 저출산 문제를 경험하고 그에 따른 대비책을 시행하고 있는 선진국의 정책들을 그대로 모방할 것은 아니지만 좋은 정책은 우리 사회에 알맞게 발 빠르게 수정하여 대입할 필요도 있을 것이다. 이젠 중학교 과정까지 무상교육이 실시되었다고는 하나 초등학교 때부터 사교육비 지출이 부담스러운 원인을 제거하지 못한다면, 결혼 후 10년, 20년 이상이 지나야만 집을 마련할 수 있는 부동산 정책이 문제가 된다면, 이 사회의 젊은이들은 계속하여 아이 낳기를 두려워하며 거부할 것이다.

산모를 위한 특혜는 물론이려니와 '남편 육아 휴직제', '아동 수당', '다자녀 세제혜택' 등등 선진국에서 시행된 각종 정책들을 보자면 저출산 문제해결을 위해 얼마나 고심하였을까 미루어 짐작이 간다. 발등에 불 떨어진 격인 우리나라에서도 저출산을 해결하기 위한 새로운 정책들이 나오고 있다. 다자녀 가정이 더 많은 '다문화 가족'에 대한 관심도와 그들을 위한 다양한 정책들도 그중 하나일 것이며, 해마다 다양한 보육정책을 개발하여 영아부터 안심하고 아이를 맡기고 일할 수 있는 터전을 마련코자 하는 정책들도 일련의 대처방안일 것이다.

그럼에도 불구하고 출산율이 저조하다면 기저에 깔려 있는 근원적인 문제가 무엇인지를 캐내는 것이 선결되어야만 한다. 아이를 낳지 않는 것이 출산 비용이 부담되어서만은 결코 아니라는 것을, 젊은이들이 무엇을 꺼려, 부담스러워 출산을 기피하는 것인지를 심도 깊게 짚어봐야만 한다는 것이다. 또한 정부는 현재 아이를 키우고 있는 부모의 입장을 충분히 고려하여야 한다. 아이의 출산과 양육이 부모의 경제적인 부담으로 와 닿는다면 결코 저출산 문제는 해결될 수 없다는 사실을 잊어서는 안 된다. 다시 말해 어떻게 키워줄 것인지 확실한 방안이 사회 저변에 신뢰 깊게 확산되어야만 저출산 문제도 차츰 해결의 기미를 보일 것이다.

출산력은 그 시대의 사회, 경제, 문화, 정책적 요인에 의해 복합적으로 영향을 받고 있으며, 사회가 발전될수록 가임여성의 결혼행태와 자녀에 대한 가치관은 출산력에 더욱 많은 영향을 끼친다. 저출산(低出産)이 가져올 인구 고령화, 노동력감소, 사회복지비용의 증대 등 사회·경제적 부작용의 심각성을 고려하여 출산안정을 도모하기 위한 사회적 책임을 강조하고 저출산의 사회·경제적 영향을 최소화하기 위한 제도적 대응책을 마련해야 한다. 이 같은 노력은 곧 무너져 내리는 국가경쟁력을 회복시킬 수 있는 유일한 방안이기 때문이다(http://www.hktimes.kr).

출산율 회복 방안	→	• 아이를 낳지 않게 만든 원인을 제거하거나 아이를 낳고 싶어지게 하는 여건을 조성해야 함 → 근본적인 해결을 위하여 '키우기' 및 '가르치기', 아이와 부모의 '미래'와 관련된 영역들을 포괄하는 청사진을 제시할 수 있어야 함
돌봄 노동으로 인한 부담	→	① 가임여성의 경제활동 참가율이 높은 나라일수록 출산율이 높음 ② 방안 • 돌봄 노동의 교환 가치를 임금노동에 준하도록 보상하는 방안: 성차별적이고 성별 분리 심화, 장기적으로 국가적인 경제 손실 초래 • 2인 노동자 모델(돌봄 노동 대체모델) -국가나 민간이 돌봄의 주체가 되어 보육 서비스를 질적·양적 측면에서 확대하는 방안 -돌봄 서비스가 전 계층에 보편화할 수 있도록 국가와

	민간의 역할 병존, 선택폭을 확대해야 함 -취업모의 자녀에 대한 보육료 추가 제공 필요 • 역할 공유 모델 -양육의 필요에 맞추어 시간 조절이 가능한 노동시장의 유연성 확보 -모성육아 휴직과 부성육아 휴직의 제도화 -절대노동 시간보다 시간당 효율성에 주목 → 노동시간 자체를 줄이고 노동의 나눔을 강조
교육으로 인한 부담	• 낳은 후 교육 투자를 조절하기보다는 출산아 수를 줄이는 방법을 택함 • 교육과 보호를 전담하기보다 전업주부인 어머니를 전제로 한 보조적 지원체계인 현 교육 시스템상의 문제 • 아이들의 방과 후 활동을 국가가 지원
노후에 대한 불안과 노후보장	• 양육을 위한 경제적 투자와 노후를 위한 비축을 병행하는데 있어서의 현실적 어려움 • 노후의 부양불안을 불식시킬 사회적인 부양체계의 확보 및 계층에 따른 혜택의 차이를 줄여야 함
저출산 시대에 어떻게 적응할 것인가	(1) 노령 인구층의 노동참여 확대 • 부양 인구비를 다르게 산정해야 함 (부양 인구비: 현재 부양 인구비는 15세 미만 인구수와 65세를 넘은 인구수를 합하여 이를 15세에서 65세 사이의 노동연령층 인구수로 나눈 값으로 측정함. 단순히 연령에 따른 부양비가 아니라 실질적으로 경제활동에 참여하는 인구를 분모로, 실질적인 피부양 인구를 분자로 하여 실질적 부양비를 계산할 경우, 전체적인 부양 인구비는 감소함) -기업 차원의 임금 피크제와 개인 차원의 직업 이모작 등을 통해 노령 인구층의 경제활동을 활성화함으로써 노동력 부족현상과 부양부담을 경감 →임금 피크제: 일정 연령에 달했을 때 은퇴를 하는 대신 지금까지 받아온 임금보다 적은 임금을 받고 직위를 낮추어서 근무를 지속할 수 있도록 하는 제도 →직업 이모작: 일생을 거쳐 하나의 직업을 계속하는 것이 아니라 일정 연령 이후 현재와 다른 직업을 갖게 됨 (2) 군 대체인력의 확대 모집과 유연한 활용 • 여성의 군복무를 통해 인력수급의 불균형을 사회적으로 해소

	• 양성 간 차별/역차별 논란 불식 (3) 통합적이고 포괄적인 정책 • 저출산으로 인한 노동력 부족 및 방위인력 부족, 과중한 부양부담 해소방안 • 국토방위와 경제, 여성 및 가족문제, 노동과 복지, 인구문제 등 사회 전반을 관통할 수 있는 포괄적인 정책의지와 적극적인 실천

8. 현대가족에서의 양육자와 양육방식

우리나라는 6 · 25전쟁과 4 · 19 및 5 · 16을 겪은 후, 제3공화국이 들어서면서부터 정부 주도의 경제개발 5개년 계획이 수립되었으며, 이에 따라 산업구조는 물론, 전반적으로 가족의 변화, 즉 가족형태, 가족기능, 가족주기, 가족관 및 가족관계에 변화를 초래하였다.

1960년대 이후 도시화, 산업화의 물결로 현재에는 전체 국민의 80% 정도가 도시에 거주하고 있다. 이 때문에 우리의 전통적인 대가족 제도는 도시화에 밀려 대부분 붕괴되고 핵가족 제도로 변화하게 되었다.

우리나라 가족은 전통적으로 부모와 자녀관계가 부부관계보다 중시되어 왔으며 핵가족화 현상은 자녀양육방식에 관한 지혜가 부모세대로부터 자녀세대로 전수되는 기회를 차단하여 새로이 가족을 구성하는 자녀세대에 시행착오를 겪을 뿐 아니라 설혹 부모세대의 도움을 받을 수 있을 때조차도 양육방법을 둘러싸고 세대 간의 갈등을 보이고 있으며 급격한 사회변화는 부모의 성장경험과 자녀의 경험 사이에 심각한 단절을 초래하여 가족성원들의 의식, 가치관에서부터 행동양식, 언어, 생활습관 등에 이르기까지 세대 간에 심각한 갈등과 소외를 경험하고 있다.

이러한 가족의 변화는 자연히 자녀의 양육 및 나아가 아동복지적 문제를 발생시켰다. 여성의 경제활동 참여율은 점차 높아가고 있으며, 기혼여성의 취업률은 전체 여성경제활동 참가인구의 75.5%를 차지하고 있다. 따라서 어머니의 취업, 부모질병, 이혼 등으로 부모의 보호가 부적절하거나 제한되어 있을 때 하루의 일정기간 동안 보호해주는 보육 사업이 필요하게 되었다.

보육의 개념은 시대와 상황에 따라 변화되어 왔다. 기존의 탁아라는 용어는 '아동을 위탁한다'라는 의미로 전통적으로 어머니가 개별적인 사유로 영유아를 양육할 수 없을 때 다른 사람이 보호자의 위탁을 받아 보충적, 개별적 차원에서 양육을 하는 것을 의미하는 보완적이며 선별적인 서비스를 말한다.

탁아는 주로 빈민층 자녀를 보호하거나 근로여성들의 취업을 도와주는 것으로 인식되어 왔으며, 보육에 대한 일반적인 사회적 통념은 탁아는 사회적으로 혜택받지 못하는 저소득층 또는 빈곤계층을 대상으로 제공되는 질적으로 낮은 보호서비스라는 의미로 받아들여졌다.

그러나 급속한 산업화 도시화로 가족제도 및 구조, 기능, 역할이 변화함에 따라 보육의 개념도 사회변화와 함께 크게 변화되게 되었다. 여성들의 학력신장, 경제구조의 변화, 여성 지위에 대한 새로운 시각, 가족구조의 변화 등은 보육의 문제를 한 여성, 한 가정의 문제가 아닌 사회적·국가적인 문제로 보게 되었고 보육의 기능도 보호뿐만 아니라 교육의 기능을 강조하게 되었다. 보육대상에 있어서도 저소득층 아동에게만 국한시키지 않고 모든 계층의 아동을 대상으로 보육서비스를 제공하며 아동의 권리로서 보호와 교육을 받을 수 있는 보편적인 서비스로 변화되게 되었다.

한때는 영유아 보육에 대한 전통적인 관점에서, 1950년대에 주장된 보울비(Bowlby)의 애착형성 이론으로 인해 어머니와 일찍 격리되어 시설에 수용되어 있는 어린이들은 인지적 결함과 함께 정서적 장애의 문제점을 갖게 되며 성장한 후에도 이러한 효과가 지속되어 정서적 불안의 원인이 제거되어야 정상적으로 성장할 수 있으며 그렇지 않으면 문제아가 될 것이라는 일반적인 개념이 팽배해 있어, 보육이 나쁘게 평가되기도 하였다.

그러나 이제는 아동을 보호와 교육을 받을 권리를 지닌 주체로서 보호자가 누구든지 상관없이 자신의 개성을 발달시키고 장차 자아실현을 할 수 있는 기반을 닦을 수 있도록 평등하게 보호와 교육을 받을 기회를 누려야 한다고 보고 있기 때문에, 보육시설의 질적인 성장을 위해 표준보육과정 편성과 평가 인증제도 등이 도입되면서 보육시설 나름의 철학적 기초를 갖고 프로그램을 구성하는 등의 보육 목적과 목표를 갖고 있다.

최근 많은 심리학자들은 인간의 성장발달에 있어서 유아기의 경험은 매우 중요하며, 유아기의 경험 중에서도 가정 내에서의 경험과 부모와의 관계 경험은 특히 중요하다고 제시하고 있다. 유아는 출생 후 가정에서 대부분의 시간을 보내게 되므로 이 시기에 유아는 가정환경으로부터 가장 큰 영향을 받게 되며, 가정환경 중에서도 가장 중요한 요소는 부모로부터 받는 영향이다. 왜냐하면 부모는 유아가 접하는 최초의 경험대상이며 사회의 일원으로서 성장하도록 하는데 중요한 역할을 하며, 유아는 부모를 통해 세계에 대한 지식을 습득하고 사회화의 기초를 형성해 나가게 되기 때문이다.

부모의 영향은 자녀를 다루는 양육방식에 따라 달라지며, 이 양육방식은 유아의 사회적 적응행동에 영향을 주는 중요한 변수가 된다는 점에서 그 중요성이 강조된다. 그러나 요즘 젊은 부모들은 과거와는 달리 성장과정에서 양육과정에 참여할 기회를 거의 갖지 못한 채 자라왔다. 그리고 고등학교나 대학에서도 예비부모, 또는 부모교육 강좌 등을 통해 부모로서의 올바른 역할과 자세를 바르게 습득할 학습기회를 한 번도 제공받지 못하였다. 또한 현대사회는 부모의 역할과 기능이 변화적이다. 취업, 이혼, 별거, 사별, 장기출장 등으로 인해 이전까지 지속해 온 부모의 역할을 유지하기 어려운 경우가 많다. 최근에는 가족의 형태도 다양해져가고 있다. 맞벌이 부모, 편부모, 10대 부모, 혼합부모 등이 증가되고 있어 보육시설이 아이의 양육을 담당하는 경우가 많아졌다.

보육시설의 역할에 대한 인식이 단순히 아동의 기본적인 물리적, 정서적, 생리적 기본욕구를 충족시켜주고 아동의 건강을 돌보고 안전을 지켜주는 보호기능만을 강조하던 과거와 달리, 유아의 신체적 · 사회적 · 지적 및 언어적 발달에 기여할 수 있는 기초를 제공하고 자아존중을 발달시키는 교육기능의 통합을 지향하는 방향으로 변화하면서, 보호와 교육 및 각종 사회적 서비스의 기능까지 동시에 수행하면서 보육시설에 대해 요구되는 역할은 더욱 다양해지고 있다. 구체적으로는, 영유아의 발달을 촉진시키고 영유아가 최적의 발달을 보이도록 이끄는, 보다 전문적이고 다양하고 적극적인 역할을 수행할 것이 요구되고 있다.

어린이집에서의 양육방식은 아동을 연령이나 발달 정도 등을 고려하여 학급을 나누어 보육하게 된다. 어린이집의 보육활동의 중심은 각각의 학급을 기준으로 한 명의 보육교사가 일정수의 아동을 보호하고 교육하는 데서 이루어지며, 아동의 일상생활이 거의 대부분 보육시설에서 이루어지기 때문에 아동은 보육교사로부터 부모와 같은 편안함과 신뢰감을 필요로 한다. 보육교사가 아동에게 심리적인 편안함과 안정감을 제공해주고, 아동의 일상생활 중에 요구하는 기본적인 생리적 욕구를 충족시켜 준다는 점에서 양육자의 역할을 하고 있는 것이다(http://cafe.naver.com/social86).

양육의 주체는 누구여야 하는가?	⇨	(1) 부성 육아휴직 등의 기존 제도들을 적극 활용토록 하는 지원책 (2) 퇴근 후까지 이어지는 비공식적인 업무 문화 변화 →개별 가족의 노력과 함께 직장문화와 가족생활과 병행할 수 있는 방향의 변화 필요
부모의 양육방식과 효과	⇨	(1) 자율과 통제를 축으로 부모의 양육방식을 나눔 (2) 전제주의적 부모 역할 (3) 허용적 부모 역할: 방임형과 익애형 (4) 융통적 권위형 부모 →통제와 자율의 배분은 부모특성뿐 아니라 자녀가 어떤 성향인지, 주제가 어떤 사안인지에 따라 조절되어야 함
한국 부모와 자녀관계의 문제점	⇨	(1) 과도히 허용적이거나 전제주의적인 양육을 하고 있음 (2) 부모 자녀 간의 열린 대화(개방적 의사소통)의 부재 (3) 부모와 자녀 간 대화의 소재 제한: 성이나 이성관계, 친구관계나 가치관, 신체발달 등의 자녀들의 주 관심사에 대한 대화는 겉돎 (4) 자녀양육에 관한 어머니의 역할이 지나치게 큰 반면 아버지 역할의 상대적 축소 →아버지의 소외 (5) 급격한 사회변동으로 부모와 자녀 간 세대 차이가 커져 대화단절로 이어짐 '좋은 직업을 얻기 위해 공부를 잘해야 한다'는 성인 중심적 교육관으로 학과 위주 교육에 치중 (6) 과도한 사교육비 지출 →부모세대의 경제력이 다양한 경로로 세습되는 문제 중산층 부모의 노년기 경제적 궁핍 초래

Chapter 11

노부모와 성인자녀

1. 가족의 부양기능 변화와 세대 갈등
2. 노부모 부양과 부모 자녀관계
3. 부양에 관한 기대와 부양동기
4. 부양형태와 부모 자녀관계
5. 새로운 부양문화
6. 노부모와 성인자녀 간의 갈등문제

권효가(勸孝歌)

부생교육 그은혜는 하늘같이 높건마는
청춘남녀 많건마는 효자효부 없는지라
시집가는 새아씨는 시부모를 싫어하고
장가드는 아들네는 살림나기 바쁘도다

제자식이 장난치면 싱글싱글 웃으면서
부모님이 훈계하면 듣기싫은 표정이네
시끄러운 아이소리 듣기좋아 즐겨하며
부모님이 두말하면 잔소리라 빈정댄다

제자식의 오줌똥은 맨손으로 주무르나
부모님의 가래침은 더러워서 밥못먹네
과자봉지 들고와서 아이손에 쥐어주나
부모위해 고기한근 사올줄은 모르는고

개가앓아 누우면은 가축병원 달려가나
늙은부모 병이나면 그러려니 태연하네
열자식을 키운부모 하나같이 키웠건만
열자식은 한부모를 귀찮다고 생각하네

자식위해 쓰는 돈은 계산없이 쓰련마는
부모위해 쓰는 돈은 계산하기 바쁘도다
자식들을 데리고는 외식함도 잦건마는
늙은부모 위해서는 외식할줄 모르도다

유석

1. 가족의 부양기능 변화와 세대 갈등

가족에 의한 노인부양 형태에는 노인이 필요로 하는 금전이나 물질 등을 제공하는 경제적 부양, 노인에게 고립감과 불안을 해소시킴과 동시에 인격적, 정서적 욕구에 대한 만족을 추구하는 정서적 부양, 취사, 목욕, 세면 등 노인의 신체에 서비스를 제공하는 신체적 부양 이렇게 세 가지로 나눌 수 있다(조추용, 1999, p.262). 이러한 세 가지 부양 형태는 서로 밀접한 관계를 지니고 있다. 어느 하나의 형태라도 제대로 이루어지지 않는다면 다른 부양에서 받는 부담감에 영향을 미치기 때문이다. 이렇게 가족으로부터 받게 되는 가족부양행동의 중요한 역할은 노년기에 나타나는 역할상실, 능력감퇴, 사회적 접촉의 감소와 고립 등에 대한 완충지대의 역할을 담당함으로써 만족할 만한 노년기의 생활유지를 도모하여 노인세대의 삶의 질을 유지하는데 기여하는 것이다(이정아, 2001, p.2).

특히 정서적 부양 행동을 통한 가족의 지지가 높을수록 노인의 자아존중감 상실 및 우울을 예방할 수 있다. 또한 노인의 고독감과 불안을 해소하고 인격적, 정서적 욕구의 충족을 제공한다. 대부분 연구들에서 정서적인 부양행동이 경제적인 부양행동보다 중요한 것으로 나타나고 있고, 정서적 부양행동은 어떠한 공적인 기능에 의해서도 보완될 수 없으며 가족에 의해서만 가능한 것이다(이정아, 2001, p.8). 이러한 정서적 부양기능에 대한 가족의 부양행동은 그 형태가 어떻게 변하든 앞으로도 계속 중요한 위치를 차지할 것이다. 그렇다면 이러한 부양이 사회적인 문제가 되는 이유는 무엇일까? 부양에 대한 어려움들이 오늘날 새롭게 생겨난 것은 아니다. 오래전부터 노인을 부양하는데 있어 어려움은 존재했었다. 하지만 이러한 부양에 있어 어려움이 최근에 사회 문제시되는 것은 삶의 모습이 변화된 것이 큰 몫을 차지하고 있다(김미혜 외, 2006).

① 고령화: 우리나라는 1960년대 이후 소득수준이 향상되면서 식생활의 개선, 의학의 발달 그리고 보건 위생의 향상 등으로 인해 평균수명이 지속적으로 증가하고 있다. 보건복지가족부가 공개한 '2008 OECD 건

강데이터'에 따르면 2006년 기준으로 한국인의 평균수명은 79.1세를 기록해 경제협력개발기구(OECD) 국가 평균수명 78.9세를 0.2세 앞질렀다. 이러한 평균수명의 증가와 함께 인구 억제정책으로 인해 출산율이 감소하면서 우리나라는 2001년에 65세 이상의 노인인구가 차지하는 비율이 7.4%로 UN이 규정한 고령화사회에 접어들었다.

선진국일수록 대개 높은 평균수명을 나타낸다. 소득수준이 낮은 나라일수록, 예를 들어 아프리카의 경우 평균수명이 낮아 40세 안팎에 머무르고 있다. 단순하게 긍정적으로 생각하면 평균수명의 증가는 생존환경이 좋아졌음을 나타내는 것으로 받아들일 수 있다. 하지만 우리나라의 경우는 급속한 고령화로 인하여 노인인구의 노후생활에 대해 개인적으로나 사회적으로 준비하지 못했다는 심각한 사회문제를 야기하고 있다. 삶의 질이 무시된 채 다만 무의미한 삶의 연장이라는 것이 숨길 수 없는 현실이다. 평균수명이 79.1세라는 것은 젊어서 죽는 사람도 있기에 대부분이 80세를 넘는다는 것을 의미한다. 50세에 일자리에서 물러나면 20~30년을 일거리 없이 지내게 된다. 경제적인 어려움은 제쳐 두더라도 수십 년을 마땅한 일거리 없이 지내는 삶으로 인한 스트레스와 무력감은 더욱 큰 문제이다.

이렇게 노인들은 외적으로 역할상실 및 지위저하를 겪고 내적으로는 고독감과 소외감을 느끼게 되는데 특히 질병으로 인해서 오는 문제는 노인 자신뿐만 아니라 주변 사람들에게도 많은 어려움을 주게 된다. 물론 고령 노인에게서 기능 손상과 만성질환의 발생 비율이 높게 나타나는 것은 어느 나라나 공통적인 현상이다. 우리나라의 경우 75세 이상의 집단에서 28%를 넘는 높은 비율의 노인이 수발을 필요로 하는 것으로 나타났다(김연옥 외, 2005, p.430).

② 가정역할의 변화: 농경사회의 가족형태는 노동력 이용을 위한 대가족제도이다. 이 제도 아래에서는 자녀가 부모를 부양하는 것은 당연한 것이었기에 노인은 우대받으며 안락한 삶을 향유할 수 있었다. 더욱이 노인의 풍부한 경험은 가족의 일상생활에 방향을 제시하였고, 그의 경험은 절대적이기에 노인의 가치는 컸다. 또한 경로효친의 윤리와 규범이 엄격하게 지켜졌던 사회였다. 이러한 환경에서 노인부양은 사회적

으로 문제시되지 않았다. 하지만 지난 수십 년 동안 우리나라는 산업화와 도시화의 과정에서 정치, 경제, 문화 등 각 분야에 다양하면서도 급격한 사회적 변화를 체험하였다. 개인은 생존을 위해서 이러한 사회적 변화에 맞추어 변화할 수밖에 없었고 가정 역시 그 역할과 기능상의 변화를 겪을 수밖에 없었다.

가족의 가장 큰 변화는 관계라 할 수 있다. 우선 부부간의 관계를 보면, 남존여비 사상에 의한 군림과 복종의 관계에서 평등한 관계로 변화하였다. 모든 인간은 평등하다는 인권사상의 실현과 여성이 경제활동을 할 수 있는 기회가 확대되고, 여성교육의 보편화에 따른 여성의 자각 등은 부부관계에 변화를 가져다주었다. 부모와 자식 간의 관계 역시 마찬가지다. 부모와 자식 간의 전통적인 관계는 부자유친(父子有親)으로 철저한 상하관계였다. 그러나 합리성의 토대 위에서 형성되는 인격 대 인격의 관계로 전환되고 있다. 이에 따라 부모는 자신의 노후를 자녀에게 의탁하려는 기대를 버리게 되었으며, 자식들 또한 부모를 봉양할 의무에서 해방되려고 한다. 그 결과 경제적 독립을 토대로 다세대 가족은 2세대 가족으로 분가되어 상호 간섭이나 통제를 배제하게 되었다. 이렇게 종래의 직계가족은 핵가족, 부부중심가족으로 변화하였다. 함께 사는 가족구성원의 감소는 친밀감을 형성하고 대화를 촉진시키는 긍정적인 역할을 하기보다는 오히려 부모와 자녀 사이의 가치관 차이를 가져다주었고 이는 노인을 소외로 이끄는 결과를 가져왔다(임미영, 2002, p.10).

사회학자들은 가정의 기능을 자녀출산과 양육하는 기능, 경제적 기능, 심리적 기능으로 나눈다. 오늘날 특히 변화한 기능은 경제적 기능인데 전통적으로 가정은 생산과 소비의 공동체였다. 그러나 현대의 가정은 소비 공동체가 되었다. 기존에 가정에서 해오던 생산적인 기능들인 가족구성원들에 대한 보육이나 교육, 그리고 부양은 보육원, 학교 그리고 복지시설 등 전문기관에서 맡게 됨으로써 사회와 더욱 밀접한 관계를 맺게 되었다. 이렇게 가정이 맡아오던 기능들을 기업, 학교, 국가 등 전문적인 제도가 흡수함으로 인해 가정은 사회의 변화에 민감하게 되었고 급속한 사회의 변화와 사회구성원들 사이에서의 경쟁으로 인해 사회가 점점 불안해지면서 가정은 약해지는 다른 기능들과는 달리 정서적 기능을 더 강조하고 있다.

오늘날 가정은 개인의 정체성과 의미를 실현하는 공간이면서, 심리적인 안정과 힘을 재충전하는 요소로서 더욱 중요해지고 있는 것이다. 감정의 공동체로서, 의미를 채워주는 장소로서 그리고 정서적 욕구를 만족시키는 장소로서 가정은 현재 주로 개인의 행복에 봉사함으로써 대단히 개인주의화 되었다. 이러한 경향은 한국사회의 급속한 이혼율 증가의 한 요소로 작용한다. 특히 중년층의 이혼율 증가가 가장 높은 것으로 나타나고 있다. 이러한 결혼 불안정성의 증가는 전적으로 가족에게 의지하고 있는 한국의 치매환자 부양 체계를 위태롭게 할 수 있고 이러한 상황에서 치매환자를 부양하는 부양자의 사회, 심리적 스트레스 또한 더욱더 커질 수밖에 없다는 점을 간과할 수 없을 것이다(백주희, 2007, p.256).

③ 사회적 무관심: 오늘날과 같은 기능사회와 소비사회에서 건강이란 "노동능력과 향유능력"을 뜻한다. 때문에 이 능력이 손상된다면 그 삶은 무의미한 것으로 여겨지기에 사람들은 각별히 건강에 유의한다. 이로 인하여 장애자, 병자 그리고 노인들은 사회의 변두리로 쉽게 밀려 나가게 된다. 특히 우리나라의 경우 급속한 경제 성장 속에서 이러한 성향이 뚜렷이 드러나면서 노인들은 어느새 공경의 대상에서 주책 맞고 귀찮은 존재로 비하되어 버렸다. 한국사회는 노인공경 의식이 낮아지고 노인 차별주의가 확산되어 가고 있는 추세 속에서 사회적으로 노인은 열등한 지위에 처하게 되고 부적절한 처우를 당할 가능성이 높아지고 있다. 이러한 상황의 극복을 위해서는 변화하는 사회 안에 자신을 통합시키고 적응시키기 위한 노인들의 사회화 과정이 반드시 필요하다(권중돈, 2004, p.6). 이미 이 과정에서 노인들은 다음과 같은 어려움을 겪고 있다.

첫째, 사회는 젊은 사람들이 새로운 지식과 기술을 습득하게 하여 사회적 역할을 수행하도록 하는데 관심을 두지만 중년기 이후의 사람들에 대한 배려가 부족하다.

둘째, 사회화가 자발적인 차원에 맡겨져 있기에 개인의 특별한 노력 없이는 이루어질 수 없다는 것이다.

셋째, 노년기의 사회적 역할이 확립되어 있지 않음에 따른 어려움인데, 이는 새로운 지위와 역할에 대해 미리 준비하는 예기적 사회와(anticipatory socialization)를 할 수 없게 만든다. 성인, 특히 노년의 사회화에 대한 올바른 정립이 시급하다 하겠다(김철호, 2004, pp.11-12).

노인들이 사회적으로 관계를 맺고 생활해 나갈 수 있도록 가정의 노력과 함께 사회적 관심과 노력이 병행되어야 한다. 고독하게 되는 것은 이미 '사회적 죽음'이라고 할 수 있기 때문이다(권중돈 외, 2002, p.20).

요양시설도 사회적 무관심 속에 시설이 턱없이 부족한 실정이기에 장기요양보호와 관련해서 공식보호를 받고 있는 노인은 소수에 불과하다. 시설보호를 필요로 하는 노인의 증가에 비례하여 시설설립이 너무나 부족한 실정이다. 이러한 상황은 부양을 필요로 하는 대부분의 노인들이 전문성이 보장되어 있지 않은 가족보호를 받거나 거의 방치되어 있다는 것이다. 때문에 가족의 노인수발기능을 지원하기 위한 재가복지서비스는 매우 중요하다. 그런데 우리나라의 사회복지정책은 간호와 수발을 원조해줄 수 있는 전문 간호인력이나 전문봉사인력을 양성하기보다는 시설을 먼저 설치하고, 가족지원서비스보다는 시설설치비에 거의 대부분의 예산을 투입하고 있다. 이러한 이유에서 우리나라의 노인부양가족은 서비스 수혜자로서의 권리를 거의 보장받지 못한 채, 서비스 제공자로서의 의무만을 강요당하고 있다. 이는 그동안 우리나라의 복지정책에서 부양의 의무를 사회가 책임지기보다는 가족에게 떠맡겨져 왔기 때문으로 볼 수 있다.

전체적으로 가족의 부양기능 변화와 세대 갈등의 가족생활주기(family life cycle)에 따르면 노년기는 퇴직으로 인해 경제력을 상실하게 되는 시기이며, 이때 노인들은 어떠한 형태로든 자신의 노후를 가족이나 사회에 의존하지 않을 수 없게 된다. 또한 노년기에는 장기적인 요양보호를 필요로 하는 만성퇴행성 질환의 발생이 증가하기 때문에, 노인인구의 증가는 곧 가족이나 사회적 부양부담 비용의 증가를 의미한다.

부양이란 '노후에 경제활동을 할 수 없기 때문에 나타나는 경제적 빈곤, 신체적 퇴화로 인해 나타나는 불건강, 그리고 사회·심리적인 고독에 대해 필요한 사항을 지원해주고 돕는 것'을 말한다. 노인부양문제는 가족의 구조와 기능의 변화라고 하는 맥락에서 고려되어야 한다.

일반적으로 대가족 구조를 바탕으로 한 전통적 사회에서의 노인들은 자신의 노후를 주로 가족에 의해서 부양받게 되고, 산업이 발달한 핵가족 구조의 현대사회에서는 주로 연금이나 공적부조에 의한 사회보장제도에 의해 노후부양이 이루어지고 있다. 우리나라는 1960년대 이후 산업화로 인해 사회·경제적으로 커다란 변화가 있어 왔으나, 아직도 많은 노인들이 자녀와 함께 살고 있을 뿐만 아니라 자녀와의 동거기대가 매우 높다. 따라서 가족은 여전히 노인부양의 기능을 수행하는 가장 중심적인 위치에 놓여 있다.

이러한 현실을 고려한 정부는 경로효친의 미풍양속을 중시하는 가족제도를 유지·발전하도록 「先 가정보호, 後 사회보장」을 노인복지정책의 기본방향으로 추진해 오고 있다.

그러나 현재 우리나라에서 실시되고 있는 노인복지정책은 가족구성원 모두를 대상으로 하는 정책이라기보다는 대체로 노인만을 강조한 정책으로써의 한계성을 보이고 있으며, 실질적으로 가족의 부양기능을 지원하는 제도는 미흡한 실정이다.

현대사회의 가족기능은 전통사회에서와는 크게 달라지고 있으며, 사회여건의 변화로 인하여 가족 자체의 능력만으로는 노부모 부양보호 기능을 전담하기 어려운 실정이다.

따라서 정부는 가족의 노부모 부양기능을 보완하고 가족해체를 예방할 수 있는 다양한 사회적 서비스를 제공해줄 필요가 있으며, 가족에 의한 노부모 부양정책이 보다 실질적인 효과를 거둘 수 있기 위해서는 노부모 동거가족을 위한 간병수당제도의 도입, 금융 및 주택지원제도의 개선, 재가 및 시설보호서비스의 확대가 필요하다.

아울러 노인복지정책이 전통적인 부양자로서의 여성들의 역할에 의존하기보다는 남녀 모두 동등하게 참여할 수 있는 지원체계를 구축해야 할 것이다. 즉, 노인복지정책에 있어 가족구성원들이 수행하는 부양자로서의 다양한 역할수행을 지원하며 이들의 보호노동의 가치를 인정할 필요가 있는 것이다.

결론적으로 노인과 가족의 복합적인 부양욕구에 적합한 정책과 서비스를 개발하기 위해서는 보다 거시적이고 장기적인 정책이 필요하다고 하겠다. 노인부양은 가족, 지역사회, 국가 간의 적절한 역할분담을 통하여 공동의 노력으로 이루어져야 할 것이며, 가족구성원의 부양능력과 의사를 고려한 사회적 지원체계를 구축해야 한다. 또한 가족이 노인부양 기능을 적절히 수행할 수 있도록 적극 지원하는 보다 다양한 정책이 수립되어야 할 것이다 (http://www.idjnews.co.kr).

가족 내 자녀양육의 비중 강화, 노부모 부양기능 축소	→	• 평균수명의 증가로 자녀의 부양기간과 부담 증가 • 이농현상과 교육기회 확대 등으로 토지를 중심으로 한 부모 영향력 약화 • 중년층의 가치관과 생활양식 변화 • 신체적으로 자립생활을 유지할 수 있는 노인의 수 증가 • 현 노인세대는 자녀와의 동거에 대한 기대 높음: 특히 장남과 동거하려는 경향 • 노부모와 중년자녀 간 부양을 둘러싼 상이한 가치관 충돌 가능성 상존: 우선적인 부양책임을 진 자녀부부와 여타 자녀들의 가족갈등으로 확산

2. 노부모 부양과 부모 자녀관계

평균수명이 길어지고 노인인구가 늘어난 반면 출산율은 낮아지면서 가족구조 및 가족관계에 큰 변화를 초래하게 되었다. 특히, 출산율 저하로 인해 세대 간의 관계가 강해지고, 수명연장으로 부모-자녀관계를 유지할 수 있는 기간이 점점 길어지고 있으며, 더 많은 세대와의 상호작용이 가능해짐으로써 성인자녀와의 관계도 그 중요성이 더욱 부각되고 있는 실정이다. 또한, 자녀세대의 부양부담이 커지고, 노인세대의 노후준비도가 높아지고 있다. 이로써 성인자녀-부모관계는 일방의 부양관계가 아닌 세대 간의 자원의 교류로, 전 생애에 걸쳐서 지속되는 관계로 발전하면서 각각의 가족마다 생활환경에 따라 다양한 양상을 보이게 된다.

이처럼 복잡하고 다양한 사회변화로 인해 자녀의 직접적인 부양행위가 현실적으로 어려워지고 있다. 이에 대한 대안의 하나로 노인부모들이 근거리에 살면서 자녀의 부양을 받는 준동거형태를 채택하거나, 공간적으로는 부모와 분리되어 있지만 위층이나 아래층에 사는 식의 분리를 통해 부모를 부양하는 형태, 또는 원거리인 경우 지속적인 만남을 통해 심리적 거리감을 줄여 나가면서 노인부모와 자녀 간의 관계를 유지하고 있다.

또한, 노부모들 입장에서도 자녀와 함께 동거하면서 부양받는 것에 심리적인 불편함을 느끼고 오히려 떨어져 사는 것을 더 선호하는 측면도 있어, 지금까지 전통적으로 유지되어 온 부양에 대한 가치관이 많이 변하고 있음을 알 수 있다.

따라서 물리적으로 따로 떨어져 있는 자녀의 경우를 포함하여, 노인부모와 함께 동거를 하는 성인자녀들 모두 심리적인 거리감을 좁힐 수 있는 새로운 부모자녀관계를 형성하기 위한 노력이 필요하다 하겠다.

즉 노인의 생활만족도는 자녀와의 동거여부보다 가족 내 역할과 자녀와의 유대관계가 오히려 더 영향을 미친다는 연구결과를 통해서도 알 수 있듯이, 노년기 부모와 성인자녀관계는 관계의 질적 측면에서의 중요성이 더 부각되기 때문에 고려해야 할 필요성이 있다고 본다.

이처럼 부모-자녀관계의 질적인 측면에서 강조한 '가족결속'이라는 개념을 살펴보기로 한다. 벵슨과 스크래더(Bengrson & Schrader)가 세대 간 결속의 기본적인 요소들로 정의했던 부모-자녀 간 관계의 6가지 차원을 정리하면 다음과 같다.

① 연합적 결속(associational solidarity): 가족원들이 참여하는 여러 가지 활동의 상호작용 빈도로 세대 간 상호작용의 빈도(대면, 대화, 편지), 공유되는 보편적인 활동(오락, 특별한 작업 등)이다.

② 애정적 결속(affectual solidarity): 가족원들에 관하여 주어지는 긍정적인 정서의 유형과 정도와 이러한 정서의 상호작용 정도로 가족원에 대한 애정, 온정, 친밀함, 이해, 신뢰, 존경 등의 정도, 가족원들 사이의 긍정적인 정서 속에서 지각된 상호작용의 정도이다.

③ 합의적 결속(consensual solidarity): 가족원들 사이의 가치, 태도, 신념에

대한 동의 정도로 특별한 가치, 태도, 신념들에 대한 개인적인 측정치들 사이의 가족 내 일치와 가치, 태도, 신념들 속에서 지각과 다른 가족원과의 유사성의 정도이다.

④ 기능적 결속(functional solidarity): 지원과 자원교환의 정도로 세대 간 지원 교환의 빈도(재정적, 신체적, 정서적 지원 교환) 및 세대 간 자원교환의 상호교환의 정도이다.

⑤ 규범적 결속(normative solidarity): 가족역할 수행과 가족의무 수행에 대한 헌신의 강도(가족주의)로 가족과 세대 간 역할의 중요성 및 자식으로서의 의무의 강화 정도이다.

⑥ 구조적 결속(structure solidarity): 가족원의 수, 형태, 지리적 근접성에 반영되는 세대 간의 관계를 위한 기회구조로 가족원들의 주거 근접성, 가족원의 수, 가족원의 건강이 있다(https://www.itall.or.kr).

구분		내용
부양이란?	⇒	• 경제적 · 정서적 · 도구적으로 노인의 필요를 충족시키는 행위
서비스의 형태에 따른 구분	⇒	• 경제적 부양: 생활비나 용돈, 음식, 선물 등 금전이나 물질 제공 • 도구적 부양: 일상생활 상의 실질적인 도움 예) 집안일 돌보기, 몸시중 및 부축, 외출 시 동행 • 정서적 부양: 대화상대, 안부전화 등을 통해 인격적 · 정서적 욕구충족. 특히 노부모의 건강이 좋을수록 활발하다.
부양의 주체에 따른 구분	⇒	(1) 공적부양: 국가의 사회복지제도나 사회복지기관에 의한 사회적 차원의 부양 (2) 사적부양: 자신을 포함한 가족이나 친척 혹은 친구나 이웃 등에 의해 이루어지는 개인적 차원의 부양 -자기부양: 스스로의 힘으로 자신의 노후를 책임짐 -가족부양: 자녀와 동거하면서 일체의 부양을 제공받는 경우 독립된 세대로 거주 혹은 유료 양로시설에 거주하면서 자녀에게 경제적 지원을 받는 경우

3. 부양에 관한 기대와 부양동기

한국 전통사회의 생활문화전반에 걸쳐 커다란 영향을 끼친 사상은 유교이다. 공자(孔子)는 논어(論語)에서 인간의 기본적 가치를 '인(仁)'이라고 하였고, '인(仁)'을 도덕규범의 근본원리이며 핵심개념으로 보고, "효(孝)와 제(弟)는 인(仁)의 근본이다"라고 하여 부모에 대한 효도와 형제간의 우애와 같은 가족적 도덕규범을 인의 실천방법으로 제시하였다.

유교의 사상은 일원론을 바탕으로 유한한 생명과 생명을 연결함으로써 인간의 유한성을 극복한다. 즉 나의 생명은 조상으로부터 나고, 또 나는 나의 생명을 후손에게 물려주는 것이다. 그렇게 효를 통해서 조상으로부터 나를 거쳐서 후손에게까지 연결됨으로써 가족이 영구적으로 존재하게 되는 것이다. 그렇기 때문에 나의 존재를 가능하게 해준 부모에게 보답해야 한다는 것이 바로 효의 기본 정신이다.

한국의 유교적인 가족제도하에서는 엄격한 부계, 혈통주의를 고집하고 있다(김동춘, 2002). 장남이 부모의 가문을 계승하고, 딸은 출가하며, 다른 형제들은 결혼 후 따로 세대를 구성하는 식의 가족행태, 즉 부모와 장남 부부 그리고 손자가 함께 거주하는 전형적인 직계가족제도가 바로 그것이다. 효경(孝經)에 의하면, 전통적인 생육, 공경, 봉양에는 아들선호가 그 중심에 있다고 밝히고 있으며, 아들-특히 장남-에게 부모부양을 기대하였다.

예기(禮記)에서는 효에 대한 세 가지 중요한 방법들을 제시하고 있다. **첫째**는 부모를 공경하는 것으로, 부모를 모심에 있어서 정신적, 정서적으로 편안히 해드리는 것이고, **둘째**는 부모와 가족을 욕되게 하지 않는 것이며, **셋째**는 부모에게 좋은 음식, 의복 및 따뜻한 잠자리를 제공하는 등의 물질적인 봉양이 그것이다(박재간, 2004). 이처럼 효의 방법은 정신적인 것뿐만 아니라 물질적인 것까지 포함하고 있다.

실용주의, 즉 프래그머티즘(Pragmatism)은 19세기 후반에 미국을 중심으로 일어난 새로운 철학사조이다. 그 근본사상은 진화론을 출발점으로 하였고, 생물학 · 생리학 · 심리학에 영향을 받아 철학의 기초를 구체적 경험에 두고 있기 때문에 관념론과는 대립되는 사상이다. 실용주의자들은 지식은 확고한 토대를 갖춘 절대적이고 정적인 것이 아니고, 오히려 항상 수정 가능하며, 새로운 발견과 개념의 발전에 따라서 끊임없이 변한다고 주장한다(Aune, 1970).

실용주의적인 관점에서 가정을 살펴보면, 가족관계의 영구성이란 부모와 자녀 사이에는 존재하지 않고, 단지 부부관계에서만 한정된다. 따라서 아이들은 가정에서 연장자에 대한 의무 같은 것을 교육받지 않고, 단지 아이들의 권리나 자유에 대해서 교육을 받게 되는 것이다. 또한, 관념이나 사상은 현실보다 우선시되는 개념이 아니어서 현실의 필요나 환경에 의해 달라질 수 있는 가변적인 성질을 지닌다. 따라서 도덕이나 윤리도 고정된 것이 아니라 인간의 필요에 의해 항상 변할 수 있는 것이다. 실용주의에 있어 더 유용한 결과를 낳기 위한 행동인 관념의 변화는 당연한 것으로써, 이러한 가족형태 변화 또한 환경의 변화에 따른 필연적인 결과로 해석할 수 있다(유승주 · 이성우, 2007, pp.201-227).

도덕적 · 사회적 기대요인	→	• 전통적 부양의식을 내면화한 정도에 따라 자녀의 실제 부양행위 및 노인의 기대감 상이 • 노부모 부양 태도는 연령집단에 따라 상이함 예) 30세 이하의 청년세대는 노인 자신의 책임 강조, 40세 이상의 연령집단은 자녀의 부양책임을 보다 중요하게 생각함
부모자식 간 장기간에 걸친 교환관계	→	• 과거 부모에게서 받은 지원과 미래의 잠재적인 보상(재산 상속)에 대한 판단이 노부모에 대한 부양동기를 갖도록 하는 변수라는 것 →실제로는 노부모와 성인자녀 간 장기간에 걸친 교환뿐 아니라 현재적으로도 호혜적인 교환이 이루어짐 예) -중산층 이상의 경우 부모가 경제적 도움이나 맞벌이가사 및 손자녀양육 등으로 자녀에 도움 -노부모의 건강상태가 좋고 양 배우자가 생존해 있는 경우 성인자녀와의 정서적 지원교환 활발 -자녀로부터의 정서적 지원 증가함

애정적 유대	• 현재의 부모 자녀 유대는 지난 세월 동안 쌓아온 관계의 질에 기초 • 한국에서의 부양서비스는 주로 며느리에 의해 제공됨 • 며느리와 시부모 간에 형성되어 온 이차적인 교환의 질도 중요 → 시부모의 의존성이 커지기 이전의 고부관계의 질이 부양 및 피부양 관련 스트레스에 영향
노부모와 성인자녀 관계와 형평성	• 노부모와 자녀 간의 형평성이 깨졌을 경우 고마움을 표현하는 것 자체가 교환관계에서의 자원이 됨 → 고마움을 표현하는 것은 상대에게 정서적인 충족감을 제공하며, 권력과 지위를 부여하는 의미를 지님 → 부모가 고마움 표현에 인색할 때 궁극적으로 자녀는 노부모 부양 지원에 제한을 가하게 됨

4. 부양형태와 부모 자녀관계

1) 부양형태

부모부양의 형태로는 경제적 부양, 정서적 부양, 신체적 부양 등 세 가지로 나뉜다. 이 중 경제적 부양은 노부모가 필요로 하는 금전이나 물질을 공급하는 것을 말하는 것으로, 그 공급의 원천과 방법에 따라서 공적부양과 사적부양으로 나누어지며 공적부양은 사회부양이라고도 하여 국가의 사회보장체제에 의한 연금, 보험, 공적 부조 등 국가재정에 의한 경제적 보장이고, 사적부양은 가족에 의한 경제적 부양이 주된 것으로 노인 스스로의 경제활동에 의한 자활적인 부양을 말한다. 김명자 · 조재화(1997)는 노인에게 경제적 지원을 하거나 경제적 자립을 도와주는 부양형태라고 하였다. 즉 경제적 노년기에 경제적 안정은 물론 생계유지, 건강유지, 여가활동, 나아가서는 자아실현과 관련된 활동을 수행하기 위하여 노인들에게 가장 필요한 형태라고 하였다.

정서적 부양은 노인의 정서적 욕구를 충족시키고자 하는 부양으로써 노인의 감정과 정서를 이해하고 따뜻하게 대해주며 외로움을 달래주는 것을 의미한다고 하였다. 차풍로(1977)는 노인부양은 경제적으로 아무리 충분한 부양이 이루어진다고 해도 인격적 주체로서 다른 사람과 만족스러운 정서적 관계가 유지되어야 보다 만족을 느낄 수 있다고 하였으며 노인은 사회적 활동으로부터 은퇴하여 생활하고 있으므로 가족, 이웃, 친구 등과의 인격적·정서적 관계를 만족스럽게 유지한다는 것이 더욱 중요하다고 하였다. 최성재(1986)는 노년기에 체험하게 되는 경제적 고립은 공적 기관에 의해서 처리될 수 있다고 하지만 감정에 근거한 정서적 부양은 어떤 공적 기관에 의해서도 보완될 수 없으며 가족에 의해서 가능한 것이라고 하였다.

서병숙·이신숙(1991)은 노년기는 정신적·신체적 힘의 쇠퇴와 배우자 상실 또는 배우자나 자신의 질병이나 사고, 자녀의 분가와 같은 지금까지 경험했던 생활과는 다른 생활 형태를 겪게 되어 고립감이나 소외감을 느끼기 쉬운 시기이므로 정서적 부양은 특히 중요하다고 하였다. 김태현·한은주(1994)는 노인의 고독감과 불안을 해소하고 인격적·정서적 요구의 부양을 제공하는 부양을 의미하며, 구체적인 부양행동으로 접촉을 들 수 있으며, 접촉의 종류로 방문과 전화 등을 할 수 있다고 하였다. 민무숙(1995)은 정서부양의 종합적 견해로서, 노부모와의 질적인 접촉과 지지, 격려, 마음을 알리고 이해할 수 있는 대화나 감정적 교류로 인한 신뢰, 공평, 사랑, 존경심 등이 노부모에 대한 구체적인 정서적 부양의 행위라고 하였으며, 정서적 부양의식은 경제적, 신체적 부양의식에 비해 가장 상위적인 영역으로 외형적으로 보여지는 것이 아니라 추상적이고 이념적인 측면이 강하므로 장기적이고 구체적인 계획이 선행될 필요성이 있다고 하였다.

신체·서비스 부양을 서병숙(1996)은 노인의 신체적 조건에 따라 식사, 목욕, 세탁 등의 보살핌과 시중을 제공하는 부양을 의미한다고 하였다.

이가옥·이미진(2000)은 노인의 일상생활에 있어서 신체적 거동 및 가사운영에 필요한 부조, 간호, 심부름, 청소, 세탁, 요리, 식사, 목욕, 보살핌과 시중을 제공하는 부양이라고 하였다. 강유진·한경애(1997)의 연구에서는 집안일 돌보기, 병원 갈 때 동행, 휴일이나 휴가 시 함께 지냄, 야외나들이, 바깥 용무 돕기 등이 있으며, 노인이 되면 생리·신체적으로 노화현상이 나타나 신체적 기관의 기능이 감퇴하고 통합능력이 부족하여 제대로 적응할 수 없게 되므로 노후에 발생하는 또 하나의 심각한 문제는 신체적 노화와 질환 문제라고 하였다. 또 신체 · 서비스 부양은 노인인구 특히 고령 후기 노인의 증가와 더불어 가족부양의 한계성을 드러내고 있는 부분으로 가족성원 중 여성이 주로 노인의 부양을 담당하나 기혼여성의 사회진출, 핵가족화, 적은 가족성원 등으로 노인과 동거하는 경우조차도 큰 부담이 된다고 하였다(민미정, 2009, pp.12-13).

2) 부모 자녀관계

가정은 건강한 성인 남녀가 깊은 사랑과 신뢰가 계기가 되어 부부가 되고 그 결실로 자녀가 출생 · 양육 · 생활하는 사랑의 공동체이다. 가정은 건강한 부모와 건전한 가정문화 속에서 생활하면서 신체적 · 철학적 · 지적 · 정서적 · 도덕적 · 종교적으로 양질의 인격자가 되도록 그 기초를 가르치고 생활화시키는 교육의 장소로(김홍규, 2005) 부모는 자녀가 독립할 때까지 자녀를 돌보아야 하는 의무와 책임이 있으며, 자녀의 신체적 · 정서적 발달을 돕는 가장 중요한 역할을 한다. 따라서 부모 자녀관계는 개인의 인성 형성과 사회화에 매우 중요하다.

인간의 성장발달에 영향을 미치는 환경요인은 크게 가정, 학교, 사회의 측면으로 구분할 수 있는데 이 중 가정환경은 출생 시부터 인간이 성장하고 발달하는 곳으로 최초의 사회적 경험을 제공하는 환경이다(이진숙, 2005). 이러한 가정환경은 물리적 환경과 심리적 환경으로 나눌 수 있는데 물리적 환경은 거주지의 생태적 환경, 가옥의 크기, 문화시설 등을 말하는 물적 요인으로 다시 나누어진다. 또 심리적 환경으로는 부모의 양육태도, 가정의 분위기, 언어모형 등과 같은 가족과 자녀와의 상호작용의 환경을 들 수 있다(정원식, 1998).

부모-자녀관계에 대해 경험적, 양적 연구를 시도한 김의철 · 박영신(2004)의 연구에서는 희생과 헌신을 통해 신뢰를 구축하게 되는 부모-자녀관계가 관계주의 사고의 심리적 원형으로 작용하여 교사-학생 관계나 배우자 관계 등에서도 강력하게 영향을 미치고 있다고 한다. 예컨대 교사-학생 관계에서 청소년들이 교사를 신뢰하는 이유로서 '학생을 위한 고생과 희생', '부모와 같은 존재'라는 반응이 나타났으며, 배우자와의 관계에 있어서도 배우자의 개인적 특성보다는 배우자가 가족을 위해 헌신적으로 기여하는 관계적 역할에 충실할 때 신뢰하게 된다는 것이다. 또한 직장상사나 동료를 신뢰하는 이유로서 '관계에 대한 무조건적 신뢰'와 '인간관계에서 정서적인 배려를 해 줌'을 가장 중요한 이유로 꼽았다. 이윤을 주된 목표로 추구하는 기업에서조차 한국 사람들은 업무처리 능력보다 가족적인 인간관계와 정서적인 교류를 상대방 신뢰의 중요한 기준으로 삼는 등 일관된 경향을 보인 것이다(김명언 · 이영석, 2000). 이는 가정에서의 부모-자녀관계 양식이 다른 사회 조직에서의 인간관계 양식에 확대 적응되고 있음을 보여주는 것이다. 따라서 우리네 부모-자녀관계는 관계주의 문화의 특성을 반영하고 있다고 할 수 있다. 일단 형성된 부모-자녀관계는 이후 개인이 경험하게 되는 다양한 사회생활에서 인간관계 양식의 토대를 제공할 뿐만 아니라 사회적응의 기초가 되는 매우 기본적이고 핵심적인 관계라 할 수 있는 것이다(민미정, 2009, pp.7-8)

부양형태와 부모 자녀관계	⇨	노부모가 여전히 가족생활에서 주도권을 행사하려 하거나 자녀의 부양의지가 외적인 의무감에만 기초할 경우 노부모와 자녀의 동거는 갈등 증폭 →양자 간의 기대치와 역할을 새로이 규정하고 합의하여 부합하는 부양형태를 선택해야 함
부양의 형태	⇨	(1) 동거부양 • 경제적 · 도구적 · 정서적 측면에서의 부양을 총체적으로 제공하게 됨 • 부모 연령이 높을수록, 건강이 좋지 않을수록, 경제상황이 나쁠수록, 배우자와 사별했을수록 비율 증가 • 자녀의 연령이 높을수록 경제적으로 넉넉할수록 가족주의 가치관이 강할수록 비율 증가 • 장점: 보은과 유용성의 충족감 자녀의 동거부양에 대한 기대감 자신의 노후를 보다 가깝게 느끼고 대처 조손 간 세대 간 연대 • 문제점 -세대가 다르고 생활주기가 다른 세대가 한 공간에서 동거

		하는 것은 갈등과 각자의 사생활 제약을 가져옴 -부양 스트레스로 인한 세대 간 갈등, 자녀세대 부부간 갈등 및 형제간 갈등 초래 -직접적인 부양서비스 담당자의 과도한 부양 스트레스 -아들은 부양관리자, 며느리는 직접적인 부양책임자 역할 담당 → 평생에 걸친 부모-자식 간 교환의 형평성이 부합되지 않음 -맞벌이 가족이 증가하고 있으므로 노부모 부양을 전담할 인력을 가족 내에서 찾기 어려움 (2) 비동거부양 • 자녀의 교육수준 및 사회 계층적 지위가 높을수록 비동거 지원비율이 높음 • 노부모도 경제적 수준이 높을수록 별거 선호 • 경제적 부양행동은 멀리 떨어져 살 때 증가하기도 함 • 지리적으로 가까이 살수록 도구적 지원이 활발함
부양의 문제점	⇨	• 부계 위주의 부양을 당연시하는 우리나라의 경우 딸의 직접부양 의무감 낮음: 도구적 지원은 주변적이나 정서적 지원은 보다 적극적 • 도구적인 부양 역할을 아들부부에게 의존하는 경우, 딸과의 정서적 과잉밀착으로 고부갈등이나 가족갈등 유발

5. 새로운 부양문화

가정 안에서 부모는 건강한 육체 및 정신적 발전과 사회의 구성원으로서 필요한 모든 것을 자녀에게 제공할 의무가 있다. 이와 같은 의무는 근본적으로 그들이 부모라는 사실에 달려 있다. 마찬가지로 자녀들은 가정에 속해 있기에 가족의 발전에 관심을 둘 의미가 있으며, 부모의 사랑에 대한 보답으로 그들에게 사랑을 베풀어야 한다. 이런 것들은 교환적 정의를 바탕으로 하여 지불해야 할 빚이 아니라 가족구성원으로서 가지게 되는 본성과 처지에 의하여 요구되는 것이다(강두호, 2003, pp.197-198). 이러한 요구로 인하여 생기는 책임을 조나스(Jonas, 1984)는 "자연에 의해 만들어진, 즉 자연적으로 존재하는 책임"이라고 했다. 그 때문에 이 책임은 합의 여부에 상관없으며, 취소할 수 없고, 예측할 수 없으며, 전 세계에 공통된다. 부모를 모시는 것은 가족구성원의 자연적 책임이라고 할 수 있다. 하지만 국가가 지는 공적부양은 국가의 구성원으로서 지니게 되는 국가와의 계약관계에 의한 계약적 책임이라고 할 수 있다. 때문에 이 책임은 사회구성원들과 사회와의 합의에 영향을 받으며, 취소할 수 있고, 예측가능하다. 그리고 그 사회의 구성원들과 사회가 어떻게 계약을 맺는지에 따라 다양하게 나타난다.

사회와 그 구성원 간의 계약을 통한 경제적인 복지국가의 개념이 정립되었던 시기는 서구 선진국의 경우 정치적인 민권의 확립과 산업혁명을 거친 후인 18~19세기 이후이며, 물질문명의 혜택을 입지 못하고 낙후된 후진국에서는 제2차 세계대전 이후에서야 비롯하였다(황경식, 1995, p.550). 제2차 세계대전 이후 등장한 복지국가의 개념은 선진국을 중심으로 하여 발전되어 왔다. 국민들이 사회에 거는 복지에 대한 기대치는 그 사회의 상황에 따라서 다르게 나타나지만 일반적으로 국가 경제력과 비례하여 나타난다. 우리나라의 경우도 경제가 발전하면서 복지에 대한 기대치는 높아졌으나, 실제적으로는 충분한 혜택을 누리지 못하기에 겪는 갈등이 노인부양 문제에서 확연히 드러난다.

사회가 개인화되어가는 것과 더불어 더욱 자유를 누리고자 하는 갈망이 생겨난다. 이로 인해 기존에 의무로서 강요되던 부양에서도 선택할 수 있는 자유를 누리고자 한다. 하지만 자유를 누리는 가운데서도 특정한 목적만을 받아들이게끔 교육되기도 한다. 이러한 교육은 사회적인 통제에 의한 것일 수도 있고, 신문, 방상 등 언론매체에 의한 것일 수도 있다. 치매환자를 부양하는 부양자들도 부양을 선택하게 되는 데는 사회적인 영향이 크다고 할 수 있다. 왜냐하면 부양자들이 부양을 선택하는 이유로 크게 나타나는 것 중의 하나가 주위의 시선이기 때문이다. 이와 함께 우리나라는 아직 치매에 대한 인식이 부족하고, 전통적인 윤리관에 입각하여 가족들이 가정에서 치매환자를 모시면서 겪는 심리적 및 신체적인 고통을 당연하게 받아들이고 있다. 하지만 '부모를 모시고 사는 것이 좋다'는 응답은 많이 나왔지만 부부역할에 있어서 주부가 집에 있어야 한다는 생각은 18.2%에 불과하다(김철수,

2000, p.92). 이는 우리 사회에 강하게 남아 있는 전통적 가족윤리와 현재 가족이 담당하는 기능이 서로 상충되는 것을 보여주는 증거이다. 부모를 모셔야 한다는 생각과 이를 감당하지 못하는 가족의 기능변화, 그리고 주부와 기혼남성과의 생각차이가 빚어내는 갈등의 두 축은 치매환자를 모실 경우 가족문제를 야기하는 원인이 된다는 것이다.

이와 같이 전통적인 의식 속에 가족이 거의 전적으로 부양을 책임져 왔지만 핵가족화, 결혼율 저하, 출산율 저하, 여성의 경제활동 참가율 증가, 이혼율 증가 등으로 잠재적 보호제공자로서 가정의 존재 기반 자체가 약화되고 있다. 의식적인 측면에서도 가족의 보호제공 의지가 점점 약화되고 있어서 가족보호에만 의존한다는 것이 현실적으로 불가능한 상황을 맞고 있다(박창제, p.107). 때문에 노인 시설수용은 가족들로 하여금 신체적, 정신적 및 경제적 부담을 덜어준다는 의미에서 긍정적으로 받아들여진다. 노부모의 시설수용은 가족 간의 결속을 강화시켜주고 부양부담이 적은 접촉을 하게 되어 가족 간의 유대관계를 유지시켜주기도 한다. 이런 이유로 많은 사람들은 국가가 나서서 노인의 부양을 책임지고 복지를 제공해야 한다고 주장한다.

한국의 노인문제는 산업화가 가져다준 전통적 가족제도의 변화에도 그 원인이 있다. 사회의 변화는 전통적 가족규범과 생활양식, 가치관에 많은 영향을 주었다. 산업사회에서 나고 성장한 젊은 세대는 부모세대의 부양에 대해 전통적인 가치관을 그대로 따르지 않는다. 노인세대의 부양과 보호에 큰 역할을 담당했던 여성들의 사회적 역할이 증가하고, 산업사회의 생활주기의 특성상 젊은 세대가 노인세대와 함께 지낼 시간이 부족해진 것도 원인이다. 급속한 산업화, 근대화된 사회의 문화권에서 부모세대와 판이하게 다른 직업적 특성과 생활주기를 가진 젊은 세대가 전통사회의 노인부양 의식을 따르지 않게 된 것은 필연적이다. 더군다나 지금의 노인세대는 전통사회의 가족부양의식을 지녀왔고 자녀들을 위해 희생했던 세대이다. 자녀의 교육비와 결혼비용 등에 재산을 대부분 소비하고 노후가 거의 준비되어 있지 않은 세대들이다.

노인문제 해결에 대해 기존의 연구자들은 전통가족제도의 부활을 긍정적으로 검토한다거나 젊은 세대에게 경로효친사상을 주지시킬 필요성에 대해 당위성을 부여한다. 물론 산업화, 도시화, 핵가족화된 사회에서 노인의 역할이 축소되거나 상실되면서 노인의 존재 자체를 부담스럽거나 불필요한 인격체로 전락시킨 면도 없지 않다. 청소년세대에게 노인세대의 정체성과 인격에 대한 교육을 충분히 하지 않아 미풍양속이었던 경로효친사상이 폐기된 것처럼 여겨지기도 한다. 그러나 노인문제의 해결방안을 가족의 기능 강화나 당위적인 경로우대사상 주입을 통해 결국 개별 가족의 문제로 떠넘기는 것은 바람직하지 못하다. 변화된 사회여건과 사회의식에 맞춰 노인문제를 전사회적인 차원에서 해결할 수 있는 기반이 마련되어야 한다.

아울러 노인문제 해결에 있어서 노인세대에 대한 시선을 새롭게 검토할 필요가 있다. 노인세대의 신체적, 정신적 특성상 유약하고 젊은 세대에게 보호를 받을 필요가 있다고 할지라도 단순히 노인세대를 소극적이고 수동적인 인격체로 받아들이는 시각은 곤란하다. 공식적인 사회활동에서 물러났다고 해서 노인세대가 가지고 있는 오랜 경험과 능동적인 인생관을 모두 무시하는 시각은 노인문제 해결에 올바른 방향을 제시해주지 못한다. 노인문제의 해결방안 모색은 노인세대를 노인문제의 주체로 세우는 것에서부터 시작한다(http://cafe.naver.com/social86).

가족의 동거부양을 지원하는 제도 및 시설의 확대	⇨	(1) 자녀의 부양능력에 대한 실질적 평가와 동거부양을 하는 가족에 대해 경제적·실질적 지원을 제공하는 방안이 다각도로 모색되어야 함 (2) 경제적 지원뿐 아니라, 개별 노인가구에 도우미를 정기적으로 파견하도록 제도화하고 지원해야 함 (3) 노인주간보호시설을 확대 보급함으로써 주 부양주체의 부담을 완화해야 함
다세대 공동주거를 통한 부양분담	⇨	• 3세대 주거형 아파트를 통해 동거하는 세대 간의 독립성 보장 →모여 삶으로 인한 편리함과 노부모 부양의 분담이라는 장점을 살리면서 개별성인 세대의 사생활과 독립성의 보장이 중요함

아파트 단지 내 노인동	→	-아파트 단지 안에 노인동을 건설하는 것을 의무화하는 방안 -노인동에는 노인의 특성을 고려한 설계와 노인의 의료적 필요에 부응할 수 있는 설비 필요 예) 유료 양로시설에서 제공하는 서비스를 아파트 단지 내 상가와 연결 -노인동 가까이에 유치원이나 학교 설립으로 노소가 어우러져 살아갈 수 있도록 유도
공적 시설부양	→	-공적 시설부양의 수혜요건을 현실화함으로써 저소득 노년층의 공적부양이 필요함 -특히 무료 양로시설의 확충과 질적인 관리 중요

6. 노부모와 성인자녀 간의 갈등문제

평균수명의 연장, 출산율 감소 등으로 노인의 비율이 증가하면서 과거에 비해 노인부양의 필요성은 더욱 증가한 반면, 노인을 부양할 자녀의 감소로 그 부담도 크게 증가하였다. 그 가운데에서도 심한 장애가 있는 노인이나 치매노인의 부양문제는 그 심각성이 매우 크다. 현대사회가 진행되는 과정에서 가족의 부양은 점점 어렵게 되어 노인부양은 사회적 문제가 되었다.

가족의 노인부양이 어려워진 이유를 자녀가 예전에 비해 불효하게 되었기 때문으로 생각하는 사람이 적지 않다. 그러나 가족의 노인부양이 어렵게 된 이유는 현대사회 인구의 노령화, 가족구조의 핵가족화의 경향이라든가 여성의 경제활동 증가 등에 있다.

우리 사회는 성인자녀는 노부모를 부양하는데 일차적인 책임을 져야 한다고 생각하고 있다. 따라서 가족 중 특히 여성들은 많은 노인부양의 역할을 제공하여 왔다. 이러한 상황에서 여성의 취업은 부양의 정서적, 신체적, 심리적 상황을 어렵게 만들고 있다.

노인부양은 이제 노인보모와 성인자녀 모두에게 부담과 갈등, 소외감을 가중시키는 문제가 되었다. 급격한 사회변화에 따른 가치관의 변화와 가족구조의 변화로 노인부양의식과 행동은 약화되고 있으며, 이와 더불어 노인

부양에 따른 갈등은 심화되고 있다. 또한 이에 따른 실질적인 규범의 부재는 심각한 갈등과 문제를 초래하고 있다.

한편 아직도 가족은 노인부양의 중요한 역할을 담당하고 있으며, 노인부양은 가족들이 경험하는 보편적인 스트레스가 되고 있다. 노인부양자는 자신의 노부모를 부양하는 책임뿐만 아니라 자신의 가족, 즉 배우자와 자녀를 보살필 의무도 가지고 있으며 이를 직업생활과 병행하여야 한다. 따라서 노인부양 가족에서는 다양한 가족역할 수행에 따르는 어려움이 있으며 이와 관련된 가족문제나 갈등이 발생할 수 있다.

노부모에게 적절한 부양을 제공하는 것이 자녀들에게 중요한 책임으로 사회가 규정하고 있는 것과 마찬가지로, 자녀들이 노부모의 다양한 요구에 반응하는 데서 여러 가지 어려움도 경험한다는 것을 인정해야 한다. 따라서 노부모 부양에 따르는 어려움, 긴장 및 부담을 완화시키는데 필요한 실질적인 도움을 주는 것이 필요하다.

노인부양은 크게 공적인 부양과 사적인 부양으로 나뉜다. 사적인 부양은 다시 자기부양과 가족부양으로 나뉘는데, 가족부양은 자녀와 동거하면서 부양받는 형태와 독립세대 또는 시설에 거주하며 자녀에게 지원을 받는 형태로 나타나게 된다. 기혼여성의 취업률 증가와 같이 특히 신체적 서비스가 필요한 노인의 부양을 불가능하게 하는 요인이 증가되고 있으므로, 부양방법에 대한 적절한 대안이 모색되어야 하겠다.

최근에 여러 나라에서는 주간에는 노인이 공동으로 생활하다가 야간에는 가정으로 돌아가게 하는 복지정책이나, 가정에서 노인을 모시되 그 비용을 세금감면, 직접적인 혜택 등으로 국가가 부담하는 복지정책들이 있는데, 이는 매우 바람직한 방법들이라고 여겨진다.

노인과 자녀 세대와의 동거여부를 떠나 노인은 자녀와의 관계가 원만할수록, 자녀와의 교류가 많을수록 만족도가 증가하는 것으로 나타나고 있다. 일상생활에서 가사의 원조나 의존 상태보다도 자녀와의 정서적 관계가 더욱 큰 영향을 미치는 것이다.

세대관계에서 발생할 수 있는 구체적인 가족갈등을 살펴보면 다음과 같다.

정서적 관계가 밀접한 자녀와의 분리를 제대로 감당할 수 없을 때에는 갈등이 발생하게 된다. 급격한 사회변동 속에서 부모가 지닌 전통적 가치관과 자녀 세대의 미래지향적 가치관은 일치될 수 없고 갈등의 원인이 된다. 부모 자녀 간에 서로 돕는다는 개념이 형성되지 못할 때 갈등이 발생하게 된다. 부모는 오랫동안 자식에게 투자하였고, 자식은 이에 대한 적절한 보상을 자발적으로 행하여야 한다.

이제 노인부양의 문제는 전통사회로의 회귀를 강요하여 해결할 수 있는 문제가 아니다. 우리나라는 전통적인 '효'사상 등으로 노년기의 독립적인 삶에 대한 가치관이 확고하게 수립되어 있지 못하며, 노인 정책도 일관성을 가지고 시행되지 못하고 있다. 더군다나 평균수명의 연장으로 독자인 자식이 결혼하여 부모 세대와 조부모 세대를 동시에 부양하는 일도 드물지 않게 발생할 것으로 보인다.

이러한 문제점을 해결하기 위하여 특히 사회복지 정책이 취약한 우리나라는 노인연금제도, 보험제도 등 노후생활을 스스로 준비할 수 있는 제도가 마련되기 시작하였다. 이러한 경제적 안정과 동시에 노화에 따른 정신적인 무장과 훈련을 위하여 노인 재교육 기회도 늘어나고 있는 추세이다.

우리나라의 노인복지정책은 1981년 노인복지법이 제정·시행되면서 촉진되었으나, 아직 미미한 수준이다. 노인복지의 재정규모는 국가 전체 예산에 약 0.1%에 불과하고, 이 중 반수 가량은 노령수당지급, 즉 70세 이상의 생활보호대상의 노인에게 지급되고 있고, 나머지도 노인복지시설 운영 등에 대부분 지원되고 있다.

더욱이 우리나라 노인복지 정책의 골격은 경로효친사상의 전통적인 배경과 문화적 규범에 근거하여 '선가정보호 후복지사회'의 원칙을 고수하고 있는 형편이다. 실제로 가족부양 기능을 강화하려면 정부가 적극적으로 가족에 대한 부양조건을 지원해 줌으로써 가급적 노인이 가정으로부터 일탈하지 않도록 제반조건을 조성하여 주어야 한다. 미래사회가 고령화사회인 것은 자명한 사실인 만큼 국가에서는 장기적인 관점에서 노인복지정책을 개발하고 재정을 확립하는 한편, 가족부양기능 강화 노력과 노인인력 활용 등의 방안을 관련이 있는 기관의 협력 아래 모색함으로써 고령화사회로의 진입에 대비하여야 할 것이다(http://living.snu.ac.kr).

이상의 내용을 바탕으로 노부모와 성인자녀 간의 갈등문제에 대해 종합해 보면 다음과 같이 요약될 수 있다.

1) 노인학대

합리성과 경제적 생산성에 높은 가치를 두는 현대문화의 영향으로 인지능력에 결함이 있을 경우 삶의 가치가 없다고 판단한다면, 우리는 이들을 위해 삶의 질을 높일 수 있는 일은 아무것도 하지 않을 것이다. 또한 치매나 정신지체를 겪는 사람 그리고 뇌와 관련된 질환을 앓는 이들을 무시하게 될 것이다. 실제로 오늘날 그 가치를 상실해버린 노인들의 많은 경우가 학대를 경험하고 있다. 노인학대에 대한 개념을 일률적으로 정의하기는 어렵고 그 범위가 다소 차이가 날지라도 오늘날 광범위하게 자행되고 있는 것이 사실이다. 넓은 의미에서 노인학대는 신체적 학대, 심리적 학대, 정서적 학대 또는 언어적 학대, 의료적 학대, 성적 학대를 포함한다. 좁은 의미에서는 신체적 증거가 명백한 학대만을 노인학대로 간주하기도 한다.

신체적 학대는 노인의 신체에 직접적으로 해를 가하거나 자유스러운 신체이동을 제한하고 가해를 하겠다고 협박하는 등의 행위를 말한다. 신체적 학대는 다른 형태에 비해 드물게 나타난다.

언어적 학대는 분노와 비난 그리고 강한 불쾌감을 나타내는 언어를 사용하거나, 혹은 목소리의 음조가 분노적이고 비아냥거리는 언어를 사용하거나, 치욕적인 욕을 하는 행위 등으로 신체적 학대와 동반되는 경우가 많다.

정서적 학대는 언어적 학대와 부분적으로 중복되기도 한다. 계획적으로 노인의 인간성을 부정하고 스트레스를 주어 자살이나 가출을 유도하는 행위이다. 이는 비언어적 행동으로 직·간접적으로 심리적 고통을 주는 행위와 비난과 분노, 불쾌한 음조의 의사소통 그리고 치매환자의 자극에 반응을 하지 않는 무시행위 등이 포함된다. 유기와 시설입소 역시 다른 정서적 학대의 한 형태일 수 있다. 우리나라에서 가장 발생빈도가 높은 학대유형이다.

방임은 부양자의 무능력에 의해 치매환자가 생존에 필요한 음식을 주지 않는 행위, 의약적 처치를 하지 않는 등의 수동적 방임과 감금 이후에 장시간 외출하는 행위 등 의도적으로 부양자로서의 책임을 이행하지 않는 능동적 방임이 있다. 또한 노인이 자신의 건강이나 안전을 유지하기 위한 조처를 취하지 않거나 오히려 안전을 위협하는 자기방임이 있다.

노인학대 요인 중 하나인 노인부양으로 인한 부양부담 스트레스의 가족적인 요인으로는 가족원과의 관계, 가족스트레스, 가족결속력, 관계만족도, 노인의 자녀와의 접촉수준 등 가족기능과 관련한 요인들이 있다. 그리고 노인의 질병의 종류와 질병으로 인한 문제적 특성 또한 노인학대를 유발하는 요인이 되는데 노인의 건강이 나쁘거나 일상생활에서 의존성이 높을수록 노인학대의 발생가능성이 높다. 노인의 의존성이 증가하는 자체가 노인학대를 유발하는 요인이 되기도 하지만 대개의 경우 부양자의 스트레스나 과중한 부양부담을 촉발시키는 요인으로 작용하고, 그 결과로 인해 노인학대로 이어지는 경우가 많다. 치매환자 부양자의 경우도 부양부담이 가중되면, 치매환자가 치매에 걸렸기 때문에 자신이 고생을 한다는 생각이 들고, 치매환자를 보면 화가 나고 짜증이 나고, 치매환자를 대하기가 싫어지는 등 치매환자와의 관계가 악화된다.

또한 노인과 부양자의 과거 관계의 질이 낮을수록 학대 발생 가능성이 높아진다. 치매환자를 돌보는 주 부양자가 배우자인 경우에도 과거의 관계적 수준이 현재까지의 부부간의 친밀도에 영향을 미쳐 주 부양자의 생활만족도를 결정짓는 중요한 요인이 된다. 치매환자가 엄마인 경우 딸과의 과거 관계의 질이 부양부담에 중요한 변수로 작용한다. 즉 질병 이전의 노인과의 관계가 좋을수록 학대는 낮은 것으로 나타난다. 특히 며느리들은 치매환자가 시어머니인 경우 치매발병 이전의 치매환자에게 가졌던 부정적인 경험이 있을 경우 학대할 가능성이 높아지므로 치매환자와 며느리와의 질병 이전의 관계가 현재의 관계에 강력하게 영향을 미치며 이러한 관계수준이 노인학대를 일으키는 요인으로 나타났다(최인섭, 2003, p.31).

2) 자살과 안락사

우리나라의 자살률(인구 10만 명당 자살자 수)은 경제협력개발기구(OECD) 국가 가운데 최고를 기록하고 있다[4]. 그 원인으로는 경제난으로 인한 가족해체가 주요 원인으로 분석되고 있다. 우리나라 65세 이상 노인들의 자살률 역시 경제협력개발기구(OECD)에 가입한 나라 가운데 1위로, 급속도로 늘어나고 있는 추세이다. 힘들고 어려운 현재의 상황을 탈피하기 위하여 가장 손쉽게 생각하는 방법이지만 자살은 자기 학대이고 대사회적인 문제이다. 특히 자살은 방임의 한 유형인 자기방임에 속한다고 볼 수 있다. 치매환자의 경우에도 자신의 신체와 정신기능의 저하를 비관하여 자살을 시도하게 된다. 이러한 자기방임은 여성노인과 고령 노인일수록 높은 것으로 나타났다(정진희, 2005, p.20).

통계청 관계자는 "자살은 아무래도 경제적인 요인과 떼어 생각하기 힘든 측면이 있지만 경기 못지않게 가족과 사회적 유대감도 자살에 영향을 끼친다."고 설명한다. 경남자살예방협회 사무국장 또한 노인들의 높은 자살률을 언급하면서 "전통적인 대가족 제도에서 핵가족화되면서 가족해체가 가속화되고 있어 가족에 대한 의미를 되새기고 국가와 사회가 노인들의 안전과 보호에 적극적으로 대처해야 할 것"이라고 말한다(이데일리, 2008.9.9).

안락사의 경우 이를 지지하는 이들은 무엇보다도 환자의 고통을 제거해주고자 호소한다. 불치 환자의 경우 단순한 생물학적 생명의 연장이 삶의 질 차원에서 본인의 이익에 도움이 되지 못할 뿐만 아니라 가정과 사회에 지게 하는 부담을 정당화시키지 못한다는 것이다. 이런 이유에서 치매환자들의 안락사는 품위 있는 죽음으로써 정당하다고 주장한다. 이런 점에서 치매환자들에게 있어서도 안락사를 인정해야 한다고 이야기한다.

3) 가정의 해체

가족은 일상적인 상태를 유지하고 가족구성원 모두가 행복하기를 원한다. 그러나 어떤 문제가 지속되거나 이겨내기 어려운 위기상황을 직면하게 되기도 한다.

치매환자를 부양하는 것은 장기적인 문제이다. 치매환자의 평균 부양기간

4) 2001년에는 15.5명, 2002년 19.1명이었으며, 2007년에는 24.8명으로 증가 추세에 있다.

은 3년 8개월 정도로 나타나는데(이춘우, 2006, p.15), 치매환자의 부양을 맡은 후 초기에는 노인과 수발자의 결속이나 친밀감이 강화되는 긍정적 변화가 있는 경우도 있으나, 시간이 지남에 따라 부정적 방향으로 변화된다. 부양자는 치매환자의 요구와 지나친 의존성에 대해 분노와 불만을 느끼는 경우가 많다. 그리고 치매환자의 배우자가 부양을 맡을 경우 더 이상 의사소통이 불가능하고 이전과 달라진 치매환자의 상태를 받아들이지 않으려고 한다. 이러한 외적인 문제뿐만 아니라 정신적인 동반자로서 인생에 있어 서로 의지하고 돌보는 양방관계가 일방적인 관계로 전환됨으로써 그 어려움은 더욱 증가하게 되어 부부간의 관계가 악화되기도 한다(김연옥 외, 2005, p.430).

자녀의 교육비 지출이 급속히 증가하지만 치매환자 부양에 따른 재정적, 사회적 어려움 때문에 부양자들이 부모로서 자녀양육이나 교육에 많은 신경을 쓰지 못하거나 자녀의 보호욕구를 충족시켜주지 못하게 되어 부모-자녀 간의 관계가 위기를 맞게 되기도 한다[5]. 또한 주 부양자가 며느리인 경우 며느리와 아들의 관계가 원활해지지 않기도 하는데 치매환자의 과도한 보호욕구로 인한 스트레스가 부부생활에 필요한 시간을 갖지 못하게 하여 부부관계의 질적 저하를 초래하기도 한다. 보건 사회연구원에서 조사한 '2006전국 출산력 및 가족 보건복지 실태조사'에 따르면 이혼 사유로 가장 높게 나타나는 것이 성격차이로 나타났다. 치매환자의 부양으로 인한 부부관계의 질적인 저하는 서로를 이해하고 받아들이는 것을 더욱 힘들게 하기에 성격차이를 심화시키는 계기가 되고 이혼으로 쉽게 이어지게 된다. 이것은 이혼사유로 높게 나타나는 것 중의 하나가 가족부양의무 불이행으로 인한 것임을 통해서도 입증되고 있다[6]. 형제자매 간의 불화도 생기는데 치매환자가 처음 가족 중에 발생했을 때 형제들이 서로 도와서 치매환자를 돌보지만 결국 한 가정이 책임을 지는 경우가 많다. 이 경우 다른 형제들이 적절한 원조를 해주지 않고, 오히려 치매환자에게 적절한 원조를 제공하지 못한다고 비난받는 경우가 생기게 된다. 이때 부양자는 다른 형제들에 대한 섭섭함과 실망감으로 형제에 대한 신뢰가 무너지기도 한다.

5) 통계청 자료에 의하면 2007년 도시근로자 교육비 비중은 14.1%로 해마다 급속히 증가하고 있다.

6) 연령대별 비율은 29세 이하 17.8%, 30～39세 11.2%, 50세 이상 11.5%로 나타난다.

4) 부양자의 부담 가중에 따른 스트레스 심화

부양자의 성, 나이, 수입, 교육 정도가 부양자의 부담감에 영향을 주며, 여성인 경우와 학력이 낮고 나이가 어린 부양자일수록 스트레스가 심하며 많은 부담감을 느낀다(유광수, 2001, p.129).

5) 재정적 어려움

세계의 노인부양비는 1950년에 8.5%에서 1990년에는 10.0% 그리고 2010년에는 11.2%, 2050년에는 22.7%로 높아질 것으로 예상된다. 우리나라 역시 1950년에 5.5%이던 것이 1990년에는 7.2% 그리고 2010년에는 12.7%, 2050년에는 34.9%로 매우 빠르게 높아질 전망이다(정대현, 2005, p.23). 가치관 변화로 인해 중년의 부부들은 노부모보다 자녀에게 더 많은 경제적 지출을 하고 있다(김송애, 1990, p.16). 뿐만 아니라 자녀들의 교육비와 자녀의 결혼비용과 자신의 노후생계를 위해 저축해야 하는 시기이므로 노부모의 경제적 부양이 뒷전인 것이 현실이라 하겠다.

전통가족에서의 고부갈등	⇨	(1) 가족 내의 수직적인 인간관계 속에서 며느리에 대한 예속성이 요구됨: 혼입한 며느리는 최저의 지위를 가지고 예속적인 위치에 있음 → 권리보다 의무가 많고 시가에 얼마나 순종하고 경제적으로 공헌했는가, 아들 출산 여부에 따라 위치 확립 → 며느리가 일방적인 시집살이를 겪음 (2) 밀착된 모자관계의 형성 • 부부유별의 유교원리 • 아들이 자기실현의 목표나 통로가 됨 → 아들은 어머니의 투사체, 며느리는 애정의 침입자가 됨
현대가족에서의 고부갈등	⇨	• 가치관의 변화로 인한 전 가족제도의 붕괴 • 자녀가족의 부모가족으로부터의 경제적 독립 • 효사상의 약화

고부갈등의 원인	(1) 권력구조에 따른 고부갈등의 원인 • 가정관리의 주도권을 둘러싼 문제 • 동거형일 때 시어머니의 권위는 며느리에 대해 의존적이거나 논의형으로 나타남 (2) 역할구조에 따른 고부갈등의 원인 • 젊은 세대는 과학적인 사고방식에 입각하여 일을 처리하려 함 • 며느리 역할보다 아내의 역할, 어머니의 역할에 더 비중을 둠 → 시부모 부양, 가사역할 수행, 자녀교육, 예의범절 등 역할기대와 역할 수행상 불일치와 갈등 유발 (3) 애정구조에 따른 고부갈등 원인 • 시어머니: 며느리를 애정의 경쟁자로 봄 • 며느리: 시어머니가 경험해 온 세대의 가치관과 애정구조 몰이해 (4) 세대 차이로 인한 갈등 • 생활환경의 차이와 고부간의 연령차 • 문화지체 현상→ 자신의 가치를 표준으로 하는 효를 며느리에게 기대 • 연령차 및 세대 차이
고부간의 적응	(1) 고부관계 적응을 위한 여건 • 고부간에 적응을 위해서는 결혼 전부터의 상황까지 고려해야 함 -배우자의 부모가 사회문화적으로 비슷한 배경일 때 -부모의 승낙을 받아 성사된 결혼일 때 -부모-자녀관계가 애정적이면서 의존적이지 않을 때 -부모의 부부금슬이 좋을 때 -역할수행과 기대에 대한 불일치를 최소화하도록 조정하는 시간이 있을 때 -가족관계의 역동성과 가족문화를 파악할 수 있는 결혼과 가족에 대한 지식 습득 -고부관계의 갈등을 이해, 수용하려는 자세 -대화를 통해 타협하고 조정할 줄 아는 능력 (2) 고부간의 적응 및 갈등 해소 방안 • 가족적 측면

		-주거형태를 바꾸어 봄 예) 같은 아파트에서 층을 달리하여 있으면서 저녁식사는 함께 하고 대화를 나누며 부모에 대한 예를 갖추고 삶 -친가와 시가와의 관계 거리 원칙 추구: 시댁과의 관계도 형식과 의무의 관계가 아니라 정서적인 공동체가 되도록 노력함 -시모와 자부 측 양자 간의 가족가치관의 변화 며느리: 고부관계에 대한 고정관념을 버리고 보다 긍정적인 인식과 태도를 가짐 시모: 며느리 역할에 대한 가치변화 인식, 재사회화 자세 필요 -가족 역할 배분에 있어 융통성을 가짐 예) 대소사 등 가풍과 경험이 요청되는 영역은 시어머니가 주도 일상적인 소비생활과 가사 운영은 며느리가 주도 -고부관계는 가족 전체에 영향을 미침 가족원 모두 서로 이해하고 도우려는 의식 필요 특히 아들(남편)의 조정자 역할 중요
남편과 처가와의 갈등문제	→	• 부부 중심가족의 부상으로 양계화 경향 • 친족관계의 선택권이 부인에게 주어짐→ 부인 본가와의 관계가 선호되면서 남편의 인척관계 • 며느리와의 관계가 갈등관계인 반면, 성인 딸에 대한 동지감으로 딸과의 친밀한 관계 • 여성의 취업률 증가로 딸에 대한 양육지원이 늘어남 → 남편의 처계친과의 상호작용 증가 부계 중심의 기본 틀을 유지하면서 실리적인 목적에서 양계적 관계를 수용하는 방향으로 변화 처가와의 상호작용이 남편의 결혼만족도에 영향을 미침
노부모-자녀관계에서의 갈등	→	(1) 남편과 부인의 인척관계에서 오는 실제적 불균형으로 인한 갈등 • 의무와 강제의 성격이 보다 강한 시가관계 • 실리적인 추구경향이 있는 처가관계 → 제공과 수혜의 불균형(즉, 부계로의 일방적 급주와 체계로부터의 일방적 취득)으로 부부갈등 (2) 부부의 지각된 불균형에서 오는 갈등 가능성: 배우자의 부모에 대해 제공한 측면을 더 과장되게 생각함

구분	내용
조부모와 손자녀 관계	• 조부모와 손자녀 간의 애정 깊은 관계는 손자녀의 전 인생 주기에 걸쳐 심리적 발달에 중요한 영향 • 조부모는 손자녀를 통하여 생의 연속성과 자기가치감, 가족의 중요성을 느끼고 손자녀에게 인생을 통한 경험과 지혜를 제공함 → 생산감을 가진 노년기 통합 이룸 • 조부모와 손자녀 간의 밀접한 유대관계는 가족원을 결속시키고 가족역사의 계승을 용이하게 하며 가족에의 소속감을 굳게 해줌 → 가족원들의 정체감에 기여
조부모기 3단계 (Cherlin, 1985)	• 1단계: 첫 손자가 태어나서 청소년기에 이를 때까지: 손자녀들과 동반적인 관계를 이루어 직접적인 원조 제공 • 2단계: 10대의 손자녀들이 가족으로부터 벗어나는 단계: 조부모와 손자녀들의 역할이 바뀌어 10대 손자녀가 조부모를 도움 • 3단계: 손자녀들이 성인기에 도달하여 자신의 가족을 이루는 단계: 손자녀에 대한 역할을 포기하고, 제한되고 상징적 의미의 역할을 함
조부모 됨의 4가지 상징적 차원	(1) 그냥 존재 (2) 필요할 때 도움을 주며 가족을 보호하고 가족을 지키는 군인 (3) 자녀와 손자녀 사이를 중재하는 중재자 (4) 가족의 사회적 구성에 활발한 참여자
조부모의 역할 유형	(1) 소원한 유형 (2) 동료적인 유형(재미 추구형) (3) 적극 참여 유형 (4) 조언하는 유형 (5) 대리부모 유형
조부모의 대리부모 역할	(1) 법적 보호자로서의 조부모 (2) Day-care자로서의 조부모 (3) 동거자로서의 조부모

Chapter 12

맞벌이 가족과 이혼가족

1. 맞벌이 가족의 정의와 현황
2. 맞벌이 가족의 문제점
3. 어머니 취업이 자녀에게 미치는 영향
4. 맞벌이 부부 가족의 지원 및 대안
5. 이혼가족
6. 이혼과 자녀
7. 대안

즐거운 삶의 비결

1) 단순히 생각하라.
2) 긍정적으로 생각하라.
3) 완벽함이 아닌 탁월함을 위해 노력하라.
4) 세 가지 새로운 유머를 알아두어라.
5) 매일 세 사람을 칭찬하라.
6) 크게 생각하되, 작은 기쁨을 즐겨라.
7) 당신이 알고 있는 가장 밝고 정열적인 사람이 되어라.
8) 부정적인 사람들을 멀리하라.
9) 일 년에 적어도 한 번은 해오름을 보라.
10) 지속적인 자기 발전에 전념하라. 자아성취를 위해서.
11) 악수는 굳게 나누어라.
12) 상대방의 눈을 보라.
13) 먼저 인사하는 사람이 되어라.
14) 새로운 친구를 사귀되 옛 친구를 소중히 하라.
15) 비밀을 반드시 지켜라.
16) 상대방이 내미는 손을 거부하지 말라.
17) 남을 비난하지 말라.
18) 당신 삶의 모든 부분을 책임져라.
19) 다른 사람들이 당신을 필요로 할 때 거기에 있어라.
20) 사랑의 힘을 얕보지 말라.
21) 설명하기 위해서가 아닌 주장할 수 있는 삶을 살아라.
22) 실수했다고 말하는 것을 두려워하지 말라.
23) 남의 작은 향상에도 칭찬해주어라.
24) 약속은 반드시 지켜라.
25) 옛 우정을 불붙게 하라.

김형태, 결혼과 가족상담, 2002, 서울: Midwest Press, p.150

1. 맞벌이 가족의 정의와 현황

맞벌이 가족의 증대는 경제적 동기에서부터 사회참여 및 자아실현의 욕구 등 다양하다. 빈곤수준에 떨어지지 않기 위한 저소득 기혼여성들의 적극적인 경제활동 참여와 중산층 소비생활을 유지하기 위하여 소요되는 소득의 하한선이 점차적으로 높아지는 것에 대응하기 위한 중산층 여성의 경제활동은 경제적 동기에서 출발한 것이라고 볼 수 있다. 대학교육을 받은 전문직 여성의 경우에는 금전적 동기 이 외에 사회참여 및 자아실현의 욕구가 취업동기의 큰 부분으로 강조되기도 한다.

그러나 한국여성개발원의 「여성통계연보」(각 년도)를 보면 여성의 취업동기 중 경제적 동기가 제일 높게 나타나고 있고, 이현송 외(1996)는 이를 좀 더 구체적으로 보여준다. 이 연구에 의하면 여성이 취업하지 않았다는 가상적인 경우의 가구소득인 취업여성 본인의 소득분을 차감한 타가구원 소득에 기준해 볼 때 소득이 낮을수록 부인의 취업률이 높았다는 점은 많은 경우 경제적인 동기에 집중되어 있음을 보여준다고 하겠다. 또한 이 연구에 따르면 우리나라의 경우 여성취업가구는 비취업가구보다 상대적으로 높은 가구소득을 누리고 있으나 취업가구가 누리고 있는 소득에서의 우위는 저소득층의 경우에 가장 큰 반면 소득이 높아질수록 차이가 엷어지며 매우 부유한 상위 5% 소득집단의 경우 여성취업가구가 오히려 비취업가구보다 소득이 낮았다.

이는 매우 부유한 층의 기혼여성이 경제활동에 참여하지 않는 경향이 높다는 것과 취업가구에서 가구소득이 낮아질수록 여성의 가구소득 기여도가 높아 저소득층 부인의 소득이 가계에서 큰 몫을 차지하고 있음을 본다. 따라서 취업기혼여성이 가족소득에 기여하는 바는 일부 예외적 소득집단을 제외하고는 상당한 수준에 달한다고 볼 때 맞벌이 가족의 증가는 이러한 기혼여성들의 경제적 동기에 의해 영향을 받는다고 하겠다. 김태홍・양승주(1997)의 연구에 따르면 맞벌이 가구 비율의 지역 간 순위를 보면 각 지역의 유배우 취업여성 중 농림어업 종사자의 비율 순위와 대체로 일치하고 있으며 다만 제주지역이 예외에 해당한다고 한다(장혜경 · 김영란, 1997, p.28).

맞벌이 가족의 정의	• 경제적 필요에 의한 이유 • 개인의 성취동기에 의한 이유 • 결혼한 부부가 모두 직업을 가진 경우
맞벌이 가족의 유형	• 생계유지형 맞벌이 가족 • 내조형 맞벌이 가족 • 자아실현형 맞벌이 가족 • 여가활용형 맞벌이 가족 → 현재 상당수가 생계 유지형에 해당됨 → 확대가족이나 수정 핵가족 내지 수정 확대가족의 형태를 보이는 경우가 많음
맞벌이 가족의 현황	• 1980년대 후반 이후 기혼여성의 경제활동 참가율이 크게 증가 → 기혼여성이 여성 노동력 확대에 중요한 견인차 역할을 하고 있음 • 한국여성의 삶과 일에 대한 국민체감 의식조사 보고서(2001): 우리나라 국민의 맞벌이 희망률 평균 75.2%

2. 맞벌이 가족의 문제점

여성취업은 가계 경제의 양적인 면에서 어느 정도 기여는 했지만 여러 가지 문제점과 갈등을 유발시켰다. 여성 자신에게는 가정과 직장의 문제가 양립하면서 이중노동을 감수해야 하는 부담이 생겼고, 이 양자 간의 조화와 균형을 이루기 위해 노동분담의 필요성이 대두되었다. 따라서 부부관계에서도 종래의 성별 분업이 깨어지면서 기존에 유지되어 왔던 가부장적 권위가 무너지게 되고, 평등한 부부관계에의 요구가 나타나게 되었다. 자녀양육의 문제에서도 취업여성이 기존의 어머니 역할을 제대로 수행해내지 못함으로써 자녀들이 신체적, 정서적 발달에 부정적 영향을 끼치는 등의 문제를 야기시키게 되었다.

1) 자녀양육 문제

공동양육시설이 부족한 우리나라의 경우, 취업주부의 육아문제는 보다 심각하다. 우리나라에서 맞벌이 가족은 계층을 막론하고 탁아에 대한 부모의 요구가 매우 높은 편이며, 현재 취업하고 있지 않더라도 자녀양육 문제가 해결된다면 취업하기를 희망하는 여성들이 매우 많다. 노동부에 따르면 전체 아동의 16%인 29만여 명만이 보육의 혜택을 누리고 있다. 또한 보육시설의 일과가 빨리 끝나는 데다 대부분 수도권에 위치해 있어 이용이 불편할 뿐만 아니라, 보육비용도 여성 근로자 평균 임금의 30%를 넘어 생계 유지형 맞벌이 가정은 부담이 매우 크다고 할 수 있다.

2) 자녀교육 문제

우리나라 취업모의 자녀양육 해결방식을 살펴보면 계층별로 차이를 보인다. 중산층 취업모는 시부모나 친정부모에게 자녀양육을 맡기거나 혹은 대리양육인을 고용하는 반면, 저소득층이나 농촌에서는 경제적 부담 때문에 자녀를 일터로 데리고 와서 '준 방치' 상태로 두거나 집 또는 길거리에 방치하는 경우가 많은 것으로 나타나 적절한 대책이 요구되고 있다. 최근에는 어린 자녀를 둔 취업모의 경우 자녀를 친가나 외가에 맡기고 주말에만 만나는 소위 '주말부부'를 흔히 볼 수 있으며, 자녀가 초등학생인 경우도 방과 후 맞아줄 사람이 없거나 어린 자녀들끼리만 집에 남겨지는 경우가 많은 것으로 나타났다. 초등학생 가운데 약 70~80만 명이 3~7시간을 보호자 없이 방치된 채 각종 안전사고에 노출되어 있다. 이들은 사설학원에 다니거나 길거리를 배회하며 부모가 올 때까지 시간을 보내고 있는데, 특히 학원에 보내기 어려운 저소득층의 자녀들은 보다 큰 문제를 안고 있을 뿐만 아니라 아이들을 무리하게 여러 학원을 전전하게 하는 것도 결코 좋은 대안이 될 수 없다. 따라서 영유아 탁아대책뿐만 아니라, 초등학교 자녀를 둔 맞벌이 가족에 대한 지원책도 절실히 필요하다.

3) 취업주부의 과중한 역할부담

자신의 일과 가족의 전통적 역할을 모두 수행해야 한다는 요구가 그것이다. 특히 자녀를 정상적으로 양육하는 책임을 대부분 어머니에게 돌리는 우리 사회의 모성 이데올로기는 일하는 어머니들에게 종종 죄책감을 안겨주기도 한다. 산업화된 사회에서 공간적으로 직장생활 영역과 가정생활 영역은 명확히 분리되어 있기 때문에, 남편은 직장생활을, 부인은 가정생활을 주로 담당하던 전통적인 역할분담 구조화에서는 맞벌이로 부인이 취업을 할 경우, 가정생활 내에서의 새로운 역할부담이 요구될 수밖에 없다. 최근 젊은 층의 맞벌이 부부들을 중심으로 나타나고 있는 3D 현상-부부별산제(Dutch pay), 아이 낳기 미루기(Delay kids), 역할 공유(Double role)는 맞벌이 주부들의 과중한 부담을 줄이기 위한 노력의 일환으로 풀이된다(http://cafe.naver.com/funnyedu).

표 5. 자녀발달에 미치는 긍정적·부정적 영향

긍정적 영향	부정적 영향
1. 자립적이고 독립적인 아이로 자란다.	1. 또래보다 어른스러움을 강요당한다.
2. 성 역할에 대한 고정관념이 없다.	2. 정서적 안정감을 갖기 어렵다.
3. 사회성 발달이 빠르다.	3. 언어・지능 발달이 늦어질 수 있다.
4. 엄마를 자랑스럽게 여긴다.	4. 물질만 아는 아이로 키워지기 쉽다.
5. 대화의 소재와 내용이 다양하다.	5. 고집쟁이로 키워지기 쉽다.

자녀양육 및 교육	→	• 여성의 경제활동 참가율: 25세 이후에 급격히 떨어져 35세 이후 회복 추세 • 자녀출산과 양육 • 대다수 취업주부들이 자녀양육은 어머니가 전담해야 한다는 의식과 남편과 분담해야 한다는 요구를 동시에 가지고 있음 • 사회기관에서 자녀를 대리 양육하는 것에 대하여 꺼림 • 자녀들에 대한 불안감과 죄책감 → 실제 자녀 관리상의 어려움에서 비롯된 것이라기보다 하나의 편견으로 내면화된 결과 • 특히 0~3세까지의 영아를 위한 보육시설의 부족 • 자녀양육 문제를 친정부모나 시부모에게 의존하는 경우가

	많음 → 자녀를 출가시킨 후 여유 있는 시간을 즐기고자 하는 바람과 노부모의 건강과 자녀양육에 대한 견해 차이에서 오는 세대 간의 갈등 증폭
가사노동 및 가사 관리	• 일반적으로 남편들이 근대적인 성 역할 태도를 가지거나 • 부부간의 소득차가 적은 경우 • 남편의 근무시간이 적거나 • 아내의 취업을 지지하는 경우 →남편의 가사노동 참여도가 높은 것으로 나타남
가족관계	• 맞벌이 가족의 문제: -자녀양육 및 교육문제 -가사노동 분담문제 -취업주부에게 불리한 시장구조와 직업 불안정성 -자녀양육: 비동거 가족→ 부모와 자녀 모두에게 심리적 불안감 야기

3. 어머니 취업이 자녀에게 미치는 영향

어머니의 취업은 자녀에게 성취 지향적 모습을 보여줌으로써 자녀로 하여금 높은 성취동기와 학업수행을 하도록 하는 자극이 될 수 있다는 견해가 있다. 반면에 어머니의 취업은 자녀에게 고독감과 불안감을 주어 낮은 학업 성취 욕구를 유발하게 된다는 연구들도 있어 상반된 견해를 나타내고 있다. 그러나 대부분의 연구에서는 어머니가 직업을 가지고 있느냐 가지고 있지 않느냐의 문제보다 어머니가 전문직 직업에 종사하느냐 또는 단순 노동직 직업을 갖고 있느냐에 따라 큰 차이를 나타낸다고 보고하고 있다. 이것은 자녀의 학업성취에 어머니의 직업 유무 자체보다는 가정의 사회경제적 지위가 더 큰 변수로 작용되는 것으로 간주된다(김웅익, 1997). 전문직을 가진 어머니의 가정은 질 좋은 문화적 환경이 이미 마련되고 학업성취에 대한 기대도 높을 것이지만, 반대로 하층계층에서는 어머니의 취업과 관계없이 자녀의 인지발달을 도울 수 있는 가정환경 자체가 조성될 수 있었을 것이다.

이처럼 가정환경이 아동의 행동에 지대한 영향을 미치는 것으로 보인다. 가정에 있어 어머니의 영향을 유영주(1987)는 다음과 같은 다섯 가지로 말하고 있다.

첫째, 어머니는 자녀의 인성형성에 중요한 영향을 미친다. 아동은 유아기를 모와 함께 생활하므로 모의 품안에서 느낀 모성애, 신뢰감, 안정감은 자녀의 인성형성에 큰 영향을 준다.

둘째, 어머니는 자녀의 교사이기도 하다. 모가 자녀와 함께 생활하므로 모의 행동, 생활태도는 자녀에게 표본이 되며 자녀가 인생을 살아가는데 기초적 틀을 형성시켜 주는 자녀의 교사라 볼 수 있다.

셋째, 어머니는 자녀에 대하여 표현적 역할을 담당한다고 본다. 모성애는 본능적일 만큼 강력하기 때문에 자녀와의 감정적 교류는 흡수력이 강할 수밖에 없을 것이다.

넷째, 어머니는 자녀의 건강·위생 담당자의 역할을 하기도 한다.

다섯째, 어머니는 아버지와 자녀 사이, 사회와 가족 사이에 관계를 두텁게 해주며, 사회생활을 할 수 있는 기초 훈련을 시켜 내 보내는 교량적 역할을 하기도 한다.

이렇게 어머니는 자녀들의 전체적 경험의 중심이며 동시에 정서적 그리고 지능적인 면에서 복합적으로 영향을 미치며 자녀들의 인성형성에도 지대한 영향을 끼친다고 본다. 또한, 어머니의 취업이 아동에게 미치는 영향에 대하여 이용숙(1988)은 다음과 같이 다섯 가지로 설명하고 있다.

첫째, 어머니가 아동과 보내는 시간의 양과 질이다. 어머니의 취업은 아동과 상호작용할 수 있는 시간을 단축시킴으로써 아동에게 부정적인 영향을 미칠 것으로 가정되는 경우가 많은데 연구 결과는 대체로 어머니의 취업 여부에 관계없이 아동과 얼마나 많은 시간을 함께 보내며, 시간의 양보다 질이 더 중요하다는 것을 지적하고 있다.

둘째, 어머니의 만족도이다. 어머니가 직업생활이나 가정생활에 만족해 있으면 만족도가 낮은 어머니의 경우보다 아동은 더 높은 성취도와 긍정적인 여성 직업관을 가지며, 보다 높은 적응력을 갖는다는 것이다.

셋째, 계층 이동의 가능성이다. 어머니의 취업은 가정의 소득을 높이고 아동의 교육비에 더 많은 지출을 할 수 있도록 하여 결과적으로 아동의 교육 성취에 긍정적인 영향을 미칠 것이라 가정된다. 따라서 어머니의 취업으로 인한 아동의 교육적 혜택은 저소득층에 더 클 것이라 가정되고 있다. 그러나 아버지가 있느냐의 여부와 어머니가 직장에 나가 있는 동안 아동을 돌봐 줄 사람이 있는가 등에 따라 취업 영향이 달라진다는 것을 제시하고 있다.

넷째, 어머니의 부재 시에 아동을 돌봐줄 사람이 있는지의 여부에 대한 것으로써 어머니와 아동과의 상호작용 시간과 관련된 문제이다. 즉 어머니의 역할을 대신해 줄 수 있는 사람이 있는가에 따라 어머니의 취업의 영향이 달라지고 아동에게 중요하게 작용한다는 것이다.

다섯째, 어머니의 학교 활동 협조 관계를 들 수 있다. 숙제 협조, 가정학습 지도, 학급에서의 자원봉사활동 등 학교와 가정을 연결 짓는 학부모 활동이 학생의 성취에 밀접한 관련이 있고, 긍정적인 영향을 미치는 것으로 나타났다.

호프만(Hoffman, 1960)은 그의 연구에서 취업주부는 자녀에 대한 지도 감독을 적절하게 하지 못하여 많은 비행을 낳게 하며 특히 사회경제적으로 하위 계층에서 많은 시간의 어머니의 부재는 자녀들의 비행을 낳는 요인이 되고 있다고 보고하였다. 또한 야로우(Yarrow et al., 1962)는 아동의 의존심과 의존적 행동특성의 원인에 관련지어 어머니의 직업유무보다는 어머니의 훈육방법, 어머니 자신의 직업생활의 만족도, 어머니의 교육수준과 연관시켜 해석하려는 경향이 많이 나타나고 있다. 즉, 어머니가 직업을 가졌느냐 아니냐 자체가 아동의 인성형성이나 학교성적, 행동특성에 영향을 주는 것이 아니라 어머니가 직업을 갖고 있다 하더라도 어머니의 교육수준, 가정의 심리적 안정도, 자신의 직업 또는 가정생활에 만족하는지, 대리모의 종류 등 다른 주변적 요인이 더욱 결정적 역할을 한다는 것이다.

이와 같은 선행 연구들은 어머니가 취업한 가정의 자녀들이 어머니가 취업하지 않은 가정의 자녀들보다 학업성취도나 사회성에 있어서 불리하다는 부정적인 결과로 타나나기도 하고, 어머니가 취업하여 사회활동을 하는 것을 보면서 자라나는 자녀들에서 적극적이며 성취 지향적 경향이 나타난다는 긍정적인 결과도 있어 어머니의 취업유무가 자녀에게 어떠한 영향을 미치는지에 대한 일치된 견해를 찾기 어려운 실정이다. 그러므로 어머니의 취업유무가 자녀의 성장과정에 미치는 영향에 대하여 좀 더 정확한 분석을 위해서는 어머니의 직업유무와 함께 교육수준, 소득수준, 직업특성, 가정환경 등과 같은 요인까지 고려하여 세밀한 분석이 필요한 것으로 보인다(장영숙, 2002, pp.14-16).

맞벌이 가정에서 성장한 청소년의 가족에 대한 인식 조사결과 (Knaub, 1986)	• 가족 유대, 즉 감사, 관심, 존경, 지지, 배려, 책임, 긍정적 대화, 갈등 해결 등이 비교적 높음 • 자신의 성장한 가정에서의 경험에 만족 • 맞벌이 가정 형태가 지닌 장점으로서 긍정적인 역할모델 및 재정적 안정 언급 • 부모를 자랑스럽게 여김 • 시간과 관련된 문제가 가장 큼
어머니의 취업 경험이 아동의 행동에 미치는 영향 (MacEwen & Barling, 1991)	• 머리를 써야 하는 일일 경우 어머니는 부모 역할 행동을 하기가 힘듦 • 부모의 감정 상태가 부정적일수록 거부적이고 처벌적인 부모 역할 행동을 하게 됨 • 부모가 거부적일수록 아동은 걱정과 위축된 행동을 보다 많이 나타냄 • 부모가 처벌적일수록 아동은 행동장애와 주의결핍 증세를 나타냄 → 상호 부정적인 부모-자녀관계 형성
아동의 발달에 대한 부모의 관심과 부모의 안녕 및 일에 대한 태도와의 관계 (Greenberger & O 'Neil, 1990)	• 아동에 대한 관심과 우려가 클수록 어머니는 보다 많은 역할 갈등과 우울을 나타냄 • 어머니의 취업이 아동에게 나쁘다고 생각하는 아버지일수록 역할 긴장이 더욱 큼 • 맞벌이 부모는 전통적인 부모보다 간접적인 훈육방법과 정서적 지지, 합리적인 설명과 격리 방법을 자주 사용 • 아동을 자기 신뢰적이며 독립적이도록 훈련하고, 사려성과 자기통제 및 호기심 등의 발달을 중시 • 직업을 가진 어머니는 지나치게 과잉보호하는 경향이 있을

수 있음
- 맞벌이 부모는 아동의 객관적인 행동보다 부모-자녀관계의 질에 더 관심을 두며, 아동의 성취와 심리적인 적응을 보다 중시함

4. 맞벌이 부부 가족의 지원 및 대안

맞벌이 가족을 위한 가족복지 대책은 남편은 물론 가족원 모두가 취업주부의 가사부담을 덜어주기 위한 가정적 노력부터 시작해서 직장과 지역사회와 정부에 이르기까지 취업여성의 어려움을 극복하도록 함께 노력할 때 맞벌이 가족에게 도움을 줄 수 있을 것이다.

1) 육아 및 탁아문제

출산과 육아는 국가경쟁력의 근본인 인적자원의 생산이며 국가의 미래를 짊어질 차세대 국민의 육성이라는 점에서 사회경제적 행위로 간주되어야 한다. 우리나라는 현재 근로기준법상 산전산후 3개월 유급휴가, 육아휴직 등이 사적비용으로 처리되고 있기 때문에 기업이 여성의 고용을 기피하고 차별하는 원인이 되고 있다. 모성의 권리를 사회복지 차원에서 수용하여 휴가비 보조지급이나 세제상의 감면혜택 등 일정기간의 출산 및 육아휴가가 여성근로자의 취업을 중단하지 않게 하여야 하고 남성의 군복무처럼 근무경력으로 인정되는 제도적 변화가 뒤따라야 한다. 기혼여성의 취업에 있어 가장 큰 장애요인은 역시 탁아문제이다. 육아부담을 더는 것은 여성의 평생고용을 유도하고 국가의 인적자원 보호라는 점에서 양질의 탁아시설에 관한 관리와 지원이 있어야 하고 보조금 지급, 세금감면 등의 정책이 요구된다.

영유아를 가진 기혼여성의 보육의 책임을 사회화하게 되면, 이는 궁극적으로 영유아, 취업모, 국가경제에 모두 이익이 되는 결과를 초래할 것이다. 기업보다는 정부가 보다 적극적으로 취업모의 육아비용의 사회화를 통해 보

육비용을 분담하는 것이 곧 여성인력의 최적 활용을 돕는 지름길이 된다는 점이 강조되어야 할 것이다.

2) 가사분담 및 성차별을 정당화하는 교육내용 및 사회화의 일소

우리나라의 경우 여성이 직업을 갖고 있다고 해서 남편의 역할과 가부장적 인식은 별로 변화하지 않으며 직장생활을 한다고 해서 집안일에 남편의 도움을 청하지 않는 경우도 있다. 어느 누구도 두 가지 역할을 동시에 완벽하게 수행할 수 없다는 사실을 가족 모두에게 인식시키고 기술적으로 가족들과 함께 가사를 분담할 수 있는 새로운 계획과 방법을 가정 나름대로 적절하게 세워서 좋은 어머니와 좋은 아내의 의미를 새롭게 하여야 할 것이다.

남편들은 주부가 취업을 통한 사회활동을 함으로써 남편의 사회적 지위와 관계없이 아내도 공인으로서 스스로의 사회적 지위를 가질 수 있다는 의식을 가져야 한다. 그리고 아내가 직장생활을 통해 다른 사람들과 정보를 교환하거나 사교를 위한 교제를 가질 수 있다는 것을 인정하고 그것을 융통성 있게 배려할 때 그 부부관계는 발전적으로 형성될 수 있을 것이다.

학교교육 현장에서의 교과내용을 개정하고 아동용 그림책, 동화책에서도 고정된 성 역할의 이미지를 수정하여야 할 것이다. 또한 매스컴에서의 여성 이미지 묘사 속에서 감추어진 성차별주의를 지적하며, 자녀들이 기성세대가 되었을 때 여성은 여성이라는 것 때문에 받는 불이익이 없도록 하고 남성은 남성으로서 또 다른 가부장제의 희생이 되어서는 안 될 것이다. 남녀 모두 남녀평등이 곧 인간평등이라는 인식이 필요하다.

3) 시간제 근무 및 여성고용 할당제

정보산업과 같은 첨단산업의 등장과 함께 근로형태도 각자 개성과 효율성을 살리는 다양한 형태로 바뀌어가고 있다. 일정한 작업장에서 종일 근무를 하던 방식이 이제는 근무시간을 단축하는 시간제근무나, 자신의 근무시간을 자유롭게 조정하는 탄력근무제 등으로 신축적으로 운영되어야 한다. 컴퓨터의 발전으로 근무 장소가 굳이 직장일 필요가 없어지게 되었다. 그러나 시간제근무가 불안정한 고용으로 여성인력을 악용하지 못하도록 정부가 철저히 관리 감독할 수 있는 제도적 장치가 마련되어야 한다. 여성고용할당제는 산업 또는 직종에서 채용과 승진 인원의 일정 비율을 반드시 여성에게 할당하는 제도이다. 특히 여성이 저임금기업군과 남성 보조적 직종이나 저임금 직종에 집중되고, 기업 내부에서 승진하지 못하고 하위직에 머무는 등의 차별철폐에 초점이 맞추어져야 한다.

4) 환경개선과 직업교육

여성을 생산성이 높고 전문적인 인력으로 활용하기 위해서는 근본적인 작업환경개선이 이루어져야 한다. 직장동료들 간의 분위기가 쇄신되어야 하고 성희롱은 반드시 근절되어야 한다. 고등교육을 받은 여성인력이 사장되는 이유는 전통적 가부장제나 가사와 육아부담 외에도 직업교육 및 재교육이 부실하기 때문이다. 일과 직업의 중요성을 심어주는 직업관 교육, 남녀차별의 고정관념을 타파하는 평등교육, 직업선택과 준비에 도움이 되는 정보교육 등을 여학생들의 집중적인 진로지도를 통해서 할 필요가 있으며, 국가의 장기인력수급계획과 미래지향적인 직업 등을 고려하여 교육·정책·연구기관이 취업훈련교육 프로그램을 종합적으로 개발, 단계적으로 실시하여야 한다(http://blog.naver.com/queen).

맞벌이 가족을 위한 지원	→	(1) 법적·제도적 규정 확대 • 육아휴직, 가족 간호휴직제도, 시차출근제도, 탄력적 근무제, 정규직 신분을 유지하면서 근로시간만 단축시키는 직무공유제 등의 근무제도 활용 • 보육에 관련된 법과 제도의 개선 예) 남성의 육아휴직 의무화나 가사분담 제도화 (2) 보육시설의 질적·양적 확대
		(3) 보육기관 관리 및 지원 • 양질의 보육시설에 관한 국가와 지방자치적 관리와 지원 • 보육비용, 대체 가사노동비용에 대한 보조금 지급, 세금

	감면 정책 등 (4) 평생교육 차원의 재교육 • 육아를 행하는 가족들과 보육시설의 교사들에 대한 평생교육 차원의 재교육 (5) 공동체 모임의 활성화 • 공동육아, 카페나 모임 등의 교류활동에 대한 지원 필요
맞벌이 가족을 위한 대안 →	(1) 그룹형성 • 효율적인 시간의 사용 • 이중 역할과 관련된 일들을 관리하는 기술 • 가족구성원 간의 의사소통 기술 증진 및 가족원 간의 적대감 감소 (2) 사회문화의 변화 • 맞벌이 가정의 효율적인 부모 역할수행을 위하여 보다 융통적인 사회체계와 개인의 의식 및 태도변화 요구 (3) 공동육아 정책 도입 • 공동육아: 공동체 이념에 입각하여 여러 가족이 함께 자녀를 양육하고 교육하는 대안 교육 • 공동육아 어린이집이나 품앗이 공동육아의 형태

5. 이혼가족

이혼은 가족해체의 전형적 양상으로 해마다 우리나라 이혼율은 증가하는 추세이다. 이혼율이 높은 배경에는 산업화로 인한 결혼의 인식의 변화에서 설명할 수 있다. 즉 과거에는 가족개념을 경제적 후원과 자녀양육에 대한 책임의 절대적인 목적을 위한 사회적 제도(Lamanna & Riedmann, 1991)이며 지속적인 사랑의 관계(김정옥, 1993)로 정의했다. 또한 과거에 이혼을 보는 병리적인 현상에서 최근에는 위기상황에 대한 개개인의 대응 욕구 상승과 역량 증가로 이혼을 새로운 기회로 보고 있다.

2002년에는 이혼율이 OECD 국가 중 3위에 있었다. 통계청(2008)의 조사 결과를 살펴보면 당해 연도 총 이혼건수를 당해 연도 총인구로 나누어 인구 천 명당 이혼건수를 계산한 우리나라의 조(粗)이혼율은 1990년에는 인구 1,000명당 1.1명이었으나 2000년에는 2.5명, 2003년에는 3.5명이었으며 2004년부터 2007년까지 다소 낮아져 2.5명으로 나타났다. 국내 이혼건수는 2007년 123,523건으로 '06보다 감소하였는데 이들 원인별 세부내용을 살펴보면 다음과 같다(윤희라, 2010, p.6).

1) 이혼가정의 해체원인

법적 처리과정에 있어서 이혼의 원인은 명확하나 인간관계와 시대적 배경의 영향 아래 있는 가정의 문제는 그렇게 단순하게 진단되어서는 안 된다. 실제 이혼가정에 있어서 문제는 훨씬 더 심층적이고 복합적이라고 할 수 있다. 그러므로 이혼가정의 해체원인을 살펴보면, **첫째**로 잘못된 결혼관이 가장 큰 요인 중 하나이다. 이것은 결혼의 유지와 배우자 간의 신실함, 책임의식의 부족, 배우자의 역할 등을 소홀히 하게 되고 이것으로 인해 갈등이 심각해지면서 성격차이라는 명목으로 제일 큰 이혼사유가 되고 있다. **둘째**는 가족가치관의 변화이다. 이것은 가정을 소홀히 생각하고, 자기중심적 사고의 증대 및 사회구조의 변화로 가족 정서적 유대와 결속력을 약화시켰으며, 셋째는 경제적인 문제이다. 이것은 IMF 이후 가정해체에 가장 크게 작용된 문제일 것이다.

① 결혼관의 변화: 결혼에 대한 비현실적으로 높은 기대 즉, 이상주의적인 결혼관과 낭만적인 이혼의 신화로 인한 요인이다. 하나님이 혼인제도를 만드셨다는 것을 인정하지 않고, 사람이 만든 제도라고 보기 때문에 이혼을 쉽게 생각하게 된다. 즉, 사람은 결혼과 이혼 자체를 자신의 이익과 즐거움만으로 결부시킨다. 그래서 서구에서는 "무과실(no-fault) 이혼" 즉, 합의 이혼으로 혼인의 두 당사자 모두가 아무런 잘못이 없어도 그들이 단순히 원하기만 해도 이혼을 허락해주는 것을 합법화시키기까지 했다. 또한 그들의 결혼에 대한 초점은 "심리적 필요"

나 "행복과 만족"이다. 이러한 잘못된 행복추구와 심리적 필요에 의한 결혼은 심지어 간음이나 동성연애도 행복만 준다면 얼마든지 수용할 수 있는 것으로 말한다(Lawrence, 2002, pp.11-14).

이런 결혼관과 가정에 대한 가치관의 부족은 더 이상 공동체를 묶어주지 못한다. 기독교적 합의가 지니는 힘은 계속 떨어져 가며 서로에 대한 희생과 책임감의 상실이라는 결과로 이어지고 있다. 기독교적인 결혼관은 경제적 문제, 사회의 급변하는 가치관의 문제 등의 작은 문제들을 감당할 수 있는 기본적인 요인이다.

② 가정에 대한 가치관의 변화: 개인적 요구의 만족이 절대적 위치를 차지하고 있는 현대에서 가족가치관의 변화는 가족형태의 커다란 변화를 가져왔다. 전통사회에서는 가족이 경제적 생산단위이자 소비단위로서 자급자족의 생산단위(self-sufficient productive unit)이었으므로 가족을 떠나서는 개인의 생존이 어려웠으며 가족들은 경제적으로 서로 결합되어 있었다(한국가족학연구회, 1993). 하지만 산업화로 여성의 경제적 위치 향상과 교육의 증대, 여성 인권의 증대는 결혼이 하나의 선택이었듯 이혼도 하나의 선택이 되어버렸다. 또한 가정의 가치관은 가정을 둘러싼 사회의 가치관과 환경에 영향을 받게 되는데 사회가 다변화되면서 개인은 더 많은 정보를 얻게 되고 더 높은 이상과 행복추구를 갈구하게 되지만 때론 사회의 급격한 변화에 따라 가지 못하고, 사회적 진출의 확대에 반해 깊어져 가는 빈부격차 등이 가정 혹은 현실과 부딪치며 갈등과 긴장감을 더욱 야기시킨다. 이런 사회 환경적 요인들과 사회의 가정에 대한 요구 등은 그 변화의 심화가 큰 데 반하여 가족의 역할과 기능은 미처 대처하지 못하는 데서도 발생된다.

현대의 가정은 또한 경제적, 정치적 요인보다 심리적, 인격적 요인에 의해 개인들 사이에 상호작용이 원만치 못하며 갈등과 좌절감으로 가족의 단결과 정서적 소속감을 공통으로 느끼지 못하는 것이 특징이다(이효재, 1976). 심리적으로 융화하지 못하고서 서로 불신과 불만 상태에 있는 가족이라면 외부사건에 대처하는 공동노력과 결단이 약해지기 때문이다. 또한 사회의 규범, 가치, 분배기능 등의 불안정 상태도 하나의 요인이 된다. 전통사회는 관습으로부터 법에 이르는 여러 가지 사회 통제수단이 가족구성원들이 유대관계를 지속시키는 사회적 압력으로 작용한다(한국가족학연구회, 1993). 이것은 황혼이혼이나, 여성이 이혼을 더 많이 신청하는 이유가 된다. 여성들의 가치관은 개인 존중이라는 물결을 타고 급변하고 있는데 반해 남자들은 기존의 유대관계의 갈등구조에서 벗어나지 못하기 때문이다.

③ 경제적 원인: 경제적 어려움으로 인해 가족 간의 불화가 시작되는 경우가 많다. 우리 사회에서 경제라는 환경과 가정이라는 체계 사이의 상호작용의 중요성은 매우 크다. 전 세계의 모든 국가를 GNP라는 경제지표로 선・후진국을 나누는 전체적인 흐름하에, 경제적 능력에 따라 상류, 중류, 하류층으로 구분되는 사회구조가 당연시되고 있다. 즉, 경제가 인간의 모든 생활을 통제하고 있다고 해도 과언이 아닌 현 자본주의 사회에서 경제가 가족관계에도 깊숙이 관여하고 있는 것이다(김순옥・노명숙, 2004). 경제적인 문제로 결혼 후 출산을 꺼리기도 하며 정상적인 가족형성이 지연되기도 하고, 기업 구조조정으로 실직한 남편에게 이혼을 요구하는 사례도 늘어가고 있다.

2004년 통계청 자료 "이혼사유별 이혼"에 의하면(통계청, 2003), 이혼사유의 2위가 경제문제로 나타나 있다. 이것은 우리나라가 IMF를 맞아 갑작스러운 실직, 사업의 실패, 빚이나 카드문제로 중산층이 무너지고 극빈의 어려움에 처해 있는 새로운 신 빈곤층이 생겨나기 시작했으며, 이혼, 가족의 집단자살이나 아이들을 버리는 가정해체의 현상들이 일어났다. IMF 경제위기 이후 2003년 이혼건수는 2002년에 비해 2.8% 증가하였으나 2004년에는 14.7%로 1.7%의 감소의 현상을 보였다. 그러나 아직까지도 이혼의 커다란 이유는 경제적인 어려움이 이혼의 증가 현상 중 하나라는 것을 알 수 있다. 반면에 파산이나 사업의 실패 등이 부부간의 불신과 갈등의 원인이 되는 경우도 있지만 최근에 와서는 사회적 지위와 경제적 능력의 향상으로 부부의 갈등을 초래하는 경우도 많이 있다. 가정 경제에서 여성의 지위가 상대적으로 향상됨으로 오는 여성의 독립성과 남성의 위축성은 갈등을 유발하게 된다. 여성의 경제적 향상은 남편 경제권의 상대적 약화를 초래하게 되므로 갈등의 소지를 갖게 되는 것이다.

④ 법 · 제도적 요인: 최근 개정된 불평등 법조항들이 개정되어 시행됨으로 여성들이 이혼에 자신감을 갖게 되었다(옥선화 · 정민자, 1993). 또한 최근 이혼법의 전 세계적인 흐름은 이혼사유가 유책주의[7]에서 파탄주의[8]로 변화하고 이혼의 자유가 확대됨에 따라 이혼율이 높아지고 있다. 또한 법에 대한 무지로 이혼소송을 하지 못했던 사람들도 법이 생활화되면서 자연스럽게 법을 이용하게 되어 이혼율을 높이는 데 영향을 미치고 있다. 2008년 1월부터는 호주제가 사라지고 본인 중심의 신분등록부를 갖게 됨에 따라 이혼의 기록이 남지 않기 때문에 이혼도 더욱 증가될 것으로 예상되고 있다.

⑤ 도덕적 윤리적 힘의 약화와 종교의 역할 약화: 가정을 지탱해주는 보이지 않는 힘이었던 도덕과 윤리의 힘이 약화되면서 이혼도 크게 부끄러워하지 않는 자연스러운 풍토가 되었다. 상대주의, 다원주의 가치관이 팽배하면서 결혼에 대한 전통적인 가치관이 무너지고 이혼을 죄악시했던 종교적인 전통이 약화되면서 경우에 따라서는 이혼도 가능하다는 생각이 보편화되므로 이혼이 늘게 되었다. 이러한 현상은 비교적 이혼에 대한 보수적인 규제가 강한 가톨릭이 개신교보다 이혼율이 낮은 반면 별거 부부의 비율이 높다는 점에서 입증된다(김정옥, 1993).

⑥ 현대사회의 비인간화 성향과 비성서적인 가치관: 사람을 비인간화하는 성향은 부부관계에 부정적인 영향을 미칠 수 있다. 갠젤(Gangel)은 그리스도인의 가정에 직면할 수 있는 심각하며 절박한 문제를 조직, 산업화, 높은 이동성, 이혼과 별거, 대리부모와 아버지 없는 아이들, 낮은 도덕기준, 바쁜 스케줄, 세속화와 물질주의, 금이 간 가족관계, 사회학적 균열(다른 사회집단이 전통적으로 수행하던 역할과 책임을 대행하고 있음을 의미) 등을 열 가지로 요약하고 있다(정동섭, 2004).

⑦ 매스컴의 영향: 오늘날 매스미디어는 사회 전반에 걸쳐 막강한 영향력을 끼치고 있다. 특별히 영화나 드라마는 대중의 사고와 삶의 방식에

7) 유책주의는 배우자 일방에게 동거, 부양, 협조, 정조 준수 등의 혼인의무를 위반하는 유책의 사유가 있을 경우에만 이혼을 청구할 수 있는 입법주의이다.

8) 파탄주의는 배우자 일방이 반드시 유책이 아니어도 혼인공동체의 계속을 기대할 수 없는 객관적인 사정(혼인파탄)이 존재하는 경우 이혼을 청구할 수 있다는 입법주의이다. 혼인파탄에 대한 법관의 폭넓은 재량권이 허용될 수 있다.

직접적인 영향을 준다. 불륜이나 이혼이 미화되고 너무나 흔하고 자연스럽게 다루어지기 때문에 일반 대중도 이혼을 너무나 쉽게 받아들이는 경향이 생겼다.

⑧ 성적인 문제: 이 시대는 과거 어느 시대보다 결혼생활에 있어서 성적인 만족을 중요시하는 시대이다. 성적인 적응이 원만하지 못하여 부부 사이가 소원해지고 결국은 부부관계를 파괴하는 결과를 가져오게 되는 경우도 많다(김득렬, 1991).

⑨ 저출산의 문제: 결혼의 주요한 역할 중의 하나는 자녀를 낳아 가문의 계보를 이어가는 것이다. 그러나 이 시대의 많은 젊은 부부들이 자녀보다 개인의 자유와 행복과 자기성취를 중시하다 보니 자녀양육에 대한 부담감으로 출산을 의도적으로 피하게 되었다. 이로 인한 저출산으로 부부생활이 위기에 놓이게 될 때 자녀양육 문제에 대한 부담감이 줄어 쉽게 이혼을 결정하게 된다(김득렬, 1991).

⑩ 고부간의 갈등: 한국사회가 근대화되고 가족제도가 핵가족화되면서 고부간의 갈등의 소지는 많이 사라졌다. 그러나 아직은 서구와 같이 부모로부터 완전한 독립은 아니고 많은 가정이 시가와의 유대는 계속되고 시부모의 영향이나 간섭은 배제할 수 없기 때문에 여전히 고부간의 갈등은 부부간의 갈등을 일으키고 확장시키는 큰 원인 중의 하나이다(이정우, 1992). 여기서 남편의 역할은 중재자의 역할인데 대개 시부모 편에 서거나 침묵으로 일관하여 고부간의 문제가 결국은 부부간의 이혼위기로 확대되는 경우가 많다.

⑪ 의사소통의 문제: 부부간의 의사소통이 제대로 이루어지지 않을 때 부부갈등은 시작되고 심화된다. 부부간에 진실하고 솔직한 대화를 할 수 있다는 것은 심리적으로 친밀하다는 것을 의미하며, 말을 끊임없이 취사선택해야 하는 인간관계는 그 거리가 멀다는 것을 의미한다(연문희, 1994). 남편과 아내가 전혀 대화를 하지 않는 경우나 대화가 있어도 감정을 나누지 않는 사무적인 대화는 부부 사이에 위기를 불러온다.

⑫ 가정폭력과 외도의 문제: 가정 내 폭력과 외도는 주로 한국남성의 폭력성과 성에 대한 이중윤리의 반영이라고 생각된다. 그러나 이런 폭력은 대개 능력의 부족, 외도, 도박, 혼수문제, 고부갈등, 성격차 등 다른

문제가 발생할 때 수반되며, 자신이 저지른 잘못과 열등감을 은폐하기 위하여 혹은 화풀이 수단으로 동원되며 심각한 가정해체의 원인이 되고 있다(김순옥 · 노명숙, 2004).

이혼의 개념 및 이혼제도	(1) 파탄주의와 유책주의 • 유책주의: 어느 한 편의 배우자가 결혼관계에서 부여된 의무를 위반했을 경우 이혼을 인정하는 것 • 파탄주의: 책임이 어느 편에 있는지에 상관없이 더 이상 결혼관계를 유지할 수 없는 상황에 이르렀다고 인정되면 이혼이 성립되도록 함 → 1990년 가족법 개정으로 특정 배우자의 잘못 여부에 상관없이 이혼을 인정하는 제도가 도입, 판례적으로 파탄주의 경향으로 나가고 있음 (2) 재판이혼과 협의이혼 • 재판이혼: 양 배우자 간에 이혼에 관한 합의가 이루어지지 않을 경우 재판을 거쳐서 이혼에 이름 이혼청구 소송 → 가정법원의 조정 → 조정과정에서 합의가 이루어져 합의조서에 기재하면 이혼이 이루어짐 조정에서 합의에 이르지 못할 경우 재판: 법적인 이혼사유(민법 840조)에 해당하는지를 근거로 하여 이혼 여부 등이 판결됨 • 협의이혼: 부부가 이혼 자체 및 이에 관련된 제반 절차에 관하여 합의했을 경우
이혼 현황 및 추이	• 1970년~80년대의 이혼이 주로 젊은 층에 집중되어 있었던 것과 달리, 점차 전 연령층으로 확대 → 이혼평균연령 상승 • 이혼사유의 변화: 부부간의 의사소통 및 감정적 문제로 인한 이혼이 증가 • 미성년 자녀를 둔 30~40대 부부의 이혼 증가 → 이혼을 억제하는 강력한 요인이었던 자녀의 의미 약화
이혼의 증가 원인	(1) 상호의존도 감소와 여성의 경제적 독립 • 서비스 산업의 발달과 여성의 노동시장 진출 활발 → 가정 내에서 여성과 남성의 상호의존도 급격히 감소 (2) 결혼의 본질 변화 • 도구적인 필요에 기초했던 '제도로서의 결혼' → '관계로서의 결혼으로 의미 변화 → 결혼관계가 보다 불안정해짐

		(3) 결혼에 대한 기대의 변화 • 낭만적 사랑 이데올로기 + 이성과의 애정과 친밀감에 기초해서 스스로 결혼상대 선택 → 부부관계에 거는 기대가 보다 높아짐 (4) 사회적 · 법적 · 도덕적 제약의 변화 • 도시화가 진행되고 사회적 이동이 증가 → 친족과 지역사회 차원의 비공식적 통제 약화 • 이혼에 대한 사회적→도덕적 제약 완화 예) 재판이혼 시 부부관계의 파탄 자체에 주목 (5) 가치관의 변화 확대가족 중심의 가족주의 의식 → 개인주의 사고 보편화
이혼의 원인과 이혼 결정	→	• 부부간 불화가 전체 이혼의 대다수를 차지 • 질병이나 불임, 자녀의 유무 등이 결혼생활이나 가족관계에 미치는 영향이 과거에 비해 감소하는 반면, 시가와의 갈등과 처가와의 갈등이 새로운 이혼 요인으로 등장 • IMF 이후 경제문제로 인한 이혼 증가 (1) 관계상의 문제 • 부부관계의 질이 결혼의 핵심 → 부부간의 성격차이, 애정결핍 및 의사소통 부재, 외도, 폭력 등으로 인해 부부관계가 훼손되는 경우 이혼에 이르게 됨 (2) 경제문제로 인한 갈등 • 갈등상황이 극단화될 경우 폭력과 이혼으로 이어질 수 있음 (3) 확대가족과의 갈등 • 결혼을 개인 간의 결합이 아니라 집안 간의 결합으로 보는 전통적 관념+결혼 후에도 원가족으로부터 완전히 독립하지 못한 자녀세대의 문제해결 의존 → 부부의 결혼생활에 양가의 확대가족이 얽히면서 문제가 확대되기 쉬움 • 여성의 지위 상승으로 친정부모 역시 부부생활의 중요한 변수로 등장 (4) 성생활의 어려움 • 성관계에 있어서의 만족도는 결혼만족도와 정적인 상관

		관계 (5) 폭력과 중독 • 부부갈등의 가장 극단적인 단계인 폭력과 상습적인 학대는 이혼의 주요인이 됨 • 약물이나 알코올 중독 및 도박의 경우 가족에 대한 폭력과 착취를 부르기 쉬움 • 인터넷중독은 가족뿐 아니라 자신의 일상과 직무를 유기하게 함
이혼을 가로막는 장벽	→	(1) 자녀의 존재 (2) 결혼 외의 대안 부재 (3) 외적인 억제 요인: 사회적인 위신이나 명예 혹은 노부모에 대한 효도 등 (4) 보수적인 태도와 편견: '가족 안에서 행복한가?'보다는 '참고 살아냄으로써 가족을 유지한다'는 사실 자체에 의미를 부여함
이혼의 단계와 적응	→	(1) 정서적 이혼(Emotional divorce) (2) 법적 이혼(Legal divorce) (3) 경제적 이혼(Economic divorce) (4) 지역사회 이혼(Community divorce) (5) 심리적 이혼(Psychic divorce) (6) 양육협조자로서의 관계 정립(Co-parental divorce)

6. 이혼과 자녀

이혼 후 자녀에게 있어서 적응이라 함은 어떠한 위기 사건 이후에 이를 극복해 가는 과정임과 동시에 개인과 환경 간의 균형 있고 조화가 이루어진 상태를 의미한다(Lazarus, 1963). 즉, 자녀가 건전한 발달과정에 저해를 받지 않고 최상의 성장을 할 수 있는 상태를 말하는 것으로서 심리사회적인 특성과 행동특성에 있어서 심각한 문제가 일어나지 않는 정도를 적응이라 볼 수 있다. 선행연구를 통하여 밝혀진 이혼가족 자녀들의 적응문제를 간단히 살펴보면 다음과 같다.

1) 정서적 문제

이혼 이후 아동들의 반응에 대해 왈러스틴과 켈리(Wallerstein & Kelly, 1980)는 부모의 이혼 후 자녀가 경험하는 주요 정서를 공포, 슬픔, 열망(yearning), 걱정, 거부되었다는 느낌, 외로움, 충성에 대한 갈등, 분노, 죄책감이라 하였다. 이혼에 대한 반응은 발달과정에 따라서 다르지만, 보편적으로 아동들은 부모에게 거부감과 분노 등의 부정적 감정을 경험하게 된다고 한다(정진영, 1993).

이혼가정의 자녀들은 스트레스와 우울이 높으며(Hetherington et al, 1989), 부모의 이혼이나 별거가 자녀의 성장, 성숙을 지연시키고 애정결핍과 대화단절을 초래하여 적응능력이 저하됨을 나타내고 있다. 국내의 이혼가족의 자녀에 대한 실증적 연구로 황옥자(1980)의 초등학교 고학년을 대상으로 한 연구에서는 집안에서는 우울하다, 학교생활에서는 외롭다라는 특징을 나타냄으로서 주로 부정적 정서반응을 하였다. 주소희(1992)의 연구에서는 이혼가정의 자녀 50명(초등학교 5~6학년)을 대상으로 정신건강목록(SCL-90)을 검사한 결과 강박증과 대인예민 증이 있었으며, 여아의 경우에는 우울과 신체화 증상에서 남아에 비해 유의한 차이를 나타냈다. 강박증이란 강박관념으로 나쁜 생각을 할까 두려워 자신의 충동에 대한 억제 양상이 두드러짐을 나타내는 개념으로, 부모의 이혼으로 인한 분노에 대해 억제양상을 보이고 있는 것으로 보인다.

2) 행동적 문제

이혼가족의 자녀들은 이혼으로 인한 심리적 상처뿐만 아니라 가족생활의 전반적인 변화를 경험하게 된다. 이러한 달라진 생활환경에 적절히 대처하지 못하면 행동적 문제도 나타날 수 있다(Guttman, 1993). 이명숙 외(1993)의 연구에서는 부모불화 등의 가정의 기능적 결손을 경험한 청소년들이 비행청소년이 될 확률이 높음을 시사하였다. 이혼으로 인한 부모와의 관계단절, 상실감은 청소년기의 건전한 성장에 영향을 줄 뿐만 아니라 공격적 행동, 도벽, 대인관계 문제, 학업성적 하락 등의 전반적인 적응문제와 비행, 자살 등의 심각한 문제에까지도 연관되어 있음을 알 수 있다. 특히 학업성적의 하락이 매우 두드러진 결과로 나타나고 있다. 또한 우리나라 이혼의 경우에 90년대 이후 이혼사유로 1위를 차지하는 것이 배우자의 부정행위이므로, 아동 및 청소년들의 데이트의 불안과 성교육의 부족으로 성인식에 대한 부정적 영향을 주고 있음을 알 수 있다(송성자, 1995). 특히 여아의 경우에는 부모이혼 후 장기적으로 난잡한 성생활이나 이성관계 문제를 일으키는 경우가 많다(Hetherington, 1981).

3) 대인관계의 문제

이혼 후 아동들이 대인관계에서 어려움을 겪는 이유는 자신의 가족상황이 드러날 것에 대한 두려움과 드러났을 때의 또래들의 놀림과 거부가 영향을 미치기 때문이다(Kurdek & Berg, 1983; 박병금, 1997). 또한, 이혼 후에는 아동의 경우 한쪽 부모를 따라 이주를 하는 경우가 많으므로 친숙했던 친구나 학교로부터 격리되어 분리, 학업의 방해, 새로운 환경에서의 적응 등으로 인한 스트레스가 가중될 위험이 있다. 주소희(1992)의 연구에서 이혼가족 자녀들은 대인예민증을 두드러지게 나타내고 있는데, 이는 타인과의 관계에서 열등감, 자격지심, 불편감, 부적절감을 나타내는 증상 척도로써, 이러한 대인관계라는 것은 초기의 부모와의 관계에서 형성되는 것으로 볼 수 있는데 부모의 이혼은 자녀의 건전한 대인관계의 장애요소로 작용한다고 볼 수 있다. 또한, 이혼 이후 자녀에게 영향을 주는 변인으로서 부모-자녀관계를 꼽을 수 있지만, 반대로 이혼의 결과로 부모 자녀관계가 악화되는 경향도 있다.

이러한 이혼의 심리적 상처는 성인이 되어서도 그들의 생활에 계속적으로 영향을 미친다(Berman, 1991). 특히 우리나라의 경우에는 사회문화적으로 이혼 자체를 부정적으로 지각하는 경향이 강함으로 이혼한 당사자뿐 아니라 이혼한 자녀들은 부모의 이혼문제에 대하여 다른 사람들에게 이야기하는 것을 기피하게 되고 이러한 결과 대인관계의 부적응현상뿐 아니라 심리적 상처가 내면화되어 제대로 극복되지 않은 채 남게 되는 경우가 많다(이정숙, 1994; 전명희, 2001, pp.14-16).

표 6. 이혼 후 자녀의 반응 특징

연령	반응 특징
학령전기 (1/2세~6세)	부모의 이혼에 매우 놀라고, 혼란스러워 하며, 자신의 잘못으로 생각, 성인들과의 많은 신체적 접촉이 요구됨. 유기되거나, 다른 곳으로 보내질 것을 두려워함. 5~6세경의 아동은 자신의 감정으로 표현할 수도 있으나, 이혼과 관련된 변화의 일부만 이해할 수 있음
잠복기 초기 (7~8세)	자신들이 거부당했거나 유기되었다고 느끼나 자신을 비난하지는 않음 어머니에 대해 분노를 느낌 부모의 재결합에 대한 강한 열망을 가지고 있음
잠복기 후기 (9~10세)	이혼에 대해 좀 더 현실적으로 이해 자신들의 감정이나 분노를 잘 표현할 수 있음 이혼에 대해 책임감을 느끼지는 않으나 분노
청소년기 (15~18세)	가장 개방적으로 이혼에 대한 분노 표현 이혼으로 인해 부모를 하나의 인간으로 인식, 부모 각자와의 관계 새롭게 평가 훌륭한 결혼생활에 대한 자신들의 가치나 개념들을 재평가 대부분 이혼 1년 후 갈등 극복

부모의 이혼이 미성년 자녀에게 미치는 영향에 관한 이론 →

- 생애 스트레스로 인한 영향
- 부모 상실로 인한 영향
- 부모 간 갈등으로 인한 영향
- 양육친의 부적응
- 경제적 어려움

부모의 이혼과 성인자녀 →

- 이혼 후의 경제적 어려움과 스트레스 → 양육친이 자녀를 돌보는 데 효과적이지 못할 가능성 발생 → 부모 자녀 간 상호작용의 질 저하될 가능성
- 비양육친의 경우 자녀를 만나는 일이 점차 드물어지면 자녀의 생활로부터 분리되기 쉬움 → 성장기에 손상된 자녀와의 유대는 자녀가 성장하여 성인이 된 이후에도 회복되기

	어려워짐 • 이혼한 가정에서 성장한 자녀들은 부모와의 접촉이나 서로 도움을 주고받는 관계가 덜할 가능성이 있음
부모의 이혼과 자녀세대의 삶	(1) 사회학습이론 • 이혼가족의 자녀들은 서로 비난하며 이혼에 이르는 부모 간의 상호작용에 익숙한 채로 성장→문제해결을 위해 협력하고 긍정적인 관계를 맺는 기술이 부족할 수 있다고 봄 (2) 애착이론 • 부모 자녀관계에서 긍정적이고 신뢰하는 정서를 발달시키지 못한 자녀는 성장 후에도 정서적으로 불안정해져서 타인과 친근한 관계를 장기간 이어가는데 어려움이 있을 수 있다고 봄

7. 대 안

이혼은 사회적 현상으로 보아야 한다. 이혼을 보는 시각이 긍정적이든, 부정적이든 그 과정에서 당사자는 심리적 아픔과 현실적으로 많은 어려움을 경험한다. 따라서 이혼가족이 겪는 문제를 사회적으로 해결할 수 있는 개입 방안을 모색해야 한다. 그러기 위해서는 이혼에 대한 인식의 변화가 선행되어야 하며, 법제도의 개선, 사회적 지원체계의 전문화 방안이 마련되어야 할 것이다.

1) 이혼에 대한 인식변화

최근 증가하는 이혼으로 인한 생활유형의 변화에 대한 적응을 돕기 위한 인식의 변화나 사회적 지원제도는 충분하지 못하다. 즉 이혼으로 인해 가족생활의 변화에 적응하지 못하는 사람들을 '결혼의 실패자'로 낙인찍는 것이

전통적 시각이다. 게다가, 어떠한 형태의 결혼이라도 유지하는 것이 낫다는 전통적 관념과 이혼 후 적응을 돕는 사회적 지원체계의 접근성이 용이하지 않을 때 이혼자는 더욱 방황할 수 있다.

더욱이 이혼에 대한 인식의 변화를 위해서는 이혼에 대한 부정적 견해를 바꾸어야 한다. 특히 성장기에 부모가 없다는 이유로 이혼 자녀가 비행청소년이 될 가능성이 높다는 편견을 가지기 쉽다. 그러나 갈등이 많은 부모 밑에서 성장하는 자녀와 편부모이지만 건강하게 자라는 자녀들 중에서 누가 일탈적 행위를 할 가능성이 높은지 생각해보아야 한다.

이러한 의식의 변화에 있어 대중매체는 사회구성원에게 막대한 영향력을 미친다. 그러므로 방송은 '가치규범이나 생활양식 혹은 프로그램의 소재가 일정한 가족유형뿐만 아니라 다양한 가족유형에 초점을 맞추면서 그들의 삶이 얼마나 건강한 모습을 보이는가를 조명해야 할 것이다. 따라서 방송매체는 우리 사회의 모든 구성원들의 사회적 심리적 관심을 반영하는 데 있어 남녀평등에 초점을 맞추고 건강한 가정의 모습을 보여주는 데 노력을 기울여야 할 것이다. 대중매체가 다양한 가족의 삶의 양상을 보일 수 있도록 민간단체는 모니터링에 관심을 가져야 한다.

2) 사회적 지원체계

이혼자들의 상담욕구는 높다. 상담분야로서는 자신의 심리적 정신적 문제해결, 자녀양육에 대한 내용, 대인관계, 재혼, 이혼조정을 위한 장치, 법률적 문제해결을 위한 상담을 원하고 있다. 이러한 욕구는 이혼상담기관, 종교관, 법률부조기관, 변호사, 아동을 위한 사회적 서비스에 대한 활성화 방안과 전문화에 중점을 두어야 한다.

(1) 법적 지원

① 가사조정위원회의 조정 역할 강화: 조정 법정은 별거한 부부가 재결합할 수 있도록 하고 결혼 갈등을 해소하도록 하는 역할을 수행한다. 이 밖에 조정 법정은 이혼의 불가피성을 인정하고 이혼과정을 용이하게

하기 위한 다양한 형태의 이혼상담을 제공할 수 있다. 현재 우리나라의 가사조정위원회도 조정위원의 수의 증가, 전문화를 통해 조정을 활성화하고 있어 조정률이 높아지고 있으나 보다 전문적으로 수행할 수 있도록 해야 할 것이다.

이혼 중재 서비스는 조정 법정의 이혼상담 프로그램의 이용, 민간기관 상담소에서 이혼상담, 전통적인 법적 과정은 이혼분쟁 해결의 가장 효율적인 도구가 아니라는 점을 직시해 이혼조정의 세부적인 것들의 협상(예, 부양비, 자녀 지원, 재산분배 등)이 중재를 통해서 이루어질 수 있어서 만족감을 느낄 수 있으며, 이혼에 따르는 법정 싸움이 감소하는 장점을 가지고 있지만 공공비용이 증가하는 단점도 있다.

② 법률부조 기관의 활성화: 국민이 법에 쉽게 접근하기 위해서는 법률기관의 활성화가 요구된다. 현재 실시하고 있는 기관(대한법률구조공단, 한국가정법률상담소)이 역할을 수행하고 있으나 더욱 확장되어야 할 것이다.

(2) 심리적 지원

① 이혼상담의 전문화: 이혼상담은 이혼을 고려하는 사람들 또는 이혼 과정에서 이혼절차, 자녀양육, 재산분할 등을 생각할 수 있는 이혼자 요구의 충족 여부 결정에 도움을 주는 법적 서비스가 목적이다. 이혼상담은 민간 부분 내 상담가 또는 치료자들, 사회 서비스 기관들, 법원 상담자들, 결혼 그리고 가족치료자들, 공무원 또는 이혼 중재자들에 의해서 제공될 수 있다. 여기서 주의해야 할 사실은 전문가 자신의 가치관이나 성향과는 관계없이 이혼상담자는 '이혼은 합리적인 대안 중의 하나'임을 수용하여야 한다. 그리고 '이혼은 반드시 가족단위를 해체시키지 않는다'는 점과 '개인, 가족생활 유형의 다양성 가족의 생활을 조정할 수 있다'는 사실을 인정해야 한다.

② 종교기관의 상담 중요성 인식제고: 개인이 결혼, 이혼 문제에 대한 도움을 구할 때, 종교 관련자에게 상담하는 경향이 다른 상담 전문가에게보다 약 2배 정도 높은 것으로 나타났다. 성직자의 역할은 감정적인

상처를 치료하고, 자존감을 확립시키고, 심리적인 내면의 향상에 초점을 둔다는 점에서 상담가와 매우 유사하다. 또한 교회는 많은 비공식적인 지원을 제공하고, 그리고 교육 프로그램은 이혼과 관련된 이슈들에 중점을 두기도 한다. 그러므로 성직자는 전통적 결혼상담에 초점을 맞추어 이혼을 상담하기보다는 이혼상담 방향을 고려하면서 이혼상담에 응해야 할 것이다.

(3) 경제적 지원 공적 부조 확대 실시

기본적으로 현재의 수준에서 편부모를 위한 사회보장제도는 수혜자의 요구를 충족시키기가 어렵다. 그러므로 이에 대한 확대 실시가 요구된다. 즉 경제적 지원, 자녀양육비 및 교육비보조, 의료비보조, 편부모수당을 지급, 직업훈련기회 제공, 임대주택의 입주 우선순위 안배를 생각할 수 있는데 이것은 예산확보가 수반되는 정책이다. 그러므로 공적부조 확대 실시를 위한 예산의 확보, 사회복지 전문요원의 확보가 우선되어야 할 것이다. 또한 임대주택의 입주우선권 확대 실시는 이혼자의 기본생활의 안정을 위해서 가장 필요한 제도이다.

(4) 사회복지 서비스

① 다양한 아동보육시설의 운영: 정부나 정부의 지원에 의한 사회단체에서 다음과 같은 자녀양육 및 교육을 위한 시설이나 프로그램을 운영 실시한다. 취학 전 자녀의 양육을 위한 다양한 형태의 아동보육시설(주간탁아, 종일탁아 등이나 시설탁아, 가정탁아 그리고 며칠 간 위탁탁아 등), 취학자녀의 양육 및 교육을 위하여 방과 후 아동보육 프로그램을 활성화해야 한다. 자녀가 유기되는 경우를 고려해 볼 때 가정위탁보호시설의 확대 방안이 요구된다.

② 가정봉사원제도 확대 실시: 모자가족, 부자가족을 위하여 자녀양육 및 가사를 협조할 수 있는 가사봉사원 제도를 확대 실시해야 한다.

③ 재혼기회의 마련: 이밖에 재혼이 이혼 적응에 긍정적 영향을 미치므로 재혼의 기회를 주선하는 방안이 모색되어야 한다. 특히 정보화시대에

는 컴퓨터를 활용한 재혼기회의 마련도 대안 중의 하나로 볼 수 있다. 단 재혼으로 인한 가족문제를 통찰할 수 있는 교육 실시를 전제로 해야 할 것이다(http://khgongbo.com).

이혼에 관한 인식변화의 필요성	→	• 이혼 당사자 내부의 편견 • 중요한 주변 사람이 지닌 편견 • 지역사회의 편견

Chapter 13

재혼가정

1. 재혼과 재혼가족
2. 재혼 가족관계
3. 대안
4. 가정폭력의 개념과 유형
5. 가정폭력의 발생원인
6. 가정폭력의 주기
7. 가정폭력의 실태
8. 가정폭력에 대한 서비스 현황 및 대책

부부 사이에 피해야 할 말 10가지

1) 하는 일마다 …… 당신은 장모님과 어찌 그리 똑같지?
2) 다른 여자들은 그렇지 않던데 ……
3) 내가 돈 벌어오면 됐지 아이까지 돌보라고?
4) 물론 남자와 여자는 동등하지 그러나 여자란 ……
5) 어머니가 그러는데 그건 당신 잘못이라는 걸
6) 일요일에는 잠이나 자야겠어
7) 기분이 어떠냐고? 도대체 내 기분이 어땠으면 좋겠어?
8) 여자 태도가 그게 뭐야?
9) 근사한 다른 남자를 찾아보시지 그래
10) 글쎄, 말하고 싶지 않다니까!

김형태, 사랑이 샘솟는 가정, 2010, 한남대학교 출판부, p.40

1. 재혼과 재혼가족

재혼가족(remarried family)이란 배우자 한쪽이나 양쪽 모두가 재혼 이상의 결혼으로 자녀가 있거나 없으면서 하나의 가구를 유지하는 남편과 아내로 구성된 가정으로서 재결합가족(reconstituted family, reconstructed family), 혼합가족(blended family), 두 개의 핵가족(binuclear family), 계부모가족(stepfamily) 등의 용어들로 혼용되어 사용된다(Clifford, 1983). 이러한 재혼가족은 다음과 같은 특징을 지닌다.

① 가족은 처음부터 부부 두 사람으로 시작하지 않고, 과거의 배우자와의 관계에서 이미 이루어진 부모-자녀관계에서 출발한다.
② 한 사람 또는 두 사람의 친부모가 계부모가족에 영향을 준다.
③ 자녀는 두 가정의 성원으로서 기능하기도 한다.
④ 가족은 복잡하고 확장된 가족관계망을 갖는다.
⑤ 계부모가족에 영향을 주는 친부모, 즉 이전의 배우자와 관련된 강력한 삼각관계가 존재한다.
⑥ 계부모와 의붓자식 간에는 법적 관계가 없다.
⑦ 재혼가족의 발달과정은 핵가족 체계의 발달과정과 다르다. 재혼가족이 경험하는 발달단계와 발달적 과업을 살펴보는 것은 재혼가족의 복잡성을 이해하는 데 도움이 된다(박문희, 2002, pp.39-40).

1) 재혼가족 유형

재혼가족의 유형은 재혼가족의 혼인지위(초혼, 재혼)와 재혼의 이유(사별, 이혼)에 따라서 구분하고, 자녀양육 유무 및 재혼자의 연령에 따라 다양하다. 또한 재혼가족의 유형구분은 재혼가정을 연구하는데 있어서 매우 중요하다. 재혼부부의 각각의 전혼자녀 유무와 양육권의 유무를 기준으로 재혼가족을 분류하거나 가족의 구성을 중심으로 해서 계부모, 계자녀 관계의 비중을 크게 두어 자녀의 양육과 교육이 이루어지고 있는 가족주기에 놓인 가족으로 분류하기도 한다.

표 7. 재혼가족의 9가지 구조적 유형

<table>
<tr><th colspan="3" rowspan="3">아내 / 남편</th><th colspan="3">아내의 전혼자녀 유무</th></tr>
<tr><th rowspan="2">전혼자녀 없음</th><th colspan="2">전혼자녀 있음</th></tr>
<tr><th>양육권 없음</th><th>양육권 있음</th></tr>
<tr><td rowspan="3">남편의 재혼 자녀 있음</td><td colspan="2">전혼자녀 없음</td><td>무자녀 재혼가정**</td><td>비동거 계부가족</td><td>동거 계부가족</td></tr>
<tr><td rowspan="2">전혼자녀 있음</td><td>양육권 없음</td><td>비동거 계모가정</td><td>비동거 계부모가족</td><td>혼합계부형 계부모가정</td></tr>
<tr><td>양육권 있음</td><td>동거 계모가정</td><td>혼합계모형 계부모가족</td><td>동거 계부모가족</td></tr>
</table>

*모든 전혼자녀의 양육권을 갖지 않는 경우는 비동거형(nonresidential)으로 한 배우자는 양육권을 가진 동거 친부모이고(residential), 다른 배우자는 양육권을 갖지 않은 친부모일 때(nonresidential)는 Mixed로 표시됨.

*이 유형은 초혼가족과 유사하므로 엄밀한 의미에서 재혼가족에서 제외됨.

자료: 정옥분 · 임춘희(1997). 초혼계모의 재혼가정생활 스트레스와 적용에 대한 경험적 연구. 대한가정학회지, 35(5), 73-102.

2) 재혼가족 현황

재혼 및 재혼가족의 현황은 전체 인구 중 재혼가족의 규모가 파악되지 않고 있기 때문에 혼인건수를 기준으로 살펴볼 수 있다. 재혼의 증가와 재혼형태의 변화는 우리 사회에서 두드러지게 달라지고 있는 현상 중의 하나이다.

재혼에 대한 태도가 변화하고 있는 만큼 재혼건수도 늘어나서 총 재혼건수는 2007년 남자 재혼은 57.3천 건, 여자 재혼은 62.0천 건으로 전년에 비해 각각 1.6천 건(2.9%), 2.2천 건(3.7%) 증가하였으나 재혼 구성비는 남자 16.6%, 여자 17.9%로 전년에 비해 각각 0.1%p씩 감소하였다.

주목할 만한 변화는 여성의 재혼이 남성의 재혼보다 더 빠른 증가율을 보이고 있다는 것이다. 재혼의 전년대비 증감률을 보더라도 남성이 2.9%인데 여성은 3.7%나 증가했다. 이것은 여성의 사회활동의 참여기회가 늘어난 것에 따른 자연스런 추세로 볼 수 있으며, 여성의 재혼에 대한 사회적 인식도 그만큼 달라졌음을 반영하고 있다고 볼 수 있다.

또한 혼인 종류별 혼인에서 남녀 모두의 재혼 중, 이혼 후 재혼은 약 92.0%로 남녀 모두 증가 추세를 보이고 있고, 사별 후 재혼은 약 8.0%를 차지하는데 2004년 이후 조금씩 낮아지고 있다.

평균 초혼 및 재혼연령 및 재혼연령의 상승이 남녀 모두 계속되고 있다. 2007년 평균 초혼연령은 남자 31.1세, 여자 28.1세로 전년에 비해 남자는 0.2세 여자는 0.3세 높아지고, 평균 초혼연령은 90년 이후 계속 상승 추세를 이어갔다. 2007년 평균 재혼연령은 남자 44.8세, 여자 40.1세로 전년에 비해 각각 0.4세 높으며, 10년 전('97년)보다 남녀 모두 4세 이상 높으며 매년 재혼연령도 높아지고 있다.

표 8. 전체 결혼 중 재혼 구성비(1997~2007년)

연도(%)		1997	1998	1999	2000	2001	2002	2003	2004	2005	2006	2007
초혼연령	남성	28.6	28.9	29.1	29.3	29.6	29.8	30.1	30.6	30.9	30.9	31.1
	여성	25.7	26.1	26.3	26.5	26.8	27.0	27.3	27.5	27.7	27.8	28.1
재혼연령	남성	40.5	41.6	42.2	42.1	42.1	42.2	42.8	43.8	44.1	44.4	44.8
	여성	36.0	36.9	37.5	37.5	37.6	37.9	38.3	39.2	39.6	39.7	40.1

이와 같은 현상의 결과를 낳는 것은 이혼율의 상승이 재혼가족의 증가를 가져오는 요인으로 작용하기 때문이다. 또한 결혼의 의미와 가치관의 변화와 경제적 여건 변화가 재혼가족 증가요인으로 볼 수 있다. 이처럼 현실에서 재혼이 급증하고 가족유형의 변화가 일찍부터 진행되어 왔음에도 불구하고 재혼에 대한 사회적, 학문적 관심은 거의 무관심에 가까웠다고 하여도 과언이 아니다. 기존의 전통적 가족개념이 빠른 속도로 퇴화하고, 그와 더불어 가족생활과 혼인 유형에 광범위한 변화가 초래했음에도 현실을 직시하지 못한 것은 사실이다. 전통적인 가부장적 가치관으로 여성의 재혼을 금기시하고 더 나아가 죄악시까지 하는 이상과 현실 사이의 괴리가 재혼가족에 대한 사회적, 학문적 무관심을 낳았다고 하겠다(김연옥 외, 2005, p.172).

재혼가족의 개념	• 재혼가족(remarried family)이란? -한쪽 배우자 혹은 양쪽 배우자가 이전에 결혼했었던 경험이 있고 이혼이나 사별로 결혼을 종결한 후 현재의 배우자와 다시 결혼관계를 맺어서 형성한 가족 -초혼남과 초혼녀의 결합을 제외한 모든 가족 → 재구성 가족(reconstituted family) 연계가족(linked family) 혼합가족(blended family)
재혼에 이르는 과정	• 재혼 이유에 있어서의 성차 -재혼을 하려는 욕구는 여성보다는 남성들이 더 큼 -평균적으로 재혼을 하고자 하는 이유에 있어 성차 존재 부부간 역할 분리 현상의 지속+낭만적 사랑 -자녀와 함께 재혼생활을 고려하는 남성들은 성적 매력과 전혼자녀를 위한 모성 역할 기대 반면 경제적 이유는 여성으로 하여금 재혼을 결심하게 하는 주요인이 됨 →사회와 개인들 속에 내면화되어 온 성별 역할구조의 불평등으로 여성의 재혼이 보다 어려움
재혼 배우자 선택	(1) 선택 성향의 이질성과 대상범위의 한정성 • 재혼의 경우 자신의 기호나 성향이 부합되는 대상자가 많지 않으므로 제한적이 됨 → 초혼에 비해 이질혼(heterogamy)의 특성을 보임 (2) 연령 • 재혼자들의 연령은 일반적으로 초혼자들보다 높음 • 연령효과: 연령이 증가할수록 다양한 경험으로 배우자 선택과 관련해서도 현명한 판단을 할 가능성이 높아질 수 있음 반면 여성들은 나이가 들수록 적합한 파트너를 만날 가능성이 줄어듦 ∴강박감 때문에 선택을 서두르게 될 가능성 (3) 결혼경험 • 재혼 시에는 보다 현명하게 배우자를 선택할 수 있을 것이라는 가설 • 새로운 배우자와의 결혼생활은 또 다른 문제점을 내포할 수 있으며 의식하지 못하는 사이에 전혼과 유사한 선택을 다시 할 가능성도 있음

자녀와 재혼 결정	(1) 미성년 자녀와 재혼 결정 • 전 배우자와의 사이에서 태어난 자녀의 유무는 재혼 결정에 중요한 역할을 함 • 자녀를 양육하고 있는 남성이 여성을 맞아들이는 형태의 재혼이 보편적 • 전 배우자와의 사이에서 낳은 자녀 특히 아들을 양육하고 있는 여성의 재혼이 이루어지기 힘들다고 함 • 부모의 재혼에 대한 저항감 및 죄책감, 향수 재혼 배우자를 '부모로 받아들일 것'을 자녀에게 강요하기보다 '부모 역할을 할 사람'으로 소개하고, 나머지는 자율적 선택 영역으로 남김 (2) 노인의 재혼과 성인자녀 • 성과 사랑에 관한 노년층의 인식변화와 사회적 인식변화 → 10년 사이에 2배 이상으로 노인층의 재혼이 큰 폭으로 증가 • 노년의 부모 재혼 시 자녀들의 반대가 심할 수 있음 체면 손상, 유산 상속 등 • 남성노인들의 경우 수발을 해줄 가사 담당자의 필요성으로 자녀들이 재혼을 권하는 경향 → 노부모의 입장이 아닌 성인자녀 자신들의 입장을 우선적으로 고려 → 재혼계약서 사전 작성 등이 필요함
재혼의 안정성	• 재혼이 파경에 이를 가능성이 보다 높을 수 있는 이유 -이혼에 허용적인 성격(Divorce-proneness) -불안정한 제도로서의 재혼과 역할모델의 부재 -재혼 파트너 간의 이질성 -사회적 낙인

2. 재혼 가족관계

재혼가족의 유형은 재혼부부의 결혼상태(미혼, 이혼, 사별), 자녀유무, 자녀양육 유무 및 재혼자 연령에 따라 매우 다양하다. 클라인젬펠(Clingempeel, 1987)

은 재혼부부 각각의 전혼자녀 유무와 양육권 유무를 기준으로 재혼가족을 분류했는데 이는 재혼가족 내 부모-자녀관계를 파악하는데 매우 유용하다.

① 무자녀 계부모 가족: 둘 다 자녀가 없으며, 초혼가족과 유사하여 계부모가족에서 제외된다.
② 비동거 계부가족: 재혼한 여성이 아이가 있으나 함께 살지 않는다.
③ 비동거 계모가족: 재혼한 남성이 아이가 있으나 함께 살지 않는다.
④ 동거 계부가족: 재혼한 여성이 아이가 있고 함께 살고 있다.
⑤ 동거 계모가족: 재혼한 남성이 아이가 있고 함께 살고 있다.
⑥ 비동거 계부모가족: 부부 둘 다 재혼 이전에 아이가 있으나, 함께 살지 않는다.
⑦ 동거 계부모가족: 부부 둘 다 재혼 이전에 아이가 있고 함께 살고 있다.
⑧ 혼합 계모령 계부모 가족: 부부 둘 다 재혼 이전에 아이가 있으나 여성의 아이하고 함께 살고 있다.
⑨ 혼합 계부령 계부모 가족: 부부 둘 다 재혼 이전에 아이가 있으나 남성의 아이하고 함께 살고 있다.

우리나라에서는 아직도 관행상 이혼 후의 자녀양육은 남성이 맡는 경향이 있어서 거의 대부분이 계모가족이고, 사정이 불가피한 경우에도 남성의 친가에서 전처 자녀를 맡아 키우는 경우가 허다하다. 자녀의 양육권을 대부분 여성이 가지기 때문에 거의 대부분이 계부가족인 미국인 경우와는 대조적이다(http://blog.naver.com/bluehesse).

1) 재혼가족의 갈등

재혼가족은 그 구성원의 특성상 많은 문제점을 가지고 있다. 우리나라가 경험하는 사회변동 중의 하나는 재혼의 급증이다. 여성재혼율의 남성우위 현상, 재혼의 불안정성 등은 사회적 관심과 개입이 요구된다. 나날이 증가하는 재혼가족의 건강한 가족기능 향상을 위한 대응책은 실로 빈약하다. 일반적인 가정의 변화와 마찬가지로 복합가정 안에서 변화는 희망과 약속뿐만 아니라 상실과 고통도 동반한다.

재혼가족에 대한 긍정적 사회인식 미비, 경제적 문제, 친자녀 성문제, 계자녀와의 갈등, 가정 내 본인의 역할 및 배우자와의 관계 문제 등이 우선적 어려움으로 나타난다. 이러한 문제점을 가족 내 관계상의 갈등과 적응상황 등을 중심으로 부부관계, 자녀관계, 친족관계로 나누어 살펴본다(이소희, 2003, pp.166-171).

① 부부관계: 재혼가족의 부부관계는 초혼가족의 부부관계와 마찬가지로 일상적인 결혼생활에서 올 수 있는 다양한 갈등을 가지고 있다. 재혼이라는 특수맥락과 관련하여 부부관계 적응에 영향을 주는 요인들로 본인과 배우자의 자녀들 및 전혼관계의 배우자 그리고 부부간 의사소통의 기술 등이 있다.

첫째, 전혼배우자 요인으로 상대방의 이전 배우자는 본인에게 무의식적인 경쟁 대상자가 되면서, 잠재적, 직접적 부부갈등의 소지가 된다(이소희, 2003). 갈등의 유형은 아직 혼자인 이전 배우자가 현재의 재혼생활을 방해하는 경우, 현재 배우자를 속이고 이전 배우자를 계속 만나는 경우, 사별한 이전 배우자의 제사를 지내주는 등 이전 배우자와의 결혼생활이 현재생활의 기준이 되는 경우이다(장혜경 · 민가영, 2002). 재혼가족 내에서 초혼가족과는 달리 전처, 전혼자녀, 전혼 친척관계 등 다양한 가족 내 가족관계가 존재하므로 이 관계들의 경계를 어떻게 조율하는 가는 재혼가족의 적응에 중요한 관건(남국희, 2005, p.23)이 된다.

둘째, 자녀요인으로는 실제적인 본인 자녀에 대한 편애, 계자녀양육 거부, 계부모로서의 배우자에 대한 본인의 선입견, 재혼생활에서 자신의 불안정한 위치의 방해자로서의 계자녀이다. 또한 재혼에 대한 사회적인 선입견이 재혼당사자들에게도 내면화되어 배우자에 대한 편견, 본인 스스로에 대한 콤플렉스를 형성하게 된다. 이로서 부부간의 의사소통을 방해하는 역할 부재가 갈등을 일으킨다.

셋째, 의사소통의 기술요인을 들 수 있다(이소희, 2003, p.170). 모든 결혼생활에서의 부부간의 의사소통 기술은 부부관계의 질을 결정하는데 중요한 요인이다. 그러나 초혼과는 다른 맥락에서 재혼생활의 의사소통의 기술이 중요하게 부각되어야 하는 필요성이 있다. 재혼이라는 결혼생활이 초혼과는 다른 결정적인 맥락은 재혼당사자들에 대한 사회적 편견이 존재한다는 점이다. 주변의 편견뿐만 아니라 이 편견을 본인 스스로 내재화하고 있는 것이 가족구성원들 간에 갈등과 긴장을 야기하는 것으로 드러난다. 초혼관계에서 별문제가 되지 않았을 문제가 재혼관계에서 큰 문제로 전환되는 이유가 여기에 있다.

② 자녀관계: 재혼 시 배우자의 친자녀의 존재는 여러 가지로 재혼가족 내의 긴장과 갈등을 초래한다(이소희, 2003). 이것은 본인의 재혼가족의 형태에 따라 여러 가지 요소들과 맞물리면서 발생한다. 비혈연 부모-자녀관계가 형성되는 재혼가족 내에서는 본인 자녀, 계자녀와 관련된 공통된 갈등유형이 발생하는데 계부모로서의 역할 갈등과 외부에서 재혼가족 자녀에 대한 편견을 경험하는 경우가 많다. 가부장적 호주제[9]로 인해 자녀의 성씨 변경의 문제로 큰 정신적, 실제적 어려움을 경험하고 있으며, 가족구성원 간의 성적(sexual) 위험성의 가능성은 잠재적 갈등 사유가 되고 있다(장혜경 · 민가영, 2002, p.175).

특히 재혼가족의 자녀들이 겪는 어려움 중 가장 큰 문제는 충성심의 문제이다. 이들은 원가족에 대한 충성심을 그대로 유지하고 있기 때문에, 새롭게 맺어진 계부모와 새로운 구조를 만들어가려고 할 때, 자신들이 가진 충성심에 상처를 준다고 생각하기 쉽다. 따라서 자녀들은 각기 다른 유형의 가족에 자신을 맞추어가야 할 때, 충성심의 딜레마에 빠지게 된다(김유숙, 2005, p.100). 새로운 부부가 자녀들이 스스로 충성심을 정리할 수 있도록 서서히 다가서지 않고 무조건 새로운 가족에 적응하도록 강요한다면 그들은 오히려 이전 가족에 더욱 고착해 버릴 수 있다는 사실을 알아야 한다.

③ 친족관계: 혈연과 친족중심인 한국 가족문화에서 친족은 재혼가족이

9) 2005. 3. '호주제 폐지'는 우리 사회의 민주화 진전에 큰 획을 긋는 쾌거다. 이제 호주와 그에 딸린 가족구성원이 있는 호적이 아니라, 사람마다 신분등록부를 갖게 되고 가족복리를 우선해 재혼가정의 자녀가 가정법원의 허가를 받아 새아버지의 성을 따를 수 있게 되었다.

새로운 가족을 형성하는데 있어서 중요한 역할집단(남국희, 2005, p.28)이 되고 있다. 또한 사회가 가지고 있는 계모에 대한 그릇된 신화는 남편의 시댁식구들로 하여금 자신의 손자, 조카를 계모의 구박으로부터 보호, 감시하게 하는 역할을 하게 한다.

그러나 이러한 시댁식구들의 지나친 관여는 계자녀와 계모가 새로운 관계를 형성하는 것을 막아 가족형성에 걸림돌이 되고 있다(남국희, 2005). 재혼 후 배우자의 친족들이 이전 배우자와 비교하는 것과 새로운 가족구성원으로 인정하지 않고 거부하는 친족들의 태도는 재혼가정을 형성하고 적응해 가는데 어려움을 주어 갈등의 요인이 된다. 때로는 배우자의 친족들이 새로운 재혼가정 형성에 좋은 지지 집단이 될 수도 있다.

2) 재혼가정의 적응

재혼가정의 적응은 일반적으로 2~5년 소요된다. 예전에는 재혼을 하거나 전 배우자와의 접촉을 완전히 끊는 단계가 되면 이를 적응이라고 하였다. 하지만 결혼한 사람으로서의 지위나 전 배우자에 의존하지 않는 자신의 독립적 정체감을 확립하고 일상생활의 제반 역할-가정, 직장 등을 적절하게 수행할 능력을 획득하는 것을 적응(adaptation)으로 정의한다(김혜경 외, 2006, p.250).

재혼은 분열된 가족체계를 확대하여 뒤엉킨 가족관계를 재형성하게 된다. 따라서 재혼가족들이 가족을 재형성하면서 갈등을 해소하고 적응하게 되는 과정은 가족으로서의 성공 여부를 결정짓는다는 점에서 중요하다.

① 사별 후의 재혼적응: 결혼생활이 중심이 되어 있는 가족관계에서 배우자를 잃었을 경우, 이혼보다 급작스럽게 준비 없이 당하게 되므로 적응하는데 더욱 곤란을 느끼게 된다. 특히 여성의 경우 경제적, 사회적 지장을 가져오고 핵가족화하는 현대사회에서 혼자라는 고립감과 역할상실 등의 정서적 불안정으로 수명단축 및 자살률의 증가, 행동의 장애 등을 나타내기도 한다.

② 이혼 후의 재혼적응: 이혼은 이미 별거 또는 가출, 유기 등의 비정상적 형식을 취하고 있기 때문에 배우자 사망에 의한 역할보다 변화기가 충분히 있는 경우가 많고 대개 결혼이 불가능할 정도의 관계이므로 배우자 상실에 대한 고통은 덜할 수도 있다. 그러나 이혼한 사람을 주위에서 관찰하면 불안, 수치심, 이혼자라는 선입관, 성적욕구, 주체성의 위기 등에 대한 당사자의 적응뿐 아니라 자녀의 적응 등에 문제가 발생하는 것을 볼 수 있다.

결론적으로 말하면 재혼가족은 많은 상실과 변화를 겪은 후에 형성되므로 몇 가지 가족 변이기를 경험한 후에 이루어진다. 각각의 변이기는 재혼가족의 구성원에게 복합적인 변화를 가져온다. 그러한 변화 속에서 기회나 희망의 상실, 관계에서의 상실, 그리고 경험에서의 상실 등을 수반하게 된다.

특히, 재혼가정의 적응이란 계부모-계자녀 간의 관계를 포함한 전체 가족의 행복과 응집으로, 가족구성원들의 정서적, 심리적 유대감을 통하여 결혼만족을 이끌어 내는 것이다. 그렇게 하기 위해서는 재혼가족은 초혼가족과 달리 사회적 규범이 미비하여, 가족원의 경계와 역할문제의 융통성 등 조정능력이 더 요구된다(김효순, 2006, p.51).

전 배우자와의 관계	→	(1) 사별 후 재혼 • 외형상 핵가족과 유사한 모습, 핵가족에서와 같은 가족성원 역할 기대 • 자녀들의 경우 의리 갈등(loyalty conflict)을 겪음 → 양자택일을 해야 하는 경쟁적 위치가 아닐 때, 계부모 자녀관계가 원활해짐 (2) 단절된 관계 • 이혼 후 배우자 간에 전혀 연락이 없는 경우 • 우리 사회의 이혼부부 유형 중 가장 많음 • 계부모가 전적으로 대리부모 역할을 하게 됨 (3) 협력적인 관계 • 서로 인간적으로 존중하고 자녀를 위해 협력하는 경우 • 전 배우자들 간의 과도한 친밀성이 재혼가족에 대한 위

	협요인으로 작용하기도 함 • 자녀들의 경우 의리 갈등과 친부모의 재결합 환상을 가질 수 있음 • 전 배우자들 간의 접촉이 적당할 때 전 배우자는 자녀와 계부모 사이의 의사소통 채널의 역할을 할 수 있음 (4) 적대적인 관계 • 어느 한 편이 재혼을 하게 되면 적대감이 더욱 커짐 • 자녀들의 경우 어느 쪽 부모와도 긍정적인 관계를 맺기 힘들고 계부모에게도 적대적이 되기 쉬움
재혼 부부관계	(1) 재혼부부 간 유대 • 전 배우자의 직·간접적 개입, 전혼자녀와의 관계 등으로 부부간 유대가 위협받기 쉬움 → 사전에 역할경계를 명확히 하는 것이 필요함 (2) 재혼부부 간 권력 및 역할분담 • 초혼부부에 비해 의사결정권이나 역할분담에 있어 덜 전통적: 여성의 결정권이 다소 크고 역할분담도 초혼의 경우보다 평등
계부모 자녀관계	(1) 전래동화 속의 재혼가족에 숨은 오류 • 악한 계모로부터 구박받는 불쌍한 자녀의 이야기와 계모의 덫(step-mom trap) 예) 신데렐라, 백설공주 (2) 계부모 자녀관계의 현실 • 핵가족 신화와 인스턴트 사랑 신화 존재 • 전혼자녀와의 관계는 부부의 재혼관계 만족도 및 안정성과 밀접하게 관련 • 남편은 아내가 자녀를 위해 경제적 지출을 하는 데 배려 • 아내는 재혼 남편을 자신의 전혼자녀양육에 적극 참여시킴 • 상대방의 전혼자녀 간 생물학적 관계가 지닌 친밀감을 인정하는 것이 중요

3. 대 안

1) 개인적 차원

재혼 전 한부모로서의 역할과 재혼가정에서의 배우자로서의 역할은 다르며 자녀로서의 역할 또한 마찬가지이다. 따라서 과거와 현재의 다름을 인정하고 분리하는 것이 필요하다. 계부모 가족은 가족사와 전통 및 습관이 다른 가족성원들이 합쳐진 상황이며, 혹은 가족주기가 다른 가족성원들의 모임이다. 따라서 차이를 인정하도록 상호 타협해야 한다.

재혼가족의 자녀들은 비양육친과 계부모 사이에서 누구에게 의리를 지켜야 할지에 관해 갈등을 느낀다는 사실을 인정하고, 자녀들 스스로 관계를 규정할 수 있도록 허용해야 하고, 자녀들의 비양육친과 재혼부부 간에 적대적인 관계가 형성되지 않고 부모 역할을 공유하고 협력할 수 있도록, 각자의 역할경계를 새로이 규정하고 합의해야 한다.

재혼가족만의 역할과 규칙이 작동할 수 있는 새로운 가족경계를 구축해 가도록 노력해야 한다.

2) 사회적 지원

재혼가족의 가족성원들이 일상생활에서 불이익을 받아온 법적 조항들을 수정한다. 또 온라인과 오프라인을 통해, 재혼가족을 위한 전문 상담 시스템을 구축하고 활성화시켜야 하며, 재혼가족의 가족 역할과 가족경계 등과 관련된 새로운 가족모델을 개발하고 보급해야 한다.

초혼 핵가족 중심의 정상가족 이데올로기를 극복하고, 재혼가족 또한 보편적이고 동등한 형태의 가족으로 인정하고 받아들이도록 적극 홍보하고 재혼가족의 구성원들이 하나의 단위로 보호받을 수 있도록 법적 제도를 정비해야 한다(유옥, 2006, pp.261-262).

개인적 차원	→	• 재혼 전 한부모로서의 역할과 재혼가정에서의 배우자로서의 역할은 다르며 자녀로서의 역할 또한 마찬가지임. 따라서 과거와 현재의 다름을 인정하고 분리하는 것이 필요함 • 계부모 가족은 가족사와 전통 및 습관이 다른 가족성원들이 합쳐진 상황이며, 혹은 가족주기가 다른 가족성원들의 모임임. 따라서 차이를 인정하도록 상호 타협해야 함 • 재혼가족의 자녀들은 비양육친과 계부모 사이에서 누구에게 의리를 지켜야 할지에 관해 갈등을 느낀다는 사실을 인정하고, 자녀들 스스로 관계를 규정할 수 있도록 허용해야 함 • 자녀들의 비양육친과 재혼부부 간에 적대적인 관계가 형성되지 않고 부모 역할을 공유하고 협력할 수 있도록, 각자의 역할경계를 새로이 규정하고 합의해야 함 • 재혼가족만의 역할과 규칙이 작동할 수 있는 새로운 가족 경계를 구축해 가도록 노력해야 함
사회적 차원	→	• 재혼가족의 가족성원들이 일상생활에서 불이익을 받아온 법적 조항들을 수정함 • 온라인과 오프라인을 통해, 재혼가족을 위한 전문 상담 시스템을 구축하고 활성화함 • 재혼가족의 가족 역할과 가족경계 등과 관련된 새로운 가족모델을 개발하고 보급함 • 초혼 핵가족 중심의 정상가족 이데올로기를 극복하고, 재혼가족 또한 보편적이고 동등한 형태의 가족으로 인정하고 받아들이도록 적극 홍보함 • 재혼가족의 구성원들이 하나의 단위로 보호받을 수 있도록 법적 제도를 정비함

4. 가정폭력의 개념과 유형

가정폭력은 청소년이나 성인이 그들의 애인 혹은 배우자에게 경제적 위협뿐 아니라 신체적, 성적, 심리적 공격을 포함한 폭행과 위협 행동 중 한 가지 형태를 가하는 것이다(Schecter & Ganley, 1995).

가정폭력방지법에서의 가정폭력이라 함은 가정구성원 사이의 신체적, 정신적, 재산상의 피해를 수반하는 행위를 말하며 가정구성원 사이의 모든 폭력을 포괄하고 있다.

남편의 아내에 대한 폭력, 자녀의 부모에 대한 폭력, 형제간의 폭력, 아내의 남편에 대한 폭력 등 가족 간의 모든 폭력을 망라한다. 가정폭력의 범주는 직접적인 폭행, 상해, 상습범, 유기, 명예훼손, 협박, 감금, 체포, 학대, 아동혹사 등과 아울러 심한 욕설과 같은 언어적 폭력(폭언) 및 의심과 같은 정신적 폭력도 포함된다. 여기서 가족구성원이라 함은 현재의 관계뿐만 아니라 전 배우자와 동거하는 친족까지의 모든 실질적 관계를 의미한다.

배우자(사실상 혼인관계에 있는 자를 포함) 또는 배우자 관계에 있었던 자, 자기 또는 배우자와 직계존비속 관계(사실상의 양친자관계를 포함)에 있거나 있었던 자, 계부모와 자의관계 또는 적모와 서자의 관계에 있거나 있었던 자, 동거하는 친족관계에 있는 자로 규정하고 있다. 가정폭력의 피해 대상은 주로 아내, 아동, 노인 등 사회경제적 약자로 그 폐해 상황 역시 매우 심각하다.

가정폭력의 유형으로는 아내에 대한 구타, 자녀에 대한 학대, 노부모에 대한 학대가 대표적이며, 장애인을 둔 가정에서는 장애아에 대한 폭력이 자행되기도 한다.

가장 전형적인 가정폭력은 그 가정의 가장이 자신의 배우자와 자녀를 포함한 가족구성원들에게 행해지는 것으로 가족구성원에 대한 육체적 · 정신적 · 성적 피해를 야기하는 행위를 말하며, 그 전형적인 피해자에 따라 아내, 자녀, 요보호자에 대한 폭력으로 나눌 수 있다(http://cafe.naver.com/qlddmlxhlcl).

가정폭력의 개념	→	• 폭력이란? 다른 사람에게 의도적으로 또는 잠재적 의도를 가지고 완력을 사용하여 신체적 고통이나 상처를 입히는 행위 • 가정폭력: 폭력이 가정 내에서 가족구성원들 사이에서 발생함 광의에서 보면 배우자에 대한 폭력과 자녀와 부모에 대한 폭력을 모두 포함 협의에서는 아내폭력을 말함 • '가정폭력 방지 및 피해자보호에 관한 법률': 가정폭력이란 "가족구성원 사이의 신체적, 정신적 또는 재산상 피해를 수반하는 행위" • 미국의 정의: '친한 파트너 폭력과 학대'라 하여 현재의 배우자는 물론 전 배우자, 보이프랜드, 걸프랜드에 대한 실질적인 폭력 또는 위협을 주는 폭력이라고 보기도 함 • 가정폭력의 정도는 찰싹 때리는 행위와 같이 가벼운 신체적 고통을 가하는 것에서부터 살인까지 광범위함

가정폭력에 대한 사회문화적 통념	→	1. 맞을 짓을 했으니까 맞는다. 2. 못된 아내는 때려서라도 길들여야 한다. 3. 스트레스 때문에 때리게 된다. 4. 술 때문에 때리게 된다. 5. 사랑하기 때문에 때리게 된다. 6. 아내폭력은 흔히 있을 수 있는 일이다. 7. 가정 내 폭력은 가정사이다. 8. 남편은 하늘, 여자는 땅이다. 9. 명태와 여자는 두드려야 제 맛이 난다. 10. 암탉이 울면 집안이 망한다.
가정폭력의 유형	→	• 신체적 학대 잡기, 뒤흔들기, 밀치기, 뺨 때리기 ↓ 주먹으로 때리기 발로 차기 목조르기 흉기(칼, 몽둥이 등) 사용하기 살해하기 • 심리/정서적 학대 말로 상처주기 무시하기 ↓ 경제적 학대 구속하기 위협하기 자살하기 • 성적 학대 과거 성적인 일을 비난하기 신체에 대해 성적인 비난하기 성적으로 비하하는 욕하기 싫다는데도 성행위 요구하기 원치 않는 성행위 강요하기 ↓ 구타 후 성관계하기 흉기로 위협하여 성관계하기 ↓ 강간 후 살해하기

5. 가정폭력의 발생원인

1) 생물학적 요인

유전적인 폭력성, 간질발작, 뇌졸중, 교통사고로 인한 두부손상, 알코올중독, 약물중독이나 금단상태 등 생물학적인 요인이 원인이 되어 공격적 성향을 증가시키고, 충동을 조절하는 능력에 문제가 초래되는 경우 폭력행동이 증가할 수 있다.

2) 심리적 요인

가정폭력을 휘두르는 남편인 경우 자신이 '강자임을 표현'하려는 의도에서 폭력을 휘두르는 경우가 많으며, 폭력적 성격의 남편이 음주를 매개로 해서 폭력을 휘두르는 경향이 높은 것으로 지적된다.

제콥슨과 가트만(Jachbson & Gottman)은 가정폭력 남편은 코브라형과 맹수형으로 나눌 수 있는데, 폭력을 휘두르는 남자가 어떤 형이냐에 따라 여자가 받는 고통의 정도와 둘 사이의 관계 정리에 큰 차이가 난다고 보았다.

맹수형은 사랑하는 사람에게만 비행을 저지르는데 그것은 지나치게 의존적인 감정과 포기의 두려움 때문이다. 질투심이 지나치게 많은 남편과 남자친구가 대개 맹수형에 속한다. 맹수형은 여자의 일거일동을 살핀다. 여자가 조금만 이상한 언행을 해도 배신감을 느끼며 쉽게 화를 낸다. 더욱이 화가 치밀어 폭력을 휘두를 때는 이성을 곧잘 잃어버린다.

반면 코브라형은 반사회적 이상성격자일 경우가 많다고 한다. 코브라형은 보스가 되어 제멋대로 하고 모든 사람들, 특히 아내와 여자친구가 알아주기를 원하는 병적인 욕구에서 폭력을 저지르게 되며, 때에 따라 감정을 억제할 줄 알기도 한다.

3) 사회적 요인

가부장제 자체가 가정폭력의 직접적 원인이기보다는 왜곡된 가부장적 가족구조가 가족갈등과 가정폭력을 심화시키는 요인으로 작용한다고 보는 입장이다.

아내와 자녀를 자신의 개인 소유물로 보고 이를 용인하는 가부장적 사회구조와 여성에 대한 부정적인 고정관념과 편견이 주된 원인이라 할 수 있다.

또한 사회적으로도 학교에서의 체벌과 가정에서의 아내 구타와 아동학대 등 교육이라는 이름으로, 사랑이라는 미명 아래 폭력을 용인하고 도리어 권장하는 문화 때문에 행해지기도 한다.

연구결과에 따르면 부부권력구조의 유형에 따른 가정폭력 유발비율이 남성우위형인 경우 33%, 여성우위형인 경우 17%, 권력독립형인 경우 16%, 남녀평등형인 경우 12%로 나타나고 있다. 스트레스를 많이 느끼는 가장일수록 가정폭력을 돌발적인 분노 표출방법으로 또는 단기간의 문제해결 수단으로 이용하는 경우가 많은 것으로 조사되었다(http://cafe.naver.com/social86).

개인 심리적 요인 →	• 개인의 열등감, 낮은 자존감, 분노조절능력의 부족, 호르몬 과다분비로 인한 공격성 증가 • 충동조절장애, 반사회적 성격장애, 경계선 성격장애 • 병적 의심과 질투 • 알코올 의존이나 약물의존 등
사회 심리적 요인 →	(1) 사회학습이론 • 타인의 폭력행위를 관찰 모방함으로써 새로운 공격행위의 기술을 습득하고 공격행위에 대해 양심의 가책이나 죄의식 없이 폭력을 사용할 수 있다고 봄 • 어머니가 학대받는 모습을 보고 자라면 모델링 기재를 통하여 아내학대의 희생자와 동질감을 느껴 피해의식에 쌓이거나 폭력을 행사함으로써 학대를 전수할 수 있는 요인이 된다고 봄 (2) 좌절-공격이론 • 목표가 좌절되었을 때 욕구불만의 결과로 폭력이 발생

	한다고 봄 예) 실직한 가장 (3) 교환이론 • 공평의 원리가 깨지면 분노가 일어나 폭력이 발생하게 된다고 봄 예) 가족의 부양을 책임지는 것으로 자신의 할 일을 다했다고 생각하는 남편의 경우 아내의 보상이 기대에 미치지 않을 때 아내 구타를 통해 응분의 대가를 치르도록 함으로써 폭력을 정당화함 (4) 갈등이론 • 부부간의 주도권 다툼 • 배우자 간의 태도, 가치관, 성격 등이 다른 경우 → 갈등 → 그 결과물로 폭력이 발생한다고 봄
사회구조적·문화적 요인 ⇒	• 사회의 불평등, 비민주적 사회구조, 계층 간의 이동의 경직성, 경제적 빈곤과 불안정한 삶 → 좌절감과 절망감 발생 → 가정생활로의 전이 → 폭력 • 폭력을 용인하는 문화

6. 가정폭력의 주기

1) 1단계 - 긴장의 고조 단계

폭력이 시작되는 단계로써 사소한 언쟁이 가끔 일어나며, 상대의 결점을 끄집어내거나 무시, 비난, 음주와 같은 폭력적인 대결의 에고가 행동상의 특징으로 나타나기 시작한다. 남편의 화를 돋우지 않으려고 아내는 친절하게 대하며 변덕스러운 남편의 비위를 맞추려고 애쓰며 노력한다.

이때 아내의 수동적이고 소극적인 태도는 남편의 폭력을 불러일으키기도 하며 더 공격적이고 독점적으로 유도하기도 한다. 아내는 남편의 폭력이 자신에게도 책임이 있다고 생각하고 죄책감을 느끼기도 하며 남편의 행동에 동조한다.

2) 2단계 – 폭력의 발생단계

누적된 긴장감과 갈등이 가속화되어 점차 자제력을 잃으면서 폭력적인 행위로 폭발하게 된다. 아내는 긴장, 불안, 스트레스로 인한 두통, 소화불량, 고혈압 등의 신체적 증상과 우울증에 시달리기도 한다. 폭력이 실제로 시작되었을 때는 자신이 학대당하고 있다는 사실을 깨닫지 못하고 폭력이 끝날 때까지 당하기만 한다. 그 학대가 끝난 후에는 '외상후 스트레스 장애', 또는 '피학대 여성 증후군'의 상태를 겪게 되는데 이때 아내는 무관심, 무기력, 정신적 공황상태에 빠지게 되어 24시간 혼자 있고 싶어 하며 며칠이 지난 뒤에야 의사나 정신건강 전문의를 찾게 된다.

아내학대는 외상적 경험으로써 아내에게 계속적으로 상처를 주고 오랜 기간 동안 반복적으로 계속되고 자신이 선택한 사람으로부터 주어지는 결과이다. 피해 아내의 상당수는 과거에 학대와 유사한 사건에 노출된 적이 있다는 점에서 다른 외상적 경험과는 구별된다고 할 수 있다. 아내는 이웃이나 경찰의 도움을 요청하고 싶지만 더 심한 폭행이 일어날 것을 알기 때문에 오히려 남편에게 충성을 보이기도 한다.

3) 3단계 – 사랑과 화해의 단계(평정한 단계)

남편이 폭력에 대해 용서를 빌고 사과하며 간곡하게 사랑이 넘치는 모습으로 다시는 폭력을 행사하지 않겠다고 도움을 청한다. 남편 역시도 자신에게 다시는 폭행하지 않으리라 주변에 있는 가족이나 친구를 동원해서라도 아내에게 믿음을 갖게 한다. 아내는 남편이 보여주는 모습이 진짜 남편의 마음이라 믿고 다시는 폭력이 일어나지 않기를 바라며 참는다 (http://www.smonestop.or.kr).

단계	내용
긴장의 단계	• 폭력이 시작되는 단계 • 사소한 언쟁이 가끔 일어나며, 무시, 비난, 음주 등의 폭력적 대결의 예고가 나타남 • 아내의 수동적이고 소극적인 태도가 남편의 폭력을 불러일으키기도 함 • 아내는 죄책감을 느끼거나 남편의 행동에 동조하기도 함
폭력 발생단계	• 누적된 긴장감과 갈등이 가속화되어 점차 자제력을 잃으면서 폭력으로 폭발 • 외상후 스트레스 장애, 피학대 여성증후군 • 더 심한 폭행이 일어날까 봐 오히려 남편에게 충성을 보이려 함
평정한 단계	• 남편이 용서를 빌고 다시는 폭력을 하지 않겠다고 약속 • 폭력이 더 이상 발생하지 않을 것을 믿으며 남편을 용서하고 받아들임

7. 가정폭력의 실태

여성부(2008) 조사자료를 보면 과거(1년 전) 부부간의 가정폭력발생률은 60.4%이었고, 정서적 폭력은 68.9%, 신체적 폭력은 21.9%, 경제적 폭력은 6.1%, 방임 31.9%, 성학대 15.6%로 매우 높은 폭력발생률을 보이고 있다. 이처럼 폭력은 일회성에 그치지 않고 지속적으로 반복되는 특성을 갖고 있다. 따라서 인간학습의 많은 부분을 담당하고 있는 가정에서 폭력이 존재한다는 것은 인간의 의식 속 깊이 폭력이 내면화되어 전승되고 있다는 것이다. 김재엽(2006)은 가정폭력을 목격한 아동들은 그들 자신의 정체성 확립, 대인관계 형성 그리고 그들 주변의 것들에 대해서 학습하는 주요한 발달과정상에서 이러한 가정폭력을 경험하게 된다고 한다.

가정폭력을 목격하거나 경험한 자녀들은 부부나 아주 가까운 가족들 사이를 서로 상처를 주고받는 관계라고 인식하게 된다. 또한 여성은 남성에 종속된 관계이고 반대로 남성은 그들의 힘을 신체적으로 드러내는 것, 즉 폭력을 행사하는 사람이라고 인지하게 된다. 그 결과 청소년 시절에는 자신의 문제를 해결하는 방법으로 폭력을 행사하게 되고, 성인이 되어서도 남성다움을 자랑하려는 모습으로 아내를 학대하게 된다(이상균, 2005)고 한다. 이렇듯 가정폭력 피해 경험은 잠재되었다가 자기표현이 가능해지는 청소년기에 증상으로 노출되는데, 특히 그 문제는 학교적응장애, 폭력, 비행, 가출, 외상 후 스트레스장애, 경계선 성격장애 등 정신장애로 표출된다(이은희 외, 2004)고 한다.

이러한 가정폭력의 순환성이나 전파성은 사회적 차원에서 심도 있게 재고되어야 하며, 가정폭력 문제를 사회적 문제로 인식하고, 근본적인 원인을 찾아 합리적인 해결책을 마련해야 한다. 가정폭력을 가족상황에 적용시켜 볼 때, 배우자 학대, 아동학대와 같은 성인에 의한 폭력의 유형이 있다. 또한 부모 홀대나 형제간 다툼과 같은 자녀에 의한 폭력의 유형과 아동과 성인에 의한 노인학대가 있다. 이러한 유형의 폭력은 각각의 특징이 있지만 궁극적으로는 상호영향을 미친다. 그리고 폭력의 발달순환은 한 세대에서 다음 세대에 이르는 공격적 행위의 연속성을 보여준다(변상해, 2007, pp.28-29).

가정폭력 가해자 특성 →

(1) 인구학적 요인
- 폭력과 연령, 교육수준과 폭력의 관계에 대해 일관된 연구결과가 제시되지 않음

(2) 아동기 학대 경험
- 성장과정에서 폭력을 목격하거나 경험한 아동들이 성인이 된 후 자녀가 배우자에게 폭력을 더 많이 사용하는 경향이 있는 것으로 나타남

(3) 정서적 요인
- 일반 남성에 비해 아내에 대한 질투심과 소유욕의 정도가 높음
- 자존감이 낮으며 자신의 삶에 대해 불만족
- 보다 적대적이고 높은 분노수준
- 우울 성향

(4) 여성에 대한 태도 및 성 역할
- 아내의 역할과 임무에 대해 융통성 없는 고정관념

		• 과장된 남성성 (5) 성격 및 정신의학적 특성 • 의존성, 망상, 자기감정으로부터의 해리 • 빈약한 충동통제, 반사회적 경향성, 여성에 대한 적대감 등
가정폭력 피해자 특성	→	• 피해여성증후군(battered women syndrome) -낮은 자존감 -구타관계에 대한 신화를 믿는 것 -전통주의자가 되는 것(전통적 가족가치관과 성 역할의 편견) -구타자의 행동에 대해 책임지는 것 -공포나 분노감을 부인하면서 죄의식으로 고통받는 것 -피동적인 것 같지만 더 이상의 폭력을 피하기 위해 죽는 위험까지를 포함해서 환경을 조작하는 것 -심리 신체적 증상호소와 더불어 심한 스트레스 반응을 갖는 것 -친근감을 갖기 위해 성관계를 이용하는 것 -자신 외에는 누구도 자신의 상태를 해결하지 못한다고 믿는 것

8. 가정폭력에 대한 서비스 현황 및 대책

1) 가정폭력 관련 법률 개정안이 통과되어 법률이 보완되어야 한다

현재 한국여성의 전화연합은 가정폭력 관련 법률 개정안을 통과시키기 위해 노력하고 있다. 개정은 가정의 유지뿐 아니라 가족 개인의 인권을 보장하고, 피해자를 구체적으로 지원할 수 있는 안들이 마련되어 있다. 가정폭력 가해자가 법원의 판결에도 불구하고 피해자에게 접근하거나 폭력이 재발되었을 경우 가중 처벌하도록 하였다. 또한 최근 심각한 문제로 떠오른 경찰의 초기대응 미비를 보완할 수 있고, 피해자의 안정을 보장하기 위해 경찰의 초기대응 능력을 강화하는 안도 마련되어 있다.

2) 가정폭력에 대한 인식의 변화를 위한 다양한 노력이 이루어져야 한다

가정폭력 관련법이 마련된 후 많은 교육과 홍보가 이루어져 왔다. 여성부는 공익광고를 만들기도 하였고 최근 모 방송국에서는 가정폭력을 주제로 한 단막극을 선보이기도 했다. 그러나 "가정 안의 문제는 가정 내에서 풀어야 한다"는 우리의 의식은 지금도 여전해서 폭력을 휘두르는 아버지를 신고한 한 여성을 경찰관이 파렴치범 대하듯 하여 현재 문제가 되고 있는 것을 보아도 알 수가 있다. 가정폭력은 한 인간을 신체적 정신적으로 파괴시키고 인간의 존엄성과 인권을 유린하는 범죄 행위임을 깨닫게 해야 한다. 각급 학교와 기관에서 가정폭력에 대한 교육과 대중매체를 통한 지속적인 홍보가 반드시 필요하다.

3) 가정폭력과 관련된 과학적인 데이터가 마련되고 이에 따른 피해자 지원책이 마련되어야 한다

앞에서 지적한 대로 "가정폭력방지 및 피해자보호에 관한 법률" 제4조에 따르면 국가는 의무로써 제4항의 "가정폭력 실태조사"를 하도록 되어 있다. 이 조항대로 정부는 우리나라의 가정폭력의 실태파악과 피해자들의 지원 대책을 수립해야 한다. 또한 가정폭력에 대한 경찰, 검찰, 법원으로 이어지는 통일된 통계시스템이 마련되어야 한다. 여성부는 가정폭력 피해자에 대한 실질적인 보호를 위해 자녀 동반보호가 가능한 가족단위 보호시설을 신설하고, 이를 지속적으로 확대해 나갈 예정이라고 한다. 이러한 조치들이 여성이나 아동들이 가정폭력을 극복하고 새로운 삶을 계획하는데 큰 역할을 할 것이다(http://blog.peoplepower21.org).

사법적 개입	⇨	• '가정폭력방지 및 피해자보호 등에 관한 법률': 가정폭력예방과 방지를 위한 사업, 상담소의 설치 및 보호시설의 설치·운영 등을 규정 • '가정폭력범죄의 처벌 등에 관한 특례법': 가정폭력범죄의 형사절차에 관한 특례를 정하고 가정폭력범죄를 범한 자에 대하여 교정을 위한 보호처분을 행하도록 하고 있음. 신고의무, 경찰의 응급조치, 검사의 임시조치, 판사의 보호처분 등을 규정

구분	내용
가정폭력상담 서비스	• 가정폭력상담소의 주요 기능 -가정폭력을 신고받거나 이에 관한 상담을 실시하는 일 -가정폭력으로 인하여 정상적인 가정생활 및 사회생활이 어려울 때 의료기관 또는 가정폭력 피해자 보호시설로 인도하는 일 -행위자에 대한 고발 등 법률적인 상황에 관한 자문을 얻기 위하여 관련 기관에 협조와 지원을 요청하는 일 -경찰서 등으로부터 인도받은 피해자를 임시 보호하는 일 -가정폭력의 예방 및 방지에 관한 홍보, 기타 가정폭력 및 피해에 관한 조사·연구 등
가정폭력 피해자 지원서비스	• 가정폭력 및 피해자보호 등에 관한 법률 제18조, 시행령 제6조, 시행규칙 제17조에 근거하여 피해자에 대한 치료 지원 • 대한법률구조공단, 한국가정법률상담소 등에서 무료 법률구조 실시
긴급전화 운영	• 1366: 전화권역별로 365일 24시간 운영
가정폭력 피해자 보호시설 서비스	• 보호 중인 가정폭력 피해자 위주의 상담업무 • 피해자를 일시 보호하는 일 • 피해자의 신체적·정신적 안정, 가정 복귀를 도움 • 입소대상: 가정폭력 피해자나 가족구성원 • 보호기간: 단기보호시설 6월 이내(3월의 범위 내에서 연장 가능) -장기보호시설(외국인보호시설, 장애인보호시설) 2년 이내 -임시보호 3일 이내(필요시 7일까지 연장 가능) -일시보호 2개월 이내
여성폭력 ONE-STOP 지원센터	-피해자 및 그 가정구성원에 대한 전문 상담 -의료 및 수사·재판 등의 법률지원 알선·제공
가정폭력에 대한 대책	(1) 개인적 차원-초기 폭력에 적극적으로 대처해야 함 (2) 가정, 학교, 사회기관 및 대중매체를 통한 교육 (3) 가해자에 대한 처벌 강화 및 피해여성이 생존자로서 삶을 새롭게 꾸려나갈 수 있도록 지원 → 가정폭력 가해자 처벌 규정의 집행력 강화 및 교정 치료프로그램 운영 강화 가정폭력 피해자 상담프로그램의 활성화 및 경제적 자립을 위한 실질적 지원

Chapter 14

여성 불평등 문제와 빈곤 대책

어린 눈이 당신을 보고 있다.

여기 어린 눈이 당신을 지켜본다.
밤이나 낮이나 당신을 지켜보고 있다.

여기 어린 귀가 있어
당신이 하는 모든 말들을 남김없이 듣고 있다.

여기 어린 손이 있어
당신이 하는 모든 일을 따라하고 싶어한다.

그리고 여기 당신처럼 될 날을 꿈꾸는
어린 소년이 있다.
당신을 이 어린 친구의 우상이며
그에게 있어서 당신은 세상에서 가장 지혜로운 사람이다.
그의 어린 마음은 당신에 대한 어떤 의심도 일으키지 않는다.
그는 무조건 당신을 믿으며,
당신이 말하고 행동하는 모든 것을 받아들인다.
그는 당신처럼 어른이 됐을 때
당신이 하던 방식 그대로 말하고 행할 것이다.

여기 당신이 항상 옳다고 믿는
커다란 눈의 어린 친구가 있다.
그의 눈은 언제나 열려 있고
그는 밤이나 낮이나 당신을 지켜본다.
당신은 날마다 당신이 하는 모든 행동 속에서
하나의 본보기가 되고 있다.

어서 어른이 되어 당신처럼 되기를
기다리고 있는 그 어린 소년에게 ……

마음을 열어주는 101가지 이야기 중

1. 여성빈곤문제

흔히 빈곤을 떠올릴 땐 경제적인 어려움을 먼저 떠올리게 된다. 그러나 빈곤의 의미를 경제적인 측면, 즉 소득과 관련하여 보는 것은 한계를 지니고 있다. 빈곤문제의 해결을 위해 '소득의 측정'을 기준으로 하는 해결책들이 시도되어 왔지만 빈곤의 문제를 해결하지 못하고 있는 실정이다. 이는 빈곤의 문제가 단순히 소득의 문제에서 비롯되는 것이 아니라는 것을 보여주는 증거이다. 따라서 빈곤의 다양한 원인들과 현상들에 주목하여 다양한 차원에서 빈곤을 보려는 시도들이 행해지고 있다. 1997년도 유엔개발회의(UNDP)의 인간개발보고서에는 인간빈곤의 개념이 소개되었다. 소득이 전체적인 인간복지의 합산이 아니라면, 소득의 부족으로 전체적인 빈곤을 말할 수 없다는 것이다. 인간 빈곤은 사람이 무엇을 하고, 또 무엇을 가지지 못했는가에 중점을 두지 않는다. 다만 이들이 무엇을 할 수 있고, 가질 수 없는가를 결정하는 것이다. 인간빈곤이란 것은 건강한 삶을 누리기, 정보에 대해서 알기, 적절한 경제적 공급을 받기, 지역사회에 완전하게 참여하기 등과 같은 인간의 삶에 있어서 가장 기본이 되는 능력의 박탈을 의미한다. 이 같은 인간빈곤의 개념을 빌리자면, 빈곤은 인간이 기본적으로 누려야 할 동등한 권리인 인권의 박탈을 의미한다.

따라서 여성빈곤은 여성이 빈곤한 상태에 놓여 있음을 의미한다. 여성빈곤을 보기 위해서는 소득과 소비의 관점으로 빈곤을 보던 것을 넘어서 여성들이 경험하는 사회구조적 불평등 문제를 살펴봐야 한다. 기존의 여성빈곤에 관한 연구들은 계급과 성, 가부장제에 기초를 두고 다양한 영역에서 여성빈곤의 원인과 현상들을 살펴보고 있다. 이는 여성빈곤의 문제가 단순히 물질의 부족이 아닌 다양한 사회구조적 불평등에서 비롯됨을 보여준다.

우선 이혼율의 증가, 비혼 및 비혼모의 증가, 독신가구의 증가로 인한 가족구조의 변화가 빈곤의 여성화와 밀접한 관련이 있다. 거슨(Gerson, 1985)은 초혼연령의 상승이 독신으로 사는 생애주기를 실제적으로 증가시키며 이혼의 증가는 특히 어린아이를 가진 여성의 빈곤에 절대적으로 영향을 미친다고 보았다. 게다가 점점 더 많은 여성들이 법적인 혼인 이외의 다른 가족형태를 선택하기 때문에 재정적으로 불안정해지기 쉽다는 것이다(유정원, 2000).

'정상가족'을 벗어나 다양한 가족형태의 증가는 여성가구주의 증가를 가져온다. 1980년 14.7%, 1990년 15.7%이던 여성가구주의 비율은 경제위기 이후인 2000년 18.5% 증가하였다. 배우자가 무기한 가출한 경우나 배우자가 있지만 실업, 장애, 질병 등으로 경제적 기여가 없는 사실상의 여성가구주까지 포함한다면 여성가구주의 비율은 더 높음을 알 수 있다(한혜경, 2000). 또한 남성보다 높은 여성의 사망연령은 노인여성 인구의 증가로 이어져, 이들이 빈곤층에 들어갈 확률은 더 높아지고 있다. 가부장적 남성부양체계가 확고한 한국에서 여성가구주의 증가는 곧 여성의 빈곤으로 이어지게 된다. 그러나 여성빈곤은 단순히 가족구조의 변화로 인한 여성가구주의 증가에서 원인을 찾는 것을 넘어서 노동시장, 사회복지의 요인들과 함께 고려될 때 의미가 있다.

따라서 대부분의 여성빈곤은 여성가구주를 중심으로 논의되어 왔으며, 소득, 지출, 취업상태, 성 차별적인 노동시장 등 노동시장과 관련되는 요인들에 의해 분석되어 왔다(석재은, 2003; Pressman, 2003).

빈곤의 여성화를 개념으로 처음 제기한 피어스(Pearce, 1978)는 여성빈곤의 원인을 임금차별과 여성직업의 게토화(ghettoization)에서 찾고 있다. 남성은 생계유지자, 여성은 경제의존자라는 가부장적 이데올로기는 여성의 경제활동이 남성의 경제활동에 비해 생계유지에 있어 덜 중요한 것으로 규정짓게 한다. 이는 여성의 낮은 임금으로 이어지는데, 현재 남성 대비 여성의 임금수준은 64.2%이다. 그리고 프레스만(Pressman, 2003)은 노동시장에서 남성가구주와 여성가구주의 차이를 보여주는 것을 통해 여성가구주의 빈곤원인을 분석하고 있다. 여성가구주가 빈곤할 수밖에 없는 원인은 보살핌노동으로 인해 노동시장 참여가 어렵다는 것과 남성가구주와 다른 직종에 근무하는 것, 즉, 임금차이에 있다고 제시한다.

바렛과 맥킨토시(Barrett & McIntosh, 1980)의 가족임금체계(family wage system) 논의는 노동시장에서 여성의 노동권이 얼마나 소외되어 있는지 알 수 있게 해준다. 그들의 논의에 의하면, 가족임금체계는 남성 생계 유지자를 전제로 하는 가족을 유지하기 위한 기초이다. 이는 한 가족 내에서 아내와 자녀의 욕구를 충족시키기에 충분한 임금수입이 있는 남성을 전제하며, 아내인 여성은 보살핌노동을 하며 남성에게 경제적으로 의존하는 성별 분업화된 가족을 가정한다.

그러나 많은 여성들은 다양한 형태의 실제적인 경제활동을 하고 있다. 성별 분업화된 가족은 많은 여성들을 임금노동자와 보살핌의 제공자라는 이중역할(dual role)에 얽매이게 하며 노동시장의 성 분리를 구조화하고 있다. 세바시와 알레(Sarvasy & Allen, 1984)은 이러한 여성의 이중역할이 여성의 빈곤화에 주요한 요소로 작용할 수 있음을 강조한다. 왜냐하면 무급의 보살핌노동을 수행해야 하는 여성은 남성에 비해 유급노동 시간을 단축할 수밖에 없으며, 이는 장기적으로 여성의 취업경력과 소득능력에 영향을 미치기 때문이다.

최근 한국의 연구에서는 경제위기로 인한 여성가구주의 빈곤에 관심이 높다(김현숙, 2002; 박재규, 2003; 옥선화 외, 2001; 한혜경, 2000). 특히 경제위기 이후 여성에게 증가한 실직과 고용불안으로 인한 여성가구주의 빈곤위험은 여타의 빈곤층보다 심각한 것으로 나타나고 있다. 한 가구의 생계를 책임져야 하는 여성가구주의 실업과 실업으로 이어질 수 있는 고용불안은 곧 절대적 빈곤을 의미하기 때문이다.

한편 성별화된 노동시장은 사회복지체계에 그대로 연결된다(송다영, 2003; 정미숙, 2001). 비버리지(Beveridge)식 복지국가의 기반인 '남성 생계부양자, 여성 경제의존자(male breadwinners, Female dependents)'의 모델은 많은 국가에 도입되어 있다. 이렇듯 복지국가의 정책들은 정규직 남성노동자를 중심으로 설계되어 있기에 여성은 복지국가의 기본 이념인 사회적 시민권에서 소외되어 있다. 더군다나 신자유주의적 지구화로 인해 대두되고 있는 여성의 비정규직화는 주로 정규직을 대상으로 하는 사회보험의 소외로 이어져 빈곤을 포함하는 사회적 위험(social risk)에 빠질 가능성을 높게 하고 있다. 또한 보육서비스와 양육수당을 포함하는 모성정책의 미흡함도 여성을 빈곤하게 하는 원인으로 지적된다(Northrop, 1990).

패트만(Pateman, 1988)은 이와 같은 이중적 복지체계(dual welfare)에 대해 이론적으로나 역사적으로 시민권의 핵심범주가 '독립'이었으며, 독립은 남성적인 특성과 능력에 기반하여 구성되어 남성은 '개인', '노동자', '시민'으로서 요구되는 능력을 소유한 자로 간주되는 반면 '의존'은 거의 여성성과 연결되어 복지국가에서 여성의 시민권은 모순에 처해 있다고 지적하였다(정미숙, 2001). 그러나 국가는 여성의 지위에 대해 직접적인 영향을 미칠 수 있는 또 하나의 행위자이기도 하다(여지영, 2002). 따라서 복지국가의 가부장성에 대한 비판을 통해 복지국가가 여성친화성을 갖도록 하는 것은 중요한 전략적 문제로 제기된다(목소희, 2005, pp.9-12).

여성빈곤문제	⇒	• 우리나라는 1960년 초 경제개발을 시작하면서 해외시장 개척을 통한 수출 중심의 불균형 성장정책을 전개해 옴 • 불균형 성장정책은 우리 경제의 양적인 성장을 거듭하여 왔지만 산업구조의 양극화 현상, 노동시장에서의 이중구조도 심화→분배격차 확대 • 1960년대: 소득수준의 하향평준화 • 1960년대 경제개발 시작→1970년대를 거치면서 경제가 양적으로 팽창하는 과정에서 소득분배 격차가 급격히 확대됨 • 1980년대에 경제규모가 중진국 수준에 도달→산업구조의 다양화→산업 간 격차 축소됨 아울러 노동소득의 분배격차도 줄어들기 시작 1970년대까지 확대되었던 소득분배 격차가 1980년대부터 축소되는 모습을 보임 • 1990년대 중반부터 소득분배 격차 확대 -1997년 말의 외환위기, 1998년 뒤이은 경제위기→빈곤문제에 대한 관심이 높아짐 • 사회의식의 서구화→이혼급증 의술 및 의료서비스 발전→평균수명 증가→노령화

2. 소득 변화의 추이

도시가구의 가구당 평균 총소득은 1982~2000년 동안 403만 7천 원에서 2,942만 5천 원으로 연평균(기하평균) 11.6% 증가하였다. 분석기간 동안 도시가구의 소득이 감소한 것은 1998년의 경제위기 기간이 유일하다. 이는 분석기간 동안 연평균 소득 증가율이 11.6%이었지만 경제위기 직전 시기까지는 소득 증가율이 더 높았음을 시사한다. 실제로 1982~1997년의 연평균(기하평균) 소득 증가율은 13.4%로 전체 평균을 1.8%p 상회한다.

1998년에 도시가구의 소득이 감소한 주된 요인은 경기후퇴에 따른 도산 및 실업 급증, 임금 하락 등이다. 전체적으로 도시가구의 평균소득은 12.1% 감소하였으며 가구유형별로는 근로자가구가 12.9%, 자영업자가구가 11.3%로 근로자가구가 조금 더 높았다.

1982~2000년 동안 가구유형별로는 근로자가구의 소득이 191만 1천 원에서 2,848만 3천 원으로 연평균(기하평균) 11.7% 증가하였으며, 자영업자가구의 경우에는 432만 8천 원에서 3,118만 원으로 연평균(기하평균) 11.6% 증가하여 근로자가구의 소득 증가율이 미소하게나마 조금 더 높았다. 이는 경제위기 이후 실업률이 매우 크게 급상승하면서 근로자가구의 소득이 크게 감소하였던 점에 비추어 볼 때 이례적이라고 할 수 있지만 1980년대 후반부터 1990년대 중반에 걸친 극심한 노사갈등과 임금협상의 결과로써 임금이 매우 크게 상승하였던 것과 무관하지 않은 것으로 판단된다.

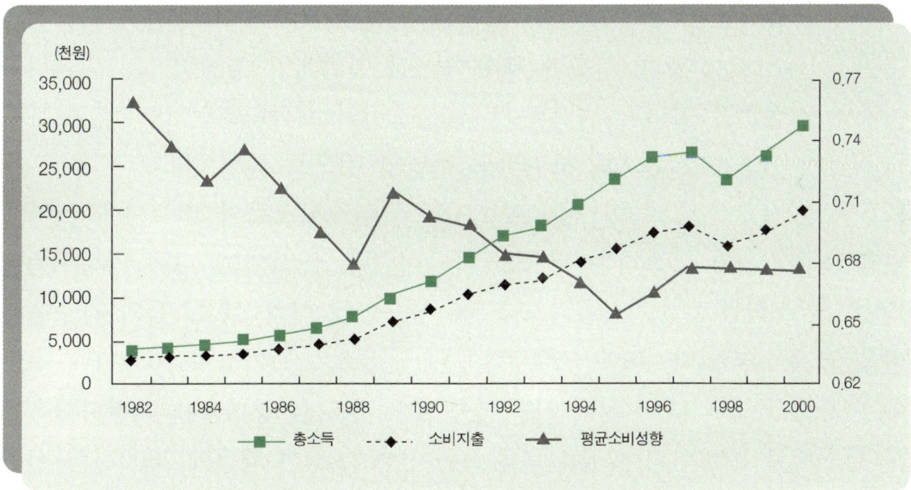

그림 1. 명목소득 및 소비지출의 변화 추이

자료: 성명재(2001). 소득분배 변화 추이와 결정요인 분석: 도시가구를 중심으로. 한국조세연구원 연구보고서, p.46.

1993년을 제외하고는 1986~1995년 동안 전년대비 총소득 증가율이 1982~2000년의 연평균(기하평균) 소득 증가율을 초과하였다. 특히 1989년에는 소득 증가율이 28.5%에 이르러 평균 증가율의 2배를 크게 상회하는 등 1980년대 중반의 3저 호황 이후 소득이 매우 빠르게 증가하였다. 이러한 추세는 외환위기가 시작되기 직전인 1996년까지 지속되었다. 1997년부터 경기가 하강국면에 접어들면서 소득 증가율이 크게 둔화되는 보습을 나타내었으며 1998년에는 12.1% 감소, 1999~2000년에는 각각 11.5%와 12.8% 증가하여 물가를 고려하지 않을 경우 외형상(명목소득)으로는 외환위기 직전 수준에서 벗어난 것으로 나타났다.

실질소득은 명목소득을 물가수준으로 나누면 구할 수 있다. 1995년 기준 소비자물가상승률을 고려한 실질소득은 1982년 769만 원에서 2000년에는 2,421만 3천 원으로 연평균(기하평균) 6.6% 증가하였다. 실질소득은 역시 명목소득이 크게 증가하였던 1980년대 후반~1990년대 중반(1993년 제외) 기간에 걸쳐 매우 빠르게 증가하였다.

그러나 1990년대 후반에 경제위기를 맞이하면서 도시가구의 실질소득은 크게 하락하였다. 1997년 말에 외환위기가 발생하면서 1998년 한 해를 경제위기가 극심하였던 때로 규정할 수 있다. 그런데 1997년에 실질소득이 전년대비 3.1%의 감소율을 기록한 것을 볼 때 실질적인 경제위기는 외환위기 이후의 기간뿐만 아니라 위기의 징후를 보이기 시작하였던 1997년 초부터 1998년에 이르는 기간으로 보더라도 무방할 것으로 해석된다.

1998년에는 실질소득이 전년대비 18.2% 감소함으로써 1997년에 이어 2년째 실질소득이 감소하는 영향을 나타내었다. 1997년에 비해 명목소득이 12.1% 감소하였고 소비자물가도 7.5% 상승함에 따라 실질소득의 감소율은 더욱 크게 나타났다. 1999~2000년에는 실질소득 증가율이 10~11% 정도에 이르렀다. 그러나 이렇게 2년 연속 10% 정도의 증가율을 시현하였음에도 불구하고 1998년의 실질소득 감소율이 매우 컸기 때문에 2000년의 실질소득은 외환위기가 시작된 1997년의 경우와 비슷한 수준인 것으로 보인다(성명재, 2001, pp.45-50).

소득 변화 추이	• 가구당 평균 명목소득(1982년과 2000년) 403만 7천 원에서 2,942만 6천 원(연평균 11.6%씩 증가) • 가구유형별: 근로자가구의 소득 증가율이 12.9%, 자영업 11.3% • 1998년 명목소득: 1997년에 비해 12.1% 감소 1982년부터 경제위기 직전인 1997년까지 연평균 소득 증가율 13.4% • 명목소득을 소비자물가지수로 나누면 실질소득을 구할 수 있음. 도시가구의 실질소득도 1982년부터 2000년까지 연평균 6.6%씩 증가함 • 1990년대 후반 경제위기를 맞이하면서 도시가구 실질소득 하락 명목소득은 경제위기 당시인 1998년에만 감소한 것으로 나타남 실질소득은 1997년 3.1% 감소하였으며 1998년에는 18.2%의 감소율을 기록 • 가계소득 측면 → 이미 1997년에 실질적인 경제위기가 시작됨 • 전반기(1982~1991), 후반기(1991~2000)로 나누어 보면 -명목소득: 전반기 〈 후반기 -실질소득: 전반기 〉 후반기

3. 지니계수의 변화추이

1982~2000년 동안 지니계수(가구기준)는 평균적으로 0.25 내외의 수치를 보이면서 1990년대 중반까지 하락 추세를 보였다. 1982년의 지니계수는 0.287이었으며, 1988년에는 0.269, 1993년에는 0.237로 하락하여 지난 20년간 가장 낮은 수준을 기록하였다. **[그림 2]**의 1982년 이래 1990년대 중반까지 지니계수의 추세선이 음(陰)의 기울기를 가지면서 우향하는 모습을 나타낸 것을 보면 쉽게 이해할 수 있다.

1995년 이후에는 지니계수가 상승 추세로 반전되었다. 특히 1997년과 1998년에는 외환위기에 뒤이은 경제위기로 인해 계층별 소득격차가 급속히 확대되면서 지니계수도 급상승하였다. 1999년에는 경제가 예상보다 빨리 회복되면서 계층별 소득격차도 1998년에 비해 크게 축소되는 모습을 보였다. 경제성장 측면에서 볼 때, 1999년에는 극심한 경제위기에서 벗어나는 양상을 보였던 것처럼, 일면 소득분배 측면에서도 위기상황에서 벌어졌던 극단적인 소득격차의 확대 추세에서 벗어난 것으로 보인다.

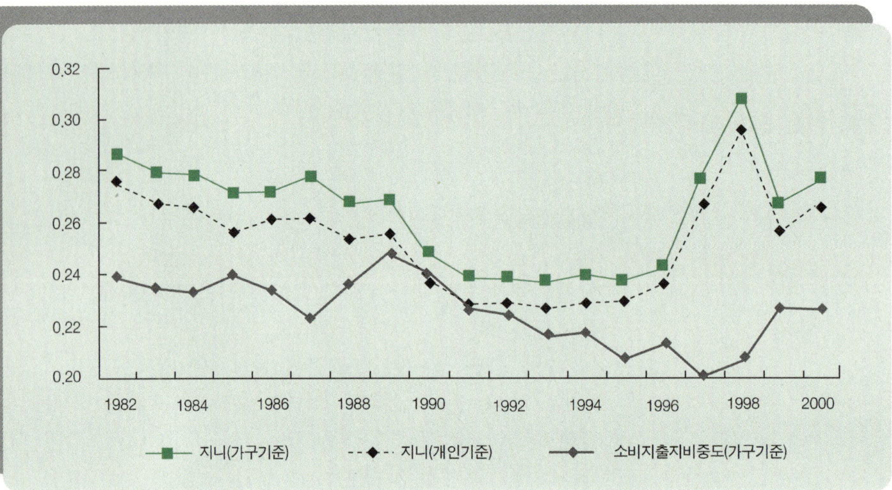

그림 2. 지니계수 및 소비지출집중도 추이

자료: 성명재(2001). 소득분배 변화 추이와 결정요인 분석: 도시가구를 중심으로, 한국조세연구원 연구보고서, p.68.

한편 이는 어디까지나 1998년의 경제위기 상황하에서 일시적으로 급격히 소득격차가 확대되었던 것에 대한 반사작용에 의한 기술적 하락으로 볼 수 있음에 유의할 필요가 있다. 왜냐하면 앞에서 전술하였듯이 1995년 이후 우리나라의 소득분배 격차가 확대되는 추세를 보이기 시작하였기 때문이다. 1998년의 예외적인 상황을 제외한다면 1995년 이래 지니계수의 추세선이 정(正)의 기울기를 가지면서 거의 일직선으로 우상향하는 모습을 보이고 있는 것으로부터 최근에 소득분배 격차가 서서히 확대되고 있음을 유추할 수 있다(성명재, 2001, pp.67-68).

지니계수 변화 추이	• 우리나라 도시가구를 대상으로 총소득 기준 지니계수를 산출해 본 결과 • 1982년: 0.287, 1988년: 0.269, 1993년: 0.237로 추정되는 등 1990년대 중반까지 지속적 하락 추세 • 1995년 이후 상승 추세로 반전, 1996년: 0.243으로 상승 • 1997~1998년 외환·금융위기와 경제위기로 인해 지니계수가 1998년 0.309로 급상승 • 1999년에는 지니계수가 0.266으로 낮아졌지만 2000년에는 0.277로 다시 높아짐 • 1999년에 지니계수가 하락하였지만 소득분배가 근본적으로 축소되었다고 보기는 어려움 • 1998년에 경제가 극단적으로 마이너스 성장을 함에 따라 일시적으로 지니계수가 초과상승 • 1998년을 예외적인 해로 상정한다면 1995년부터 2000년까지 지니계수는 상승 추세로 전환

4. 소득분배 격차의 요인 분석

OECD 국가의 경우 세전 및 이전소득 합산 전 소득단계, 즉 시장소득단계에서의 불평등지수가 우리나라보다 크게 높다는 것이 가장 두드러진 특징이다. 또한 시장소득에 이전소득을 합산하고 소득세와 사회보장기여금 등을 차감한 소득단계, 즉, 가처분소득단계에서의 불평등지수의 값은 크게 하락하는 반면에 우리나라에서는 하락률이 상당히 낮다는 점이 두 번째 특징이다.

먼저 첫 번째 특징과 관련해서는 우리나라를 제외한 나머지 OECD 국가들은 대부분 선진국으로서 실업률이 우리보다 상당히 높다는 점에 한 요인이 있는 것으로 생각된다. 실업자의 상당 부분은 필연적으로 저소득층에 속하게 된다. 따라서 실업률이 우리나라보다 크게 높은 OECD 국가에서는 저소득층이 점유하는 시장소득(세전 및 이전소득 전 소득)의 점유비가 낮게 나타나는 경우가 많다.

우리나라에서는 경제위기 이후 실업률이 크게 높아지기는 하였지만 아직까지는 선진국에 비해 실업률이 낮은 편이다. 물론 경제위기가 시작되기 직전인 1997년에는 우리나라의 실업률이 선진국의 절반에도 미치지 못하는 매우 낮은 수준이었다. 따라서 우리나라가 선진국에 비해 저소득층의 세전소득 점유비가 크게 높을 수밖에 없다. 이는 곧 우리나라의 세전 지니계수가 외국에 비해 필연적으로 낮게 나타날 수밖에 없는 구조적인 차이가 있음에 유의하여야 한다.

그 밖에, 선진국에서는 금융시장 종사자 중 펀드매니저, 의사, 변호사 등을 중심으로 고액연봉자가 상당히 많은 반면에 우리나라는 최근에 이르러 비로소 고액연봉자가 증가하는 추세를 보이고 있다. 이는 곧 선진국의 경우 중산층의 경우에는 소득점유비가 우리나라와 마찬가지로 약 1/3 정도이지만, 고소득층의 소득점유비는 선진국이 우리나라보다 훨씬 높은 반면 저소득층의 소득점유비가 우리보다 크게 낮다는 점에서 근본적인 요인을 찾을 수 있다. 즉, 선진국에서는 하위 30% 계층의 시장소득 점유비가 대부분 5~14% 수준인 반면 우리나라는 13~17%로 우리나라가 훨씬 높다. 반대로 상위 30%의 고소득층에서는 선진국의 시장소득 점유비가 51~60% 정도에 이르지만 우리나라는 46~51% 정도이다. 바로 이러한 것이 세전 및 이전소득 전 지니계수를 비롯한 우리나라의 각종 불평등지수의 값이 선진국보다 크게 미달하는 것으로 나타나게 된 근본적인 요인이다.

우리나라는 지속적인 경제발전을 통해 선진국으로의 진입을 시도하고 있다. 그 과정에서 최근에는 고소득층의 소득이 더 빨리 증가하고 있다. 현재 우리나라의 경우 고소득층의 소득점유비는 선진국에 비해 상당히 낮다. 그러나 고소득층의 빠른 소득증가에 따라 고소득층의 소득 비중이 상승 추세를 보이면서 점차 선진국의 소득분배구조에 접근하는 듯한 경향을 보이는 것으로 조심스럽게 해석할 수 있다. 물론 이 문제는 좀 더 긴 시간을 두고 실증적으로 검증해보아야 할 문제이다. 그렇지만 1980년대를 전후하여 그 이후의 기간 동안 미국, 영국, 일본, 뉴질랜드, 호주, 캐나다 등의 선진국에서는 소득재분배 이전단계, 즉, 시장소득단계에서의 소득분배 격차가 더욱 확대되는 모습을 보이고 있고, 우리나라도 그러한 경향을 보이고 있다는 점에서 개연성을 찾을 수 있을 것으로 보인다. 다만 한 가지 유의해야 할 점은 최근 우리나라의 소득분배 격차 확대 요인에는 경제위기에 기인하는 부분도 있는 만큼 명확한 결론을 유도하기 위해서는 좀 더 긴 시간을 두고 계속 관찰해보아야 할 것으로 판단된다.

두 번째 특징과 관련해서는 먼저 여타 OECD 선진국의 경우 개인소득세나 사회보장비의 GDP 지출 비중이 상당히 높아 대체로 10% 내외의 수치를 보이는 데 반해 우리나라에서는 그 비중이 1997년 통계 각각 3.6%와 1.9%로 매우 낮다는 차이가 있다. 따라서 선진국에서는 소득세와 사회보장기여금 차감 후에 지니계수를 비롯한 각종 불평등지수의 값이 크게 변하지만 우리나라에서는 상대적인 변화율 및 변화의 절대수준이 작을 수밖에 없다. 그 밖에도 우리나라에서는 저소득층의 소득세부담 비중이 선진국에 비해 높다는 점도 불평등지수가 적게 변화하는 또 다른 요인이다. 그러나 우리나라에서 저소득층의 소득세 부담 비중이 선진국보다 높은 것은 우리나라의 실업률이 선진국에 비해 매우 낮기 때문이지 소득세제 자체가 선진국에 비해 더 과중하다는 것과는 전혀 별개임에 주의하여야 한다.

결과적으로 시장소득에 이전소득을 합산하고 소득세와 사회보장기여금 등을 차감하면 선진국의 지니계수 등 불평등지수의 값은 크게 하락하면서 우리나라 수준과 비슷해진다. 이는 소득계층별 가처분소득 비중을 비교해 볼 때 명백해진다. 세전 및 이전소득 차감 전에는 선진국에서의 저소득층의 소득점유비가 우리나라보다 크게 낮았지만 세후 및 이전소득 합산 후에는 저소득층의 소득점유비가 우리나라와 거의 비슷한 수준에 도달하는 것을 볼 수 있다.

그 밖에 우리나라에서는 이미 소득분배구조가 상당히 균등하게 이루어져 있기 때문에 소득세 또는 사회보장기여금의 비중을 크게 확대하더라도 각종 불평등지수의 값이 추가적으로 더 많이 하락하기를 기대하는 것은 매우 어려울 것으로 추측된다.

다시 말해, 우리나라의 경우에는 선진국에 비해 시장소득단계에서부터 소득분배상태가 더 균등하기 때문에 동일한 규모의 사회이전지출이나 사회보장기여금을 확대한다고 할 때 얻을 수 있는 소득재분배 효과는 원천적인 분배격차가 매우 큰 선진국에서 더 크게 나타나는 반면, 원천적으로 소득분배가 덜한 우리나라에서는 그 효과가 작게 나타날 수밖에 없다. 그러므로 소득재분배 정책의 효과 크기를 논함에 있어서는 단순히 사회보장제도의 절대 규모 또는 GDP 대비 비중 등도 매우 중요하지만 그것 못지않게 사회보장제도 적용 전 단계의 원천적인 소득분배 상태, 즉 시장소득단계에서의 소득분배구조에 의해서도 크게 영향을 받는다는 사실을 알아야 한다.

예컨대 우리나라의 경우에는 기본적으로 선진국에 비해 사회보장제도 자체의 규모가 작기 때문에 각종 소득재분배 정책의 효과가 작게 나타난다고 할 수 있으며, 부차적으로는 이미 재분배 전 시장소득단계의 분배상태가 상대적으로 보다 균등한 만큼 더더욱 소득재분배 효과가 작게 나타난다고 할 수 있다. 만약 우리나라에서도 최근 선진국에서 보이는 것처럼 대량실업 상태가 장기화되면서 최저소득층의 소득 비중이 매우 작다고 한다면 비록 지금과 동일한 수준의 사회이전지출 수준을 유지하더라도 상대적으로 소득재분배 효과는 훨씬 더 크게 나타날 것이라는 점에 유의할 필요가 있다(성명재, 2001, pp.76-80).

일반적인 결정요인	→	• OECD 국가의 경우 → 시장소득단계에서의 소득불평등이 우리보다 상당히 높음 • 이러한 특징은 OECD 국가 실업률이 우리나라보다 높기 때문임 상당수의 선진국에서는 실업률이 높아서 저소득층의 시장소득 점유 비중이 상대적으로 낮고 고액연봉자의 비율이 상당히 높아 우리나라와 큰 차이를 보임 • 최근 선진국에서는 경제패러다임이 변하는 시기에 접어듦 → 1980년대 초부터 상당수의 선진국에서 계층별 소득분배 격차가 확대되는 추세 • 다닌저와 스콰이어(Deininger & Squire, 1996; 1998)의 연구: 최근 선진국을 중심으로 경제패러다임이 변화하면서 다시 소득분배 격차가 확대되는 추세를 보인다고 함 • 우리나라는 1990년대 중반 이후부터 이 단계에 진입한 것으로 추정됨 • 선진국은 시장소득단계에서의 소득불평등은 우리보다 높으나 사회이전소득을 합산하고 소득세 등의 직접세를 차감한 가처분 소득단계 → 소득불평등도 축소 • 이유: 사회이전지출과 소득세 비중이 각각 GDP 대비 최소 10% 수준 이상으로 높기 때문임

<table>
<tr><td></td><td></td><td>• 우리나라는 사회이전지출과 소득세 비중이 1997년 각각 3.6%, 1.9%로 선진국에 비해 낮음
• 우리나라의 경우 노령화가 진전되고 그에 따라 국민연금이나 국민기초생활보장제도가 확충되면 상당한 소득재분배 효과가 기대됨
• 우리나라의 소득세 비중은 낮지만 세수 1단위당 소득재분배 효과는 높은 편임
→ 우리나라 소득분배 구조의 특징: 점유비는 낮지만 소득재분배기능은 충실
• 우리나라는 선진국에 비해 소득분배구조가 상당히 균등하게 분포
소득세, 사회보장기금의 비중을 확대하더라도 소득불평등지수 하락은 기대하기 어려움
• 우리나라의 소득불평등도 지수(지니계수 포함)가 선진국보다 낮은 이유
→ 이혼율, 노인인구비, 문맹률 등이 선진국보다 낮음</td></tr>
<tr><td>인구학적 특성의 변화: 이혼율 상승과 인구의 노령화</td><td>→</td><td>• 이혼율과 노인인구비의 상승
• 복지제도의 확충
• 연봉제 확산
• IT 산업발전 등
→ 소득 계층 간 소득 획득 능력의 격차가 확대되면서 점차 소득분배 격차가 선진국형으로 확대될 가능성이 높아짐
-이혼율
1980년대 초 인구 1천 명당 0.5~0.6건
1990년: 1건, 1998년: 2.6건으로 빠르게 증가
-65세 이상 노인인구
1980년 전체 인구 가운데 3.9%, 1990년: 5.3%, 1998년: 6.3%, 2000년: 7.3%
주요 선진국의 65세 이상 노인의 인구비가 약 11~17% 정도로 우리나라의 2배 수준
• 우리나라는 평균 수명연장과 사망률 저하로 노인인구비는 급증하는 추세이고, 출생률은 지속적으로 하락하는 추세임</td></tr>
</table>

5. 여성가구주 및 노인인구 변화가 소득불평등에 미치는 영향

1) 여성가구주

여성이 가구주인 가구의 비중은 비록 속도가 매우 느리기는 하지만 완만하게 상승하는 추세를 보이고 있다. 1980년에는 여성가구주 가구의 비율이 14.7%였는데 지속적으로 증가하여 2000년에는 18.5%에 이르렀다. 특히 여성가구주 가구 가운데 배우자(남편)가 없는 가구의 비중은 1980년대에는 70% 후반이었으나 1990년대에는 80% 초반으로 역시 상승하였다.

편모 또는 편부가정으로서 미성년자를 부양하고 있는 가구의 비중은 1980년에 10.1%였으며 이후 하락 추세를 보여 1995년에는 8.6%로 낮아졌다. 그러나 2000년에는 9.3%로 크게 반전되었다.

여성가구주 가구의 발생원인은 주로 배우자(남편)의 사망, 이혼 등이다. 이 가운데 1980년대의 경우에는 배우자의 사망에 의한 비중이 상당히 높았을 것으로 보인다. 40대 후반 이후의 연령층에서부터 남자 사망률이 급격히 높아지고 있는 것으로부터 간접적으로 유추할 수 있다. 그러나 중년층 이상의 남자 사망률은 점차 하락 추세를 보이고 있어 배우자(남편)의 사망에 의한 여성가구주 가구의 비중은 점차 낮아지고 있는 것으로 추정된다.

반면에 우리나라의 이혼율은 급증 추세를 보이고 있다. 따라서 1990년대에 접어들면서, 특히 1990년대 후반에는 이혼에 의한 여성가구주 가구의 비율이 크게 상승하고 있는 것으로 추정된다. 최근 중년층의 이혼이 크게 증가함에 따라 미성년자를 부양하는 여성가구주 가구도 증가 추세를 보이는 것으로 추정된다.

2000년도 도시가계조사자료를 토대로 한 모의실험에서 여성가구주 가구의 경우에는 ① 가구주가 여성인 가구 전체 ② 가구주가 여성이고 미성년자를 부양하는 가구 ③ 배우자(남편)가 없고 여성이 가구주이며 미성년자를 부양하는 가구의 세 가지 경우에 대하여 분석하였다. 위의 세 가지 경우 모두 무직가구의 경우와 마찬가지로 여성가구주 가구의 비율이 상승할수록 지니계수 또한 상승하는 것으로 나타났다. 이는 여성가구주 가구의 비율이 커질수록 지니계수도 커짐으로써 소득분배 격차를 확대시킴을 의미한다.

여성가구주 가구 비율을 가상적으로 변화시킨 결과 추정된 지니계수를 해당 가구의 비율에 대해 회귀한 결가 지니계수에 대한 민감도는 무직가구의 경우보다 다소 작은 0.0004 정도로 추정되었다. 세 가지 경우 모두 가구비율 1%당 지니계수의 변화율은 가구비율의 절대수준에 관계없이 거의 일정한 것으로 나타났다.

도시가계조사자료를 분석한 결과, 지난 5년간(1995～2000년) 여성가구주의 가구 비율은 13～14% 정도에서 17～18% 수준으로 증가하였다. 이에 따라 2000년 자료를 기준으로 모의실험한 결과를 바탕으로 할 때 가상적인 지니계수는 0.27470(13%의 경우)에서 0.27694(18%의 경우)로 나타나 지니계수가 0.00224지니p 증가하는 효과를 나타내었던 것으로 추정되었다. 이는 1995～2000년간 지니계수의 변화폭(0.03915지니p)을 기준으로 할 때 5.72% 정도에 이르는 수준이다.

배우자가 없는 여성가구주 가구와, 배우자가 없고 미성년자를 부양하는 여성가구주 가구의 경우에는 정확한 통계자료가 없어 지난 5년간 해당 가구의 구성비율이 얼마만큼 변화하였는지에 대해서는 파악할 수 없으나, 가상적으로 그 비율을 각각 7% → 10%, 5% → 7%로 변화시켜 본 결과 지난 5년간의 지니계수의 변화요인 중 배우자가 없는 여성가구주 가구와 배우자가 없으면서 미성년자를 부양하고 있는 여성가구주 가구의 비율이 상승함에 따른 소득분배 격차 확대요인은 각각 전체의 4.34%(= 0.00170 ÷ 0.03915)와 2.22%(= 0.00087 ÷ 0.03915)에 이르는 것으로 추정되었다(성명재, 2001, pp.123-133).

2) 노인가구

우리나라의 65세 이상 노인인구비는 1990년대 중반 5%대 중반이었고 1998년에는 6.3%로 상승하였다. 그리고 불과 2년이 경과한 2000년에는 7.3%로 급상승하였다. 우리나라의 출생률 및 사망률 모두 이미 선진국 수준에 도달하였다.

출생률의 하락은 수년 내 저연령층의 인구비중을 감소시킬 뿐만 아니라, 10~30년 후에는 청·장년 및 중년층의 비율을 상대적으로 하락시킨다. 반면에 노년층의 비중을 상승시킨다. 사망률의 하락을 통한 평균수명의 연장 역시 간접적으로 노인인구 비중의 상승을 가져다준다. 우리나라의 경우 이미 상당히 오래전부터 출생률과 사망률이 하락하였으므로 최근에는 노인인구 비중이 급격히 증가하는 추세를 보인다고 할 수 있다.

노령화가 진전되면서 가구주가 노인인 가구의 비중도 상승 추세를 보이고 있다. 노인가구는 대체로 저소득층에 집중되어 있다. 따라서 노인인구의 증가는 곧 저소득층의 비중이 상승함을 의미한다. 따라서 노인인구 비중의 상승은 소득분배 격차를 확대시킬 개연성이 있음을 시사해준다. 다만 국민연금 수혜자 비율이 빠르게 증가하고 있기 때문에 향후에 노인인구 비중이 증가하더라도 노인들의 저소득층 편입비율이 낮아질 것으로 보인다. 그렇지만 이는 국민연금과 같은 사회이전소득을 합산한 총소득을 기준으로 하였을 경우에 타당한 것임에 유의할 필요가 있다. 국민연금 등의 사회이전소득 수혜 등 사회이전 소득이 크게 증대된다고 하더라도 노인인구 비중이 증가할수록 시장에서 획득하는 소득, 즉, 사회이전소득을 포함하기 이전단계(시장소득 단계)에서의 소득격차는 여전히 확대될 것임이 분명해 보인다.

2000년도 도시가계조사자료를 토대로 한 모의실험에서 보면 노인은 일반적으로 다른 연령층에 비해 경제력이 약하게 나타난다. 이는 노인의 상당수가 은퇴기를 맞아 취업하고 있는 경우가 많지 않을 뿐만 아니라 다른 연령층에 비해 소득원이 작기 때문이다. 물론 노인 가운데에는 상당히 많은 부(富)를 축적한 경우도 있기 때문에 모두를 빈곤층으로 보기는 어렵지만 그러한 경우라고 하더라도 흐름(flow)에 따른 소득수준은 낮은 것이 일반적이다. 그러므로 노인인구의 비중이 상승하면 그만큼 저소득층의 비중이 두터워짐을 의미하며 이는 곧 자연스럽게 소득격차를 확대시킬 개연성이 큼을 의미하게 된다.

연령별 인구구조에 대한 국제비교를 통한 통계를 찾아보면 65세를 기준으로 노인을 분류하는 경우가 많다. 그러나 1997년까지의 도시가계조사자료에서는 가구주를 제외한 나머지 가구 구성원의 연령에 대해서는 구간별로 분류하고 실제의 나이를 밝히지 않고 있는데 그나마 최고연령 구간을 60세를 기준으로 그 이상의 연령을 지닌 가구원 수에 대한 정보만 이용 가능할 뿐, 65세 또는 70세 이상의 가구원 수에 대해서는 알 수 없다. 따라서 노인인구비에 대한 분석은 60세를 기준으로 하는 경우에만 1982~2000년 동안의 모든 자료를 활용할 수 있으며 그 외의 연령, 즉 65세나 70세를 기준으로 하는 경우에는 1998년 이후의 자료에서만 이용 가능할 뿐, 1982~1997년 자료의 경우에는 그러한 분석이 불가능하였다. 1982~1997년 자료의 경우에는 65세 또는 70세를 기준으로 인구비에 대한 분석이 불가능하였으며 대신 노인가구의 비율에 대하여 분석하였다.

도시가계조사자료를 분석해본 결과 60세 이상 노인이 1인 이상 있는 가구의 비중은 1980년대와 1990년대 초반에 걸쳐 13~18%(1984년 제외) 정도였으며 1990년대 중반부터는 그 비중이 상승 추세를 나타내어 2000년에는 약 23%에 이르는 것으로 추정되었다. 가구주의 연령이 65세 이상 또는 70세 이상인 가구의 비중도 상승 추세를 보이고 있다. 이는 노인인구가 점차 증가하고 있다는 것을 시사해주는 것이다.

통계청이 조사한 「인구주택 총조사」자료에 따르면 60세 이상 인구비중은 1980년과 1985년에는 6.1%와 6.8%, 1990년과 1995년에는 7.7%와 9.3%, 2000년에는 11.2%로 상승하여 노인인구의 증가 추세가 가속화되고 있음을 보여주고 있다. 이는 도시가계조사자료에 나타난 현상, 즉 노인인구 비중의 상승 추세가 최근 들어 가속화되고 있다는 것과 일치한다.

1998년 이후의 도시가계조사자료에서는 모든 가구 구성원의 연령을 알 수 있다. 2000년 현재 65세 이상 인구비는 5.2%로 60세 이상의 인구비 8.5%에 비해 작으며, 70세 이상 인구비는 3.1%로 연령 상승에 따른 인구비중 하락세는 상당히 빠른 것으로 판단된다.

통계청 자료에 나타난 65세 이상 인구비는 7.3%인데 도시가계조사자료에 대한 추정치 5.2%와는 2.1%p라는 비교적 근소한 차이를 보였다.

2000년 도시가계조사자료를 기준으로 할 때 60세 이상 인구의 비중은 8.5%이지만 60세 이상 노인이 최소 1인 이상 있는 가구의 비중은 전체의 22.9%에 이른다. 2000년 도시가계조사자료를 토대로 60세 이상의 노인인구비를 가상적으로 변화시켰을 때의 모의실험 결과를 추정하면, 만약 60세 이상 노인의 비중이 두 배 수준(약 17%, 가구 비중으로 환산 시 약 47%) 정도에 이르면 지니계수의 변화(0.27658→0.28749)는 0.01091지니p로 2000년 지니계수 대비 3.9%의 분배격차 확대 효과를 가지는 것으로 나타난다. 이는 다른 경제 여건의 변화가 없다고 하더라도(ceteris paribus) 단지 노령화의 결과 60세 이상 노인인구비가 두 배로 상승하면 계층별 소득격차는 지니계수를 기준으로 약 4% 정도 확대됨을 시사해준다.

지난 1995~2000년 동안의 지니계수 변화(0.23743→0.27658)가 0.03915지니p였음을 참고로 하여 향후 5년간에도 이 정도의 소득격차 확대가 예상된다고 가정하고 또한 이 기간 동안 노령화에 따라 60세 이상 인구비가 8.5%에서 17%로 대폭 상향 조정된다면, 소득격차 확대요인 가운데 노령화에 의한 기여도가 전체의 27.9%(=0.01091지니p÷0.03915지니p)에 이를 정도로 매우 크다고 할 수 있다. 물론 현실에서는 노령화 속도가 이 정도로 빠르지 않지만 최근의 노령화 속도를 감안하면 최소한 향후 5년간의 60세 이상 노인의 인구비는 최소한 2%p 이상 상승할 것으로 보인다. 이 경우에는 노령화에 의한 소득격차 확대 효과는 전체의 약 7% 정도에 이를 것으로 추정된다.

노인인구에 대한 가구비를 기준으로 회귀분석한 결과를 보면 60세 이상 가구주 비율이 1%p 상승할 때 지니계수는 0.004624지니p 정도 상승하는 것으로 추정되었다. 65세 이상 및 70세 이상의 경우에는 0.0005441지니p와 0.0006053지니p로 추정되었다. 이는 연령이 상승할수록 가구비율 1단위당 지니계수의 상승폭이 커짐을 시사해 준다. 또한 고연령층으로 갈수록 고령자 가구의 소득수준이 더 낮아져 저소득층의 비중이 더욱 두터워짐을 간접적으로 시사해준다. 고령자일수록 그만큼 소득 획득이 더 어려워진다는 일반적인 상식에 비추어보더라도 타당한 결론인 것으로 생각된다.

1995~2000년 동안 지니계수는 0.03915지니p 상승하였다. 이 기간 동안 65세 이상 인구비는 5.9%에서 7.3%로 약 20% 정도 상승하였다. 지난 5년간 노인인구비가 약 20% 정도 상승하였다는 전제하에 2000년 자료를 기준으로 추정한 모의실험 결과를 토대로, 60세, 65세, 70세 이상의 노인가구비(노인인구비)가 각각 23%→28%(8.5%→10.4%), 15%→18%(5.1%→6.4%), 10%→12%(3.1%→3.7%)로 변하였다면, 지니계수 변화의 절대기준은 각각 0.00231(0.00231), 0.00167(0.00222), 0.00124(0.00124)지니p씩 상승한 것으로 추정된다. 이는 각각 지난 5년간의 지니계수 변화폭(0.03915지니p)의 5.90%(5.90%),

4.27%(5.67%), 3.17%(3.17%)에 해당된다.

노인인구비 상승에 따른 지니계수의 변화 효과는 기준연령이 높아질수록 점차 작아진다. 이는 인구피라미드의 구조상 노인인구 중 고연령층일수록 구성비가 낮아지는 경향을 보이는 것이 일반적이기 때문에 노인인구비의 변화가 소득분배 구조에 미치는 영향의 절대규모도 고연령층으로 갈수록 낮아지기 때문이다. 우리나라에서도 노령화가 급진전되고 있지만 아직까지는 70세 이상의 노령인구 비중은 선진국에 비해 상당히 낮은 편이다. 따라서 아직까지는 70세 이상의 노인인구 비중 변화에 따른 지니계수의 변화폭은 상대적으로 크지 않다. 그렇지만 추후에 인구의 노령화가 지속되어 70세 이상 인구의 비중도 상당히 높은 수준에 도달하게 된다면 70세 이상의 고령층 비중 상승 시의 지니계수 변화 효과는 그만큼 더 커질 것으로 사료된다.

1980년대를 거쳐 1990년대 중반에 이르는 기간에는 가상적으로 60세 이상 노인가구비를 10%와 30%로 가정하였을 경우의 지니계수 곡선 사이에 실제의 지니계수가 위치하였다. 그러나 1990년대 중반 이후에는 노인인구비가 급상승하면서 지니계수가 점차 60세 이상의 노인가구비를 30%로 가정하였을 경우의 가상적인 지니계수 곡선에 접근하기 시작하는 것을 볼 수 있다.

65세 이상 또는 70세 이상의 노인인구를 기준으로 하였을 경우에도 이와 비슷한 모습을 나타냈다. 다만 60세 이상 노인의 경우 1982~2000년 동안 가구 비중이 17.0%에서 22.9%로 5.9%p 상승한 반면, 65세 이상의 노인가구비는 1.7%에서 15.2%로 13.6%p, 70세 이상 노인가구비는 0.5%에서 10.0%로 9.5%p 상승하였다. 이는 곧 고령층으로 갈수록 노인인구의 비중 증가율이 더욱 커짐을 의미하는바, 상대적으로 고령의 노인인구 비중 상승에 따른 지니계수의 변화가 상대적으로 더 커지는 경향을 보이고 있음을 간접적으로 암시해준다(성명재, 2001, pp.133-146).

여성가구주 가구 비율의 변동에 따른 소득불평등도의 변화	• 이혼율이 증가하면서 여성가구주 가구의 비중도 증가 • 여성가구주 증가요인 -1980년대: 배우자(남편)의 사망 -1990년대: 이혼 • 도시가계조사자료를 분석한 결과 여성가구주 가구의 전체 가구에서의 비율 변화 • 1980년: 14.7%, 1990년: 15.7%, 2000년: 18.5%로 지속적으로 상승 추세 • 배우자가 없는 여성가구주 가구의 비중 • 1980년: 77.8%, 1990년: 82.3%, 2000년: 83.5%로 소폭 상승 추세 • 미성년자를 부양하는 편모 또는 편부가구의 비중 • 1980년: 10.1%, 1995년: 8.6%로 낮아졌으나 2000년: 9.3%로 크게 반전 -이유: 경제위기를 겪으며 자녀를 가진 기혼가정의 이혼이 크게 증가한 것과 관련됨 • 2000년도 도시가계조사자료를 토대로 모의실험을 수행한 결과 • 여성가구주 가구의 비율이 1%p 상승할 때마다 지니계수는 0.0004지니p 정도씩 상승하는 것으로 추정됨 • 6년간(1995년~2000년) 여성가구주 가구의 비율이 13~14% 수준에서 17~18% 수준으로 증가한 것으로 나타남 -가정 1. 2000년 여성가구주 가구의 비율이 1995년과 같은 수준에 머물렀다면 지니계수는 가상적으로 0.27470 수준에 머물렀을 것으로 추정됨 -가정 2. 2000년 여성가구주 가구의 비율이 18%였다면 지니계수는 0.27694로 추정됨 • 지난 6년간 여성가구주 가구의 상승은 지니계수가 0.00224 지니p만큼 상승한 것으로 추정됨
노령화 진전에 따른 소득불평등도의 변화	• 우리나라 65세 이상 노인인구의 비중의 변화 • 1980년: 3.9%, 1990년: 5.0%, 1995년: 5.9%, 2000년: 7.3%로 급상승 추세를 보임 • 일반적으로 노인가구는 저소득층에 집중되어 있는 특징을 가짐 • 국민연금 수혜에 따른 노인가구의 소득증가로 인해 전체적인 총소득 또는 가처분소득의 불평등도는 상대적으로 낮아질 것으로 전망됨 • 국민연금의 수혜범위가 확대되더라도 사회이전소득을 합산하기 이전단계의 시장소득단계에서의 격차는 계속 확대될

것임

- 다만 사회이전소득의 증가에 따라 정부의 재분배정책에 의한 소득재분배 효과는 크게 증대될 것임

나. 모의실험 결과

- 도시가구원자료를 분석하여 모의실험을 수행한 결과
- 60세 이상 노인이 포함된 가구의 비율이 1%p 상승할 때마다 평균적으로 지니계수는 0.0004624지니p 상승하는 것으로 나타남
- 65세 이상: 0.0005441지니p 상승
- 70세 이상: 0.0006053지니p 상승

시사점: 고령자일수록 소득 획득이 어려워지므로 연령이 증가할수록 단위당 빈곤의 강도 증가와 함께 노인층의 연령이 상승할수록 → 소득분배 격차의 확대를 나타내는 지니계수의 변량은 더 커진다.

- 60세 이상 노인인구의 비중이 현재보다 2배 수준에 이르게 되면 지니계수는 2000년도 지니계수를 기준으로 할 때 0.01091지니p 상승하는 것으로 예측됨
- 최근 6년간(1995 ~ 2000) 지니계수가 0.03915지니p 상승한 것에 비춰볼 때 전체의 22.9%에 이를 정도로 노령화에 따른 소득분배의 격차 확대효과가 크다는 것을 시사한다.
- 실업으로 인한 소득격차의 확대 효과가 14.5% 정도로 추정된다고 할 때 노인인구가 현재의 2배 수준으로 증가함에 따라 예상되는 소득분배 격차의 확대 효과가 경제위기로 인해 초래된 실업률 상승에 따른 격차 확대효과보다 훨씬 더 클 수 있다. 따라서 노령화가 소득격차 확대에 가장 큰 영향을 미치는 변수가 될 수 있다.

6. 근로와 복지의 결합을 통한 근로세대 빈곤층 자립지원

복지개념이 과거 소극적 복지의 절대적 빈곤 해소에서 벗어나, 자립을 도와주는 적극적 복지의 생산적 복지 필요성이 중요하게 대두되고 있다. 생산적 복지란 여러 정의가 있지만, 정부가 요수급 계층에게 필요한 급여 제공 및 다양한 서비스 지원을 통해 기초생활보장수급자의 자립자활능력을 배양

하는 것에 주안점을 두어야 할 것이라는 주장에 주목한다.

서울에서 가장 많은 기초생활보장수급자 11,734세대가 거주하는 노원구의 2010년 사회복지 예산은 1,941억 원으로 총 예산 3,985억 원의 49.4%에 달한다. 기초생활보장수급 가정에 생계비, 주거비, 의료비, 교육비, 부가적으로 급식비, 학교운영비 등의 면제, 그 밖에 각종 보육, 간병서비스 등이 필요한 가정에는 무상보육과 간병서비스를 제공하고 있다.

일을 할 수 있는 능력은 있으나 일자리를 구하지 못하는 경우에는 지역자활지원센터에 의뢰해 시장진입형 사업 등에 참여하게 한다. 이들 중 그곳에서 배운 기술을 가지고 자활공동체를 형성해서 창업주가 된 이들도 있다.

이렇게 자립 자활한 사례는 미래세대에 대한 투자라고 할 수 있을 것이다. 빈곤층이 빈곤에서 벗어나려면 매달 지급되는 급여 제공만으로는 어렵다. 보다 적극적인 교육서비스와 그 가정에 필요한 서비스가 이뤄져야 한다.

이러한 복지서비스를 통해 가구 구성원 중에 돌보아야만 하는 어린 자녀, 병상의 노모, 장애를 가진 가족들을 자치단체가 그에 맞는 맞춤서비스를 해줌으로써, 자활·자립할 수 있는 환경을 조성한 것이다. 또한, 대학생 멘토링 사업을 실시하여 사교육을 받지 못하는 저소득 계층의 학생들에게 교육지원을 통하여 형제가 대학에 입학한 사례도 있다.

이렇게 지원하는 이유는 과거 생활보호제도에서는 완전 근로무능력가구에게만 생계급여가 실시되었던 반면, 국민기초생활보장제도에서는 근로능력가구에도 자립자활을 할 수 있도록 보충적 생계급여를 실시하고 있는데, 이는 사회안전망을 설치함으로써 다시금 재기할 수 있도록, 그 자녀들이 가난의 대물림을 하지 않도록 방지하기 위한 정책을 펼치고 있는 것이다.

과거의 생활보호제도와 비교하였을 때 기초생활보장제도는 모든 사람의 최저생계 보장이라는 획기적인 전환을 이루었지만, 반면 근로능력가구의 복지의존성이 높아지고 있어 취업을 위한 노력을 기울이지 않는다는 지적이다. 이에 중요한 정책 포인트는 빈곤의 덫에 머무르지 않도록 하는 장치가 필요하다.

다른 선진 국가에서도 복지의존성의 탈피, 생산적 복지를 통한 자립자활이 빈곤정책에 있어 중요한 화두임에는 틀림없다. 어느 국가나 빈곤층에 대한 복지정책의 실시에 있어 복지의존성을 벗어나도록, 빈곤의 덫에 머무르지 않도록 하고 있다.

지금처럼 근로능력 유무에 관계없이 최저생계비 이하의 가구에 대하여 제공되는 획일적 복지 급여형태에서 대상 선별을 통한 개별 급여방식으로 점차 전환하여 자활자립의 효과를 높일 수 있는 정책이 필요하다.

진정한 자립자활을 위한 무기한적 경제적 지원은 오히려 이들을 정부의 지원망에 머무르기 위해 스스로 날갯짓을 포기하게 만드는 현상을 낳을 수 있다. 다시 말해서, 빈곤층의 자립자활능력을 높이기 위해서는 누군가의 돌봄이 없이는 살 수 없는 근로무능력세대에 대한 지원과, 스스로 살아갈 수 있는 근로능력세대에 대한 지원정책을 다르게 설정해야 하는 것이다.

근로능력세대에 대해서는 현재의 기초생활보장 지원제도에 일정기한의 마지노선을 정해 스스로 살아갈 수 있는 자립자활에 필요한 지원을 해주되, 미국의 사례처럼 수급기한의 설정이 필요하다. 즉 인적자본에 대한 투자를 함으로써 더 나은 미래로의 도약을 위해 노력할 수 있도록 지원해야 한다.(http://sasw.or.kr).

실직 저소득층에 대한 일자리 제공	⇨	• 실업률: 2005년 8월 기준으로 3.6% 비교) OECD 국가의 2004년 평균 실업률 6.9% • 비공식부문 근로자의 규모가 크고 사회보장체계가 충분히 발달하지 못하여 실업자들 일부가 실업통계에 잡히지 않거나 실망실업자의 비율이 높을 수 있음 -공공부문 주도사회서비스 영역 일자리를 창출하는 전략+최저임금 수준의 상향조정 노력 필요
근로빈곤층에 대한 소득지원	⇨	• 저숙련 근로빈곤층에 대한 적절한 소득보장기제 부재 -기초보장 수급자로 지원이 집중되어 있는 의료, 교육, 주거 등 현물지원 혜택 확대를 통한 근로 저소득층의 자립지원 필요 -의료급여는 아동을 중심으로 차상위 저소득층으로 확대, 교육급여도 저소득층으로의 확대가 추진되고 있음 -근로빈곤층에 대한 현금소득지원 프로그램 도입 필요 예) EITC: 일정수준 이하의 저소득층에 대해서 근로의 증가와 함께 급여도 증가하는 설계로서 저숙련 근로빈곤층의 지원에 적합. 저소득층의 근로의욕에 부정적 영향을 주지 않으면서 이들의 소득을 보조하는 효과적인 탈빈곤 정책

기초보장제도와 자활사업의 재정립	• 기초보장제도를 근로빈곤층 지원제도로 확대하는 방안은 생계지원과 근로지원 달성에 어려움 -근로를 할수록 급여가 삭감되는 기초보장제도는 실질빈곤층을 위한 제도로서는 적절한 기능을 할 수 있으나 근로빈곤층 지원을 위한 효과적인 정책이 되기 어려움 → 실직빈곤층에 대한 일자리 제공과 EITC를 통한 취업빈곤층 지원 필요 -자활사업 재정립: 기초 보장제도 조건부 수급자 대상사업에서 소득평가액 130% 이하의 보다 폭넓은 근로저소득층 대상 지원사업으로 확대하려는 논의 진행→취업이나 창업성과보다는 사회적 기업으로서의 경영성과 취약계층 고용성과 기대

7. 저소득층으로의 급여 집중원칙에 따른 노후소득보장제도 재편

국민연금 폐지론이 제기되는 가운데, 국민연금이 과연 정말 필요한 필수적인 제도인가 하는 질문에 우리는 답할 수 있어야 한다. 이 질문에 대한 대답은 국민연금의 존재 의의, 즉 국민연금이 어떠한 역할, 어떠한 사회적 기능을 수행하기를 기대받고 있는가로부터 찾아져야 할 것이다. 다시 말하면, 노후소득보장에 있어 굳이 국가가 나서서 국민연금을 운영해야 하는 필수적인 이유가 있는가를 분명히 짚어볼 필요가 있다.

공적연금은 노후소득상실의 사회적 위험에 대응하여 사회연대에 기반을 두고 소득을 재분배하는 주요 정책수단이다. 공적연금에는 네 가지의 소득재분배 원칙이 작용하는데, 그 **첫째**는 한 개인의 생애 이 시점 간의 불균등한 소득을 균등하게 재배분하는 것이다. **둘째,** 소득재분배는 개인 간에 이루어지는 것으로 노령이라는 불확실한 크기(노령 기간)의 사고위험을 분산하는 보험원리에 입각한 것이다. 즉 개인의 수명에 따라 상이한 노령 기간, 불확실한 장수 위험을 보험원리에 입각하여 보험가입자들이 분산하여 담당해주는 것이다. **셋째,** 소득재분배는 소득이 높은 개인으로부터 소득이 낮은 개인으로 소득이 재분배되는 것이다. 이러한 소득계층 간 소득재분배는 공적연금에서만 보이는 특징이지만, 모든 공적연금에서 소득계층 간 소득재분배가 필수적 요건은 아니다. **넷째**, 소득재분배는 공적연금제도의 고유한 역사성과 연관된 것으로서, 가족단위에서 자녀가 부모를 사적으로 부양하던 것에서 사회적 단위에서 근로세대가 노령세대를 부양하는 사회적 부양 메커니즘으로 출현하게 된 공적연금의 본질을 가장 잘 보여주는 세대 간 재분배이다. 즉 근로세대가 노령세대를 부양함으로써 발생하는 세대 간 재분배이다. 현재의 연금위기는 인구고령화로 이와 같은 세대 간 부양의 균형이 깨질 위기에 직면하게 되었기 때문이다. 감소하는 근로세대가 증가하는 노령세대를 부양하려다 보니 엄청난 부담이 된다는 것이다. 이와 같은 세대 간 재분배 역시 사적연금에서는 찾아볼 수 없는 공적연금의 고유한 특징이지만, 세대 내 소득계층별 재분배와 마찬가지로 세대 간 재분배도 공적연금의 필수적 요건이라고는 할 수 없다.

그럼에도 불구하고 세 번째와 네 번째인 세대 내 소득계층 간 재분배와 세대 간 재분배는 공적연금만의 독특한 요소일 뿐 아니라, 최근 연금개혁을 둘러싸고 나타나는 공적연금 및 사적연금의 역할분담 변화, 노후소득보장에서 국가와 시장의 역할분담 변화, 복지혼합의 지형 변화로 일컬어지는 논의의 핵심에 놓여 있다. 사회연대에 입각한 세대 내 소득재분배와 세대 간 소득재분배가 공적연금이 현재의 위기 속에서도 여전히 중요하게 포기할 수 없는 원칙인가 하는 점, 또한 포기하지 않는다면 세대 내 소득계층 간 재분배 및 세대 간 재분배는 어느 정도로 어떻게 이루어지는 것이 과연 적정한 것인지에 대한 논란이다.

만약 강제적(의무적) 가입이라는 국가규제만으로 사적연금도 갖출 수 있는 생애 이 시점 간 불균등한 소득 재배분의 강제화, 그리고 보험적 성격에 입각한 장수위험의 분산(이조차도 선택적일 수 있지만) 등 첫 번째 및 두 번째 소득재분배만이 필요하다면, 굳이 공적연금의 형태를 고집할 필요가 없을 것이다. 거기에는 국가만이 담당할 수 있는 사회구성원의 연대의식에 입각한 고유한 역할이 없기 때문이다.

따라서 연금개혁을 둘러싼 논의의 핵심쟁점은, 과연 국가가 공적연금이라는 재분배 수단을 활용하여 공적연금만의 고유한 사회연대에 입각한 소득계층 간 재분배 및 세대 간 재분배의 역할을 더 이상 수행하지 않아도 되는가,

민간연금도 수행할 수 있는 생애 이시점간의 소득재분배 및 장수위험의 분산을 국가가 강제화, 의무화하는 것만으로 충분히 노후소득보장의 역할을 수행할 수 있는가라는 쟁점으로 정리될 수 있다. 다시 말하면 현재 연금개혁을 둘러싼 논의는 노후소득보장에서 국가가 규제자로서의 역할만을 수행해도 좋은지, 아니면 국가가 여전히 사회연대에 입각한 재분배 집행자로서의 역할을 수행해야 하는지, 한다면 어떤 기준에서 얼마만큼 수행해야 하는지 등의 노후소득보장에서 국가의 역할을 구체적으로 재규정하는 작업을 필수적으로 요구하고 있다.

이러한 근본적 질문에 대한 대답은 선진국 연금개혁을 깊이 관찰하면 찾아질 수 있다. 선진국 연금개혁의 핵심은 한마디로 노후소득보장에서 국가가 필수적으로 직접 책임지고 챙겨야 하는 부분과 제2선에서 감독자, 규제자로서의 역할을 담당해도 되는 부분을 분명히 구분하는 것이라고 보인다. 이것이 공적보장과 사적보장의 역할 재편으로 나타나고, 관점에 따라 국가 역할의 축소와 시장의 강화로 해석되기도 한다. 그러나 엄밀히 말한다면, 복지국가 황금기에 과대하게 커진 노후소득보장에서의 국가의 역할을 이용가능 자원이 제약되는 고령사회를 맞이하여 노후소득보장에서 국가가 수행해야 하는 필수적 역할과 부차적 역할로 구분하는 과정이 바로 연금개혁을 통해 이루어지는 것이라 할 수 있다.

즉, 선진국의 연금개혁을 통한 공적보장과 사적보장 간의 역할분담 변화의 핵심은 공적보장의 기초보장적(basic security) 성격은 강화하는 한편, 기본욕구 이상의 부분에 대해서는 사적보장의 유연한 대응을 강화하는 방식으로 재편하는 것이다. 그렇게 함으로써 국가의 직접적 책임이 노인의 빈곤방지에 목적을 둔 기초보장에 있음을 명확히 하되, 적정소득 대체에 목적을 둔 기업연금 및 개인연금에 대한 국가의 감독과 규제, 보증의 역할을 강화하는 등 공적보장에서의 국가 역할 축소가 사적보장에서의 국가의 여건 조성자(enabler)로서의 역할로 대체되는 국가 역할 재편이 이루어지고 있다.

이와 같이 선진국 연금개혁의 핵심은 노후소득보장에서 국가의 필수적인 역할을 중심으로 재편해 나가는 것이라 할 수 있다. 즉 현행 연금위기에 직면하여서도 공적연금의 고유한 사회연대에 입각한 재분배를 여전히 유지하고 중요시할 뿐 아니라, 사회 연대적 재분배의 가장 기본전제 조건인 모든 국민이 혜택에서 배제되지 않도록, 특히 취약계층이 배제되지 않도록 노인 기초소득보장 강화를 위한 여러 정책적 조치들을 취하고 있다. 우리나라도 이용가능한 자원이 제약되는 고령사회를 맞이하여 국가가 노후소득보장에서 담당해야 하는 역할의 우선순위를 점검하고, 이에 근거하여 국민연금 개혁방안을 설정하여야 할 것이다(http://blog.peoplepower21.org).

기초보장 사각지대 해소	→	• 저소득 노인가구: 재산액이 적어 재산을 소득 부족을 보완하는 경제적 자원으로 이용할 가능성 적음 → 재산을 소득으로 환산하여 급여를 산정하면 기초보장 사각지대 초래 ∴ 일정 수준까지의 주거용 재산은 소득으로 환산되는 재산에 포함하지 않는 등의 방법 필요 • 부양의무자 기준과 관련 문제점 -부양이 실질적으로 이루어지지 않음에도 불구하고 급여 자격을 상실하는 문제 -2004년 법 개정: 2005년 7월부터 부양의무자의 범위가 직계혈족과 그 배우자에서 1촌 이내의 직계혈족과 그 배우자로 축소 2006년 7월부터는 부양능력 판정 소득기준을 부양의무자 가구 최저생계비의 120%에서 130%로 완화
경로연금의 대폭 확대	→	• 조세를 재원으로 한 무기여연금의 도입: 일정 소득수준 이하의 노인에게 급여를 지급하는 소득 조사형 무기여연금 등의 고려 필요
국민연금의 개혁	→	• 가입기간의 부족으로 급여수준이 낮음: 최저연금제 도입 필요 • 최저연금의 급여수준: 연금가입의 인센티브를 제공할 수 있도록 연금수급권자가 아닌 노인에게도 주어지는 경로연금의 수준보다는 높아야 함 • 연금급여액 증대분의 일부를 소득공제 처리하여 급여감소율을 완화함으로써 최저연금제가 연금기여를 낮추도록 하는 인센티브 완화 방안 • 최저연금제의 도입은 국민연금 내 다른 영역에서의 재정지출의 감소를 전제할 때 실현가능함

8. 여성가구주 지원을 위한 적극적 대책 수립

1) 여성자활후견사업의 확대를 통한 일자리 창출의 강화

여성가구주의 특수성을 고려하여 저소득 여성가구주의 자립과 자활을 전문적으로 지원하는 기관을 정하여 정보의 수집, 상담, 직업훈련 알선, 직업탐색 실시, 직종 개발, 일자리 창출 등의 종합적 업무를 담당하도록 하여 저소득 여성가구주에 대한 체계적인 지원을 하도록 하여야 할 것이다.

여성가구주에 대한 창업지원은 자금지원뿐 아니라 기술 및 경영지원, 작업공간지원, 판로개척지원, 사업의 개발과 육성까지 총괄적 지원과 프로그램이 요구된다. 이에 따라 이러한 역할을 모두 수행할 수 있는 여성특화 창업센터가 조성될 필요가 있을 것이다.

일반적으로 여성가구주에게는 직업훈련 및 취업관련 정보 미흡, 여성자활인구에 대한 서비스 전달체계의 연계성 미흡, 가사문제를 보완해줄 비공식적 지원망의 지원 등이 결여되어 있다. 여성가구주의 특성을 고려할 때, 여성가구주의 자립을 촉진시킬 수 있는 모형은 다음과 같은 포괄적인 모형이 되어야 할 것이다.

국민기초생활보장법이 실시되면서 대개의 모자가정은 생계보호대상이 될 것이며 기존의 모자복지 서비스가 자활서비스의 범주로 통합될 가능성이 높다. 여성의 범주에 상관없이 자활지원 대상이 되는 여성들에게 상담에서부터 직업훈련, 취업알선, 공공근로사업 참여기회 제공, 창업지원 등 원스톱 서비스 창구역할을 수행하는 센터가 운영될 필요가 있다. 기존의 여성회관, 여성인력개발센터 등이 활용될 수도 있고, 사회복지관 등 다양한 주체가 참여할 수도 있다.

종합여성자활지원센터의 운영에서는 기존 노동시장에서 일자리를 찾을 수 없는 취약계층만을 대상으로 하는 것보다 중산층의 유휴 노동력까지 흡수할 수 있는 모델개발이 필요하다. 이를 위해서는 자활센터 간 정보교류는 물론, 자치단체와 지방노동사무소와의 정보교류와 협력조정의 인프라가 준비되어야 한다.

2) 통합적이고 포괄적인 정책 강화를 위한 여성단체의 역할과 지원

저소득 실질여성가구주와 관련된 사업은 주로 여성단체들이 제안한 것이고 그 내용은 재취업 훈련 자활지원, 자녀 보육비 보조, 쌀과 연료지원, 탁아방 및 자조모임 지원, 봄나물 채취 판매 등이었다. 정확한 통계를 파악할 수는 없지만 제안 사업 외에도 결연사업을 통해 지원을 받은 여성가구주는 상당수 될 것으로 보인다.

이러한 여성단체들의 활동은 공공차원의 활동에 비해 규모가 작고, 서비스의 내용이 한정적인 역할을 가지는 것도 사실이지만 정부기관이 할 수 없는 특성을 가진다. 정부프로그램에 대한 보완적 역할, 시범적이고 융통성 있는 프로그램의 시행, 정부활동의 비판과 압력 등이 그것이다(남세진 · 조흥식, 1995).

저소득 여성가구주의 문제는 경제적이고 물질적인 부문에서만 발생하는 것은 아니다(김경희, 1998). 사회적, 가족적, 심리적 차원의 지원을 위해 임상적 혹은 프로그램을 적용하여야 한다. 저소득 여성가구주에 대한 서비스의 통합성을 위해서는 여성단체는 주로 이러한 프로그램을 개발하고 이들을 실직여성가구주에게 적용할 수 있도록 하여야 한다.

여성가구주에 대한 직접적 서비스가 어려운 정부부처에서 실제 여성가구주에 대한 사업을 실시하고 있는 여성단체에 대한 지원을 통해 한부모에 대한 상담, 법률적 지원, 사회복지적 서비스를 제공할 수 있는 지원체계를 만들어가기 위한 기반을 마련해주어야 한다.

여성가구주의 문제는 여성단체의 역할이 매우 중요하다. 이들을 이해하고 이들의 입장에서 문제를 해소하도록 도와주는 여성단체에서 각종 사업을 추진하며 기존의 민간부분단체 등에서도 여성가구주에 대한 프로그램 및 사업을 추진하는 계기를 넓히게 되어 여성가구주의 문제를 사회적 과제의 전면에 부각시키는 과정이 필요하고 그다음에 이들의 문제를 같이 해소할 자조적(self-help) 모임 등이 결성되어 공공부문과 연계, 협력하게 되면 더욱더 커다란 효과들을 기대할 수 있을 것이다. 여성가구주들이 가정적인 아픔과 상처를 깨고 밖으로 나와 서로 정보와 이해의 교감을 할 수 있는 자발적 조직을 결성하여 자체 문제의 해소노력과 자기 권한의 강화(empowerment)의 노력까지 전개해 나가는 것이 필요할 것이다. 규범적인 측면에서는 국가가 기본적인 서비스를 제공하고 민간은 이를 보충하면서 창의적이고 융통성 있게 클라이언트의 욕구를 충족시키는 기능과 역할을 수행해 나가야 할 것이다.

실직여성가구주의 취업이나 자립, 직업훈련 등에 대한 사업을 실시하고 있는 여성단체에 행정은 과감하게 시범사업을 적극적으로 지원하고 이를 평가하여 좋은 모델을 더욱 확산시키도록 하여야 할 것이다. 또 실직여성가구주에 대한 심리상담과 자녀교육 문제 등에 상담 사업들을 민간단체에서 추진하되 좋고 창의적인 사업일 경우 행정에서 적극 지원하여 저소득 여성가정의 자립을 지원하여야 할 것이다(고미경, 2002, pp.21-24).

이혼가정 아동양육비 보장제도	→	• 이혼가정 아동양육비 지원의 공적 집행제도 마련 현행의 사적인 아동양육비 지급제도(private child support system)에 대한 공적인 개입 도입 필요 -수치화된 아동양육비 산정기준 법제화 필요 -지급을 이행치 않을 경우 아동양육비를 원천징수 방안 검토 필요 -선급여제도(advance maintenance benefits): 지급의무자가 지불하지 않는 양육비 액수를 정부가 먼저 지급하고 정부는 지급의무자로부터 지급액을 변제받음
노인 여성가구의 연금수급권 강화	→	• 출산 혹은 육아크레딧 -둘째 자녀부터 출산 시 12개월의 크레딧을 인정하고, 셋째부터는 18개월을 인정하는 법안 검토 → 최소 가입기간 10년 충족을 도와 여성의 연금수급권을 확대시킬 수 있고 가입기간이 증대되어 여성의 급여수준을 높일 수 있음 • 분할연금 -이혼한 자가 배우자였던 자의 노령연금액 중 혼인기간에 해당하는 연금액을 균분하여 지급받는 것 -혼인기간 중 국민연금 보험료 납부기간이 5년 이상이어야 함→ 분할연금의 수급권을 혼인기간 중 형성된 재산과 마찬가지로 취급하여 이혼한 여성이 자신의 노령연금을 받을 경

우 분할연금을 받을 수 있도록 하는 방안이 검토되고 있음

- 국민연금의 유족급여
  - 가입기간 10년 미만자에 대해 기본연금액의 40%, 10~20년 가입자는 51~60%, 20년 이상 가입자에 대해서는 기본연금액의 60%를 제공
  - 근로세대 여성의 경제활동 참가증대를 고려할 때 유족급여의 강화는 여성노인과 아동을 부양하는 여성가구주에게 그 혜택이 집중되도록 해야 함
  - 급여수준을 전반적으로 제고하고 가입기간 10년 미만 자에 대한 과도한 기본급여액 삭감률을 줄여야 함
  - 근로연령기의 소득활동 기간에는 유족연금 지급을 제한하는 방향으로 개선함으로써 유족급여의 혜택이 노후의 여성에게 주어지도록 해야 함

9. 미래가족에 대한 전망

현대사회의 변화는 급속하게 진행되고 있으며 이것은 개인의 가치관의 변화와 가족의 형태 변화를 동반하지 않을 수 없다. 저출산과 고령화라는 사회변화 또한 가족의 형태에 많은 변화를 가져올 수 있다. 그러므로 앞으로 가족이 어떻게 변해갈 것인지 예측하는 것은 미래사회를 준비하는 한 방편이 된다(양정혜, 2006).

우선 다양한 형태의 가족이 출현할 것이며 이것은 가족기능의 변화를 불러올 것이다. 만약 자의든 필연이든 다양한 가족에서 살아가는 사람들이 가족기능 변화에 적응하지 못하면 가족문제가 야기될 것이며 그러한 문제들은 사적문제로만 간주되어서는 안 될 것이다. 최근 대두되고 있는 이혼의 증가, 편부모 가족의 증가, 기러기 아빠의 증가 등의 문제들을 가족복지 정책 차원에서 다루어야 할 필요가 있다.

둘째, 다양한 가족이 출현하는 과정에서 생길 수 있는 법, 제도의 개선이 요구될 것이다. 현재의 법, 제도는 이혼, 재혼, 동성애 가족 등의 남성중심법 제도에서는 인정받기 어려운 실태이므로 이들 가족과 자녀들의 양육 등과

연관된 여러 가지 문제들에 대한 법, 제도의 개정이 활발해질 것이다.

셋째, 개인의 다양성을 존중하고 인정해주는 가족문화를 육성하기 위한 교육적 접근이 필요할 것이다. 교육은 학교와 가정, 사회에서 서로 연관을 가지고 이루어지기 때문에 어느 한 부분에서 활발하게 활동하는 것보다는 자신이 속해 있는 가족과 앞으로 만들어갈 가족에 대한 청사진을 그려보고 변해가는 과정을 인식할 수 있어야 하며, 나 아닌 타인의 가족에 대한 이해의 폭을 넓힐 수 있는 가치관의 확립이 요구될 것이다.

이상에서 보는 바와 같이 현대사회의 가족은 많은 변화가 있었음에도 불구하고 학교교육을 통해서는 그 변화를 적극적으로 반영하지 못하고 있는 실정이다. 학교교육은 가족을 삶의 중요한 주제로 보지만 실질적인 가르침을 주는 것이 사적인 영역에 대한 간섭이 될 수 있다고 보기 때문이다. 다시 말해, '정상가족'에 대한 이미지에 맞추어 가족의 현실을 받아들이려는 개인의 성향과 가족이라는 집단이 각자의 사적인 영역이므로 공적으로 다루지 않으려고 하는 가치관이 팽배하기 때문이다.

최근 출산율 저하와 고령인구의 증가로 인한 인구문제들은 지금까지 가족에 대해 한발 물러서 있던 입장에서 적극적인 개입을 전제로 한 다양한 국가정책들을 만들고 있다. 보건복지부(2006)는 저출산·고령화사회의 기본계획으로 출산과 양육에 대한 책임강화와 일·가정 양립이 가능한 사회시스템 구축, 가족친화·양성평등사회의 조성, 노후복지보장체계 구축, 여성과 고령인력의 활용 등 다양한 계획을 제시하고 있다. 이미 여러 학자들의 가족정책(김경애, 2003)에 대한 제안을 토대로 하고 있으므로 현실에 적용 가능한 구체적인 프로그램으로 도입되어야 할 것이다(박영화, 2010, pp.19-20).

표 9. 한국의 출산율 변화 추이

	1995 ~1959	1970	1980	1985	1990	1995	2000	2001	2002	2003	2004
출산율	6.3	4.53	2.83	1.67	1.59	1.65	1.47	1.30	1.17	1.19	1.16

한국가족의 변화추세	→	(1) 한국 전통가족의 가족특성 • 17세기 이후 조선 중기 남성 중심적 가부장적 가족 실질적 정착 → 일제식민시대: 전통가족주의에 대한 비판 제기 → -소가족주의의 적합성 -애정의 단위로서의 가족에 대한 규정 -효 중심 및 부계 성을 중심으로 한 혈연공동체로서의 가족개념에 대한 비판 → 광복 후 60년대의 경제성장 및 근대화계획이 추진되는 동안 개인의 이익과 사생활을 희생하도록 하는 가족주의 정서를 기업문화로까지 확대-'한국적 근대화' 추진 → 1970년대 중반 이후 서구 페미니즘 유입, 민주화 운동 정착, 평등주의와 개인주의 대체 시작 → 1990년대부터 가부장적 가치관, 집단적 영향적 쇠퇴 -가족의 내용과 모습이 다양해짐
가족규모의 축소	→	• 정부의 출산 억제정책 1996년 폐지 → 그 이후로도 출산율 지속적 저하, 2002년 이후 비슷하게 낮은 수준에 머물고 있음 • 이상적인 자녀의 수: 2000년대 2.2명 비교) 1980년대 후반 2.0명 → 저출산 현상이 부모가 되고자 하는 동기 자체가 감소한 것은 아님
가족세대의 단순화	→	• 이농향도 현상 부양의식 약화 노인세대의 사고방식 변화 → 노부모세대와 동거하는 기혼자녀의 비율 감소 • 시계열적 분석: 가족주기상 핵가족과 확대가족 반복적 경험 예) 결혼 후 일정기간 동거 후 분가 → 자녀출산 후 합가 손자녀 성장 후 분가 → 노부모가 의존적이 되는 시기에 합가 분가하더라도 완전한 독립적 핵가족이 아니라 수시로 접촉하는 수정 확대가족의 특성을 지님

가족형태의 다양화	→	(1) 독신: 현재 법적인 배우자가 없는 비혼상태의 가족을 모두 포괄 미혼, 사별 및 이혼한 상태뿐 아니라 혼외동거 모두 포함 • 독신의 형태 -미혼: 결혼적령기의 개념 만혼 경향→20, 30대의 미혼비율 큰 폭 증가 -혼외동거: 독신생활의 자유로움+결혼생활의 상호의존적인 안정감 절충 형태 -한부모가족: 사별로 인한 비율 감소, 혼외임신과 이혼으로 인한 한부모가족 비율 증가 (2) 1세대 가족 • 현실적 여건에 의해 일정기간 임신과 출산 결정 유보 • 자발적 무자녀 부부도 고학력의 젊은 맞벌이 부부들 사이에서 점차 증가 • 양 배우자가 모두 생존해 있고, 경제적 여유가 있는 경우 노부부들 역시 독립적인 생활을 원하기도 하나 비자발적인 노인가족의 증가 추세도 계속되고 있음
가족 결합 형태의 다양화	→	• 연상녀-연하남 부부 • 재혼가족 • 국제결혼가족 • 동성애 가족 • 공동체 가족 및 비혈연 가족
가족생활 양식의 다양화	→	• 친족 범위의 변화 및 유대 약화 • 부부간 역할분담의 다양화 • 가족주기의 변화 • 별거가족의 증가 및 다양화
가족기능의 변화	→	(1) 경제 공동체의 기능 • 재택근무가 활성화로 가정과 일터 통합될 가능성→가족의 생산+소비의 기능 회복 (2) 성생활과 출산 통제기능의 변화 • 오늘날 성은 출산을 위한 도구로써 보다 부부간의 정서적 친밀감을 표현하는 수단으로 받아들여짐 (3) 노인부양기능 약화: 사회적 안전망의 구축 필요

(4) 자녀양육기능 강화: 출산감소와 소자녀양육부담 증가 병행

(5) 사회화 기능의 혼란 및 왜곡
- 다원화한 대중매체와 인터넷 및 잡지 등 범람하는 정보
- 교육현장의 치열한 생존경쟁과 입시 및 교육제도

(6) 계층재생산 기능 강화
양질의 교육기회 균등 배분으로 개별가족의 계층에 상관없이 인적자원의 효율성을 극대화할 수 있는 방안을 찾아야 함

10. 한국가족의 변화에 대한 이론적 측면

현재 우리는 급격한 사회변화로 인한 흔들리는 가족제도 속에 살고 있다. 이것은 출산율의 급격한 감소, 고령화사회로의 빠른 진입, 이혼율의 급증으로 인한 가족해체, 젊은층의 결혼 기피로 인한 탈가족화 등에 기인한 것이다. 기존 가족제도의 붕괴현상을 문제로 볼 것인지, 기회로 볼 것인지에 따라 변화의 원인에 대한 진단과 대처방식은 크게 달라질 것이다. 이러한 시점에서 현재 가족이 경험하고 있는 변화를 어떻게 볼 것인가에 대한 성찰을 해보는 것은 의미 있는 일이라 하겠다.

먼저, 최근 한국가족의 변화 양상에 대해 알아보면, **첫째,** 가족유형의 변화를 들 수 있다. 기존의 전통사회에서의 가족은 부계 혈족 중심의 친족을 포함하는 확대가족 형태를 이루었으나, 산업화와 도시화가 이루어지면서 소규모의 핵가족이 절대 다수를 차지하게 되었다. 그러나 친족 간의 유대는 가정에서 여전히 중요시되고 있다는 점에서, 외형적 형태는 핵가족이나 내부적으로는 여전히 확대가족적인 속성이 유지되고 있다고 볼 수 있다.

둘째, 가족기능이 변화되고 있다. 현대가족의 기능은 과거 가족이 담당했던 정치, 경제, 종교, 문화, 복지 등 여러 기능을 사회로 이전하고 사회의 다른 제도나 기관이 대신할 수 없는 기능만을 갖게 되었다. 대표적으로, 현대가족은 개인에게 지속적이고 안정적인 심리적·사회적 유대를 제공하고 다

음 세대인 자녀를 양육하고 사회화하는 기능을 갖는다.

셋째, 가족가치관 및 가족관계가 변화하였다. 가족가치관에서는 우선 반드시 결혼을 해야 한다는 보편혼주의가 급속히 퇴조하였다. 이러한 가치관은 남성에 비해 여성에게서 두드러지게 나타나는데, 이것은 기존의 결혼생활이 여성에게 더욱 부담이 되고 있다는 것을 의미한다. 그리고 가족의 유지는 가족구성원 각자의 발전과 만족이 가능할 때에만 가치가 있고, 만약 가족생활을 통한 개인적 욕구의 충족과 발달이 불가능하다면 굳이 가족을 유지할 필요가 없다는 인식이 확산되고 있다. 또, 부부간의 관계는 성별 분업에 기초한 역할 중심에서 정서적 만족을 추구하는 관계 중심으로 변화되고 있다. 부모-자녀 간 관계는 평등한 수평관계 또는 자녀의 양육과 교육에 다른 가족관계가 종속되는 역수직 관계가 나타나는 것을 볼 수 있다(http://kr.yahoo.com).

전기 구조기능론: 가족은 쇠퇴하고 있다 →	• 혼전 성관계의 증가로 인한 미혼모 증가와 빈곤문제 • 낙태권을 둘러싼 출산 통제와 저출산 • 맞벌이 가족의 자녀양육과 노인부양 문제 • 이혼율 증가로 인한 가족의 불안정성 • 빈곤의 여성화 및 노인 단독가구 문제 -가족제도의 기존 역할을 충족시키지 못해 사회 전체에 대한 부담 증가 가족은 쇠퇴하고 있다고 봄
갈등론: 가족은 발전하고 있다 →	• 서로 자유롭게 의사소통하며 성과 일상생활에서 친밀함을 공유함으로써 얻는 행복에서 가족의 가치를 발견하려는 경향 증가 • 개개인이 행복한 삶을 누리기 위한 자율적이고 주체적인 관계로 본다면 가족은 오히려 발전하고 있다고 봄
후기 구조기능론: 가족은 사회변화에 맞춰서 적응해 가고 있다 →	• 정서적 유대에 기초한 우애적 가족의 불안정성과 정서적 상호의존에 대한 가족성원들의 기대가 높아짐 → 객관적인 가족기능 자체가 쇠퇴한 것은 아니라고 봄 • 현대사회에서 개인주의 성향이 발달하고, 가족 역할을 대체·지원하는 국가기능 발달 → 가족기능을 가족 밖으로 양도하는 것은 사회변화에 맞추어 적응해 가고 있는 것이라고 봄

Chapter
15

가족법

1. 가족법의 개념
2. 가족법의 변천
3. 개정가족법 내용

인간 내면 심리의 10가지 유형

1. 유행에 민감한 사람: 인정받고 싶은 사람.
2. 썰렁 개그를 연발하는 사람: 주목받고 싶은 사람.
3. 중얼중얼 혼잣말을 잘하는 사람: 말을 잘 못 하는 사람.
4. 대단해, 예뻐, 귀여워를 반복하는 사람: 사랑이 필요한 사람.
5. 험담이나 뒷담화에 능한 사람: 칭찬받고 싶은 사람.
6. 책상 위가 늘 어지러운 사람: 지나치게 사람 좋은 사람.
7. 형식을 앞세우는 사람: 강박관념을 갖고 일하는 사람.
8. 걸핏하면 대드는 사람: 마음 약한 사람.
9. 다른 사람과의 관계에서 늘 사고치는 사람: 상처 치유가 안 된 사람.
10. 불평불만이 지나치게 많은 사람: 자기만족이 없는 사람.

1. 가족법의 개념

일반적으로 민법 제4편 친족법(親族法)과 제5편 상속법을 통칭하여 가족법이라 부른다. 이 중 친족법은 친족의 정의(定義)와 범위 등을 규율하는 좁은 의미의 친족법, 호주와 가족관계를 규율하는 좁은 의미의 가족법 · 혼인법 · 친자법(親子法) · 후견법 · 부양법 · 호주승계법 등으로 구성된다. 상속법은 재산상속 · 유언 · 유류분(遺留分)에 관하여 규정한다.

종래 한국의 가족법은 부계 중심의 가부장제 가족제도의 원리에 근거하고 있었기 때문에 개인의 존엄과 양성평등(兩性平等)의 원칙에 위배되는 규정들이 많았다. 따라서 1960년 가족법 시행 이래 개정논의가 부단히 계속되었고, 1977년 12월 혼인법 · 친자법 · 상속법 등에서 몇 개의 조문이 개정 또는 신설되는 부분적 개정이 이루어졌으며, 1989년 12월 비로소 대폭적인 개정이 단행되었으나, 가족법의 근간이 되었던 호주제도와 동성동본불혼제도는 존치되었다.

다만, 호주제도를 강제상속에서 임의적 승계제도로 개정함으로써 명목상의 제도로 그 성격을 바꾸었고, 상속법이 아닌 친족법에 규정하는 형식을 취하였다. 이 밖에 친족 범위의 부모계(父母系) 평등(777조), 혼인법에서 생활비의 부부 공동부담(833조), 재산분할제도(839조의 2)와 면접교섭권(837조의 2)의 신설, 친자법에서 친권의 실질적인 부모 공동행사, 이혼모에 대한 친권 인정(909조), 상속법에서 공동상속인 간의 상속분의 균등(1009조 1항), 부부간의 상속순위와 상속분의 평등(1003조 1항, 1009조 2항), 기여분제도(1009조의 2)와 특별연고자에 대한 분여제도(分與制度)(1057조의 2) 등을 신설하였다.

또, 2000년 10월의 민법 개정안에서는 동성동본불혼제를 규정하고 있던 민법 제809조를 폐지하고, 친부 확인을 위해 남편과 이혼 또는 사별한 여성에 대하여 6개월간 재혼을 금지한 조항도 폐지하였다. 이로써 한국의 가족법은 미흡한 대로 부모평등 · 부부평등 · 남녀평등 이념의 실현에 기여할 수 있는 현대적인 가족법으로 접근하게 되었다(http://cafe.naver.com/social86).

가족법 개념	• 민법 제4편 친족법: -친족의 정의와 범위 등을 규율하는 좁은 의미의 친족법 -호주와 가족관계를 규율하는 좁은 의미의 가족법 · 혼인법 · 친자법 · 후견법 · 부양법 · 호주승계법 등 • 제5편 상속법: 재산상속 · 유언 · 유류분(遺留分)에 관하여 규정

2. 가족법의 변천

1960. 01. 01 가족법 제정 과정

정부원안에는 "(1) 동성동본인 혈족 사이에는 혼인하지 못한다. 그러나 조선(祖先)의 계통이 분명하지 아니한 경우에는 그러하지 아니하다. (2) 남계혈족의 배우자, 부(夫)의 혈족 및 기타 4촌 이내의 인척이거나 이러한 인척이었던 자 사이에는 혼인하지 못한다"라고 되어 있었다. 그러나 국회법제사법위원회에서는 동성불혼의 관습법을 폐지한다는 친족상속편 심의요강 제12항의 취지에 의거하여 다음과 같은 수정안을 제출하게 되었다. "(1) 다음 각호에 해당하는 자와는 혼인하지 못한다. 그러나 입양으로 인하여 제2호 내지 제4호의 친족관계가 발생한 때에는 그러하지 아니하다. 1. 직계혈족과 직계인척, 2. 8촌 이내의 방계부계혈족, 3. 4촌 이내의 모계혈족, 4. 8촌 이내의 부족(夫族)인척, (2) 전항 각호에 해당하는 자와는 그 관계가 종료한 후라도 혼인하지 못한다"고 하였다. 이에 유림을 중심으로 격렬한 반대가 있었고, 이승만 대통령의 반대내용의 유시까지 발표하였다. 또한 공청회에서 찬반론이 전개되었으나 국회본회의 심의과정에서 발의자 대부분이 이 원칙을 폐지하는데 반대하였다. 특히 권오종 의원이 제안 설명에서 조상이 불명한 경우를 허용한 단서는 악용될 우려가 있다면서 미풍양속의 전통을 살리기 위해서는 단서가 삭제되어야 한다고 주장하였고, 동성동본의 금혼을 찬성하는 대세 속에서 이 주장이 받아들여졌고, 정부원안의 4촌 이내의 인척에서 8촌 이내의 인척으로 확대되어 수정안이 부결되고 현행 민법 제809조가 법률로 제정되어 1957년 12월 5일 국회를 통과하였다. 그리하여 1958

년 공포되어 1960년 1월 1일부터 시행되고 있다.

1962 개정건의 여성문제연구회가 중심이 되어 국가재건최고회의에 가족법의 전면개정을 건의

1973 범여성 가족법개정 추진위원회 결성 개정안 마련

1974년부터 호주제 폐지를 위한 민법개정이 거론되었으나, 일부만 개정됨

1975 언론기관 주최 가족법 공청회 개최

1975. 04. 09 민법 중 개정법률안 여성국회의원들 발의로 국회제출 개정안 내용

1. 동성동본 불혼제 폐지
2. 부계 8촌, 모계 4촌 이내의 혼인을 금지하고 이를 무효로 한다.
3. 직계인척이거나 또는 인척이었던 자 사이에는 혼인을 금지하고 이를 무효로 한다.

1975. 09 유림 한국가족제도 수호위원회 결성

1977 한국가정법률상담소에서 동성동본 혼인문제 신고센터 설치

1977. 11 정대철 국회의원 소개로 동성동본불혼제도 개정을 위한 청원서를 국회에 제출

1977. 12 15 809조는 개정되지 않고 1차 특례법 제정-이도환 의원 외 52인 발의(원안의결)

(법률 제3052호 1977. 12. 31. 공포) 혼인신고 건수-4,577건 구제된 자녀 수-27만 명

1983. 09 전국여성대회에서 각계에 가족법 개정건의

1984. 06 UN 여성차별철폐협약에 서명

1984. 07 [가족법개정을 위한 여성연합회]가 가족법개정을 위한 100만인 서명 운동을 전개하자 유림 측에서 동성동본금혼법 및 호주제도 수호궐기대회를 열고 결의문과 성토문을 채택

1986. 11. 18 의원입법으로 가족법 개정안 국회제출(금혼범위 부 · 모계 12촌 이내).

<개정안 내용>

(1) 다음 각호의 1에 해당하는 자는 혼인하지 못한다.

1. 12촌 이내의 부계혈족 간
2. 12촌 이내의 모계혈족 간
3. 직계인척 간

(2) 직계인척이었거나 또는 양친족이었던 자 사이에는 혼인하지 못한다.

1986. 12. 01 5,000명의 유림들이 국회의사당 앞에서 "가족법개정 결사반대" 시위

1987. 11. 28 2차 혼인에 관한 특례법(법률 제3971호) 제정
- 1987. 10. 13 이철 의원 외 69인 발의(대안제출로 인한 폐기)
- 1987. 10. 15 한양순, 김현자, 김영정, 김장숙, 양경자 의원 외 17인 발 의(대안제출로 인한 폐기)
- 1987. 10. 29 법제사법위원회에서 제출한 대안 의결됨

1988 1년 동안 시행되어 혼인신고 12,443건 접수, 개정안은 12대 국회임기 만료로 자동폐기

1988. 11. 07 가족법 개정안 제출

1989 한국가정법률상담소가 토론회주최-이 토론회에서는 의원들의 인식부족과 유림들에게 겁을 먹는 것이 최대 장애로 지적

1989. 12. 19 가족법 개정 그러나 호주제도가 호주승계로 약화되는 등 대대적인 개편이 있었으나 동성동본금혼법은 개정에서 제외. 더구나 새 민법하에서 금혼규정은 존속되고, 혈족의 범위에서 부계와 모계의 차별을 없애 모계 쪽의 친족범위가 8촌으로 늘어나 금혼범위가 더 확대되었다(1991.1.1.시행)

1990 한국가정법률상담소에서 동성동본 금혼피해자 센터 개설, 1995년 5월까지 1,500건의 신고접수

1991 금혼제 폐지를 위한 청원서 제출과 함께 국회여성특별위원회를 통해서 개정운동 전개

1991 유림 측 "개정가족법과 동성동본금혼법에 관한 우리의 주장"에서 금혼법 폐지주장에 대한 반박

1991. 08 동성동본 피해자 모임 결성(20여 쌍)

1994 국회에 청원서 제출

1994. 10 대법원이 전국 법관들의 견해를 수렴한 결과 대부분의 판사들은

"혼인금지 범위를 부계 모계 모두 8촌 또는 10촌 이내로 하는 것이 타당" 하다는 의견 제시

1995. 04 동성동본부부들 중 8쌍이 서울가정법원에 관악구청장을 상대로 동성동본 혼인 불수리처분에 대한 불복신청서 제출

1995. 05. 19 서울가정법원에서 헌법재판소에 위헌심판 제청

1995 후반기 국회에 한시법으로라도 제정토록 청원

1995. 11. 17 3차 특례법 통과

1995년 10월 30일 이우정 · 강선영 · 주양자 · 정옥순 · 강부자 · 문희상 · 김원웅 · 현경자 의원 외 48인 발의(원안의결)

1995. 12. 6. 혼인에 관한 특례법(법률 제5013호) 혼인신고 27,807건

1995. 12. 06 호적법 개정

1996. 06. 13 헌법재판소에서 공개변론

1997. 07. 16 헌법재판소에서 동성동본금혼조항 헌법불합치 판결

1. 민법 제809조 제1항(1958. 2, 22. 법률 제471호로 제정된 것)은 헌법에 합치 되지 아니한다.
2. 위 법률조항은 입법자가 1998. 12. 31.까지 개정하지 아니하면 1999. 1. 1. 그 효력을 상실한다. 법원 기타 국가기관 및 지방자치단체는 입법자가 개정할 때까지 위 법률조항의 적용을 중지하여야 한다.

1998. 07. 20 법무부 가족법 개정법률(안) 입법예고

1998. 11. 16 법무부 민법개정안 국회 제출

1999. 03. 11 국회법사위원회 공청회 개최

1999. 2001 UN 인권규약 감시기구에서 우리 정부에 호주제 폐지를 권고

1999. 12. 17 국회법사위원회 금혼조항과 여성의 재혼금지기간은 현행대로 유지하고, 친양자제와 한정승인제 등 일부 수정한 수정안 통과

1999. 12. 21 여야총무단에서 민법개정안 국회 본회의 상정 유보 합의

2000. 05. 29 개정안은 15대 국회임기만료로 자동폐기

2000. 06. 13 법무부 가족법 개정법률(안) 입법예고

2000. 10. 04 동성동본 금혼제도 폐지-국무회의 의결

2000. 10. 16 법무부 민법개정안 국회 제출

동성동본금혼제폐지, 8촌 이내의 혈족금혼, 여성의 재혼금지기간 삭제, 친 생부인제(사유를 안 날로부터 1년 이내), 친양자제 신설, 한정승인, 부양상속분제도 등

2000. 11. 27 의원발의(최영희 의원 등 20인) 민법개정안 국회 제출
동성동본금혼제폐지, 8촌 이내의 혈족금혼, 여성의 재혼금지기간 삭제, 친생부인제(사유를 안 날로부터 2년 이내), 친양자제 신설(1년간 시험양육기간), 한정승인, 부양상속분제도 등

2001, 2003년 서울지방법원 북부지원과 서부지원에서 호주제에 대해 위헌법률심판을 제청

2001. 06. 21 의원발의(안영근 의원 등 23인) 민법개정안 국회 제출
재혼 시 자녀 성본의 변경과 입적, 직계비속 배우자의 동의로 입적 등

2001. 12. 18 국회법사위원회 수정발의-상정된 민법개정안 중에서 모든 조항 보류하고, 한정승인과 상속회복청구권 등만 위원회 안으로 수정발의

2002. 03. 07 국회법사위원회 공청회 개최
동성동본금혼규정의 정비, 친양자제도의 도입, 친생부인의 소의 원고적격과 제척기간에 대한 정비, 부양상속분제도, 여성의 재혼금지기간의 정비 등에 관한 공청회

2002. 12 제16대 대통령 선거 시 호주제 폐지 공약(노무현 대통령후보)

2003. 02 대통령직인수위원회에서 호주제 폐지를 위한 특별대책기구 설치 필요성에 대해 대통령 당선자에게 보고

2003. 03 국가인권위원회는 호주제가 합리적 이유 없이 가족 간의 종적 관계, 부계우선주의, 남계혈통계승을 강제하여 인간으로서의 존엄과 가치, 행복 추구권 및 평등권을 침해하므로 헌법에 위배된다는 의견을 헌법재판소에 제출

2003. 05. 27 의원발의(이미경 의원 등 52인) 민법개정안 국회 제출
호주와 가족제 폐지, 자녀의 성을 부 또는 모의 성 중에서 선택, 자녀의 성과 본의 변경 등

2003. 09. 04 법무부에서 마련한 민법중개정법률안(호주제폐지법안) 입법예고

2003. 10. 28 민법중개정법률안(정부안) 국무회의 통과
2003. 11. 06 법무부 민법개정안 국회 제출
호주와 가족제 폐지, 자녀의 성을 부성을 원칙으로 하되, 협의 시 모의 성을 선택 가능, 자녀의 성과 본의 변경 등
2003. 11. 20 호주제 관련 헌재위헌법률 심판 1차 변론
2004. 03. 11 호주제 관련 헌재위헌법률 심판 2차 변론
2004. 03 대전지방법원에서 호주제에 대해 위헌법률심판 제청
2004. 05. 25 민법중개정법률안(정부안) 국무회의 통과
2004. 05. 29 16대국회 임기만료로 국회에 제출된 개정법률안 자동소멸
2004. 06. 03 민법중개정법률안(정부안) 17대 국회제출
2004. 06. 10 호주제관련 헌재 위헌법률심판 3차 변론
2004. 09. 09 민법중개정법률안(이경숙 의원 대표 발의안) 국회제출
2004. 09. 14 민법중개정법률안(노회찬 대표 발의안) 국회제출
2004. 11. 11 호주제관련 헌재 위헌법률심판 4차 변론
2004. 12. 03 국회법사위 주관 공청회 개최
2004. 12. 07 민법개정안(3건)관련 법사위 제1소위원회 개최
2004. 12. 09 호주제관련 헌재 위헌법률 심판 5차 변론
2004. 12. 27 민법개정법률안 법사위 제1소위 통과
2005. 02. 03 헌법재판소, 호주제 위헌결정(헌법불합치)
2005. 02. 28 민법개정법률안 법사위 전체회의 통과
2005. 03. 02 민법개정법률안 국회본회의 통과
2005. 03. 11 호주제폐지 특별기획단 해단식 모임
2005. 03. 31 민법개정법률 공포(법률 제7427호), 2008.1.1부터 호주제폐지 시행
2005. 07. 05 대법원 「신분관계의 등록 및 증명에 관한 법률」(안) 마련 및 관계기관 의견조회
2005. 07. 21 대법원 여성 종중원 지위 인정 판결
2007. 05. 17 가족관계의 등록 등에 관한 법률 공포(법률 8435호)
2007. 11. 28 가족관계의 등록 등에 관한 규칙 공포(대법원규칙 제2119호)
2008. 01. 01 새로운 가족관계등록제도 시행(http://root.or.kr)

가족법 변천	• 민법 중 가족법은 해방을 거쳐 1958.2.22. 법률 제471호로 제정 • 1960.1.1부터 시행 • 1977년 12월 혼인법 · 친자법 · 상속법 등에서 부분적 개정이 이루어짐 • 1989년 12월 대폭적인 개정이 단행 -호주제도와 동성동본불혼제도 존치 -다만 호주제도를 강제상속에서 임의적 승계제도로 개정 -상속법이 아닌 친족법에 규정함 -친족범위의 부모계 평등(777조) -혼인법에서 생활비의 부부 공동부담(833조) -재산분할제도(839조의 2) -면접교섭권(837조의 2)의 신설 -친자법에서 친권의 실질적인 부모 공동행사 -이혼모에 대한 친권 인정(909조) -상속법에서 공동상속인 간의 상속분의 균등(1009조 1항) -부부간의 상속순위와 상속분의 평등(1003조 1항, 1009조 2항) -기여분제도(1009조의 2) -특별연고자에 대한 분여제도(1057조의 2) 등을 신설 • 2000년 10월 민법 개정안 -동성동본불혼제 규정(민법 제 809조) 폐지 -이혼 또는 사별한 여성에 대한 6개월간 재혼 금지 조항 폐지 • 2005년 3월 31일 가족법 개정, 2008년 1.1부터 시행됨

3. 개정가족법 내용

1) '가장' 개념 無, 개인별 신분등록제 도입

호주를 중심으로 한 가족단위 호적 대신 국민 개개인이 신분을 등록하는 '개인별 신분등록제'를 도입하는 것을 골자로 한 법무부의 민법 개정안 입법예고안은 호주제 폐지와 함께 기존 가족법의 상당한 변화를 담고 있다.

2) 개별신분등록

개인별 신분등록제 도입에 수반되는 호주제 폐지는 '가장'의 개념이 없어진다는 것을 의미한다. 우리나라는 이제껏 호주를 중심으로 가족이 구성돼 호적에는 호주를 중심으로 가족구성원 모두의 신분변동 사항이 기록됐으나 법무부의 개정안이 국회에서 통과되면 4인 가족의 경우 4명 모두가 개별 신분등록을 갖게 된다. 즉, 가장인 호주가 없어지고 개별 구성원들은 법률적으로 동등한 지위를 갖게 되는데, 이 경우 어린 아들·손자가 어머니·할머니를 대신해 호주가 되고 가장으로서 집안을 이끌어가는 비현실적인 상황이 사라지게 됨을 의미한다. 또 현재 어머니가 친권과 양육권을 갖고 키우는 자녀도 비자 등 서류를 발급받을 때나 이력서를 쓸 때 함께 생활하지 않는 아버지를 호주로 기록해야 했지만 개인별 신분등록제로 바뀌면 자녀가 개인기록을 갖게 되고, 호주를 적는 일도 사라진다.

'호주제 폐지'를 외쳐온 여성계와 진보진영은 이에 대해 환영하는 입장이나 호주제를 지지해 온 유림 측은 호적이 사라지고 개인별 신분등록을 하면 사회·공동체 의식이 사라져 개인주의가 만연케 될 것이라며 반대하고 있어 시행되기까지 험난한 경로가 예상된다.

3) 재혼 시 자녀의 성(姓) 변경 가능

현행법상 재혼한 어머니를 따라 사는 자녀의 경우 새 아버지의 호적에 올릴 수는 있었지만 성은 바꿀 수 없었다. 그러나 이번 개정안은 가정법원의 판단에 따라 자녀의 성을 바꿀 수 있도록 했다. 이에 따라 2008년부터 법이 시행된 이후 재혼 자녀들이 아버지의 성과 자기 성이 다르다는 이유로 겪는 생활상의 불편과 고통이 사라지게 된다.

4) 부부합의에 따라 자녀 성 결정

이번 입법예고안에 원칙적으로는 자녀가 아버지의 성을 따르도록 되어 있지만 결혼할 때 부부가 합의하면 어머니의 성을 사용할 수 있도록 하는 방안도 포함됐다. 이와 같은 방안에 대해 여성단체 측은 양성평등을 명시한 헌법정신에 맞는다며 반기고 있지만 호주제 폐지에 반대하는 유림 측은 "성이 윗대와 달라짐으로써 조상과 단절될 수 있다"고 주장한다 (http://cafe.naver.com/social86).

| 기타 주요 개정안 내용 | ⇨ | (1) 호적과 족보
• 2007년 호주제 폐지에 따른 호적법 대체법으로 「가족관계등록 등에 관한 법률」이 제정
→ 2007.5.17 법률 제8435호로 공포
→ 2008.1.1부터 시행됨.
• 호주를 중심으로 가(家) 단위로 호적을 편제하던 방식
→ 국민 개인별로 등록기준지에 따라 가족관계등록부를 편제

(2) 자녀가 어머니의 성을 따를 수 있게 됨
• 원칙은 아버지의 성을 따르는 것
• 혼인신고를 할 때 협의하면 어머니의 성을 따를 수 있음
• 중간에 어머니의 성으로 바꾸는 것은 불가능
• 친부 성폭력 등으로 자녀가 아버지의 성을 따르기를 거부할 때
이혼가정일 때 등 자녀의 복리를 위해 필요할 경우 가정법원의 허가를 받아 변경가능
• 미혼모의 경우 생부가 나타나도 법원의 허가를 받아 어머니의 성과 본을 계속 사용할 수 있음

(3) 재혼가정의 자녀가 새 아버지의 성으로 바꿀 수 있게 됨
• 재혼한 어머니를 따라온 자녀를 친양자로 입양할 경우 새아버지의 친자로 기록되어 법률상 친자녀와 같은 권리를 행사할 수 있게 됨

(4) 이혼한 여성과 자녀의 관계
• 이혼한 여성도 자녀와 부모관계를 인정받게 됨

(5) 양자도 법률상 친자녀와 같은 권리 행사
• 친양자제도 도입: 15세 미만의 양자 입양의 경우 호적에 양부모의 친생자로 기재되어 친 자녀와 동등한 법적 권리를 행사할 수 있게 됨
• 친양자는 법률상 3년 이상 혼인 중인 부부가 가정법원 |

	에 청구해 입양할 수 있음 • 재혼한 어머니나 아버지를 따라온 자녀를 친양자로 입양하려면 혼인기간이 1년 이상이면 됨 (6) 동성동본금혼 규정이 사라짐 • 동성동본금혼 규정 → 부계와 모계의 8촌 이내 등 일정 범위 내의 결혼을 금지하는 근친혼 금지로 전환됨 • 이미 1997년에 헌법불합치 결정으로 법적 효력이 중지된 상태 → 이번 민법 개정으로 명문화됨 (7) 여성의 재혼금지 기간이 없어짐 • 양성평등 원칙의 위배와 친자관계 감정 기법의 발달로 삭제됨 -기존에는 남편만 제기할 수 있었던 친생자 확인소송을 아내도 제기할 수 있게 됨
간통죄에 관한 논란	간통죄란 법적인 배우자가 생존한 상태에서 자기 배우자 이외의 이성과 합의하여 성관계를 할 경우에 성립한다. 혹은 배우자가 없는 사람이라도 상대방이 유배우자라는 사실을 인지한 상태에서 성관계를 할 경우에 간통죄가 성립한다. 그리고 이 경우 배우자가 고소하면, 간통을 한 쌍방은 2년 이하의 징역에 처하게 된다(형법 241조, 헌법 11조). 이와 같은 간통죄의 존폐 여부를 놓고, 논란이 거듭되어 오고 있다. 간통죄가 유지되어야 한다는 입장은 "개인의 성적 자기 결정권보다 가정을 보호하는 법적 장치가 필요하다"는 논지이다(헌법재판소 판례, 2001). 반면에 과연 2년 이하의 징역이 가정을 보호하는 법적 장치로서 충분한 기능을 할 수 있느냐에 관해서는 생각해 볼 문제이다. 간통죄는 친고죄여서 배우자만이 고소할 수 있고, 고소는 혼인이 해소되거나 이혼소송을 제기한 후에 할 수 있다. 따라서 이혼을 전제로 해야만, 배우자의 간통을 처벌할 수 있는 것이다. 그래서 배우자를 간통죄로 고소할 경우 혼인관계는 소멸되기 때문에, 간통죄로 처벌을 받은 두 사람이 추후에 결혼을 하는 경우가 드물지 않다. 간통죄를 폐지해야 한다는 입장은, 간통죄는 대한민국 헌법 17조에 명시된 '사생활의 비밀과 자유' 조항에 위배되는 것이라는 해석이다. 그래서 개인의 성적 자기 결정권은 보호되어야 하며, 이는 배우자에 대한 신의와 윤리의 문제이지 법적 잣대를 가지고 수치심을 유발할 문제가 아니라는 것이다.

Chapter

16

부부치료: 가트만의 이론을 중심으로

1. 부부치료의 역사
2. 부부치료의 이론
3. 정상적 부부관계: '행복한 결혼의 집' 모형
4. 부부치료의 목표와 과정

삶

생활이 그대를 속일지라도
슬퍼하거나 노하지 말라
슬픔의 날을 참고 견디면
머지않아 기쁨의 날이 오는 것이려니
마음은 미래에 사는 것
현재는 언제나 슬픈 것
모든 것은 일순간에 지나간다
그리고 지나간 것은 그리워지나니……

푸시킨

부부치료에서 상담자는 부부문제의 원인과 해결과정을 설명한다. 그리고 내담자에게 문제를 해결하는 기술과 과정을 습득하도록 한다. 그러나 그것만이 아니다. 개인 심리치료에서 정상적 인간의 특성을 기술하는 것처럼 정상적 부부관계를 설명한다. 정상적 부부가 갖고 있는 특성들을 제시할 때 내담자 부부는 자신들이 지향하는 목표를 더 구체적으로 설정할 수 있다. 그리고 내담자 부부가 호소하는 문제를 해결하고 심리치료를 종결하더라도 내담자 부부의 상호작용과 친밀감의 과제를 이해할 수 있다. 그러므로 부부치료는 부부문제에 개입하는 이론과 기술뿐만 아니라 정상적 부부에 대한 이론이 필요하다. 따라서 정상적 부부를 설명하고 부부갈등을 호소하는 부부에 대한 개입을 살펴본다. 우선 부부치료의 역사와 이론을 잠깐 살펴본다.

1. 부부치료의 역사

부부치료를 설명하는 과정에 가족치료와 혼동을 겪는 경우가 있다. 부부치료의 이론과 기술 중에서 가족치료와 섞여서 발전했거나 가족치료를 기초로 개발된 부분이 적지 않기 때문이다. 부부치료는 오랫동안 가족치료와 병합되어 있었다. 더구나 가족치료로부터 분리한 것이 오래되지 않기 때문에 공유하는 부분과 애매한 부분이 섞여 있다.

부부치료의 역사를 초기, 중기, 그리고 현재로 구분할 수 있다. 거만(Gurman, 2008)은 4단계로 구분하지만, 그의 1단계와 2단계는 시기적으로 중첩된다. 그러므로 1단계와 2단계를 합쳐서 초기로 설정한다.

부부치료의 초기는 1930년대부터 1960년대까지로서, 결혼상담이라는 용어에 그 특징이 나타난다. 거만은 이 시기에 공존한 서로 다른 흐름을 2개의 단계로 구별한다. 하나의 흐름은 무이론적 결혼상담이다. 이 결혼상담은 지금의 관점에서 보면, 인간에 대한 과학적 연구결과에 근거를 갖지 않고 결혼과 결혼생활에 대한 상식적 조언과 훈계를 제공하는 정보제공이었다. 다른 하나의 흐름은 정신분석에 접목한 결혼상담이다. 이 결혼상담은 정신역동적 개념과 상담방법을 접목하는 실험적 시도였다. 당시 정신분석의 개념과 기법과 과정을 접목하려고 했지만, 부부의 관계적 특성을 설명하고 다룰 수 있는 정신분석적 이론과 방법이 당시에 부족했기 때문에 당시 정신분석의 주류에 진입할 수 없었다.

중기는 1960년대 중반부터 1980년대 중반까지로, 가족치료라는 용어에 그 특징이 나타난다. 이 시기를 거만은 "가족치료 병합기"로 규정하고, 1963년부터 1985년으로 정했다. 이때 가족치료가 발전하고 확장하면서 부부치료가 사용하는 개념이나 기법이 개발되었다. 그러나 가족치료는 부부문제에 대해 무관심하거나 적대적 태도를 갖고 있었다. 이때 활동한 가족치료 이론가들 중에서 부부치료에 영향을 준 4명을 거만이 선정하는데, 이들은 의사소통 이론의 잭슨(Don Jackson), 경험주의 이론의 사티어(Virginia Satir), 세대 간 이론의 보웬(Murray Bowen), 그리고 전략적 이론의 헬리(Jay Haley)이다.

현재의 부부치료는 1980년대 중반부터 진행되고 있다. 이 시기에 부부관계와 부부상담에 대한 연구가 발전되고, 부부치료는 가족치료에서 독립해서 독자적 정체성을 확립한다. 거만은 "부활"이라고 말하고, 그 특징을 진보, 확장, 다양화, 그리고 통합이라는 4개의 개념으로 설명한다. 진보에서, 그는 부부치료의 이론의 발달을 지적하는데 특히 행동주의/인지행동주의 부부치료, 애착을 강조하는 정서중심적 부부치료, 그리고 정신역동적 부부치료의 발달을 주목한다. 확장에서, 부부치료의 영역이 부부관계의 갈등을 넘어 부부의 정신장애로 확대되는 흐름을 지적한다. 다양화에서, 여권주의, 다문화주의, 그리고 후기 근대주의의 영향에 따라 부부와 치료관계에 대한 이해와 관점의 질적 확대를 지적한다. 또 통합에서, 부부치료의 다양한 이론과 방법에서 공통요인을 확인하는 연구결과와 이에 따른 부부치료의 실제에서 나타나는 유연성과 효율성을 지적한다.

2. 부부치료의 이론

부부치료의 이론 중에서 현재 주목을 받고 있는 전통은 행동주의 혹은 인지행동주의, 애착이론에 근거한 정서중심치료, 그리고 정신역동치료이다(Gurman, 2008). 그들은 모두 정서조절을 지향하고 있다.

행동주의 부부치료에서 그 핵심은 배우자 행동의 변화에서 정서적 자기조절로 변화했다. 거만(2008)은 행동주의 부부치료의 전통에서 발생하고 있는 발전을 세 단계로 구분한다. **첫 단계**의 관심은 배우자의 행동변화에 집중되었다. 주로 사용하는 기술과 방법은 기술훈련, 행동의 변화, 그리고 정보제공이다. 즉, 부부 사이에 사용하는 의사소통 기술이나 문제해결 기술을 훈련한다. 그리고 부부가 서로 주고받는 외현적 행동에 주목해서 그것의 변화를 목표로 삼는다. 그리고 상담의 과정은 심리교육적 접근을 많이 사용하기 때문에 상담자의 태도는 지시적 자세가 적지 않다. **둘째 단계**의 핵심은 부부의 상호작용이다. 즉, 배우자와 본인을 함께 고려한다. 그러므로 배우자를 수용할 수 있는 능력을 함께 증진하는 기술을 강조한다. 서로 변화시키지 못하고 반복되는 특징과 상호작용 양식을 수용할 수 있는 능력을 심화하는 기술에 관심이 높다. **셋째 단계**의 핵심은 정서적 자기조절 능력의 효과에 있다. 부부관계에서 한 개인의 정서조절 능력이 성격장애, 약물중독, 우울증, 혹은 양극성장애와 같은 정신장애를 갖고 있는 배우자에게 주는 영향이 주목을 받고 있다.

정서중심적 부부치료는 정서의 지각과 표현 그리고 상호작용에 관심을 갖는다. 정서의 지각과 표현에 대한 관심은 인간중심 심리치료, 형태주의 심리치료, 그리고 경험주의적 가족치료와 맥을 같이 한다. 그리고 부부 사이의 상호작용에 대한 관심은 가족치료의 체계적 사고의 영향이다. 정서적 즉시성과 표현의 능력을 배양하고, 배우자의 요구와 필요를 허용하고 그것에 반응하는 능력을 신장한다. 그리고 이론적 배경으로 애착이론을 사용하는데, 부부치료에서 안전기지로서의 역할을 제공하는 안정적 애착을 증진하도록 한다.

정신역동적 부부치료는 대상관계이론과 정신역동의 개념과 기술을 사용한다. 부부관계의 심리적 과정을 이해하기 위해 무의식이나 방어와 같은 전통적 개념뿐만 아니라 투사적 동일시와 내사적 동일시와 같은 대상관계이론의 개념을 사용하기도 한다. 부부치료의 현장에서 치료관계보다 부부관계에 몰입하기 때문에, 대상관계이론이 강조하는 담아주기와 같은 치료관계보다 자유연상이나 해석과 같은 정신역동적 기술의 적용을 더 강조한다.

3. 정상적 부부관계: '행복한 결혼의 집' 모형

정상적 부부관계는 어떤 모습일까? 역기능적 부부관계와 기능적 부부관계의 특징과 그의 '행복한 결혼의 집(Sound Marital House)' 모형을 살펴본다. 그것을 살피기 전에 가트만이 관심을 두는 부부의 영역을 살펴본다. 그것은 상호적 행동, 지각, 그리고 생리기능이다. 이것을 중심으로 부부를 평가하고 개입한다.

1) 부부의 영역: 상호적 행동, 지각, 생리기능

정상적 부부관계를 살펴볼 때나 부부문제에 개입할 때에, 부부와 부부관계를 분석하는 개념이 필요하다. 그것에 대해 가트만은 상호적 행동, 지각, 그리고 생리기능으로 제시한다. 지각은 인지라는 용어가 더 적합하지만 그대로 사용한다.

(1) 상호적 행동

가트만은 부부가 상호작용하는 행동을 관찰하는 것을 선호한다. 그가 부부의 행동에서 주로 관찰하는 것은 부부관계에서 나타나는 정서다. 그가 정서를 관찰하기 위해 주로 사용하는 방법은 얼굴표정의 분석이다(Ekman & Friesen, 1971). 부부가 대화하는 과정을 녹화를 해서, 그 과정에 나타나는 얼굴 표정, 목소리, 신체동작, 그리고 발화내용을 각각 측정한다. 녹화기록에 대한 측정에 두 관찰자가 독립적으로 평가해서 신뢰도도 계산한다.

가트만이 부부관계에서 측정하는 정서는 슬픔, 공포, 분노, 혐오, 경멸, 공격성, 지배성, 방어, 냉담, 흥미, 애정, 유머, 경청, 기쁨, 놀람, 중립성이다.

그가 관심을 갖는 부부의 상호성은 남편이나 부인이 정서를 표현했을 때 배우자에게 미치는 영향이다. 즉, 부정적 정서를 표현하면 다른 당사자도 부정적 정서로 반응을 나타낼 가능성이 높아지고 긍정적 정서의 표현은 긍정적 정서의 반응을 이끌어낸다. 이 현상에 대해 그는 "정서의 상호성(affect reciprocity)"이라고 명명한다(1999, p.37). 이 정서의 상호성을 부정적 정서의 상호성과 긍정적 정서의 상호성으로 구분할 수 있다.

가트만은 부부관계에서의 상호적 행동을 수용하지 않거나 억압하는 것을 문제의 핵심으로 파악한다. 우선, 부부가 상대방의 영향을 수용하지 않는 경우가 있다. 상대방의 영향을 부정하는 태도가 악화되는 이유는 남녀의 차이에서 기인하는 것이 아니라 평상시에 쌓아놓은 친밀감의 정도가 낮기 때문이다. 둘째, 문제가 있는 부부는 상호적 행동을 억압하는 경향이 있다. 가트만은 개인이 자신의 감정에 대해 평가하는 것을 초감정(meta-emotion)이라고 기술하는데, 부정적 초감정이 존재한다. 이는 단순히 사건에 대한 부정적 감정이 아니라 자신의 감정에 대한 부정적 평가로서, 자신에 대한 부정적 평가를 포함한다. 배우자가 부정적 초감정을 촉발시키는 행동을 지속하면 그 배우자와의 상호작용은 약화된다. 이렇게 부정적 초감정을 촉발시키는 행동으로 가트만은 4개를 지적해서, "파멸의 4기수(The Four Horseman of the Apocalypse)"라고 명명했다(Gottman, 1999, p.41). 그것은 비난, 방어, 경멸, 그리고 냉담이다. 부부관계의 상호성을 느낄 수 없는 무감각이 지속되면, '가정이 하숙집과 같다'는 반응이 나타난다. 기쁨, 애정, 유머 등과 같은 긍정적 감정을 경험하지 못한다. 심지어 표정이나 행동에서는 서로 긴장하고 있지만 서로 긴장하고 있다는 것을 의식하지 못하고, '우리 부부는 아무 문제가 없다'고 말한다. 부부 사이에서 긍정적 정서의 상호성이 부족하고 부정적 정서의 상호성이 존재하는 것을 서로 인정하지 않는다.

(2) 지각

가트만이 말하는 지각은 배우자의 행동에 대한 지각으로 해석을 포함하고 있기 때문에 단순한 지각이 아니라 인지과정을 의미한다. 특히 평가적 요소가 중요한데, 이는 평가가 정서의 인지적 과정에서 핵심이기 때문이다.

가트만(Gottman)은 부부관계의 인지에서 귀인에 초점을 둔다. 부부관계에 영향을 주는 것은 단순한 행동이나 환경보다 그것에 대한 개인적 평가, 즉 신념이 더 중요하다고 주장한다. 특히 부부가 서로 갈등을 나타내는 주요 문제 가운데 해결할 수 있는 것은 31%에 불과하고 69%는 해결할 수 없는 만성적 문제라는 점을 지적하면서, 귀인의 중요성을 주장한다(Gottman, 1999, p.56). 즉, 사건이나 상황에 대한 귀인과 그 원인에 대한 귀인에서 행복한 부부와 불행한 부부는 차이를 나타낸다. 행복한 부부는 관계를 증진하는 귀인을 사용하는데, 불행한 사건이나 상황은 일시적인 것이고 변화될 수 있다고 생각하고 그 원인은 상황 혹은 개인 외부에 존재한다고 믿는다. 배우자의 부정적 특성을 낮게 평가하고 긍정성을 높이 평가한다. 그러나 불행한 부부는 불행을 유지시키는 귀인을 사용하는데, 불행한 사건이나 상황은 지속되는 것이고 그 원인도 개인 내부에 존재한다고 믿는다. 배우자의 긍정성은 축소해서 평가하고 부정적 특성을 확대해서 평가한다.

부부간의 귀인에 대해 서로 인지하는 것이 부부에게 도움이 될까? 가트만은 양가적 태도를 갖고 있다. 우선 배우자의 귀인을 인지하면 배우자의 관점을 이해할 수 있기 때문에 부부관계에 도움이 될 수 있다는 본다. 그러나 배우자의 귀인에 대한 지각이 배우자의 부정적 행동에 대한 용납으로 계속 연결되는 것에 가트만은 부정적 평가를 내린다. 부부, 특히 부인이 남편의 부정적 행동에 대해 포용하고 적응해 나가면 결혼에 부정적 효과를 준다. 배우자의 귀인을 이해하는 것이 배우자의 부정적 행동에 대한 묵인으로 진행되면, 그것을 부정적으로 평가한다.

특히, 부부관계에 부정적 영향을 주는 인지로 지적하는 것은 사건이나 환경에 압도되는 지각이다. 파국화(catastrophizing)라는 개념으로 설명할 수도 있다. 그리고 다른 부정적 인지는 문제를 혼자서 해결해야 한다는 지각이다.

(3) 생리기능

가트만이 기존의 가족치료 혹은 부부치료에서 부부간의 흥분을 가라앉히는 역할을 상담자가 담당하고, 차분한 상태에서 상담을 진행했기 때문에 흥분한 상태에서 부부에게 필요한 기술을 훈련시키지 못했다고 비판한다. 흥분한 상태에서의 부부간의 상호적 행동을 평가하고 변화하도록 훈련하는 것을 가트만은 부부치료의 핵심 중의 하나로 삼는다. 그는 흥분한 상태와 안정된 상태에서의 부부의 행동이 서로 다르고, 그러므로 서로 영향을 줄 수 없다고 생각한다.

가트만(Gottman)은 흥분한 상태를 정의하는 용어로서 "확산된 생리적 흥분(diffused physiological arousal)"을 사용한다(Gottman, 1999, p.75). 이는 위험하다고 지각되는 상황에 효율성 있게 대처하기 위해 우리 몸의 많은 부분을 동시에 작동시키는 상태이다. 이 상태는 자율신경계가 작동되는 것으로, 몸을 흥분시키는 교감신경계와 진정시키는 부교감신경계로 이루어져 있다고 그는 주장한다. 이 상태가 되면 우리 몸은 정상적 상태를 벗어나 응급의 상태로써 공격하거나 회피하는 극단적 이분법적 행동이 나타난다. 그러므로 부부가 이런 상태에 도달하면 정상적 사고와 의사소통이 불가능하다. 그러나 어떤 감정이 고양되었다고 확산된 생리적 흥분의 상태가 되는 것은 아니다. 일련의 강한 감정에 대한 반응으로 나타나는 스트레스와 관련된 과정이라고 주장한다(Gottman, 1999, p.79).

생리기능에 대한 가트만의 주장에서 부부치료의 관점에서 중요한 것은, 확산된 생리적 흥분의 기저에 존재하는 생리적 과정이 아니라, 그것을 측정하고 상담에서 사용하는 방법이다. 그것은 심박수 혹은 스트레스와 관련된 호르몬의 양으로 측정할 수 있다. 그는 부부상담에서 심박수를 사용한다. 상담실에서 부부를 위해 탁상 심박계 2개를 사용하는데, 1분당 맥박수가 약 100을 넘으면 확산된 생리적 흥분의 상태로 들어간다고 판단한다. 그러므로 심박수가 100이 넘으면 대화를 중지하고 휴식을 취하도록 연습한다.

가트만은 '생리적 진정(physiological soothing)'에 영향을 주는 요인도 연구하는데, 이에는 유머, 애정표현, 적극적 관심의 표명, 발화자의 언사를 적극 청취하고 있다는 것을 나타내는 비언어적 반응, 갈등의 진정이 포함된다. 그는 생리적 반응에 있어서의 성차도 주장한다. 부부갈등의 상황에서, 남성은 더 쉽게 더 많이 긴장하거나 흥분하고 진정하는 데 더 많은 시간이 필요하다. 남성은 긴장을 유발하는 사고에 매달리는 경향이 있고 여성은 관계를 증진하는 사고를 갖고 있다고 주장한다(Gottman, 1999).

2) 역기능적 부부관계와 역기능적 부부관계의 특징

가트만은 역기능적 부부관계의 특징을 7개로 요약한다. 이 특징들은 부부가 갈등을 해결하기 위해 노력하는 과정에 초점을 두고 있다. 즉 부부관계의 기능성을 판단하는 기준이 갈등해결의 과정에 나타난다고 주장한다. 역기능적 부부관계의 특징은 부부간에 불행을 낳고 이혼의 전조가 되는 특징들이다(Gottman, Driver, & Tabares, 2002). 그 특징은 다음과 같다.

첫째, 긍정적 정서보다 부정적 정서가 더 많다. 특히 갈등을 해결하는 과정에 긍정적 정서가 결여되어 있다.

둘째, '파멸의 4기수' 즉 비난, 방어, 경멸, 그리고 냉담이 존재한다. 특히 부부간에 선호하는 행동이 서로 다르다. 이 경우, 부부는 자신들의 행동이 초래하는 부정적 정서의 영향력을 의식하는 것이 쉽지 않다.

셋째, 부부간의 상호작용을 개선(repair)하는 것에 실패한다. 부부간의 싸움을 제거하도록 돕는 것이 아니라 부부가 성공적으로 싸우도록 돕는 것이 부부치료이다.

넷째, 부부 사이의 상호작용에 부정적 지각이 놓여 있다. 즉, 일상생활에 부정적 정조가 압도하거나 부부문제를 배우자의 부정적 성격으로 귀인하거나 부부가 함께 살아온 세월을 부정적으로 평가한다.

다섯째, 배우자의 불평 때문에 혼란된 감정에 압도된다. 이와 같은 혼란된 감정의 소용돌이 속에서 계속 스스로 도망하거나 격리한다.

여섯째, 확산되고 혼란된 생리적 긴장이 만성적으로 지속된다. 그리고 면역력의 저하를 경험한다.

일곱째, 남편이 부인으로부터의 영향력을 수용하지 않는다. 예를 들어, 남편이 부인으로부터 감정적으로 철수한다. 그러면 부인도 남편으로부터 감정적 유리를 시도하게 된다. 또, 남편이 부인의 낮은 수준의 부정적 정서에 대해 더 증폭된 반응을 나타낸다. 부인이 바가지를 긁는다고 부인에게 폭력을 행사하거나 집안의 기물을 파괴하는 행동이다.

기능적 부부관계의 특징은 무엇인가? 기능적 부부관계는 안정성을 갖고 있고 남편과 아내 모두에게 만족을 제공한다. 이처럼 추상적으로 기능적 부부관계를 설명할 수 있지만 구체적 공통점을 찾는 것은 쉽지 않다. 이 부부관계는 다양성을 그 특징으로 갖고 있기 때문이다. 그러므로 일반적 공통점보다 문제를 해결하는 과정에서의 특징에 가트만은 초점을 두고 있다. 그는 이 부부관계의 특징을 다음과 같이 제시한다.

첫째, 해결할 수 없는 문제에 적극적으로 대처한다. 가트만의 연구에 의하면, 부부가 서로 갈등을 나타내는 주요 문제 가운데 해결할 수 있는 것은 31%에 불과하고 69%는 해결할 수 없는 만성적 문제다. 예를 들어, 성격차이나 경제문제와 같은 것이다. 남편은 논리적 설명을 좋아하고 부인은 정서적 온정을 좋아할 때 만성적 갈등을 경험할 가능성이 높다. 또 남편은 즐거움에 대한 욕구가 높고 부인은 생존에 대한 욕구가 높은 경우에도 만성적 갈등이 존재할 가능성이 높다. 이처럼 부부가 해결할 수 없는 문제에 대해서로 대화하는 과정에서 배우자를 수용한다. 즉 배우자가 문제를 제기할 권리를 인정하고 의견과 감정을 표현할 수 있는 권리를 인정한다. 이 인정은 배우자를 경청하는 것으로 표현될 수 있다. 그리고 만성적이고 괴로운 문제로 대화하지만 즐거움의 교류를 포함한다. 그것은 상황에 맞는 유머로 전달될 수 있다.

둘째, 기능적 부부는 해결할 수 있는 문제를 해결하는 과정에 다음과 같은 특징을 갖고 있다. 우선, 문제를 부드럽게 제기한다. 이 과정에 '나 전달법(I-message)'이 유용하다. 즉, 상대방을 비난하면서 문제를 제기하는 것이 아니라 자신의 경험과 관점으로 국한해서 부드럽게 문제를 제기한다. 그리고 배우자로서의 권리를 인정한다. 즉 배우자가 자신에게 문제를 제기하고 의견과 감정을 표현할 수 있는 권리를 수용한다. 그리고 부부 사이의 상호작용을 개선하는 효과적 방법을 갖고 있다. 다시 말해 부정적 감정을 진정시키는 효과적 방법을 갖고 있다. 특히 이것은 남편에게 필요하다. 그리고 분노는 위험하지 않기 때문에 부부 사이에서 회피하거나 억압하지 않는다. 그러나 비난, 방어, 경멸, 냉담, 그리고 공격성은 위험하기 때문에 회피하거나 억압한다. 그리고 부정적 정서보다 긍정적 정서가 더 많다. 긍정적 정서가 더 많다는 사실만이 결혼의 안정성과 행복을 예언한다. 더구나 긍정적 정서는 갈등을 진정시키는 효과가 있고, 긍정적 정서와 갈등의 진정만이 남성을 생리적으로 진정시키는 효과를 나타낸다. 이 효과는 부부관계의 긍정적 결과를 예언한다.

3) '행복한 결혼의 집' 모형

가트만(Gottman)이 제시하는 '행복한 결혼의 집' 모형은 친구관계를 정상적 부부관계의 원형으로 삼고 긍정적 상호작용을 증진하는 것에 초점을 둔다. 그의 모형에서 바라보면, 배우자에 대해 긍정적 시각이 형성되고 부부가 서로 긍정적 상호작용을 증진하고 있을 때 부부의 의사소통과 갈등해결은 자연스럽게 이루어진다. 그리고 궁극적으로 부부는 공동의 의미, 즉 유사성을 형성하고 있다.

가트만의 '행복한 결혼의 집' 모형은 7층으로 구성되어 있다. 각 층은 행복한 부부관계를 이루는 각 원리를 제시한다. 그런데 각 층은 독립되어 있는 것이 아니라 밀접하게 얽혀 있다. 첫째 층의 요인은 마지막 층까지 영향을 줄 수 있고, 마지막 층의 요소들은 첫째 층까지 영향을 줄 수 있다.

가트만의 모형에서, 첫째 층에서 셋째 층은 갈등이 없는 평상의 상태에서 긍정적 정서를 형성하는 것이다. 결국, 그가 말하는 이상적 부부관계는 친구관계의 특징을 갖고 있다. 이렇게 평상의 상태에서 긍정적 정서를 쌓아 놓으면, 이것이 갈등이나 차이를 효과적으로 해결하는데 기반이 된다.

가트만의 모형에서, **첫째 층**은 사랑의 지도이다. 이것은 배우자의 세계에 대해 잘 알고, 그것에 평상시에 관심을 보여주는 것이다. 배우자의 현재와 과거 그리고 가치관에 대한 구체적 지식이다. 이 지식은 수시로 수정될 필요가 있다.

표 10. 사랑의 지도를 측정하는 문항들(Gottman, 1999, p.379)

1. 배우자의 가장 친한 친구들의 이름을 안다.
2. 배우자의 현재 스트레스를 안다.
3. 배우자를 현재 짜증나게 하는 사람들의 이름을 안다.
4. 배우자의 인생의 꿈을 안다.
5. 배우자의 종교적 신념과 태도를 잘 안다.
6. 배우자의 핵심적 인생철학을 안다.
7. 배우자가 가장 좋아하지 않는 친척이 누구인지를 안다.
8. 배우자가 좋아하는 음악을 안다.
9. 배우자가 좋아하는 영화 3편의 제목을 안다.
10. 배우자는 내 현재 스트레스를 안다.

11. 배우자의 인생에서 가장 특별한 사건들 중 3개를 설명할 수 있다.
12. 배우자가 어렸을 때 가장 스트레스를 받았던 사건을 안다.
13. 배우자가 갖고 있는 인생의 열망과 소원을 안다.
14. 배우자의 주요 걱정거리를 안다.
15. 배우자는 내 친구의 이름을 안다.
16. 배우자가 복권에 당첨되면 하고 싶은 일을 안다.
17. 배우자에 대한 첫 만남의 인상을 자세히 묘사할 수 있다.
18. 정기적으로 배우자에 대한 내 정보를 최신 정보로 수정한다.
19. 배우자가 나를 아주 잘 안다고 느낀다.
20. 배우자는 내 열망과 소원을 잘 안다.

둘째 층은 애정과 경탄의 체계이다. 이것은 부부가 배우자에게 발견하는 가치와 경탄을 분명하게 표현하고 사랑하는 것이다. 즉, 배우자의 긍정적 특징에 초점을 두고, 그것을 서로 나누는 것이다.

표 11. 애정과 경탄의 체계를 측정하는 문항들(Gottman, 1999, p.380)

1. 배우자에게 가장 감탄하는 3가지를 쉽게 제시할 수 있다.
2. 배우자가 보이지 않을 때 사랑스러운 마음으로 배우자를 자주 생각한다.
3. 자주 배우자에게 여러 방법으로 “사랑한다”고 말한다.
4. 자주 사랑스럽게 배우자에게 키스하거나 스킨십을 한다.
5. 배우자가 정말로 나를 존경한다.
6. 배우자와의 사이에서 사랑받고 있다고 느낀다.
7. 배우자가 나를 좋아하고 수용한다고 느낀다.
8. 배우자가 나를 매력적이고 매혹적이라고 생각한다.
9. 배우자 때문에 성적으로 흥분된다.
10. 배우자와의 사이에 열정과 흥분이 존재한다.
11. 연애감정은 아직도 우리 부부 사이에 분명히 존재한다.
12. 배우자가 정말 자랑스럽다.
13. 배우자가 내 성공과 성취를 정말 즐거워한다.
14. 배우자와 결혼한 이유를 쉽게 설명할 수 있다.
15. 다시 태어나도 배우자와 결혼할 것이다.
16. 잠자리에서 항상 사랑이나 애정의 표현이 많다.
17. 방에 들어서면 배우자가 반겨준다.
18. 배우자는 부부관계에서 내가 하는 일을 칭찬한다.
19. 일반적으로 배우자는 내 성격을 좋아한다.
20. 일반적으로 우리의 성생활은 만족스럽다.

셋째 층은 정서적 은행 계좌로서, 일상생활에서 부부 사이의 접근 혹은 외면을 의미한다. 접근은 정서적 유대를 요구하는 배우자의 신호를 지각하고 관심을 보여주고 열정을 갖고 반응을 보여주는 것이다. 외면은 그 신호를 지각하지 못하거나 외면하는 것이다. 가트만은 일상생활에서 부부간의 접근이 활성화되고 상호작용이 높아질수록 안정된 부부관계를 형성한다고 주장한다. 부부가 서로 자신의 경험, 생각, 느낌 등을 솔직히 표현하고 배우자의 요구와 필요에 대한 민감성이 증가한다.

표 12. 접근 혹은 외면을 측정하는 문항들(Gottman, 1999, p.381)

1. 우리는 TV 시청이나 세탁과 같은 사소한 일도 함께 하는 것을 좋아한다.
2. 한가하면 배우자와 함께 시간을 보내는 것을 고대한다.
3. 일과 후에 배우자는 나를 반갑게 맞이한다.
4. 배우자는 항상 흥미롭게 내 의견을 듣는다.
5. 배우자와 의논하는 것이 정말 즐겁다.
6. 배우자는 가장 친한 친구 중의 한 명이다.
7. 배우자가 나를 아주 친한 친구로 여긴다고 생각한다.
8. 우리는 서로 대화하는 것 자체를 좋아한다.
9. 함께 외출을 하면 시간이 빠르게 지나간다.
10. 우리는 항상 서로에게 할 말이 많다.
11. 우리는 일상에서 함께 웃는 일이 많다.
12. 우리는 서로 맞는 영성을 갖고 있다.
13. 우리는 인생의 기본 가치관이 서로 비슷하다.
14. 우리는 비슷한 방법으로 함께 시간을 보내는 것을 좋아한다.
15. 우리는 정말 공통된 관심사가 많다.
16. 우리는 동일한 꿈과 인생목표를 많이 갖고 있다.
17. 우리는 하고 싶은 동일한 일들이 많다.
18. 관심사가 서로 다르지만, 배우자의 관심사가 즐겁다.
19. 우리가 함께 하면 항상 즐거운 시간이 되는 경향이 있다.
20. 배우자가 힘든 하루를 보내면 내게 이야기한다.

넷째 층은 첫째, 둘째, 및 셋째 층을 기반으로 구성된다. 이는 '긍정적 정조의 우선권' 혹은 긍정적 조망이라고 불리는데, 부부가 과거를 기억하거나 새로운 문제를 바라보는 과정에 사용하는 긍정적 관점이다. 이것은 문제를 해결하기 위해 의논하는 과정이나 갈등을 해결하는 개선이 효율적으로 시도되는 과정에 포함되는 긍정적 정서다.

가트만의 모형에서의 다음의 마지막 3개의 층은 의사소통, 협상, 및 갈등해결을 위한 전통적 원리들을 정리하여, 서로 통합되어 있다. 다섯째 층은 갈등을 조절하는 것이고, 여섯째 층은 갈등의 해결을 방해하는 배우자의 감추어진 정서를 이해하는 것이고, 마지막 층은 부부가 가치, 흥미, 전통, 태도를 공유하는 것이다.

다섯째 층은 갈등조절이다. 가트만은 의도적으로 갈등해결이나 해소가 아니라 갈등조절을 사용하는데, 행복한 부부관계에서도 갈등을 사라지게 할 수는 없고 악화되지 않도록 조절한다는 것을 강조한다. 그는 두 부분으로 분리한다. 해결할 수 있는 갈등과 해결할 수 없는 갈등이 있다. **첫째**, 해결할 수 있는 갈등을 조절하는 것이다. 그는 효율적으로 조절하는 4개의 기본적 기술을 제시하는데, 부드러운 문제제기, 배우자의 요구와 소망의 인정, 즉 권력의 균형적 배분, 분위기를 풀어주는 개선 및 확산억제, 그리고 타협이다. 이 4개의 기술에 정서적으로 과열되는 것을 방지하는 생리적 이완의 기술도 추가한다. 그는 갈등을 조절하는 과정에서 긍정적 정서의 존재가 행복한 부부관계의 핵심적 요인이지만, 긍정적 정서는 직접 학습하지 못하고 부부의 평상시 상호작용에서 도출된다고 주장한다.

둘째, 부부갈등에서 다수를 차지하는 해결할 수 없는 만성적 갈등에서, 부부간의 정체를 피하고 그 갈등에 대해 대화하는 체계를 수립하는 것이다. 가트만은 만성적 갈등의 기저에 성격, 성장배경, 가치의 차이가 존재한다고 주장한다. 그러므로 만성적 갈등에 대한 대화의 수립과정은 여섯째 층으로 이어진다.

여섯째 층은 꿈과 열망을 실현시키는 것인데, 이것은 갈등과 관련된 배우자의 정서를 이해하는 것이다. 가트만은 한 배우자가 다른 배우자를 억압해서 갈등을 해소하는 것은 효율성이 없다고 전제한다. 그러므로 부부는 갈등의 바탕에 놓여있는 원인들을 이해할 필요가 있다. 그 갈등이 남편과 아내에게 갖고 있는 서로 다른 상징적 의미를 이해한다. 그리고 아내와 남편의 필요를 함께 만족시킬 수 있는 방법을 찾는다.

마지막 층은 여섯째 층과 연속을 갖는다. 부부가 공동의 상징적 의미를 형성하는 것이다. 공동의 의미를 형성하고 있을 때, 부부관계는 부부가 각각 갖고 있는 개인적 상징, 꿈, 신화, 이야기, 은유가 지지되는 방향으로 구성되고 움직인다. 가트만은 '문화'라는 용어를 사용하기도 한다(Gottman, 1999, p.108). 부부의 가치, 이상, 및 인생철학이 결혼생활의 사소한 행동에서 나타나게 되는데, 그들 중에서 공통의 분모를 창조하는 것을 강조한다. 특히 그가 공동의 의미를 분석하기 위해 관찰하는 영역은 4개로서 다음과 같다. **첫째,** 의례(rituals)로서 부부가 함께 하는 활동이다. **둘째**는 역할이고, **셋째**가 목표이다. 단기와 장기의 다양한 목표가 있다. 마지막은 상징으로, 기본적 질문에 대한 실존적 반응 혹은 생각이다.

정상적 부부의 특징은 무엇일까? 그것은 긍정적 정서와 관점이 지배하는 부부관계이다. 행복한 결혼의 집 모형의 핵심은 넷째 층에 존재한다. 긍정적 정서 혹은 관점이 부부관계에서 우선권을 갖게 하는 것이다. 그것을 위해 갈등이 격화되지 않은 평상시에 배우자에게 관심을 갖고 애정을 쌓는 배우자에 대한 지식, 애정과 경탄, 그리고 접근이 필요하다. 그리고 긍정적 정조가 우선권을 갖게 되면, 해결할 수 있는 갈등을 효율적으로 해결하거나 해결할 수 없는 갈등을 조절한다. 이 갈등에서도 부부 사이에 대화를 유지하기 위해 부부의 유사성이 필요하다. 부부간의 개인적 꿈과 열망의 차이를 이해해서 정체를 피하고 공동의 의미를 형성한다.

4. 부부치료의 목표와 과정

가트만(Gottman)은 자신의 부부치료의 목표를 5개로 제시한다(Gottman, Driver, & Tabares, 2002). 이 5개의 목표는 단계별로 제시되고, 하위 목표들을 포함하고 있다. 그러므로 이 목표는 과정을 포함하고 있다. 각 목표와 과정의 단계는 다음과 같다.

첫 단계의 목표는 정체(gridlock)에서 대화로 전환하는 것이다. 치료를 요청하는 부부는 대개 해결할 수 없는 만성적 문제에 막혀 있는 경우가 많다.

이 문제에 사로잡혀서 부부관계는 훼손되고 상대방에 대한 신뢰가 흔들리는 것을 경험한다. 개인적 긴장과 좌절도 심하다. 이 단계에서 중요한 것은 내담자가 빠른 변화를 경험해서 어느 정도 긴장을 해소하고 안정을 경험하는 것이다. 그런데 이것은 문제의 해결이 아니라 문제를 해결하는 과정에 포함된 정서가 핵심이라는 것을 이해하는 것이다. 그러므로 문제해결이 아니라 문제해결에 대한 대화가 초점이라는 것을 이해하고 수용하도록 한다.

첫 단계는 2개의 과정으로 이루어진다. 첫째 과정은 부부가 개인적 꿈을 표현하도록 한다. 즉 개인이 성장하는 과정에서 형성한 인생의 목표나 열망을 가트만은 꿈이라는 용어로 기술한다. 해결할 수 없는 문제에는 부부가 자신의 인생의 의미와 심각하게 관련되어 있다고 생각하고 느끼는 경우가 많다. 이것을 표현하는 것이 필요한데, 이것은 부부가 모두 치료자로부터 이해와 지지를 받고 있다는 분위기에서만 이루어질 수 있다. 둘째 과정은 배우자의 꿈을 존경하도록 돕는다. 존경은 단순히 배우자의 꿈을 알고 수용하거나 인정하는 것에 그치지 않는다. 그것을 높이 평가하고 그것에 경탄하는 것이다. 배우자로서 특별한 대접과 애정을 받는다는 의식을 제공할 수 있다.

둘째 단계의 목표는 치료자가 없이도 성공적으로 부부싸움을 진행하는 것이다. 우선, 부부싸움은 좋은 부부관계에서도 자연스러운 것이라는 것을 수용하도록 한다. 부부가 서로 갈등을 빚고 있는 문제에 대해 상호작용을 한 후에 그 과정에서 생긴 부정적 정서를 치료자의 도움이 없이 효과적으로 개선하는 것이 목표이다.

가트만은 이 단계에서 비디오 녹화를 주로 사용한다. 실험실에서 부부가 갈등을 빚고 있는 문제에 대해 6분에서 10분 동안 상호작용을 하고, 그것을 녹화하면서 치료자는 관찰한다. 그리고 치료자와 부부가 그 녹화된 것을 보면서 부부싸움과 그것을 개선하는 방법에 대해 논의한다. 그리고 녹화와 논의의 과정을 반복한다. 그런데 첫 회기에서는 치료자가 적극 개입하지만 후기로 갈수록 상담자의 개입이 줄어들고 상담자 없이 진행하도록 한다.

셋째 단계의 목표는 6개의 사회적 기술을 능숙하게 익히는 것이다. 이 기술은 대부분 위에서 설명한 기능적 부부가 해결할 수 있는 문제를 해결하는 과정에서 사용하는 것으로, 다음과 같다. **첫째,** 배우자와의 상호작용에서 '파멸의 4기수'를 알고 그에 대한 해독제를 사용할 수 있다. 비난의 해독제는 문제에만 국한하는 것이고, 방어의 해독제는 부분적이라도 책임을 인정하는 것이고, 경멸의 해독제는 부부관계에 인정과 감사의 문화를 만드는 것이고, 냉담의 해독제는 스스로 위로하고, 적절하게 멈추고, 도망가지 않는 것이다. **둘째**, 배우자에게 부드럽게 문제를 제기할 수 있다. **셋째**, 배우자로서의 영향력을 수용하는 방법에 익숙하다. **넷째**, 자신과 배우자를 생리적으로 안정시킬 수 있다. **다섯째**, 부부간의 상호작용을 효과적으로 진정시키거나 개선할 수 있다. **여섯째**, 배우자와 타협할 수 있다.

표 13. 영향력의 수용을 측정하는 문항들(Gottman, 1999, p.384)

결혼문제를 논의할 때
1. 기본적 문제에서도 내 배우자의 의견에 정말 관심이 있다는 것을 안다.
2. 항상, 심지어 의견이 불일치할 때도 내 배우자로부터 많이 배운다.
3. 내 배우자의 의견이 내게 중요하다는 것을 배우자가 느끼기를 바란다.
4. 일반적으로 우리 결혼에서 배우자가 영향력이 있다고 느끼기를 바란다.
5. 나는 배우자를 경청할 수 있지만, 그것은 핵심사항에만 국한된다.
6. 내 배우자는 기본적 상식이 많다.
7. 심지어 서로 의견이 불일치해도 나는 존경을 표하려고 노력한다.
8. 내가 배우자를 계속 설득한다면, 결국 설득에 성공할 것이다.
9. 내 배우자의 의견을 즉시 거절하는 일은 없다.
10. 의논할 때 내 배우자는 심각하게 고려할 정도로 합리적이지 못하다.
11. 우리가 의논할 때 공평한 의견의 교환이 많다고 믿는다.
12. 나는 설득에 능하기 때문에 내 배우자와의 논쟁에서 항상 이긴다.
13. 우리의 결정에서 나는 중요하다고 느낀다.
14. 내 배우자는 항상 좋은 의견을 갖고 있다.
15. 내 배우자는 기본적으로 문제해결사로 내게 큰 도움이 된다.
16. 내가 동의하지 않아도 높이 평가하고 경청하려고 한다.
17. 해결에 대한 내 의견이 내 배우자의 것보다 항상 훨씬 좋다.
18. 항상 내 배우자의 견해에서 동의하는 것이 많다.
19. 항상 내 배우자는 너무 감정적이다.
20. 내가 우리 결혼생활에서 핵심 결정을 내려야 하는 사람이다.

넷째 단계의 목표는 부부관계를 효과적으로 개선하기 위한 기초로서 우정을 형성하도록 하는 것이다. 이 단계에서 우선 친밀감을 형성하려는 배우자

의 신호와 이에 대한 적절한 반응을 학습한다. 둘째 단계에서 부부싸움을 분석하고 그것에 대한 적절한 반응을 학습한 것처럼, 일상생활에서 배우자가 언어 혹은 행동으로 보여주는 친밀감 혹은 애정의 신호를 알아차리고 이에 대한 반응을 연습한다. 부부관계에 긍정적 정조를 증가시키기 위해, 배우자에 대한 지식을 확충하고 애정과 감동의 반응을 확대한다. 특히 친밀감을 증진하는 감동적 부부모임이나 행사를 계획하고 실행한다.

다섯째 단계의 목표는 치료자의 역할은 계속 축소되어서 사라지는 것이다. 가트만은 중간 단계의 회기에서 치료시간을 증가시키고, 후기 단계의 회기는 2주 후, 그리고 다음 회기는 3주 후에 실시함으로써 치료자의 역할을 축소하는 것을 선호한다. 회기 간의 기간이 길어지면서, 부부에게는 숙제가 주어지고, 그 숙제에 대해 중간에 치료자가 전화로 확인한다. 이 과정을 통해, 부부가 치료자에 대한 의존성을 줄이고, 스스로 문제를 해결할 수 있는 능력을 증진하게 된다. 그 결과, 재발의 가능성이 낮아지게 된다.

치료과정의 목표로 제시하지 않았지만, 치료의 과정에 걸쳐 부부는 공동의 목표체계를 형성하는 목표가 존재한다고 가트만은 주장한다. 이것은 부부가 함께 가족 안에서 감동이 있는 문화를 만들어 내는 작업이다. 사회의 공동체성이 해체되고 공통의 의미가 분열되면서, 이 목표의 필요성은 높아지고 있다.

참고문헌

Reference

강두호(2003). 자연법 사회윤리. 서울: 인간사랑.

강유진 · 한경애(1997). 비동거 자녀의 노부모 부양행동에 관한 연구. 한국노년학, 17(1), 271-288.

강은령(1988). 부부의 결혼에 관한 연구 - 취업/비취업 주부를 중심으로. 이화여자대학교 대학원 석사학위논문.

경향신문(2007). 유엔 "한국, 다민족 성격 인정해야" 권고. 2007. 8. 19.

고미경(2002). 여성가장의 자립지원방안. 신라대학교 대학원 석사학위논문.

고보혜(2006). 양성평등에 관한 헌법적 고찰-혼인과 가족제도를 중심으로. 전남대학교 대학원 학사학위논문.

고상원(2003). 부부의 의사소통 관계향상을 위한 목회 상담의 역할. 아세아연합신학대학교 대학원 석사학위논문.

고성혜(1981). 청소년기 자녀에 대한 아버지의 역할수행. 서울대학교 대학원 석사학위논문.

고정자(1988). 한국 도시 주부의 고부갈등에 관한 연구. 한양대학교 대학원 박사학위논문.

______(2006). 변화하는 결혼과 가족. 서울: 형설출판사.

고정자 · 김갑숙(1993). 고부관계 연구에 대한 고찰. 한국가정관리학회지, 11(1), 235-247.

고현선(1993). 부부의 자아분화가 부부 적응에 미치는 영향. 숙명여자대학교 대학원 석사학위논문.

권순달(2002). 교육연구의 이해. 서울: 양서원.

______(2004). 사랑의 이론과 측정 도구의 생태학적 평가. 교육문제연구, 21, 165-184.

권정란(2005). 원가족의 정서적 건강성과 자기분화에 따른 부부적응 연구. 서울여자대학교 기독교대학원 석사학위논문. 19-20.

권정혜 · 임승락(1998). 부부간 의사소통과 결혼만족 - 성차, 요구입장 차이 및 성격특성의 영향력. 한국심리학회 '98 연차대회 학술발표 논문집, 109-124.

권중돈(2004). 노인학대에 영향을 미치는 요인. 한국노년학, 24, 1-19.

권중돈 · 고효진 · 이성희 · 임송은 · 장우심 · 이유진(2002). 치매와 가족. 서울: 학지사.
금은순(1996). 자아분화 수준이 부부갈등에 미치는 영향. 부산대학교 대학원 석사 학위논문.
금장태(1994). 제5회 유교사상 국제학술회의 발표 논문: 유학과 가정윤리. 유교사상연구, 7, 133-145.
김경신 · 김오남 · 윤상희(1995). 미혼남녀의 배우자선택 조건 및 관련요인 분석. 가정과학연구, 5, 103-117.
김경애(2003). 현대가족 변화와 새로운 가족정책 방향, 동덕여자대학교 한국여성연구소, 45-69.
김경원(2005). 가족복지 실천을 위한 가족개념의 인식과 가족관계에 관한 연구. 명지대학교 대학원 석사학위논문.
김경은(2008). 성인애착이 남녀 이성교제에 미치는 영향. 총신대학교 대학원 석사 학위논문.
김경자(2004). 기혼남녀의 원가족 경험과 자아분화가 가족체계기능에 미치는 영향. 성신여자대학교 대학원 박사학위논문.
김경희(1998). 저소득 여성실직가장의 생활, 의식, 욕구, 실태보고. 한국여성단체연합.
김광률(2002). 기독교인의 결혼준비 집단상담의 개발 및 효과검증. 계명대학교 대학원 박사학위논문.
김규식(2003). 부부갈등 극복을 위한 목회상담 대처방안. 성결대학교 대학원 석사 학위논문.
김기행(1992). 일곱 가지 여성 콤플렉스. 서울: 현암사.
김동춘(2002). 유교와 한국의 가족주의-가족주의는 유교적 가치의 산물인가?, 경제와 사회, 55, 93-118.
김두헌(1949). 조선가족제도 연구. 서울: 을유문화사.
______(1971). 조선가족제도 연구. 서울: 서울대학교 출판부.
______(1980). 한국가족제도 연구. 서울: 서울대학교 출판부.
______(1993). 한국가족제도사 연구. 서울: 서울대학교 출판부.
김득렬(1991). 결혼과 가족관계. 서울: 대한 기독교서회.
김명언 · 이영석(2000). 한국 기업조직에서 부하가 상사에 대해 갖는 신뢰와 불신의 기반. 한국심리학회지: 사회문제, 6(3), 99-120.
김명자(1992). 중년기부부의 일상적 스트레스와 가족응집력, 적응력 및 복지감 연구. 숙명여자대학교 논문집, 33, 31-35.
김명자 · 고현선(1994). 부부의 자아분화가 부부 적응에 미치는 영향. 숙명여자대학교 생활과학 연구지, (9), 3-14.
김명자 · 조재화(1997). 노부모 부양의식에 관한 연구. 서울: 숙명여자대학교 출판부.
김미경(2006). 결혼 전 상담 프로그램 개발 및 효과검증. 천안대학교 기독교전문대학원 박사학위논문.
김미혜 · 신경림 · 강미선 · 강인(2006). 고령화 한국사회의 부양체계 구축을 위한 연구: 성공적 노후 삶의 유형별 부양체계 분석을 통하여. 한국노년학, 26(3), 617-630.
김미화(1997). 부모에 대한 자녀의 갈등해결방식 개선을 위한 집단상담의 효과. 계명대학교 교육대학원 석사학위논문.
김선녀(2001). 고부갈등에 관한 연구. 한남대학교 지역개발대학원 석사학위논문.
김성순(1984). 노인복지론. 서울: 이우출판사.
김성주(2002). 사회복지사의 가족인식에 관한 연구. 카톨릭대학교 대학원 석사학위논문.
김송애(1990). 가족주의 가치관과 노부모 부양에 관한 연구. 이화여자대학교 대학원 석사학위논문.
김수진(1997). 대학생의 가족체계 유형 및 가족 만족도와 심리적 독립과의 관계. 숙명여자대학교 대학원 석사학위논문.
김순옥 · 노명숙(2004). 판례에 나타난 이혼원인 분석. 성균관 대학교 생활과학연구소.
김시업(1999). 결혼과 가정. 서울: 학지사.
김양희(1988). 현대사회와 가족문제. 서울: 한국가족학 연구소.
김연옥 · 유채영 · 이인정(2005). 가족복지론. 서울: 나남.
김영란(1999). 여성빈곤과 복지국가의 재구조화. 한국사회학, 33, 551-583.
김영애(1993). 한국여성의 한에 관한 연구. 기독교사상 2월호.
김오남 · 윤상희(1997). 미혼남녀의 사랑과 성에 대한 태도 및 배우자 선택조건. 전남대학교 대학원 박사학위논문.
김웅익(1997). 대학교양총서 61, 건강한 청소년기를 위하여. 서울: 서울대학교출판부.
김유숙(2005). 가족상담. 서울: 학지사.
김의철 · 박영신(2004). 청소년과 성인의 삶의 질 인식에 대한 토착심리 분석. 한국심리학회, 9(4), 973-1002.
김재엽(2006). 부모의 양육태도와 청소년의 공격성 및 폭력 행동과의 관계. 한국청소년학회, 14(5), 169-197.
김정근 · 홍형옥(1996). 혼례에 따른 혼수기물과 혼례가구의 변천. 대한가정학회지, 34(1), 189-202.
김정옥(1993). 이혼의 사회적 배경과 이혼 원인의 이론적 고찰. 서울: 한국가족학연구회.

김정옥(1993). 이혼의 사회적 배경과 이혼원인의 이론적 고찰. 한국가족연구회편, 「이혼과 가족문제」. 서울: 도서출판 하우.
김정옥 · 박경규(2002). 새로 보는 결혼과 가족. 서울: 신정.
김준수(2001). 기독교인의 부부갈등에 관한 연구. 성경과 신학, 29, 248-277.
김철수(2000). 노인복지정책에서의 가족 역할의 모색. 사회과학논집, 3, 87-110.
김철호(2004). 치매노인의 부양가족을 위한 상담방법 연구. 웨스트민스터신학대학원대학교 석사학위논문.
김태현 · 한은주(1994). 가족주의 가치관에 따른 부양만족도와 부양부담도. 한국노년학회, 14(1), 95-116.
김태홍 · 양승주(1997). 여성인구의 특성과 변화. 서울: 한국여성개발원.
김현숙(2002). 실업여성가장의 생활경험에 대한 연구. 계명대학교 대학원 석사학위논문.
김현재(2007). 원가족 규칙과 분화 및 양성평등 의식이 기혼남녀의 결혼만족도에 미치는 영향. 연세대학교 대학원 석사학위논문.
김현주(1998). 부부관계. 서울: 경문사.
김형일(2008). 부부 의사소통이 가족관계 형성에 미치는 영향에 관한 연구. 총신대학교 선교대학원 석사학위논문.
김혜경 · 도미향 · 문혜숙 · 박충선 · 손홍숙 · 오정옥(2006). 가족복지론. 서울: 공동체.
김혜래(2003). 중 · 고등학생이 지각한 성 역할 정체성과 우울에 관한 연구. 서울대학교 대학원 박사학위논문.
김혜석(2000). 교회 청년들을 위한 결혼예비교육에 대한 연구. 안양대학교 신학대학원 석사학위논문.
김효순(2006). 재혼가족의 역할긴장이 적응에 미치는 영향에 관한 연구. 성균관대학교 대학원 박사학위논문.
김흥규(2005). 흔들리는 가정환경과 가족의 삶의 질. 연구원창립 2주년 기념학술포럼. (사)한국 삶의 질 연구원, 1-10.
남국희(2005). 재혼가족의 갈등해결을 위한 목회 상담학적 고찰. 나사렛대학교 대학원 석사학위논문.
남상주(2004). 행복한 결혼생활을 위한 가족복지적 접근: 결혼예비상담을 중심으로. 명지대학교 대학원 석사학위논문.
남세진 · 조흥식(1995). 한국사회복지론. 서울: 나남.
남순현 · 한성열(2003). 신혼기 부부의 부모로부터의 심리적 독립과 결혼 후 친밀감에 미치는 원가족의 영향. 한국심리학회: 임상, 22(3), 505-523.
노안영 · 강영신(2003). 성격심리학. 서울: 학지사.
대한가족계획협회(1992). 사랑, 결혼 그리고 아름다운 삶을 위하여. 대한가족계획협회. pp.11-13.
류명걸(2003). 실용주의와 실학사상. 서울: 용성출판사.
류승하(1996). 부부들의 갈등해소 양식 변화에 미치는 의사소통 기술훈련과 신념변화훈련의 효과. 계명대학교 대학원 박사학위논문.
류정순(2000). 외환위기 이후 빈곤의 여성화에 관한 연구. 불교와 사회복지, 4, 209-234.
마이웨딩(1997). 약혼에서 혼인신고까지 법률 상식 A to Z. 1997년 6월호. 서울: 디자인 하우스.
목소희(2005). 근로빈곤여성의 노동경험에 관한 연구. 숙명여자대학교 대학원 석사학위논문.
문소정(1997). 여성운동과 모성담론. 여성학연구, 7(1), 117-152.
문순희(1997). 기독교 가정의 부부 의사소통 향상을 위한 가족치료 개입에 관한 연구. 서울신학대학교 사회복지대학원 석사학위논문.
민무숙(1995). 노모와 성인 딸/며느리간의 상호원조유형이 부양부담도에 미치는 영향. 한국노년학회, 15(1), 74-90.
민미정(2009). 조부모-부모-자녀의 관계와 청소년의 부모부양의식. 한양대학교 교육대학원 석사학위논문.
민중 에센스 국어사전(2003). 민중 에센스 국어사전. 서울: 민중서적.
박문희(2002). 이혼과 재혼에 관한 목회상담적 고찰. 이화여자대학교 대학원 석사학위논문.
박민숙(1985). 부부간 의사소통 효율성 결정요인에 관한 연구. 이화여자대학교 대학원 석사학위논문.
박민자(1994). 가족과 한국사회. 서울: 경문사.
박병금(1997). 이혼가정 자녀의 자아존중감 향상을 위한 집단사회사업개입의 효과. 경북대학교 대학원 석사학위논문.
박선영(2005). 이혼 여성들을 위한 교회 내 프로그램 연구. 총신대학교 일반대학원 석사학위논문.
박성수(2000). 노인부양형태와 부양의식에 대한 연령별 비교 연구. 연세대학교 행정대학원 석사학위논문.
박영복(1997). 20년간의 목원대학생들의 가치관 변동에 관한 비교연구(1976-1996). 목원대학교 논문집, 33. 41-73.
박영숙(1987). Minuchin의 이론체계 내에서의 한 가정의 고부갈등에 관한 연구. 동아대학교 대학원 석사학위논문.
박영화(2010). 저출산·고령화사회에 대비한 가족관련 교육프로그램 개발 및 적용. 부산교육대학교 교육대학원 석사학위논문.
박재간(1979). 노인문제와 그 대책. 서울: 이우출판사.

______(1995). 오늘의 노인, 그들은 누구인가. 박재간 외, 고령화사회의 위기와 도전, 41-53, 서울: 나남출판.
______(2000). 전통적 효개념과 현대인의 과제. 한국노인문제연구소.
______(2004). 전통적 효개념과 현대인의 과제. 노인복지정책연구총서.
박재규(2003). 여성가구주 빈곤화와 빈곤가구의 사회경제적 특성. 제4차 한국노동패널 학술대회 논문집Ⅱ.
박창제(2006). 치매노인 부양가족을 위한 휴식보호서비스 모형에 관한 연구. 노인복지연구, 32, 295-326.
백주희(2007). 부양 전 부부관계의 질과 결혼기간이 치매노인 부양자의 스트레스 평가, 복지감, 삶의 질에 미치는 영향. 한국노년학, 27(1), 255-272.
백지은 · 서선영 · 신수진(2003). 예비부부를 위한 교육프로그램 구성. 한국가족관계학회지, 8(1), 1-27.
변상해(2007). 한국 가정폭력 가해자 교정상담 프로그램 만족도와 내용 분석에 관한 연구. 백석대학교 대학원 박사학위논문.
변화순(1995). 이혼가족을 위한 대책연구. 한국여성개발원 연구보고서.
보건복지부(2006). 저출산 · 고령사회 극복 기본계획. 보건복지부.
사전연구회(2004). 새국어사전. 서울: 두산동아.
서병숙(1996). 노후문제 그 특징과 대책. 한국생활과학연구 14, 147-155.
______(1999). 결혼과 가족. 서울: 교문사.
서병숙 · 이신숙(1991). 농촌 기혼여성 노부모 부양의식 부양수행도. 한국노년학회, 11(2), 191-111.
서병숙 · 이정숙 · 김혜경 · 이신숙(2002). 현대가족과 복지. 서울: 교문사.
서병숙 · 정해은(1994). 배우자 선택과 결혼연구에 대한 고찰. 한국생활과학연구, 12, 209-227.
서선희(1998). 한국적 효 개념의 특수성. 한국노년학, 18(3), 142-154.
서울신문(2007). 통계로 본 결혼풍속도. 2007. 8. 20.
석재은(2003). 한국의 '빈곤의 여성화' 실증 분석: 1996-2002. 한국사회복지학회 춘계학술대회 자료집.
성명재(2001). 소득분배 변화 추이와 결정요인 분석: 도시가구를 중심으로. 한국조세연구원 연구보고서.
손승영(1995). 한국사회의 변화와 가족. 서울: 사회문화연구소.
송다영(2003). 사회적 배제 집단으로서의 저소득 모자가족과 통합적 복지대책 수립을 위한 연구. 한국사회복지학, 54, 295-319.
송말희(1990). 기혼남녀의 부부간 갈등정도와 대응행동에 관한 연구. 한국가정관리학회지, 8(2), 31-37.
송명자(1996). 발달심리학. 서울: 학지사.

송성자(1985). 한국 부부간의 의사소통 유형과 가족문제에 관한 연구. 숭실대학교 대학원 박사학위논문.

______(1987). 가족관계와 가족치료. 서울: 홍익제.

______(1995). 가족과 가족치료. 서울: 법문사.

______(2002). 가족과 가족치료. 서울: 법문사.

송정아(2004). 부부치료. 서울: 학지사.

송정아 · 전영자 · 김득성(1998). 가족생활교육론. 교문사.

송정자(1995). 가족관계와 가족치료. 서울: 홍익제.

송정화(2008). 결혼적령기 남녀의 자아이미지와 배우자이미지 선택요소의 상관관계 연구. 국제문화대학원대학교 석사학위논문.

신남희(2009). 복합가정에서의 의사소통 문제와 성경적 상담. 총신대학교 대학원 석사학위논문.

아시아경제(2010). 급변한 결혼 가치관. 20대 후반 여성 미혼율 50%. 이승국 기자. 2010. 7. 28.

안빈 · 김효영 · 안혜선(2002). 아름다운 결혼으로의 초대. 서울: 삼성북스.

안순(2004). 초등학생의 학교생활 적응에 대한 생물학적 성과 성 역할 정체감의 상호작용 효과. 연세대학교 대학원 석사학위논문.

양재민(2007). 신혼가족에 대한 목회적 돌봄의 필요성 연구. 감리교신학대학교 대학원 석사학위논문.

양정혜(2006). 제7차 교육과정과 교과서의 "가족" 분석. 한국실과교육학회지, 20(2), 195-215.

여경순(2002). 성 역할 유형에 따른 학교생활 만족도와 인기도의 차이. 서강대학교 교육대학원 석사학위논문.

여성부(2008). 2007년 전국 가정폭력 실태조사. 여성가족부.

여성한국사회연구소(2002). 가족과 한국사회. 서울: 경문사.

여지영(2002). 여성 가구주와 남성 가구주의 빈곤 차이에 관한 연구. 서울대학교 대학원 박사학위논문.

연문희(1994). 기독교 가족상담. 서울: 한국장로교 출판사.

연합뉴스(2003). 기혼자 47% "신용카드 때문에 부부싸움." 2003. 7. 26.

오영희 · 박창옥 · 강영식(2007). 가족관계. 서울: 동문사.

옥선화(1982). 한국도시가족의 역할구조분석(Ⅱ). 성신여자대학교 논문집, 13, 5-34.

______(1989). 현대 한국인의 가족주의가치에 대한 연구. 서울대학교 대학원 박사학위논문.

옥선화 · 성미애 · 허정원(2001). 경제위기 이후의 빈곤 여성가장의 생활실태 조사. 대한가정학회지, 39(2), 1-14.

옥선화・정민자(1993). 결혼과 가족. 서울: 도서출판 하우.
우명순(2008). 중년기 기혼남녀의 부부친밀감에 관한 연구: 자아정체감, 부부의사소통, 양성평등 의식을 중심으로. 숭실대학교 사회복지대학원 석사학위논문. pp.10-12.
우상식(2006). 부부갈등과 목회상담; 의사소통을 중심으로. 장로회신대학교 목회전문대학원 석사학위논문.
원자희(2004). 어머니의 애착유형 및 부부의 갈등해결방식과 자녀의 애착유형. 숙명여자대학교 교육대학원 석사학위논문.
위영희(1980). 아동양육에서의 아버지의 역할과 아버지에 대한 아동의 지각. 연세대학교 대학원 석사학위논문.
유가효(1976). 한국도시가족의 고부갈등의 실태 전망. 서울대학교 대학원 석사학위논문.
유계숙(2000). 비교가족 교육을 위한 강의안 개발 및 평가. 한국가족관계학회지, 5(1), 233-251.
유승주・이성우(2007). 한국과 미국의 노인부양에 영향을 미치는 요인의 비교. 통계연구, 12(2), 201-227.
유양옥(2006). 교회 내 부부관계 향상을 위한 의사소통의 효율성 연구. 장로회신학대학교 목회전문대학원 석사학위논문.
유 옥(2006). 21세기를 위한 가족상담의 이론과 실제. 서울: 교육과학사.
유영주(1980). 가족관계학. 서울: 교문사.
______(1987). 신가족 관계학. 서울: 교문사.
______(1994). 한국가족의 역할. 한국청소년연구, 5(3), 5-12.
______(1996). 신가족 관계학. 서울: 교문사.
______(2000). 부모와 자녀세대가 인지한 농촌가족의 건강성 및 관련변인의 특성 연구. 한국가족관계학회지, 5(1), 67-91.
유영주・김순옥・김경선(2000). 가족관계학. 서울: 교문사.
유영주・이인정・최혜경(2001). 새로운 가족학. 서울: 신정.
유정원(2000). 한국여성 빈곤의 특성에 관한 연구. 연세대학교 대학원 석사학위논문.
유주앙(2008). Satir의 경험적 가족치료를 중심으로 한 한국가족의 부모-자녀 간 자아존중감에 관한 연구. 한세대학교 대학원 석사학위논문.
윤현숙・류삼희(2005). 전통적인 효의식과 아들선호사상에 영향을 미치는 요인: 노년층과 장년층 비교연구. 한국노년학, 25(3), 177-194.
윤희라(2010). 이혼가정 청소년이 지각한 가족기능이 자아정체감에 미치는 영향에 관한 연구. 숭실대학교 일반대학원 석사학위논문.
이가옥・이미진(2000). 장기요양 보호노인 가족 수발자의 정서적 부양부담에 관한 연구. 한국노년학회지, 20(2), 215-228.

이경애(1981). 고부간의 갈등에 관한 연구. 숙명여자대학교 대학원 석사학위논문.

이광규(1975). 한국가족의 구조분석. 서울: 일지사.

______(1981). 한국가족의 심리문제. 서울: 일지사.

______(1992). 가족과 친족. 서울: 일지사.

______(1997). 우리나라의 혼례문화. 한국식생활문화학회지, 12(2), 203-206.

이규태(2000). 한국인의 정신문화. 서울: 신원문화사.

이근후 · 이동원(1973). 도시 가족 내의 부부간 커뮤니케이션에 대한 연구. 한국문화원연구원논총, 22, 278-279.

이기숙 · 공미혜 · 김득성 · 김은경 · 손태홍 · 오경희(2001). 결혼의 기술. 서울: 신정.

이데일리(2008). 살기 힘들다. 자살률 IMF때의 두 배. 2008.9.9.

이말임(1999). V. Satir의 가족치료이론에서 비추어 본 목회자 부부 의사소통유형에 관한 연구. 서울신학대학교 사회복지대학원 석사학위논문.

이명숙 · 김영미(1993). 가족구조와 부모불화가 청소년 자녀의 부적응에 미치는 영향. 한국심리학회지, 6(2), 201-216.

이명신 · 김유순(2003). 이혼사유별 이혼의향에 영향을 미치는 요인: 남녀 모델 비교. 한국여성개발원, 78-99.

이상균(2005). 청소년의 또래폭력 가해경험에 대한 생태 체계적 영향 요인. 한국아동복지학회, 19, 141-170.

이상은(2002). 양성평등의 원칙: 양성평등 실현을 위한 여성할당제를 중심으로. 동국대학교 대학원 석사학위논문.

이선정 · 신효식(2000). 기혼여성의 배우자 선택요인과 결혼만족도. 한국가정과학회지, 3(2), 13-26.

이성의 · 김태현(1989). 성 역할 태도에 따른 부부간 가족 역할 구조분석. 한국가정관리학회지, 7(2), 109-125.

이소희(2003). 가족문제와 가족복지. 서울: 형설출판사.

이영주(2005). 한국가족의 구조변화와 대응방안. 한영신학대학교 대학원 석사학위논문.

이용숙(1988). 어머니의 취업과 학교교육 및 자녀의 성취에 관한 연구. 서울: 한국교육개발원.

이은식(1974). 한국가족의 역할구조에 관한 연구: 가족복지적 관점에서. 부산대학교 논문집, 20, 153-181.

이은희(2002). 가족생활주기에 따른 맞벌이 남녀의 성 역할 태도와 결혼만족도 연구. 한국가족복지회, 10, 115-116.

이은희 · 공수자 · 이정숙(2004). 청소년들의 가정, 학교, 지역의 심리사회적 환경과 폭력과의 관계. 한국심리학회, 16(1), 123-145.
이정덕 · 김경신 · 문예숙 · 송현애 · 김일명(1998). 결혼과 가족의 이해. 서울: 학지사.
이정숙(1994). 부모의 이혼이 아동의 성격발달에 미치는 영향에 관한 연구, 한국아동복지학회, 2, 1-31.
이정순(1991). 부부간 커뮤니케이션 유형에 관한 연구. 이화여자대학교 대학원 박사학위논문.
이정아(2001). 가족부양자의 부양행동, 부양관계망과 기능취약노인의 삶의 질의 관계. 이화여자대학교 대학원 석사학위논문.
이정우(1992). 결혼과 가족관계. 서울: 숙명여대출판부.
이정우 · 김명자 · 계선자(1994). 결혼과 가족관계. 서울: 숙명여자대학교출판부.
이종헌(1992). 부부생활을 위한 의사소통 기법. 기독교 사상 제390호 5월호.
이지연(2008). 수민이네 가족의 일상을 통해 본 아버지의 부재 표현 연구. 이화여자대학교 대학원 석사학위논문.
이진숙(2005). 아동의 기질 · 가정환경 · 정서지능 및 사회성 발달에 관한 연구. 인하대학교 대학원 박사학위논문.
이창만(1992). 자아분화 수준에 따른 부부갈등과 부부 적응. 고려대학교 대학원 석사학위논문.
이창숙 · 유영주(1998). 부부갈등 해결 교육프로그램 개발연구. Baucom과 Epstein의 인지행동 모델에 기초하여. 한국가족관계학회지, 3(10), 46-71.
이춘우(2006). 치매노인 주 수발자의 부양부담감에 영향을 미치는 요인. 한림대학교 보건대학원 석사학위논문.
이충호(2001). 기독교적 결혼관 확립과 배우자 선택을 돕는 프로그램 개발. 한남대학교 대학원 석사학위논문.
이혁구(1999). 탈근대사회의 가족변화와 가족윤리: 21세기 가족복지의 실천방향. 한국가족복지학, 4, 219-242.
이현규(1992). 고난. 서울: 두란노.
이현송 · 정경희 · 한경혜 · 이혜경 · 강혜규(1996). 여성의 경제활동과 가족복지. 서울: 한국보건사회연구원.
이현숙(2004). 1970년대 출생 동시집단 신혼기 부부의 결혼관과 결혼준비 실태. 상명대학교 대학원 석사학위논문.
이효재(1976). 가족과 사회. 서울: 경문사. 304.
______(1990). 한국 가부장제의 확립과 변형. 여성한국사회연구회 편. 서울: 까치.
______(1993). 가족의 민주화와 혼인. 서울: 또 하나의 문화.
이희자 · 김경원(2005). 부모-자녀 간 의사소통과 청소년의 자아존중감 및 사회성 발달과의 관계. 한국생활과학회지, 9(3), 283-295.

임미영(2002). 가족친밀감과 청소년의 노인부양의식과의 관계. 동덕여자대학교 대학원 석사학위논문.

임인숙(1999). 미국 학계의 가족변화 논쟁. 가족과 문화, 11(1), 23-46.

임정순(1999). 결손가정 아동의 성 역할 정체감과 대인관계. 고려대학교 대학원 석사학위논문.

장덕희(2004). 가정폭력 경험특성에 따른 자녀의 정서적. 행동적, 사회적 부적응에 관한 연구. 한국청소년학회.

장영숙(2002). 어머니의 취업이 자녀의 학업성취 및 사회성 발달에 미치는 영향. 인천대학교 행정대학원 석사학위논문.

장혜경 · 김영란(1997). 취업주부의 역할분담과 갈등요인에 관한 연구. 서울: 한국여성개발원.

장혜경 · 민가영(2002). 재혼가족의 적응실태와 지원 방안에 관한 연구. 서울: 한국여성개발원.

장휘숙(2000). 인간발달. 서울: 박영사.

전명희(2001). 이혼 후 자녀의 양육형태 형성과정에 관한 연구. 연세대학교 대학원 박사학위논문.

전병재(2004). 개혁 신학적 관점에서 본 청소년 성(역할) 정체성에 관한 연구. 총신대학교 대학원 석사학위논문.

전종미(2003). 가족개념에 관한 질적 연구. 성신여자대학교 대학원 석사학위논문.

전춘애(1994). 부부의 자아분화 수준과 출생과정에 대한 정서적 건강 지각이 결혼안정성에 미치는 영향. 이화여자대학교 대학원 박사학위논문.

정대현(2005). 고령화사회에서 비노인층의 노인부양 의식에 관한 연구. 건국대학교 대학원 석사학위논문.

정동섭(2004). 위기탈출, 언약적 관점으로 가정 세우기. 목회와 신학, 214-216.

정미숙(2001). 여성가구주, 성별화된 빈곤 그리고 일: 어머니냐 노동자냐. 경제와 사회, 51, 38-67.

정미향 · 김득성(2001). 결혼 전 관계향상 프로그램 구성 및 효과검증. 한국가정관리학회지, 19(4), 69-83.

정민자(1987). 결혼준비교육프로그램의 개발에 관한Ⅰ. 대한가정학회지, 110(8), 373-391.

정옥분(2005). 결혼과 가족의 이해. 서울: 시그마프레스.

정옥분 · 임춘희(1997). 초혼계모의 재혼가정생활 스트레스와 적용에 대한 경험적 연구. 대한가정학회지, 35(5), 73-102.

정원식(1998). 신 청년심리학. 서울: 대왕사.

정진영(1993). 한국의 이혼실태와 이혼가정 자녀들의 문제에 관한 연구. 한국아동복지학회, 창간호, 81-108.

정진희(2005). 노인학대의 실태와 대처방안에 대한 연구. 서강대학교 대학원 석사학위논문.

정현숙(2001). 가족관계. 서울: 학지사.

정현숙 · 유계숙(2001). 가족관계. 서울: 신정.

정현숙 · 유계숙 · 최연실(2003). 결혼학. 서울: 신정.

정희원(2000). 부부 갈등해소를 위한 의사소통 가족치료 연구: V. Satir의 이론과 치료기법을 중심으로. 이화여자대학교 대학원 석사학위논문.

정희정(2001). 미혼남녀의 성의식 및 성행동에 관한 조사 연구. 경희대학교 대학원 석사학위논문.

제석봉(2002). 자아분화와 부부 적응과의 문제. 한국상담연구, 3(1), 171-184.

조은경 · 정혜경(2002). 기혼남녀의 자아분화 수준에 따른 갈등대처 행동 및 결혼적응에 관한 연구. 한국가정관리학회지, 20(1), 11-15.

조추용(1999). 가족과 노인부양의식: 일본과 한국의 비교연구. 한국사회복지학회 학술대회 자료집, 251-268.

조형(1991). 자본주의와 가부장제 가족. 가족학논집, 제3집, 161-180.

조혜정(1988). 한국의 여성과 남성. 서울: 문학과 지성사.

주소희(1992). 이혼가정 자녀의 정신건강에 관한 연구, 이화여자대학교 대학원 석사학위논문.

중앙일보(2004). 가정파탄의 주범은 경제문제. 2004. 2. 10.

진달님(2008). 기혼남녀가 지각한 원가족 경험이 가족건강성 및 부부갈등에 미치는 영향. 동아대학교 교육대학원 석사학위논문, 10-11.

차풍로(1977). 노년기에 있어서의 의미 있는 인간관계 사회복지 가을호. 한국사회복지협의회, 79-80.

채옥희 · 송 순 · 홍달아기(1995). 현대시회와 가정. 서울: 경춘사.

최규련(1987). 가족체계 유형과 부부간 갈등 및 대처방안에 관한 연구. 한국가정관리학회지, 12(2), 140-152.

______(2005). 가족관계론. 경기도: 공동체.

최성재(1986). 노인의 생활만족도 척도개발에 관한 연구. 이화여자대학교 한국문화연구원 논총.

최신덕(1978). 결혼과 가족. 서울: 이화여자대학교 출판부.

______(1991). 결혼과 가족관계. 서울: 기린원.

최양진(2008). 부부갈등 극복을 위한 의사소통 요인에 대한 연구. 호서대학교 연합신학전문대학원 석사학위논문.

최인섭(2003). 한국사회의 폭력에 대한 연구: 진단과 처방. 한국형상정책연구원.

최재석(1966). 한국가족사연구. 서울: 일지사.

______(1983). 한국가족제도사연구. 서울: 일지사.

최종환(2007). 종교성향, 원가족 건강성과 심리적 디스트레스 및 부부친밀감의 관계. 가톨릭대학교 상담심리대학원 석사학위논문. 12.

통계청(2003). 이혼 사유별 이혼. http://www.nso.go.kr

______(2008). 이혼 통계 발표. http://www.nso.go.kr

한겨레신문(2003). 혼인 이혼율 추이. 2003.3.27.

한국가족학연구회(1993). 가족학. 서울: 하우.

______________(1993). 이혼과 가족문제. 서울: 도서출판 하우.

한국경제신문(2007). 혼전 성관계 괜찮아. 2010. 8. 6.

한남제(1989). 현대 한국가족연구. 서울: 일지사.

______(1999). 현대 가족의 이해. 서울: 일지사.

한명희(1987). 교육이념에 나타난 성의 구조. 한국공업교육학회지, 3, 7-49.

한미향(2000). 부부의 자아분화와 부부갈등 및 갈등 대처방안과의 관계. 서강대학교 교육대학원 석사학위논문.

한숙자(2006). 부부갈등 처리유형과 대화유형에 관한 이론적 고찰. 한영논총, 10, 203-223.

한혜경(2000). IMF 이후 빈곤 및 실업대책에 대한 성 인지적 분석. 한국가족복지학, 6, 215-234.

함인희(1993). 변화하는 가족과 여성의 지위. 한국여성개발원.

홍경희(2007). 초혼과 재혼의 결혼조건 차이와 미래 가족관에 대한 연구: 강남지역 거주 초 · 재혼자를 중심으로. 연세대학교 행정대학원 석사학위논문.

홍나영 · 이은진 · 박선희(2002). 20세기 한국의 혼례문화 변천에 관한 연구. 대한가정학회지, 40(11), 141-156.

황경식(1995). 개방사회의 사회윤리. 서울: 철학과 현실사.

황옥자(1980). 부모의 이혼이 자녀생활에 미치는 영향에 관한 연구. 숙명여자대학교 대학원 석사학위논문.

Ackerman, N.(1958). Psychodynamics of family life. New York: Basic Books.

Adams, B. N.(1980). The Family: A sociological interpretation (3ed). Chicago: Rand McNally College Publishing Company.

Adams, D. W.(1986). The methodologies of art. Boulder, CO: Westview Press.

Adams, R. M.(1976). Peripheral males. N. Y: Anchor.

Aune, B. A.(1970). Rationalism, Empiricism and Pragmatism, New York: Random House. 서상복 역, 합리주의, 경험주의, 실용주의. 서울: 서광사.

Balswick, J. O. & Judith K. A.(1995). Christian Perspective on the Contemporary. 황성철 역. 「크리스천 가정」. 서울: 두란노.

Bandura, A.(1977). Self-efficacy Mechanism in Human Agency, American

Psychology, 37, 122-127.

Barrett, M. & McIntosh, M.(1980). The 'family wage': Some problems for socialists and feminists. Capital and Class, 11, 51-72.

Beattie, G. W.(1978). Floor apportionment and gaze in conversational dyads. British Journal of Social and Clinical Psychology, 17, 7 - 16.

Beck, U.(1997). The Reinvention of Politics: Rethinking Modernity in the Global Social Order. Cambridge: Polity Press.

Bellah, R. N., Madsen, R., Sullivan, W. M., Swidler, A. & Tipton, S. M.(1985). Habits of the Heart. Individualism and Commitment in American Life. New York, Harper & Row.

Bem, S. L.(1974). The measurement of psychological androgyny. Journal of Consulting and Clinical Psychology. 42, 155-162.

Berman, W. H.(1991). Adaptation to divorce: problems and coping strategies. Journal of Marriage and the Family, 43, 179-189.

Blankenhorn, D.(1990). American family dilemmas. In Blankenhorn, D., Bayme, &. Elshtain, J. B. (Eds.), Rebuilding the nest, (pp 3-25). Milwaukee, WI: Family.

Blau, P. M.(1964). Exchange and Power in Social Life. New York: John Wiley & Sons.

Bohlander, R. W.(1999). Differentiation of self, need fulfillment and psychological well-being in married man. Psychological Reports, 84(3), 1272-1280.

Bowen, M.(1978). Family therapy in clinical practice. New York: Jason Aronson.

Bowlby, J.(1958). The nature of the child's tie to his mother. International Journal of Psychoanalysis 39(5), 350-373.

Broderick, J.(1983). Commitment: A variable in women's response to marital therapy. American Journal of Family Therapy, 11(4), 16-24.

Burgess. P. K.(1972). Eysenck theory of criminality: A new approach.

Campbell, J. C. & Humphreys, J.(1993). Nursing care of survivors of family violence. St. Louis, MO: Mosby.

Chafin, K.(1978). Is There a Family in the House? Philadelphia: Westminster.

Chodoff, P., Friedman, S., Hamburg, D., Friedman, S. & Hamburg, D.(1964). Stress, defenses and coping behavior: observations in parents of children with malignant diseases. American Journal of Psychiatry, 120, 743-749.

Clifford, J. S.(1983). Treating the Remarried Family. New York: Brunner/Mazel, Publishers.

Cohen, S. & Hoberman, H.(1983). Positive events and social supports as buffers of life change stress. Journal of Applied Social Psychology, 13, 99-125.

Collins, R. & Coltrane, S.(1991). Sociology of marriage and the family. Chicago: Nelson-Hall.

Collins, S.(1974). A Different Heaven and Earth: A Feminist Perspective on Religion. Valley Forge, PA: Judson Press.

Cooley, C. H.(1902). Human nature and the social order. New York: Charles Scribner's.

Cox, J.(1998). Teenage pregnancy prevention programs. Current Opinion in Pediatrics, 9(4), 310-316.

Cox, M. J.(1999). The transition to kindergarten. New York: Brooks-Cole.

Cuber, J. F. & Haroff, P. B.(1965). The significant Americans. New York: Appleton-Century.

Dornbusch, S. M. & Gray, K. D.(1988). Single-parent families. In Feminism, Children, and the New Families. ed. S. M. Dornbusch, M. H. Strober, 274-296.

Duck, S.(1982). A Topography of Relationship Disengagement and Dissolution, in Personal Relationships 4: Dissolving Personal Relationships. S. Duck, Ed., London: Academic Press.

Ekman, P., & Friesen, W. V.(1978). Facial action coding system. Palo Alto, CA: Consulting Psychologist Press.

Elliot, F. R.(1986). The Family: Change or Continuity? London: Macmillan Education.

Ellis L. J. & Bentler P. M.(1973). Traditional sex-determined role standards and sex stereotypes. Journal of Personality and Social Psychology, 25, 28-34.

Feigal, T. J.(1985). An examination of the relationship between differentiation of self and marital adjustment. Unpublished Maser's Theses, University of Iowa.

Fessis, R. H.(1985). Premarital preparation: An educational content design for seventh day adventists in the United States. ED. D. Andrews University.

Fonseca, J. D.(1970). Sexuality - a quality of being human. Nurse. Outlook, November.

Fowers, B. J. & Olson, D. H.(1986). Predicting marital success with PREPARE: A predictive validity study. Journal of Marital and Family, 12, 403-413.

Fox, G. L. & Chancey, D.(1998). Sources of economic distress: Individual and family outcomes. Journal of Family Issues, 19, 725-749.

Freud, S.(1920). Beyond pleasure principle S. E. 18. London: Hogarth Press. 60-61.

Furstenberg, F. F. & Cherlin, A. J.(1991). Divided families: What happens to children when parents part. Cambridge. MA: Harvard University Press.

Gale, K(1988). 평등한 부부. 서울: 한국여성개발원.

Galvin, K. M., & Brommel, B. J.(1982). Family communication: Cohesion and change. Glenview, IL: Scott Foresman.

Gerson, K.(1985). Hard choices. Berkeley: University of California Press.

Gillaspy, A. & Others, P.(1995). Concurrent Validity of Scores from the Hendrick-Hendrick "Love Attitudes Scale": Predicting Score Variance Using Androgyny Sex-Roles Data. ERIC 380-489.

Gittins, D.(1997). The Family in Question: Changing Households and Familiar Ideologies. London: Macmillan.

Glenn, N.(1993). What's Happening to American Marriage. USA Today, May.

Goode W.(1963). World Revolution and Family Patterns, New York: Free Press.

________(1982). Why Men Resist, in Rethinking the Family, ed. Barrie Thorne, with Marilyn Yalom, New York: Longman.

Gottman, J. M. Notarius, C., Gonso, J., & Markman, H.(1976). A couple's guide to communication. Champaign, IL: Research Press.

Gottman, J. M. & Levenson, R. W.(1992). Marital process predictive of later dissolution: Behavior, physiology, and health. Journal of Personality and Social Psychology, 63, 221-233.

Gottman, J. M.(1993). The role of conflict engagement, escalation and avoidance in marital interaction: A longitudinal view of five types of couples. Journal of Counseling and Clinical Psychology, 61, 6-15.

____________(1994). What predicts divorce? Hillsdale, NJ: Lawrence Erlbaum Associates.

____________(1999). The marriage clinic: A scientifically based marital therapy. New York: Norton.

Gottman, J., Swanson, C., & Murray, J.(1999). The mathematics of marital conflict: Dynamic mathematical nonlinear modeling of newlywed marital interaction. Journal of Family Psychology, 13, 3-19.

Gottman, J. M., Driver, J., & Tabares, A.(2002). Building the sound marital house: An empirically drived couple therapy. In Gurman, A. S., & Jacobson, N. S. (Eds.), Clinical handbook of couple therapy (3rd ed., pp.373-399). New York: Guilford Press.

Gurman, A. S.(2008). The comparative study of couple therapy. In Gurman, A. S. (Ed.), Clinical handbook of couple therapy (4th ed., pp.1-26). New York:

Guilford Press.

Gove, P. B. & Merriam-Webster(2002). Webster's third new international dictionary of the English language, unabridged. Mass: Merriam-Webster.

Gray, J.(1992). Men Are from Mars Women Are from Venus: Audio Cassette. NY: HarperCollins Publishing.

Greenberger, E. & O'Neil, R.(1990). The relationship of parents' concerns about their child's development to parents well-being and attitudes toward work. Journal of Marriage and Family, 52, 621-635.

Griffin. J. M., & Apostal, R. A.(1993). The influence of relationship enhancement training on differentiation of self. Journal of Marital and Family Therapy. 19, 267-272.

Gubrium, J. F. & Holstein, J. A.(1990). What is Family? Mountain View, CA: Mayfield.

Guttman, J.(1993). Divorce in Psychosocial Perspective: Theory and Research, Hillsdale; Lawrence Erlbaum Associates, Publishers.

Hahlweg, K., & Markman, H. J.(1998). Prevention of marital distress: Results for German prospective longitudinal study. Journal of Family Psychology 12(4), 543-556.

Hahweg, K., Revenstrof, D., & Schindler, L.(1984). Effects of behavioral marital therapy on couples' communication and problem solving skills. Journal of Counseling and Clinical Psychology, 52.

Hareven, T. K.(1992). American families in transition: Historical perspectives on change. In A. S. Skolnick & J. H. Skolnick (Eds.), Family in transition, N. Y: HarperCollins Publishers Inc.

Heavey, C. L., Christensen, A., Malamuth, N. M.(1995). The longitudinal impact of demand and withdrawal during marital conflict. Journal of Counseling and Clinical Psychology, 63(5), 797-801.

Hefner, R.(1975). Development of sex role transcendence. Human Development, 18, 143-158.

Hetherington, M.(1981). Child and divorce, in R. W. Henderson(ed.), Parent-Child Interaction: Theory, Research and Prospects. NY: Academic Press.

Hetherington, M., Stanley-Hogan, M., & Anderson, E.(1989). Marital transition: A-151-child's perspective. Sculpture Park, Oslo, Norway: John Wiley & Sons, Inc.

Hobson, B.(1991). Review of Disturbing the Nest: Family Change and Decline in Modern Societies. American Journal of Sociology, 97.

Hoffman, L. W.(1960). Effects of the employment of Mothers on Parental power Relations in the Division of Household Task, Marriage & Family Living, 27-35.

Holland, M. K.(1981). Introductory Psychology. CA: Heanth and Company.

Homans, G.(1961). Social Behavior: Its Elementary Forms. New York: Harcourt, Brace & World.

Jackson, D. D.(1965). Family rules-Marital quid pro quo. Archives of General Psychiatry, 72, 589-594.

Jonas, H.(1984). Das Prinzip Verantwortung Versuch einer Ethik für die technologische Zivilisation, Frankfurt.

Kelly, J. A. & Worrell, J.(1977). New formulations of sex role and androgyny: A clin Rrev. 46, 46-56.

Kerr, M. & Bowen, M.(1988). Family evaluation: An approach based of Bowen theory. New York: Norton.

Klein, D., & White, J.(1996). Family theories -An introduction. London: Sage

Knaub, P. K.(1986). Strengths of remarried families. Journal of Divorce, 7(3), 41-55.

Kohlberg, L.(1966). Moral Education in the Schools, School Review, 74, 1-30.

Kurdek, L. A., & Berg, B.(1983). Correlates of children's adjustment to their parents' divorces. In L. A. Kurdek (Ed.), Children and divorce(pp.47-60).

L' Abate, L. & Week, G.(1985). Paradoical Psychotherapy: Theory and Practice with. Individual Couples and Families. N. Y: Brunner/Mazel.

Lamanna, M. A. & Riedmann, A.(1991). Marriages and families (4th ed.). Belmont, CA: Wadsworth.

Lasch, C.(1979). The Culture of Narcissism: American Life in an Age of Diminishing Expectations. WW Norton: London.

Lazarus, R. S.(1963). Personality and Adjustment. N. J: Prentice-Hall.

Lee, J. A.(1973). The Colors of Love. Don Mills, Ontario: New Press.

Levenson, R. W., & Gottman, J. M.(1985). Physiological and affective predictors of change in relationship satisfaction. Journal of Personality and Social Psychology, 49(1), 85-94.

Lévi-Strauss, C.(1966), The Savage Mind, Chicago, Chicago University Press.

Lewis, R. A. & Spanier, G. B.(1979). Theorizing about the Quality and Stability of Marriage. pp.268-294 in W. R. Burr, R. Hill, F. I. Nye, and I. L. Reiss (eds.), Contemporary Theories about The Family: Research-Based Theory, Volume 1. New York: The Free Press.

Lim, M-G., & Jennings, G. H.(1996). Marital satisfaction of healthy differentiated and undifferentiated couples. Family Journal, 4(4), 308-315.

Linda Waite & Maggie Gallagher(2000). The Case for Marriage: Why Married People are Happier, Healthier, and Better off Financially: Amazon.ca: Linda Waite, Maggie Gallagher: Books.

Lloyd, M. & Weiten, W.(1997). Psychology applied to modern life: Adjustment in the 1990's CA: Brooks/Cole.

Lloyd, S. A. & Cate, R. M.(1985). The developmental course of conflict in premarital relationship dissolution. Journal of Social and Personal Relationships, 2, 167-178.

Lye. D. N., & Biblarz, T. J.(1993). The effects of attitudes toward family life and gender roles on marital satisfaction. Journal of Family Issues, 14, 157-188.

MacCreanor, D. P.(1988). The relationship between differentiation of self and perception of health in the family of origin and fusion and intimacy in the family of procreation. Doctoral Dissertation, Florida State University.

Mace, D.(1986). The history and present status of the marriage and family enrichment movement, In: Dentron, W.(ED), Marriage and Family Enrichment. NY: Haworth.

MacEwen, K. E. & Barling, J.(1991). Effects of maternal employment experiences on children's behavior via mood, cognitive difficulties, and parenting behavior. Journal of Marriage and the Family, 53, 635-644.

Marciano, T. & Sussman, M.(1991). Wider families: New traditional family forms. New York: Harworth Press.

Mee-Gaik, Lg.(1991). Family of origin differentiation and marital satisfaction in health like, health unlike, unhealthy like, and unhealthy unlike couples. Doctoral Dissertation. Texas Woman's University.

Miller, K. I.(1994). Support, Stress, and Burnout: Who Can Help?, Journal of Applied Behavioral Science, 30, 357-373.

Miller, P.(19750. Reactions to Marital Roles in Commercials, Journal of Advertising Research, 15(4), 45-49.

Murdock, G. P.(1949). Social Structure. New York: The Mac Millan Co.

Murray, C.(1984). Losing ground: American social policy, 1950-1980.

Murstein, B. I.(1970) Stimulus Value Role: A Theory of Marital Choice. Journal of Marriage and the Family, 32(3), 465-481.

Nancy, J. C.(1978). The Reproduction of Mothering: Psychoanalysis and the

Sociology of Gender. Berkeley, CA: University of California Press.

Nass, G. D., Libby, R. W. & Fisher, M. P.(1981). Sexual choices: An introduction to human sexuality. Monterey, California: Wadsworth Health Sciences.

Noller. P., & Fitzpatrick. M. A.(1990). Marital communication in the eighties. Journal of Marriage and Family, 52, 832-843.

Northrop, E. M.(1990). The Feminization of Poverty The demographic factor and the composition of economic growth. Journal of economic issues, 24(1), 145-160.

Olson, D. H. & DeFrain, J.(2002). Challenges for marriages and families in America, and how social scientists can respond. Jiangsu [Shanghai, Peoples Republic of China] Social Sciences(October).

Olson, D. H. & Lavee, Y.(1991). FACES III. In D. H. Olson, H. McCubbin, H. Barnes, A. Larsen, M. Muxen, & M. D. H. Wilson (Eds.), Family inventories(pp.7-42).

Olson, D. H.(1986). Circumplex Model VII: Validation Studies and FACES III. Family Process, 25, 337-351.

Olson, D. H., McCubbin, H. I., Bames, H. L. & Larsen, A. S.(1983). Families: What makes them work. Newbury Park. CA: Sage Publishing.

Otto, H. A.(1975). The use of family strength concepts and methods in family life education: A handbook. Beverly Hills, CA: Holistic Press.

Parsons T.(1964). Social structure and personality. New York: The Free Press.

_________(1955). The American family: Its relation to personality and social structure. In T. Parsons & R. F. Bales (Eds.), Family, socialization and interaction process.

Pateman, C.(1988). The Patriarchal Welfare State, in A. Gutman (ed.) Democracy and the Welfare State, Princeton, Princeton University Press.

Pearce, D.(1978). The Feminization of Poverty: Women, Work, and Welfare. Urban and Social Change Review, 11, 28-36.

Pearlin, L. & Schoder, C.(1978) The structure of coping. Journal of Health and Social Behaviour, 19, 2-21.

Pietropinto, A. & Simmenauer, J.(1977). Beyond the male myth. What women want to know about men's sexuality. A National Survey. New York: Times Books.

Popenoe, D.(1988). Disturbing the Nest: Family Change and Decline in Modern Societies. New York: Aldine de Gruyter.

________(1993). American Family Decline, 1960-1990: "A Review and Appraisal" in Journal of Marriage and the Family, 55(3), 527-542.

Pratt, L.(1976). The family structure and effective health behavior: the energized family. Boston, MA: Houghton Mufflin.

Pressman, S.(2003). Feminist Explanation for the Feminization of Poverty. Journal of Economic Issues, 37(2), 353-361.

Rabin, L.(1965). The Generation Gap: wearing it well, The Time, 29.

Rawrence J.(2002). 결혼건축가. 윤종석 역, 서울: 두란노.

Reiss, I. L.(1980). Family systems in America. New York: Holt, Rinehart & Winston.

Roberts, L., J.(2000). Fire and ice in marital communication: Hostile and distancing behaviors as predictions of marital distress. Journal of Marriage and the family, 62, 693-707.

Salzman, M.(1993). The Future of Man, 이현주 역, 「남자의 미래」, 서울: 김영사.

Sarvasy, W. & Allen, J. V.(1984). Fighting the Feminization of Poverty: Socialist-Feminist Analysisn and Strategy, Review of Radical Political Economics, 16(4), 89-110.

Satir, V.(1964). Conjoint family therapy. Palo Alto, CA: Science and Behavior Books.

________(1972). People making, Cal; Science and Behavior Books inc.

Scanzoni, J.(1987). Families in the 1980s: Time to Refocus Our Thinking, Journal of Family Issues, 8.

Scanzoni, L. D. & Scanzoni, J.(1988). Men, woman and change. N. Y: McGrow-Hill.

Seccombe, K.(2001). Families in Poverty in the 1990s: Trends, cause, consequences, lessons learned. In R, M. Milardo(Ed.), Understanding family into the new millennium: A decade in review. 313-332. Minneapolis: National Council on Family Relations.

Sher, T. G., & Baucom. D. H.(1993). Marital Communication: Difference among maritally distressed, and nondistressed-nondepressed couples. Journal of Family Psychology, 7, 148-153.

Skolnick, A.(1991). Embattled Paradise. N. Y: Basic Books.

Skowron, E. A., & Friedlander, M. L.(1988). The differentiation of self inventory: development and initial validation. Journal of Counseling Psychology, 45(3), 235-246.

Spanier, G. B.(1976). Measuring dyadic adjustment: New scales for assessing the quality of marriage and similar dyads. Journal of Marriage and the Family, 38, 15-28.

Speer, D.(1970). Family systems: Morphostasis and morphogenesis or "Is homeostasis enough?". Family Process, 9, 259-278.

Spence, J. T., Helmreich, R. L., & Stapp, J.(1975). Ratings of self and peers on sex role attributes and their relationship to self-esteem and concepts of and conceptions of masculinity and femininity. Journal of Personality and Social Psychology 32, 29-39.

Stein, P. J.(1981). Single life: Unmarried adults in social context. New York: St. Martin's Press.

Sternberg, R. J.(1986). The Triangular theory of Love. Psychology Review, 93. 119-135.

____________(1988). Triangulating Love. In Robert J. Sternberg, Michael L. Barnes(Ed). The Psychology of Love. NH: Yale University Press.

____________(1999). Cupids Arrow: The Course of Love through Time. Cambridge: Cambridge University Press.

Stierlin, H.(1976). Separating parents and adolescents. .New York: Quadrangle.

Stinett, N.(1984). Latin American family strengths. Family Perspective, 18, 11-17

Stinnett, N. & DeFrain, J.(1985). Secrets of strong families. Boston: Little, Brown.

Straus, M. A.(1979). Measuring intrafamily conflict and violence; The Conflict Tactics(CTS) Scales. Journal of Marriage and the Family, 41, 75-88

Sutterly, G. D. & Donnelly, A. W.(1973). Perspectives in human development: Nursing throughout the life cycle. Philadelphia, Lippincott 104-126.

Thorne, B. & Yalom, M.(1982). Rethinking the family: Some feminist questions. White. Plains, N. Y: Longman, Inc.

Tonnies, F.(1963). Gemeinscbaft und Gesellscbaft(translated and edited by C. P. Loomis as Community and Society. New York: Harper & Low.

Turner, J. S. & Helms, D. B.(1991). Lifespan development.(4th ed.). New York: Holt, Rinehart and Winston.

UN(1994). Committee on Civil and Political Rights.

Wallerstein, J. S. & Kelly, J. B.(1980). Surviving the breakup: how children and parents cope with divorce. New York: Basic Books.

Waterman, A. S.(1993). Two Conceptions of Happiness: Contrasts of Personal Expressiveness(Eudaemonia) and Hedonic Enjoyment. Journal of Personality and Social Psychology, 64, 678-691.

Weitzman, L., Eifler, D., Hokada, E. & Ross, C.(1972). Sex-role socialization. in picture books for preschool children.

White, L. K., & Rogers, S. J.(2001). Economic Circumstances and family outcomes: A review of the 1990s. In R. M. Milardo(Ed.), Understanding families in the new millennium: A decade in review. 254-270. Minneapolis: National Council on Family Relations.

Whitehead, B. D.(1997). The divorce culture. New york: knopt.

Whitley, B. E.(1983). Sex role orientation and self-esteem: A critical meta analytic review. Journal of Personality and Social Psychology, 44, 765-778.

Williams, J. E., Achilles, C. M. & Norton, C. P.(1985). Appalachian adolescent health education project(AAHEP) evaluation: a study of teen pregnancy in East Tennessee(1982-1985). Paper presented to the Mid-South Educational Research Association(MSERA), Nov; Biloxi, MS.

Wynne, L. C., Rychoff, I. M. & Hirsch, S. I.(1958). Family unit therapy and the science and typology of family systems. Family Process, 12, 361-376.

Yarrow, M. R., Scott, P., Deleeuw, L. & Heining, C.(1962). Child Rearing in Families of Working and Non-Working Mothers, Sociometry, 122-140.

Zastrow, C.(2000). Introduction to Social Work and Social Welfare, Belmont, CA: Wadsworth Publishing Company.

Zick, R.(1973). Liking and Loving: an invitation to social psychology. New York: Holt, Rinehart & Winston.

Zvonkovic, A. N., Greaves, K. M., Schmiege, C. J., & Hall, L. D.(1996). The marital construction of gender through work and family decisions: A qualitative analysis. Journal of Marriage and the Family, 58(1), 91-100.

http://blog.daum.net/_blog
http://blog.daum.net/cmskshon
http://blog.daum.net/jisuk7930/8656391
http://blog.daum.net/kwec21/15287732
http://blog.dreamwiz.com/ys90/13004763
http://blog.naver.com/bluehesse
http://blog.naver.com/lnbcoach
http://blog.naver.com/queen
http://blog.naver.com/sanyi
http://blog.peoplepower21.org
http://cafe.daum.net/2010121004

http://cafe.naver.com/chinaweddingkbg
http://cafe.naver.com/dawooedu.c
http://cafe.naver.com/funnyedu
http://cafe.naver.com/photosim98
http://cafe.naver.com/qlddmlxhlcl
http://cafe.naver.com/social86
http://chingusai.net
http://ihappy.or.kr
http://jmf.or.kr
http://khgongbo.com
http://koryowoman.culturecontent.com
http://living.snu.ac.kr
http://root.or.kr
http://sasw.or.kr
http://unoware.com
http://www.duranno.com
http://www.healthkorea.net
http://www.hktimes.kr
http://www.icma.co.kr
http://www.idjnews.co.kr
http://www.momilk.co.kr
http://www.onnoori.org
http://www2.rda.go.kr
http://kr.yahoo.com/love/955
http://www.itall.or.kr

저자소개

반신환 서울대학교 영어교육과 졸업(문학사)
미국 에모리 대학교 졸업(목회학석사)
미국 버클리 신학대학교 졸업(철학박사)
계명대학교 인문학부 전임강사 및 조교수
현재 한남대학교 문과대학 기독교학과 기독교상담 전공 교수
한국 기독교상담심리치료학회 수퍼바이저
한국 기독교심리상담학회 회장
한국 교육상담학회 회장

〈논문 및 저서〉
가트만(Gottman)의 부부관계의 모형과 부부치료이론: 정서를 중심으로(2007) 외 다수
학습상담의 실제(시그마프레스, 2009)
사모상담, 기독교상담(한남대출판부, 2004)

유 옥 한영신학대학교 기독교상담학과 교수
미국 캘리포니아 유니온 대학교 졸업(학사)
한양대학교 교육대학원 졸업(교육학 석사)
미국 미드웨스트 대학교 졸업(기독교상담학 박사)
한남대학교 대학원 졸업(교육학 박사)
한국 기독교심리상담치료학회 수퍼바이저
한국 목회상담협회, 한국 기독교상담・심리치료학회, 전문가
한국에니어그램, 노인상담 전문가

〈논문 및 저서〉
가족상담이 가족해체 예방에 미치는 효과(2004) 외 다수
21세기를 위한 가족상담의 이론과 실제(교육과학사, 2006)
Win-Win의 삶(은혜출판사, 2010)
학생생활지도 이론(동문사, 2010)

결혼과 가족

2011년 3월 5일 초판 1쇄 발행
2014년 8월 25일 초판 2쇄 발행

공저자 / 반신환・유 옥
발행인 / 이 중 수
발행처 / **동 문 사**

저자 인지

서울특별시 서대문구 홍제원 1길 12
(홍제동 137-8)
Tel : 02)736-3718(대), 736-3710, 3720
Fax : 02)736-3719
등록번호 : 제9-17호
가격 : 20,000원

ISBN : 978-89-8251-466-1(93330)
E-mail : dong736@naver.com
www.dongmunsa.com